Selektivschutz

Meßtechnische Grundlagen
Schaltungsmöglichkeiten und Anwendungen

Von

Dipl.-Ing. H. Neugebauer

Erlangen

Zweite neubearbeitete Auflage

Mit 272 Abbildungen

Springer-Verlag

Berlin/Göttingen/Heidelberg

1958

ISBN-13: 978-3-642-92746-1   e-ISBN-13: 978-3-642-92745-4

DOI: 10.1007/978-3-642-92745-4

Vorwort zur zweiten Auflage

Bei der guten Aufnahme und lebhaften Zustimmung, die meine Darstellung des Selektivschutzes gefunden hat, habe ich sie in der zweiten Auflage bis auf einige wenige, präzisere Formulierungen unverändert gelassen. Entsprechend verschiedener Wünsche habe ich jedoch ein neues Kapitel über „Stromverteilung bei Erdkurzschluß im starr geerdeten Drehstromnetz" eingefügt, da diese bei dem Feststellen des fehlerbehafteten Leiters u. U. berücksichtigt werden muß. Dabei bin ich gleichzeitig auf den Unterschied zwischen dem Begriff der Nullimpedanz Z_0 bei der Rechnung mit symmetrischen Komponenten und der fiktiven Erdimpedanz Z_E beim Distanzschutz näher eingegangen. Ich habe mich auch hierbei bemüht, eine möglichst einfache und faßliche Darstellung zu finden.

Erlangen im Mai 1958.

Hermann Neugebauer.

Vorwort zur ersten Auflage

Die Veranlassung zum vorliegenden Buch war der Wunsch weiter Kreise nach einer Neuauflage des Buches „Die moderne Selektivschutztechnik und die Methoden zur Fehlerortung in Hochspannungsanlagen", herausgegeben von Dr. *Manfred Schleicher*. Sowohl der Herausgeber, als auch einer der vier Autoren, Herr Dr. *Schimpf*, weilen nicht mehr unter den Lebenden. Da ich von den übrigen drei Autoren als einziger noch heute unmittelbar auf dem Selektivschutzgebiet tätig bin, habe ich die Aufgabe einer Neufassung übernommen.

Auf diese Weise konnte der Stoff in einheitlicher Form neu dargestellt werden. Seit dem Erscheinen des obigen Buches im Jahre 1936 hat sich außerdem dieses Gebiet wesentlich mehr abgerundet. Ich habe diejenigen Teile, die ich in der obigen Fassung als erschöpfend und praktisch abgeschlossen betrachte, z. T. unverändert übernommen. Andererseits habe ich den Stoff ausschließlich auf den Selektivschutz beschränkt. Es wurden daher der Abschnitt über Fehlerortung weggelassen, der Teil über die Kurzschlußberechnung wesentlich verkürzt und von den konstruktiven Angaben nur diejenigen erwähnt, die ich zum Verständnis für erwähnenswert hielt.

Wie sein Vorgänger, soll auch dieses Buch nur das Grundsätzliche der Selektivschutztechnik darstellen. Es wird also nicht auf eine heute auf dem Markt befindliche Konstruktion eingegangen, soweit nicht die eine oder andere heute verwendete Schaltung als Beispiel für einen grundsätzlichen Gedankengang gezeigt wird.

Ich habe versucht, das ganze Gebiet in möglichst einfacher und faßlicher Form zu behandeln und habe darum die mathematische Darstellung auf ein Mindestmaß beschränkt. So wichtig dieses Gebiet für die gesamte Energieversorgung ist, so fern liegt es vielfach dem Starkstromingenieur des Betriebes, da nämlich die vom Betrieb gestellten Aufgaben meistens nur mit Mitteln einer speziellen Meßtechnik gelöst werden können. Das Buch hat seinen Zweck erfüllt, wenn der Betriebsingenieur ein Verständnis für die Grundlagen und Maßnahmen gewinnt, auf denen der Selektivschutz aufgebaut ist und auch kaum anders gebaut werden kann.

Fast dreißig Jahre habe ich selbst an der Entwicklung des Selektivschutzes unmittelbar teilgenommen, so daß das Buch zugleich auch die Entwicklung dieses Zweiges der Elektrotechnik widerspiegelt. Wenn ich daher auch Lösungsmöglichkeiten diskutiere, die heute nicht mehr angewendet werden, so soll damit gezeigt werden, welche verschiedenen Wege, Irrwege und Umwege, beschritten worden sind und auch gegangen werden mußten, bis der heutige, recht bemerkenswerte Stand der Entwicklung erreicht wurde. Die Praxis spricht stets das abschließende Urteil, so daß auch manche interessante und geistvolle Lösungsidee für neue und weitergehende Ansprüche als nicht befriedigend fallen gelassen werden mußte. Aber jede Entwicklung baut sich immer auf den schon gemachten Erfahrungen auf und kristallisiert sich schließlich in relativ wenigen, oft recht einfach erscheinenden Formen. Diesen Kristallisationsvorgang auf dem Gebiet des Selektivschutzes soll auch die Fassung des vorliegenden Buches zeigen.

Nicht nur dem Betriebsingenieur, sondern auch dem Studenten bzw. jedem, der sich ein Bild von den Grundgedanken und den Lösungsmöglichkeiten des Selektivschutzes machen will, soll dieses Buch ein Hilfsmittel sein.

An dieser Stelle möchte ich allen meinen Mitarbeitern und besonders Fräulein *Wittich* für die wertvolle Unterstützung bei der Korrektur des Buches meinen Dank aussprechen.

Erlangen, im Januar 1955

Hermann Neugebauer

Inhaltsverzeichnis

Erster Teil: **Allgemeine Grundlagen des Selektivschutzes**

Seite

A. Aufgabenstellung 1

B. Hilfsmittel für die Messung 3

I. Strom- und Spannungswandler und ihre Besonderheiten für den Selektivschutz 3

   1. Spannungswandler 4

   2. Stromwandler 4

   a) Überstromziffer n S. 6.— b) Grenzleistung eines Stromwandlers S. 9.— c) Sekundäre Kurvenform S. 10.— d) Sekundär offene Stromwandler S. 10.

II. Meßwerte 14

   1. Spannungs-Meßwerte 15

   2. Strom-Meßwerte 19

   Summen- und Differenzbildung. S. 22.

   3. Künstliche Phasenverschiebung 25

   a) Spannung S. 25. — b) Strom S. 25.

C. Selektionsmittel 26

I. Selektionsmittel der Fehlerart 27

   1. Fehlerkriterien des Kurzschlusses 28

   a) Stromerhöhung S. 29.— b) Spannungserniedrigung S. 35. — c) Widerstandserniedrigung S. 35.

   2. Fehlerkriterien bei Erdschlüssen in nicht starr geerdeten Netzen . 43

   3. Unsymmetrische Ströme und Spannungen 50

   4. Überlast 53

II. Selektionsmittel zum Bestimmen des Fehlerortes 54

   1. Richtungsbestimmung 54

   a) Dynamometrische Leistungsmesser S. 55. — b) Induktionsprinzip S. 56. — c) Vergleichsprinzip S. 57. — d) Ortsdiagramm des Richtungsrelais S. 60. — e) Richtungsrelais mit Spannungen, die nicht dem Kurzschlußkreis angehören S. 63. — f) Mehrpolige Richtungsrelais S. 65.

   2. Zeitstaffelung mit entfernungsunabhängigen Zeiten 67

   a) Allgemeines S. 67. — b) Grundtypen der entfernungsunabhängigen Zeitelemente S. 69.

Seite

3. Zeitstaffelung mit entfernungsabhängigen Zeiten 73

4. Meßmöglichkeiten der Widerstandsmessung 74

a) Lichtbogeneinfluß S. 74. — b) Widerstandsbezeichnungen S. 78. — c) Ortsdiagramme der Grundformen von Widerstandsbezeichnungen S. 79. — d) Allgemeine Polargleichung des Kreises S. 82.

5. Widerstandsrelais in Verbindung mit Richtungsgliedern 85

6. Möglichkeiten der praktischen Verwirklichung der Ortskurven . . 86
a) Quadratisches Verhältnis S. 86. — b) Lineares Größenverhältnis von Vektoren S. 89. — c) Winkelbeziehungen der Vektoren S. 92.

7. Vereinigung der Widerstandskipprelais mit Zeitelementen zum widerstandsabhängigen Zeitablauf 95

a) Zeitabhängige Veränderung der Spannungsseite S. 95. — b) Zeitabhängige Verstärkung der Stromseite S. 97. — c) Zeitabhängige Veränderung der Hebelarme beim Waagebalkenrelais S. 98. — d) Widerstandsmeßsysteme mit eigenem Zeitablauf S. 99. — e) Sonderkonstruktionen, die nicht unter die bisher behandelten Betrachtungen fallen S. 101. — f) Schnellarbeitende Kipprelais S. 103.

8. Vergleich von Meßgrößen zweier voneinander entfernter Leitungspunkte 105
a) Direkter Vergleich S. 105. — b) Indirekter Vergleich S. 112.

III. Verhalten der Selektionsmittel beim Außertrittfallen der Kraftwerke 112

Zweiter Teil: Spezielle Schutzschaltungen

I. Allgemeines 120

II. Grundsätzlicher Aufbau einer Schutzschaltung 120
a) Der Wandlerkreis. S. 121. — b) Der Arbeitskreis. S. 121.

A. Generatorschutz 121

I. Wicklungsschluß = Kurzschluß zwischen zwei Leitern im Generator 121

II. Windungsschluß = Kurzschluß zwischen Windungen des gleichen Leiters 125

1. Durch Ausgleichströme bei parallelgeschalteten Leitern 126

2. Nullstrom bei △-Generatoren 127

3. Spannungsvergleich zwischen Generatorsternpunkt und einem künstlichen Sternpunkt 127

4. Feststellung einer 100-periodigen Frequenz im Erregerkreis . . . 129

III. Gestellschluß = Berührung eines Leiters mit Gehäuse (Erdschluß) . 129

1. Generator und Transformator als Einheit = Blockschaltung. . . 130
100% Gestellschlußschutz S. 131.

2. Generator speist auf ein Netz oder auf eine Sammelschiene mit parallellaufenden Generatoren 133

IV. Rotorfehler 138

Inhaltsverzeichnis.   VII

Seite

V. Gefahren, die dem Generator durch äußere Fehler erwachsen können 139
    a) Überlastung S. 139. — b) Spannungserhöhung S. 140. —
    c) Unsymmetrische Belastung S. 140. — d) Rückwattschutz
    S. 141. — e) Ausbleiben der Erregung S. 142.

VI. Schutzmaßnahmen = Abschalten, Entregen, Brandlöschen 142

  1. Feldschwächung im Nebenschluß der Erregermaschine 142

  2. Aufreißen des Rotorkreises und Kurzschließen über einen Wider-
    stand 143

  3. Ausschaltmotor 144

  4. Schwingungsentregung 144
  Brandlöschung 147

VII. Meldeeinrichtungen 147

VIII. Montage, Inbetriebsetzung, Wartung und Prüfung 148

B. Transformatorenschutz 150

  1. Differentialschutz 151
    a) Differentialschaltungen für Zweiwickeltransformatoren S. 155.
    — b) Differentialschutz für Mehrwickeltransformatoren S. 158.
    — c) Leerlauf- und Einschaltströme S. 160.

  2. Andere elektrische Schutzschaltungen 162
    a) Summenschaltung S. 162. — b) Windungsschluß S. 163. —
    c) Gehäusespannung gegen Erde S. 163. — d) Richtungsvergleich
    S. 164. — e) Impedanzschutz S. 164.

  3. Gasschutz (Buchholzschutz) 164

  4. Überlastungsschutz 165

  5. Eisenbrand 166
  6. Inbetriebnahme, Wartung und Prüfung 167

C. Leitungsschutz 167

  I. Netzeigenschaften und Netzfehler 168
    1. Verschiedenheiten der Netze 168
    2. Fehlerhäufigkeiten und Fehlerarten 169
    3. Fehlerverlauf 170
    4. Fehlerwichtigkeit 171

  II. Überstromzeitschutz = entfernungsunabhängige Zeitstaffelung . . 172
    1. Aufgebaute Primärauslöser 172
    2. Sekundäre Überstromzeitrelais 174
    3. Überstrom- plus getrenntem Zeitrelais als Überstromzeitschutz . 175
    4. Gerichteter Überstromzeitschutz 180

  III. Entfernungsabhängiger Staffelschutz = Distanzschutz 184
    1. Widerstände der Leiter in Hochspannungsnetzen 184

VIII   Inhaltsverzeichnis.

Seite

2. Stromverteilung bei Erdkurzschluß im starr geerdeten Drehstromnetz 191

a) Einpoliger Erdkurzschluß S. 194 — b) Geerdeter Trafo ohne Speisung mit einem nicht geerdeten Trafo mit Speisung S. 195. — c) Beide Trafo geerdet. Jedoch nur Speisung von einer Seite S. 197. — d) Beide Trafo gespeist und nur einer geerdet S. 198. — e) Beide Trafo gespeist und geerdet S. 199. — f) Zweipoliger Kurzschluß mit Erdberührung S. 199.

3. Widerstandsmessung in Drehstromnetzen 201

4. Schaltungen mit Widerstandszeitrelais 202

a) Dreirelaisschaltungen S. 202. — b) Zweirelaisschaltungen S. 205. — c) Einrelaisschaltungen S. 205.

5. Schaltungen mit Widerstandskipprelais und getrenntem Zeitrelais 210

a) Besonderheiten der Widerstandskipprelais gegenüber dem Widerstandszeitrelais S. 210. — b) Sechsrelaisschaltungen S. 213. — c) Dreirelaisschaltungen S. 214. — d) Einrelaisschaltungen S. 214.

6. Der Staffelplan und seine Grenzfälle 220

7. Inbetriebnahme, Wartung und Prüfung 227

IV. Vergleichssysteme 229

1. Direkte Vergleichssysteme 229

a) Längsdifferentialschutz S. 229. — b) Querdifferentialschutz S. 237.

2. Indirekte Vergleichssysteme 240

a) Die einfachen Verriegelungssysteme S. 240. — b) Richtungsvergleichsschutz S. 241. — c) Distanzabhängiger Richtungsvergleich S. 249. — d) Richtungsvergleich mit Hochfrequenzverbindung S. 251.

V. Kurzunterbrechung (Wiedereinschaltung) 253

VI. Erdschlußschutz 255

D. Sammelschienenschutz 259

1. Sammelschienen-Differentialschutz für Einfachsammelschienen . 259
Indirekter Vergleich S. 261.

2. Mehrfachsammelschienen 261

E. Schutz von Motoren 264

Literaturverzeichnis 266

Sachverzeichnis 271

Allgemeine Grundlagen des Selektivschutzes

A. Aufgabenstellung

Jeder Laie kennt einen echten Selektivschutz aus eigener Erfahrung, nämlich die Sicherung seines Wohnungsanschlusses. Diese Sicherung hat die gleichen Aufgaben wie der Selektivschutz in Hochspannungsnetzen und weist alle wesentlichen Kennzeichen eines echten Selektivschutzes auf. Tritt ein Kurzschluß in einem Abzweig der Wohnung auf, so soll dieser Abzweig so rasch wie möglich vom Netz getrennt werden, damit einmal die anderen Leitungen in Betrieb bleiben und zweitens keine größeren Zerstörungen an der Kurzschlußstelle auftreten.

Die Stärke des Schmelzfadens bestimmt, welche Höhe des Stromes als gefährlich angesehen wird. Der Schmelzfaden stellt also das *Anregeglied* des Schutzes dar. Die Schmelzdauer ist der *Zeitablauf* des Schutzes. In Serie mit der Sicherung der Wohnung liegt die Sicherung des Hausanschlusses. Ist die Sicherung der Wohnung für 10 A ausgelegt und die des Hausanschlusses für 25 A, so übersteigt der Kurzschlußstrom bei einem Kurzschluß in der Wohnung sicher 25 A. Da aber die Schmelzdauer der 10 A-Sicherung kürzer ist, unterbricht diese zuerst die Leitung. Es ist also eine richtige *Zeitstaffelung* zwischen den beiden Sicherungen. Wäre die 10 A-Sicherung etwa überbrückt, so würde bei dem gleichen Kurzschluß die 25 A-Sicherung nach einer etwas längeren Zeit ebenfalls durchschmelzen, diese stellt die *Reservezeit* dar. Schließlich enthält die Sicherung auch die eigentliche Schutzmaßnahme, nämlich das *Abschalten* der Leitung.

Die gleiche Aufgabe hat auch der Selektivschutz in Hochspannungsnetzen der öffentlichen Energieversorgung zu erfüllen. Die einzelnen Funktionen, die die Sicherung in sich vereinigt, müssen nunmehr auf Einzelglieder verteilt werden. Strom und Spannung müssen in einen bequem meßbaren Wert umgewandelt werden. Die Relais müssen in der Lage sein, nicht nur die *Art der Fehler*, sondern auch den *Fehlerort selektiv bestimmen* zu können, und schließlich muß die Leitung durch einen besonderen Leistungsschalter *abgeschaltet* werden. Wandler, Relais, Hilfsspannung und Schalter stellen daher die gesamte Selektivschutzeinrichtung einer Hochspannungsleitung dar.

Die Versorgungsnetze sind im Laufe eines halben Jahrhunderts aus kleinen Anfängen zu einem einzigen großen Netz über ganze Länder angewachsen, wobei die Spannungen von den kleinen Versorgungsspannungen 110 und 220 V bis zu der Höhe von 400 kV angestiegen sind. Die Leistungen der ersten Netze entsprachen kaum der Höhe des heutigen Anschlußwertes eines großen Geschäftshauses und die Abschaltleistungen haben anstatt von Hunderten von kW Millionenbeträge davon erreicht. Die Aufgaben, die mit jeder Vergrößerung der Leistung, der Spannung und der Netze neu hinzukamen, machten immer weitergehende Konstruktionen an Maschinen und Übertragungsmitteln notwendig. Vollkommen parallel mit dieser Entwicklung mehrten sich auch die Aufgaben für den Selektivschutz. Genügten für die Anfangsnetze noch Sicherungen üblicher Bauart, so sind für die Höchstspannungsnetze hochwertigste Einrichtungen notwendig. Die nachfolgenden Ausführungen fassen die Aufgaben und ihre Lösungen zusammen, die im Laufe dieser Entwicklungszeit gestellt bzw. die in der Praxis angewandt wurden und werden.

Die *Hauptaufgabe des Selektivschutzes* besteht in der *Aufrechterhaltung der Energieversorgung*. Bei einem Kurzschluß auf einer Leitung z. B. bricht die Spannung in einem großen Teil des der Kurzschlußstelle benachbarten Netzes zusammen. Die in diesem Teil angeschlossenen Verbraucher erhalten praktisch keine Energie mehr zugeführt. Weiterhin sind die angeschlossenen Zentralen durch den Kurzschluß entkuppelt und können sich gegenseitig nur noch schwer oder gar nicht mehr synchron halten. Dieser Zustand muß so rasch wie möglich beseitigt werden, was nur durch Herausschalten des fehlerhaften Teiles geschehen kann. Notwendig ist daher, daß dieser Teil mit Sicherheit aus einem vermaschten Netzgebilde herausgefunden wird, d. h. der Schutz *muß selektiv arbeiten*.

Die *zweite Aufgabe* besteht in der *Beschränkung der örtlichen Zerstörung*. Bei Leitungsfehlern tritt diese Aufgabe gegenüber der vorher erwähnten zurück, obgleich auch hier raschestes Abschalten Zerstörungen an Leitungen vermeiden kann. Bei Generatoren und Transformatoren allerdings gewinnt die Zerstörungsbeschränkung eine gleich große Bedeutung wie das selektive Abschalten.

Einen auftretenden Fehler zu vermeiden, ist auch dem besten Selektivschutz nicht möglich, wohl aber, ihn aus einem Netz in kürzester Zeit herauszutrennen und damit die übrige Versorgung aufrechtzuerhalten und die örtliche Zerstörung zu beschränken.

Die Schutzeinrichtung einer Abschaltstelle umfaßt die Strom- und Spannungswandler, die die primären Ströme und Spannungen in leicht meßbare Größen umwandeln und die Geräte von der Hochspannung isolieren, die Überwachungsrelais, die Hilfsspannungsquelle und schließlich den Leistungsschalter. Das Betätigen dieses Schalters stellt in allen Fällen die eigentliche Schutzmaßnahme dar, zu welcher bei Stromerzeugern noch die Entregung hinzu kommt. Von dem zuverlässigen Arbeiten der eben genannten vier Hauptteile einer Schutzeinrichtung hängt seine Wirksamkeit ab. Die Selektivschutzrelais stellen also nur einen Teil dar, obgleich sie in der allgemein üblichen Auffassung allein als Selektivschutz bezeichnet werden. Allerdings sind sie ausschließlich für diesen Zweck gebaut und vorgesehen, während Strom- und Spannungswandler, Hilfsspannung sowie Leistungsschalter auch für den normalen Betrieb notwendig sind. Die Aufgabe für die Selektivrelais selbst wird wesentlich noch dadurch erschwert, daß sie bei fehlerfreiem Betrieb lange Zeit in Ruhe bleiben, aber bei einem Fehler vollkommen sicher und präzise arbeiten sollen. Manches Versagen der Relais machte in eindringlichster Weise auf diese Tatsache aufmerksam und hat zu dem anfänglich den Schutzrelais entgegengebrachten Mißtrauen beigetragen. Im Laufe der Entwicklung sind die Relais soweit verbessert worden, daß dieses Versagen auf ein verschwindendes Maß zurückgedrängt werden konnte. Dennoch ist regelmäßiges Überwachen und Pflegen aller Teile notwendig, wenn jene Sicherheit gewährleistet werden soll, die im Interesse der wichtigen Energieversorgung gefordert werden muß.

B. Hilfsmittel für die Messung

I. Strom- und Spannungswandler und ihre Besonderheiten für den Selektivschutz

Für das Überwachen eines Netzteiles auf elektrische Störungen stehen folgende Größen zur Verfügung: die Leiterströme, die Spannungen zwischen den Leitern und die Spannungen jedes Leiters gegen Erde. Da es sich in den weitaus meisten Fällen um Drehstromnetze handelt, stehen also 3 Leiterströme, 3 Spannungen zwischen den Leitern und 3 Spannungen der Leiter gegen Erde zur Verfügung. Die Strom- und Spannungswandler haben nun die Aufgabe, diese Ströme bzw. Spannungen auf eine leicht meßbare Größe zu bringen und die Relais von der Hochspannung zu isolieren.

Solange Hochspannungsnetze existieren, sind für das Messen der Ströme, der Spannungen, der Leistungen usw. diese Wandler notwendig. Daher existieren auch seit langer Zeit genaue Richtlinien über die Fehlergrenzen, innerhalb deren die primären Strom- und Spannungswerte durch die Wandler sekundär wiedergegeben werden müssen, wenn diese die Bezeichnung „Meßwandler" erhalten sollen. Aber alle diese Festlegungen beziehen sich stets auf denjenigen Meßbereich, der von den Meßinstrumenten für den normalen Betrieb benutzt wird, d. h. 10% bis 120% des Nennstromes bzw. 80% bis 120% der Nennspannung. Man unterscheidet dann Wandler verschiedener Meßgenauigkeit, z. B. 0,5%, 1% usw.

Der Selektivschutz muß aber gerade auf anomale elektrische Erscheinungen reagieren, und diese liegen mit wenigen Ausnahmen außerhalb der oben angegebenen Meßbereiche. Bei einem Kurzschluß z. B. liegt der Arbeitsbereich eines Relais fast ausschließlich oberhalb des Nennstromes bis zum

30- oder 40fachen dieses Wertes. Bei dem gleichen Fehlerfall sinkt die Spannung zwischen den kurzschlußbehafteten Leitern auf sehr kleine Werte herab. Will man also die Wirkungsweise der Relais beurteilen, so muß auch das Verhalten der Wandler in diesem Bereich bekannt sein. Hierbei kann sofort gesagt werden, daß die Meßgenauigkeit der Wandler in diesen Bereichen sicher nicht mehr den Vorschriften für Meßwandler entspricht.

Um nun ein Bild über das Verhalten der Wandler bei diesen anomalen Strom- und Spannungsverhältnissen zu erhalten, sei im folgenden auf die Wirkungsweise der Wandler hierbei näher eingegangen, da sie in den Veröffentlichungen nur selten behandelt wird. Es soll nur das qualitative Verhalten dargestellt werden. Die Bauformen der Wandler werden dabei als bekannt vorausgesetzt, da sie in Veröffentlichungen und den Listen der Herstellerfirmen genügend eingehend erläutert sind. Genaue Angaben über die einzelnen Werte bei anomalen Strom- und Spannungsverhältnissen können im allgemeinen nur von den Herstellerfirmen angegeben werden, da die Bauform eine wesentliche Rolle dabei spielt.

1. Spannungswandler

Ein Spannungswandler liegt parallel zum Verbraucher direkt an der Spannung. Er kommt also dem normalen Leistungstransformator in seiner Wirkungsweise am nächsten, nur mit dem Unterschied, daß er im Gegensatz zu diesem schwach belastet ist, um die Meßfehler durch den inneren Spannungsabfall gering zu halten. Den Magnetisierungsstrom bezieht er direkt aus dem Netz, so daß dieser nur von der Höhe der Betriebsspannung, nicht aber von der sekundären Belastung abhängig ist. Sättigungserscheinungen können nur bei übernormalen Spannungshöhen auftreten, wobei auch hierbei die sekundäre Spannung stets der Primärspannung proportional ist, soweit nicht der übermäßig ansteigende Magnetisierungsstrom einen zu großen Spannungsabfall in der Primärwicklung hervorruft.

Die *Nennleistung* eines Spannungswandlers ist diejenige sekundär abgenommene Leistung, bei welcher die angegebene Fehlergrenze, z. B. 1%, nicht überschritten wird. Bei größerer Belastung steigt der Übersetzungsfehler annähernd proportional mit dieser. Mit *Grenzleistung* des Wandlers wird diejenige bezeichnet, die er thermisch noch dauernd aushalten kann. Der Übersetzungsfehler hierbei liegt meistens in der Größenordnung von 5—6%.

Im übrigen verhält sich der Spannungswandler wie ein normaler Leistungstransformator.

2. Stromwandler

Der Stromwandler dagegen liegt in Reihe mit dem Verbraucher, und sein Spannungsabfall ist gegenüber demjenigen am Verbraucher zu vernachlässigen, Abb. 1. Er erhält also den Strom, den der Verbraucher aus dem Netz bezieht, aufgedrückt. Diese Tatsache ergibt ein vollkommen anderes Verhalten gegenüber einem Spannungswandler. Schließt man ihn sekundär kurz, so bedeutet dies keinen Kurzschluß wie beim Spannungswandler, sondern sein Spannungsabfall ist nur noch durch seine eigenen Verluste bedingt, d. h. durch den ohmschen und induktiven Widerstand der primären und sekundären Wicklung. Schließt man an die sekundäre Wicklung eine Bürde Z an (in Ohm ausgedrückt), z.B. eine Relaisspule, so muß der Stromwandler die Spannung, die dem Spannungsabfall des Sekundärstromes an der Bürde entspricht, erst erzeugen. Den für diese Spannung notwendigen Magnetisierungsstrom kann er nicht, wie der Spannungswandler, direkt aus dem Netz beziehen, sondern muß ihn von dem ihm fest gegebenen Primärstrom abziehen. Hat z. B. ein Einleiter-Stabstromwandler ein Übersetzungsverhältnis 1000/5 A, so müssen sich die Windungszahlen theoretisch wie 1 : 200 verhalten, da die AW primär und sekundär gleich sein müssen. Die sekundären

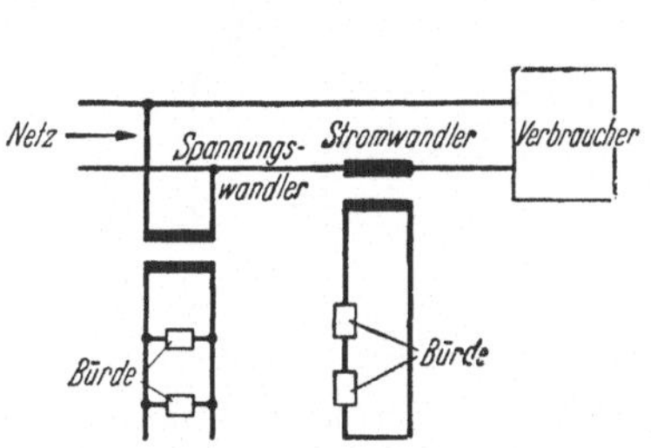

Abb. 1. Anschluß von Strom- und Spannungswandlern

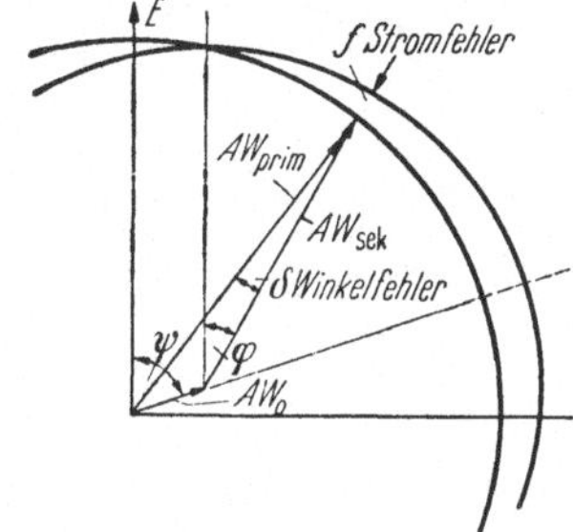

Abb. 2. Stromwandler. AW-Diagramm. E prim. Spannungsabfall; ψ Winkel des Magnetisierungsstromes; φ Winkel der sekundären Bürde; δ Fehlwinkel; f Stromfehler

AW_2 sind nun um die Magnetisierungs-AW_0 kleiner als die Primär-AW_1. Der Zusammenhang ist in dem AW-Diagramm, Abb.2, dargestellt. In der Ordinate ist die Richtung des Spannungsabfalles des Wandlers aufgetragen. φ_{sek} ist der Winkel der sekundären Bürde (z. B. induktiv bei Relaisspulen), δ ist der Winkel (Fehlwinkel) zwischen Sekundär- und Primärstrom. Im normalen Meßbereich sind die Magnetisierungs-AW_0 und damit auch der Unterschied zwischen AW_1 und AW_2 sehr klein. Auf diese Weise ist der Übersetzungsfehler f und der Winkelfehler δ ebenfalls klein. Bei konstanten primären AW bewegt sich bei verschiedenem φ der Vektor von AW_1 auf einem Kreis um den Koordinatenmittelpunkt. Der Vektor der sekundären AW_2 bewegt sich auf einem Kreis mit dem Mittelpunkt am Ende von AW_0. Die Differenz der beiden Kreise gibt ein Maß für den Übersetzungsfehler f. Das Diagramm zeigt, daß der Übersetzungsfehler f am größten ist, wenn der sekundäre Phasenverschiebungswinkel gleich dem Phasenverschiebungswinkel der Magnetisierungs-AW ist. Hierbei ist dagegen der Winkelfehler $\delta = 0$. In diesem

Fall stellen also die primären AW die arithmetische Summe der Magnetisierungs-AW und der Sekundär-AW dar. Nach den VDE-Bestimmungen wird als *Nennbürde* der auf dem Wandlerschild in Ohm angegebene Scheinwiderstand definiert, der sekundär angeschlossen werden kann, ohne daß bei einem sekundären cos φ von 1 bis 0,6 die Fehlergrenzen der betreffenden Genauigkeitsklasse überschritten werden. *Nennleistung* ist das Produkt aus dem Quadrat des sekundären Nennstromes mit der Nennbürde in VA, z. B. $i_{sek} = 5$ A, Bürde 1,2 Ω, Nennleistung $25 \cdot 1,2 = 30$ VA.

a) Überstromziffer n. Bei größerer Bürde steigt der Spannungsabfall an ihr und damit ist ein größerer Magnetisierungsstrom notwendig. Die Fehler müssen daher größer sein. Bei größerem Primärstrom steigt zwar auch die aufzubringende Sekundärspannung, aber die gegenseitigen Verhältnisse von

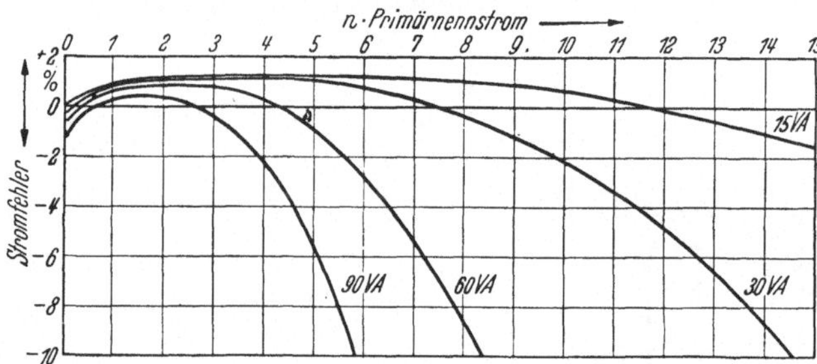

Abb. 3. Überstromkurven eines normalen Stromwandlers bei verschiedener Bürde. Nennleistung 60 VA; $n = 8,4$; Eigenbürde 10 VA

AW_1 und AW_2 bleiben zunächst noch annähernd erhalten. Wird aber die Sättigungsgrenze des Eisenkerns erreicht, so steigt der Bedarf an AW_0 sehr stark an. Um nun ein Maß für den Sättigungsbeginn zu besitzen, hat man eine Überstromziffer n festgelegt. Nach der Definition des VDE ist n jenes Vielfache des primären Nennstromes, bei welchem der Stromfehler bei Nennbürde und einem sekundären cos $\varphi = 0,6$ auf -10% angestiegen ist. Der Fehlwinkel wird dabei nicht beachtet. Abb. 3 zeigt die Stromfehlerkurven eines normalen Wandlers bei verschiedenen Bürden über dem Vielfachen des primären Nennstromes aufgetragen. Da der Eintritt der Sättigung nur eine Funktion des sekundären Spannungsbedarfes sein kann, muß die Überstromziffer n um so größer sein, je kleiner die angeschlossene Sekundärbürde ist. Der Primärstrom, bei welchem -10% Stromfehler erreicht werden, ist also bei kleinerer Bürde höher. Der Wandler selbst besitzt mit seiner sekundären Wicklung schon eine konstante Eigenbürde, die etwa in der Größenordnung 10 bis 30% der Nennbürde liegen kann. Bezeichnet man die Nennbürde mit a und die Eigenbürde mit b, so wächst die Überstromziffer n umgekehrt proportional mit $a + b$. Bei einem Querlochwandler (Größe b mit 1000 AW)

z. B. mit einer Nennleistung 60 VA und genau $n = 10$ erhält man bei 15 VA ein $n = 29$, woraus man eine Eigenbürde von rund 9 VA $= 15\%$ der Nennbürde von 60 VA errechnen kann.

Da die sekundären AW_2 also stets um die Magnetisierungs-AW kleiner sind als die primären AW_1, wäre bei theoretischem Windungsverhältnis auch der Sekundärstrom stets kleiner, als dem gewünschten Übersetzungsverhältnis entspricht. Da man nur die Höhe des Stromes wissen will, wird das theoretische Übersetzungsverhältnis, z. B. im vorgenannten Beispiel 1 : 200, um einige Windungen verändert, z. B. 1 : 198. Bei sehr kleinen Primärströmen besitzt jeder Wandler zunächst einen Minusfehler. Durch Verringerung der sekundären theoretischen Windungszahl wird dieser Fehler mit höherem Strom positiv, um erst bei noch größerem Strom wieder negativ zu werden (s. Abb. 3).

Die sekundäre Spannung e errechnet sich

$$e = 4{,}44 \cdot f \cdot q \cdot w_2 \cdot \mathfrak{B} \cdot 10^{-8}\ \text{V}, \tag{1}$$

wobei

f Frequenz (50 Per) w_2 sekundäre Windungszahl
q effektiver Eisenquerschnitt cm² $\mathfrak{B}$ Induktion in Gauß

darstellt. Die sekundäre Leistung in VA $= e \cdot i$ ergibt sich dann zu

$$e \cdot i = 4{,}44 \cdot f \cdot q \cdot a w_2 \cdot \mathfrak{B} \cdot 10^{-8}\ \text{VA}. \tag{2}$$

Bei gegebenem Eisenquerschnitt und konstanter Frequenz ist die sekundäre Leistung also proportional dem Ausdruck $a w_2 \cdot \mathfrak{B}$. Bei höherem Strom steigt sowohl der Sekundärstrom i, wie die Sekundärspannung e, d. h. die abgegebene Leistung eines Stromwandlers steigt quadratisch mit dem Primärstrom an. So ergibt z. B. ein Wandler mit einer Nennbürde von 30 VA und einer Überstromziffer von $n = 10$ bei 10 fachem Überstrom eine Leistung von nahezu 3000 VA.

Die *Überstromziffer* n gibt außerdem *ein Maß* für die *höchste Spannung*, die der Wandler sekundär abgeben kann. Ein Wandler mit einer Nennbürde von 15 VA und 5 A Sekundärstrom und $n = 10$ erzeugt bei Nennstrom 3 V. Bei maximalem Strom würden bis zu 30 V sekundär auftreten können. Man kann also die Bürde soweit erhöhen, bis etwa 25—30 V erreicht werden, wenn man einen größeren Stromfehler in Kauf nimmt. Eine thermische Überlastung tritt dabei in keiner Weise ein. Der Wandler ergibt nur größere Fehler. Abb. 4 zeigt den Übersetzungsfehler eines Wandlers mit zunehmender Bürde. Bis zur Nennbürde von 30 VA überschreitet der Fehler die in diesem Fall angenommene Grenze von $\pm 1\%$ nicht. Bei rund 150 VA erreicht er bei $1{,}5 \cdot I_n$ erst die Grenze von -10%. Seine Überstromziffer wäre hierbei $n = $ etwa 1,5. Die *Zahl* n ergibt also auch *ein Maß für die Leistungsreserve, die der Wandler bei Nennstrom noch besitzt.*

Diese Tatsache ist von Bedeutung für Bürden, die selbst sehr rasch in das Sättigungsgebiet gelangen, z. B. kleine gesättigte Hilfswandler, deren Sekundärwicklung offen ist und deren Sekundärspannung als Hilfsspannung für das

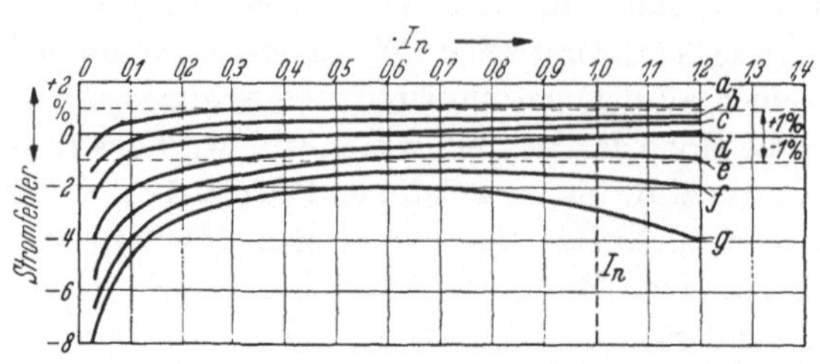

Abb. 4. Stromfehlerkurven eines Querlochwandlers ATQ 42, 30 VA, $n > 10$, Kl. 1. 20/5 A (1200 AW), bei verschiedenen Bürden von $0 - 120\% \, I_n$. $R_1 = 0,027 \, \Omega$; $R_2 = 0,21 \, \Omega$ (5,1 VA Eigenbürde $= 17\%$). a 0 VA; b 15 VA; c 30 VA; d 60 VA; e 90 VA; f 120 VA; g 150 VA

Relais oder zum Auslösen des Leistungsschalters benutzt wird. Auch Überstromrelais, die nur bis zum 2- oder 3 fachen Nennstrom ansprechen sollen, gelangen sehr rasch in ihr eigenes Sättigungsgebiet. Alle Bürden, die für die Nennbelastung eines Wandlers vorausgesetzt werden,

sind Impedanzen, die nicht vom Strom verändert werden, d. h. die Spannung bei höherem Strom geht zunächst linear mit dem Primärstrom hoch und die Leistung steigt quadratisch an. Eine Impedanz jedoch, die sich rasch sättigt, z. B. ein gesättigter Zwischenwandler, der schon vom Nennstrom 5 A ab im Sättigungsbereich liegt, besitzt praktisch konstanten induktiven

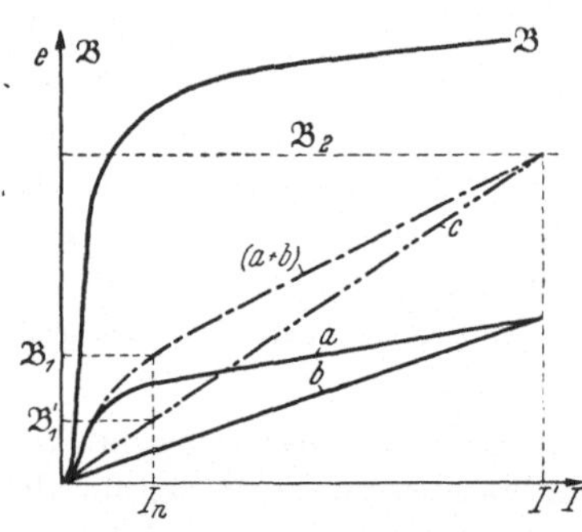

Abb. 5. Verhalten des Stromwandlers mit fester und gesättigter Bürde. a gesättigte Bürde; b feste Bürde; $a + b$ Summe der Bürden; c Ersatzbürde; e sekundäre Spannung

Spannungsabfall. Nur die ohmsche Komponente seiner Wicklung gilt als unveränderliche Bürde. Da sich der induktive Spannungsabfall von der Sättigung ab nicht mehr ändert, steigt die induktive Leistungsaufnahme einer solchen gesättigten Bürde praktisch nur noch linear mit dem Strom an. In Abb. 5 ist eine veränderliche Bürde a und eine feste b angenommen. Die Spannung an der Summe steigt nun nach der Kurve $a + b$ an und erreicht bei J' die Sättigungsinduktion $\mathfrak{B}_2$, bei welcher ein Minusfehler von 10% auftritt. Bei Nennstrom lag die Summenspannung bei $\mathfrak{B}_1$. Diese Summenbürde

kann man sich durch eine feste Bürde c ersetzt denken, deren Spannungsanstieg linear mit J verläuft und deren Spannung bei J_n tiefer bei $\mathfrak{B}_1'$ liegt. Da Spannung mal Nennstrom die Nennleistung darstellt, so ist zwar die Belastung eines Wandlers mit veränderlicher Bürde bei Nennstrom höher, besitzt aber die gleiche Überstromziffer wie eine wesentlich kleinere, aber unveränderliche Bürde c. Zweckmäßigerweise gibt man an, welcher Ersatzbürde eine veränderliche Bürde bei 10fachem Nennstrom entspricht.

b) Grenzleistung eines Stromwandlers. Ein Stromwandler entspricht dem Shunt in einem Gleichstromkreis. Schließt man einen Shunt kurz, so ist die abgenommene Leistung am Shunt $= 0$, desgleichen, wenn man ihn ohne sekundäre Bürde offen läßt. Die aus einem Shunt zu entnehmende Leistung bewegt sich daher, wenn sie in Abhängigkeit von r aufgetragen wird, auf einem Halbkreis, dessen Scheitelwert erreicht wird, wenn die abgenommene Leistung gleich der Shuntleistung ist. Ganz ähnlich verhält sich ein Stromwandler, nur daß das Maximum infolge des magnetischen Verhaltens des Wandlers verschoben ist. Bei kurzgeschlossener und bei offener Sekundär-

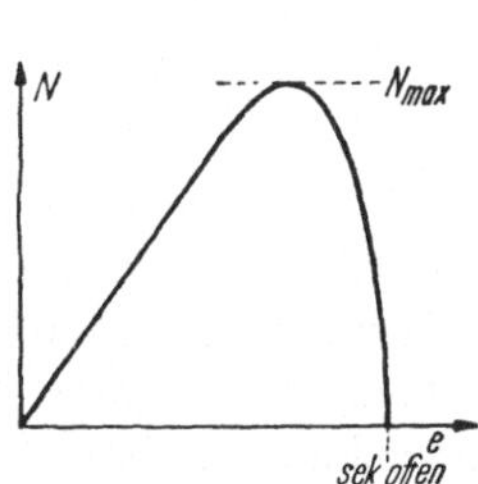

Abb. 6. Grenzleistung eines Stromwandlers. Leistung in VA über der sekundären Spannung e aufgetragen

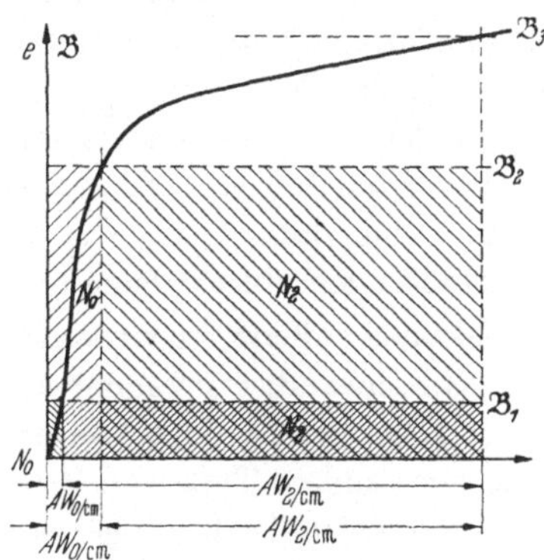

Abb. 7. Grenzleistung des Stromwandlers. $N_2 \approx a w_2 \cdot \mathfrak{B}$; $N_0 \approx a w_0 \cdot \mathfrak{B}$; $\mathfrak{B}_1 =$ Induktion bei Nennstrom; $\mathfrak{B}_2 =$ Induktion bei Eintritt der Sättigung; $\mathfrak{B}_3 =$ Induktion bei sekundär offen; $\mathfrak{B}_2/\mathfrak{B}_1 \approx n$

wicklung ist die abgegebene Leistung $= 0$. Trägt man diese Leistung N in VA über der sekundären Spannung auf, so erhält man eine Kurve etwa wie in Abb. 6. Das Maximum stellt die Grenzleistung eines Stromwandlers bei einem bestimmten Primärstrom, z. B. J_n, dar, die man ohne Rücksicht auf den Meßfehler aus einem Wandler mit gegebenem Eisenvolumen in VA überhaupt herausholen kann. Es war vorher erwähnt, daß die sekundäre Leistung proportional dem Ausdruck $\mathfrak{B} \cdot a w_2$ ist. Trägt man, wie in Abb. 7, die Magnetisierungskurve über die verfügbaren $AW_{1/cm}$ auf und besitzt der Wandler bei Nennbelastung die Linienzahl $\mathfrak{B}_1$, so erhält man links ein Rechteck, das dem Eigenverbrauch $\mathfrak{B}_1 \cdot a w_{0/cm}$ entspricht und der Rest der abgenommenen Sekundärleistung $\mathfrak{B}_1 \cdot a w_{2/cm}$. Dabei ist vorausgesetzt, daß man eine sekundäre Phasenverschiebung annähernd wie die Phasenverschiebung des Magnetisierungsstromes hat, da man nur in diesem Fall, wie schon festgestellt, $a w_{0/cm}$ und $a w_{2/cm}$ arithmetisch addieren kann. Vergrößert man nun die Bürde, so steigen zunächst beide Leistungen proportional an.

Wird dagegen die Linienzahl höher als $\mathfrak{B}_2$, dann steigt der Eigenverbrauch viel stärker an und die Sekundärleistung nimmt rasch ab, bis sie bei $\mathfrak{B}_3$ zu 0 wird. Man kann den Punkt für $\mathfrak{B}_2$ bei gegebenen Wandlerdaten genau berechnen. Er liegt annähernd auf der gleichen Höhe, die auch bei dem n-fachen Nennstrom entsprechend der Überstromziffer n erreicht wird. Die Ziffer n ist etwa daher das Verhältnis von $\mathfrak{B}_2 : \mathfrak{B}_1$ und $n \cdot$ Nennleistung ergibt auch gleichzeitig ungefähr die maximale Leistung bei Nennstrom.

c) Sekundäre Kurvenform. Jeder Stromwandler zieht seinen Magnetisierungsstrom von dem fest gegebenen Primärstrom ab. Der Magnetisierungsstrom ist aber eine Funktion der Magnetisierungskurve und daher nicht mehr sinusförmig. Die Differenz zwischen der Sinuskurve des Primärstromes und dem nicht sinusförmigen Magnetisierungsstrom muß daher stets auch eine nicht sinusförmige Kurve des Sekundärstromes ergeben. Dieser Unterschied ist im normalen Meßbereich vernachlässigbar klein. Je höher jedoch die Linienzahl $\mathfrak{B}$ ist, um so stärker tritt eine Verzerrung des Sekundärstromes auf und im Sättigungsgebiet kann sie sehr erheblich sein. Diese höheren Harmonischen sind daher bei gewissen Schaltungen, z. B. empfindlichen Erdschlußschaltungen, durchaus zu beachten.

d) Sekundär offene Stromwandler. Es ist eigentlich eine Binsenweisheit, daß ein Stromwandler sekundär stets geschlossen sein muß. Im Gegensatz zu dieser Regel wird jedoch von manchen Herstellerfirmen angegeben, daß die eine oder andere Type von Stromwandlern bei Nennstrom ohne Gefahr für den Stromwandler offen gelassen werden kann. Schließlich werden gerade heute vielfach kleine Hilfswandler sekundär offen gelassen und die sekundär auftretende Spannung als Hilfsspannung zum Betätigen der Relais oder sogar des Auslösers am Leistungsschalter benutzt. Die Vorgänge bei sekundär offenen Stromwandlern sind jedoch nicht allgemein bekannt, so daß es zweckmäßig erscheint, hierüber noch etwas zu sagen.

Bei sekundär offenem Stromwandler wird der gesamte Primärstrom als Magnetisierungsstrom verwendet, da keinerlei Sekundärstrom zur Kompensation der AW_1 vorhanden ist. Die auftretende Spannung ist daher durch die Beziehung

$$e = w \cdot d\, \Phi / dt$$

gegeben. Setzt man $\Phi = \mathfrak{B} \cdot q$, so kann man auch schreiben

$$e = w_2 \cdot q \cdot d\mathfrak{B}/dt,$$

wobei q der effektive Eisenquerschnitt und w_2 die sekundäre Windungszahl darstellt.

$\mathfrak{B}$ ändert sich entsprechend der Magnetisierungskurve verschieden schnell mit dem Strom. Die größte Änderung tritt bei Nulldurchgang der Kurve ein, wobei diese in Abb. 8 ohne Berücksichtigung der Hysterese als einfache Linie gekennzeichnet ist. Die größte Änderung von J mit der Zeit ist im

Nulldurchgang der Sinuskurve in Abb. 9 gegeben. Der Ausdruck $d\mathfrak{B}/dt$ setzt sich also aus $d\mathfrak{B}/d\mathfrak{H}$ und $d\mathfrak{H}/dt$ zusammen bzw.

$$e = w_2 \cdot q \cdot d\mathfrak{B}/d\mathfrak{H} \cdot d\mathfrak{H}/dt. \tag{3}$$

$d\mathfrak{B}/d\mathfrak{H}$ ist eine Konstante, die von der Eisensorte abhängt, und sei mit K_E bezeichnet. Bei wenig legiertem Blech ist sie kleiner als bei hoch legiertem Blech. Außerdem ist die Magnetisierungskurve in AW_{cm} aufgetragen. $\mathfrak{H}$ ist gleich $AW_{1/\mathrm{cm}}$. Der Wert $d\,AW_1/dt$ ergibt sich aus der Sinuskurve im Nulldurchgang zu $AW_1 =$ Scheitelwert. Die maximale Spannungsspitze errechnet sich also zu

$$\left. \begin{aligned} e_{\max} &= 4{,}44 \cdot f \cdot \frac{q \cdot w_2}{lm} \cdot K_E \cdot AW_1 \cdot \sqrt{2} \cdot 10^{-8} \\ &= l_m = \text{mittlerer Eisenweg in cm} \end{aligned} \right\} \tag{4}$$

Die maximale Spitze ist also den Primär-AW direkt proportional ohne irgendwelche Sättigungserscheinungen.

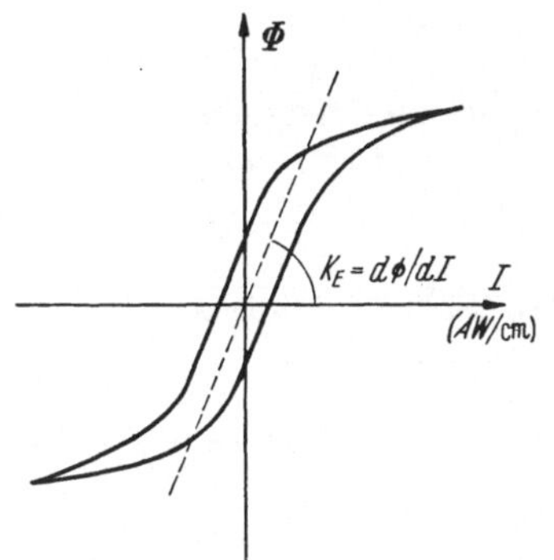

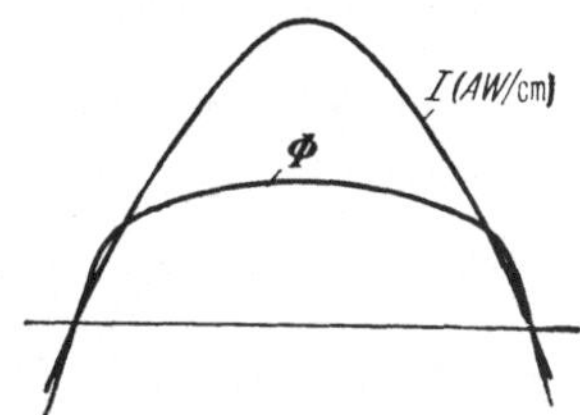

Abb. 8. Differentialquotient einer Magnetisierungskurve beim Nulldurchgang des Stromes. $K_E =$ Konstante der Eisensorte

Abb. 9. Verlauf von Φ in einem Stromwandler bei Überstrom im Sättigungsbereich während einer Halbwelle

Die Eisenkonstante K_E wird ausgedrückt durch

$$K_E = \frac{dB}{d\,aw/\mathrm{cm}} \quad \text{am Anfang der Magnetisierungskurve.}$$

Sie hat etwa den gleichen Wert wie der Wert für $\mu_{\max}$ der betreffenden Eisensorte. Im Wandlerlaboratorium der Siemens und Halske AG Berlin wurden folgende Mittelwerte für K_E bei verschiedenen Eisensorten gemessen:

Material	Art	Konstante K_E
Dyn Bl III 2,3 W	Si Fe	5000
,, ,, IV 1,7 ,,	,, ,,	7000
,, ,, IV 1,2 ,,	,, ,,	10000
Trafoperm 1,0 ,,	,, ,,	12000
Trancor 0,6	,, ,,	17000
Mu-Metall	Ni Fe	25000

Abb. 10 zeigt die Spannung U, die an der offenen Sekundärwicklung eines Hilfswandlers bei hohem Primärstrom auftritt. Sie weist sehr hohe scharfe Spitzen auf, die beim Nulldurchgang des Primärstromes auftreten. Belastet man den Wandler mit einer Bürde, deren Spannungsabfall noch ins Sättigungsgebiet reicht, so zeigt die rechte Seite des Oszillogrammes, daß die Spitzen noch vorhanden sind, wenn auch erheblich kleiner. Der sekundäre Strom i ist ebenfalls verzerrt. Mißt man mit einem Instrument den Effektivwert der sekundären Spannung, so weicht dieser kaum von dem Wert ab, den man nach Gl. (1) für $\mathfrak{B}_{max}$ erhält.

Sind die Dimensionen eines Wandlers günstig — Querschnitt, sekundäre Windungszahl, magnetischer Kraftlinienweg —, so kann man Wandler bei Nennstrom durchaus sekundär offen betreiben, ohne daß die auftretenden Spannungsspitzen die Isolationsfestigkeit überschreiten. Bei Kurzschlüssen

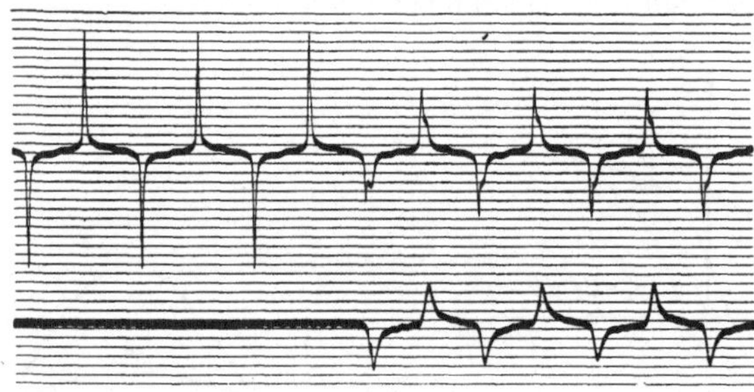

Abb. 10. Sekundärspannung am offenen Zwischenwandler (oben), Sekundärstrom (unten rechts)

ist dies jedoch bei Wandlern in der Hochspannungsleitung nur sehr selten möglich. Die Spitzen lassen sich nicht mit Instrumenten, nur zum Teil mit dem Schleifen-Oszillograph, richtig messen, da sie bei höheren Strömen außerordentlich spitz werden. Verhältnismäßig leicht lassen sie sich mit Glimmröhren feststellen, da deren Leistungsbedarf klein ist. Trotz dieses kleinen Leistungsinhaltes genügen sie jedoch, um Isolationsdurchschläge zu erzeugen. Glücklicherweise entsprechen sie mit ihrem spitzen Verlauf einer hohen Frequenz, so daß sie durch auftretende Eisenverluste von einer gewissen Grenze ab gedämpft werden und nicht mehr proportional anwachsen.

Bei kleinen Hilfswandlern kann man diese Spitzen durch geeignete Dimensionierung in solchen Grenzen halten, daß sie auch bei höchsten Strömen ungefährlich werden. Will man diese Spitzenhöhe laboratoriumsmäßig nachkontrollieren, so müssen die Primärströme über reichlich Vorwiderstand sinusförmig gehalten werden, da sich sonst der Primärstrom an der Stelle, wo die Spannungsspitze auftritt, deformiert. Der primäre Spannungsabfall effektiv gemessen bleibt bei allen Strömen nahezu konstant, so daß, wie vorher festgestellt, die Leistungsaufnahme nur linear mit dem Strom anwächst.

Überschreitet ein Hauptstromwandler bei hohen Kurzschlußströmen seine Überstromziffer n, so tritt annähernd der gleiche Effekt auf, als ob er sekundär offen wäre, d. h. die effektive Spannung steigt nur noch wenig an, aber die maximalen Spitzen wachsen mit dem Strom weiter (s. a. Abb. 10 rechte Seite).

Besitzt ein Stromwandlerkern zwei Wicklungen, z. B. für 1 und für 2 A, so darf selbstverständlich die zweite Wicklung, an welche kein Relais angeschlossen ist, nicht kurzgeschlossen werden. Sie zeigt lediglich den Spannungsabfall am Relais an. Wird z. B. an die 2 A-Wicklung ein Relais angeschlossen, so zeigt die 1 A-Wicklung entsprechend ihrer doppelten Windungszahl auch die doppelte Spannung an. Ebenso selbstverständlich ist es wohl, daß man nicht an beide Wicklungen Instrumente anschließen darf. Jede Wicklung auf einem Eisenkern kann man sich in die andere hineingelegt denken. Die Instrumente sind also parallel geschaltet und der gegebene Strom teilt sich entsprechend den Instrumentenwiderständen auf beide Instrumente auf. Dasselbe tritt auch auf, wenn der Wandler primär oder sekundär einen Windungsschluß besitzt. Während ein solcher bei einem Spannungswandler einen Kurzschluß darstellen würde, der zur Zerstörung des Wandlers führt, entspricht er beim Stromwandler nur einem Nebenschluß zum Instrument. Der Wandler zeigt sekundär weniger an, ohne daß sich irgendwelche Kurzschlußerscheinung am Wandler bemerkbar macht. Unangenehm ist dieser Fehler besonders dann, wenn es sich um einen „Wackelkontakt" handelt und nur zeitweise eine Minderanzeige erfolgt.

Es besteht vielfach die Meinung, daß an den sekundären Stromwandlerklemmen nur eine geringe Spannung herrsche. Das ist richtig, solange es sich um den Normalbetrieb handelt. Um Leitungsverluste in ausgedehnten Hochspannungsanlagen zu vermeiden, wählte man häufig ein Übersetzungsverhältnis von sekundär 1 A. Hat man einen leistungsfähigen Wandler mit einer angeschlossenen Bürde von z. B. 60 VA, so entspricht dies einer Spannung bei Nennstrom von 60 V, bei 10fachem Nennstrom schon 600 V. Kommt der Wandler bei

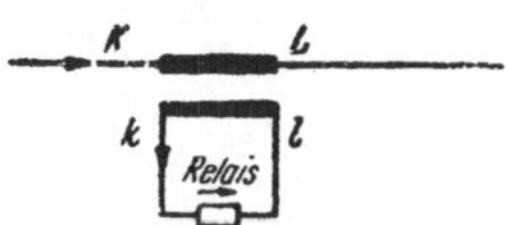

Abb. 11. Bezeichnung der Anschlußklemmen eines Stromwandlers

noch höherem Strom ins Sättigungsgebiet, so steigen die Spannungsspitzen weiterhin linear mit dem Strom an. Die Isolationsbeanspruchung von Stromwandlerklemmen und Leitungen ist also unter Umständen höher als für normale Spannungswandlerleitungen.

Zum Schluß sei noch ein Wort zu der Klemmenbezeichnung an den Wandlern gesagt, da besonders bei komplizierten Differentialschaltungen in der Praxis oft Verschaltungen vorkommen, Abb. 11. Die Wandler werden normungsmäßig primär an den Klemmen mit K und L bezeichnet. Die Sekundärklemmen tragen die entsprechenden Bezeichnungen k und l. Die momentane Stromrichtung ist in den beiden Wandlerwicklungen stets entgegengesetzt gerichtet. Tritt der Strom in einem Zeitmoment in K ein, so fließt er in k

im gleichen Moment heraus. Bei einem angeschlossenen Relais tritt dann der Strom von k ins Relais, d. h. das Relais liegt gleichsam an Stelle des Wandlers im Primärkreis. Die sekundären Bezeichnungen sollen jedoch nur die Zugehörigkeit der sekundären Klemmen zu den primären kennzeichnen. Daher muß bei allen Schaltungen der *räumliche Einbau* des Wandlers berücksichtigt werden, wenn man die Stromrichtung richtig erfassen will. Im Zweifelsfalle kann man die richtige Klemmenbezeichnung leicht kontrollieren, wenn man an K und L einen Gleichstrom, z. B. von einer kleinen Batterie, anlegt. Im Moment des Anschlusses tritt auf der Sekundärseite eine Stromspitze auf und beim Abschalten die gleiche Stromspitze in entgegengesetzter Richtung. Legt man z. B. an K den $+$Pol der Batterie an, so muß beim Anschalten bei k der $+$Pol erscheinen. Auf diese Weise kann mit einem Gleichstrominstrument die Richtigkeit der Klemmenbezeichnung jedes Wandlers schnell nachkontrolliert werden.

II. Meßwerte

In allen Hochspannungsnetzen der Energieversorgung wird heute Drehstrom 50 Per. verwendet. Es ist also zweckmäßig, alle Betrachtungen auf diese Übertragungsform zu richten. Der im Bahnbetrieb verwendete Einphasenstrom für $16^2/_3$ Per. stellt nur einen Sonderfall dieser Betrachtung dar.

In Abb. 12 ist eine Drehstromleitung im senkrechten Schnitt gezeichnet. Die drei Leiter sind mit R, S und T, die Effektivwerte der Spannungen und Ströme mit U_{MR}, U_{MS}, U_{MT} bzw. J_R, J_S und J_T bezeichnet. Die Spannung zwischen den Leitern R und S ist die vektorielle oder geometrische Differenz der beiden Sternspannungen U_{MR} und U_{MS}, also

$$|U_{MR} - U_{MS}| = U_{SR}.$$

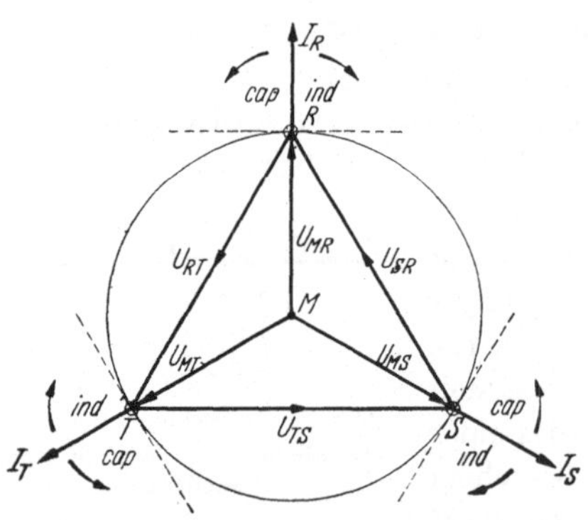

Abb. 12. Symmetrisches Drehstromsystem

Werden die primären Spannungen oder Ströme z. B. durch Transformatoren nachgebildet, so verwendet man zweckmäßig kleine Buchstaben, zu denen stets der Proportionalitätsfaktor gehört, z. B.

$$U_R = K \cdot u_R.$$

Die Konstanten können dann in den Formeln vorübergehend weggelassen werden, was die Übersichtlichkeit der Rechnungen wesentlich erhöht. Die elektromotorische Kraft, z. B. im Generator, wird mit E anstatt mit U bezeichnet.

Abb. 13 zeigt die Messung der Strom- und Spannungswerte in einer Drehstromleitung. Die Ströme werden durch Stromwandler im Zuge jedes Leiters, die Spannungen entweder durch Spannungswandler zwischen den Leitern oder durch Spannungswandler zwischen Leiter und Erde gemessen. Der Nullpunkt des Generators oder des dazwischengeschalteten Transformators kann gegen Erde entweder isoliert oder über einen Widerstand oder direkt starr geerdet sein.

Aus den beiden Darstellungen, Abb. 12 und 13, können nun folgende Spannungs- und Stromwerte entnommen oder durch Verkettung der einzelnen Werte neu gebildet werden.

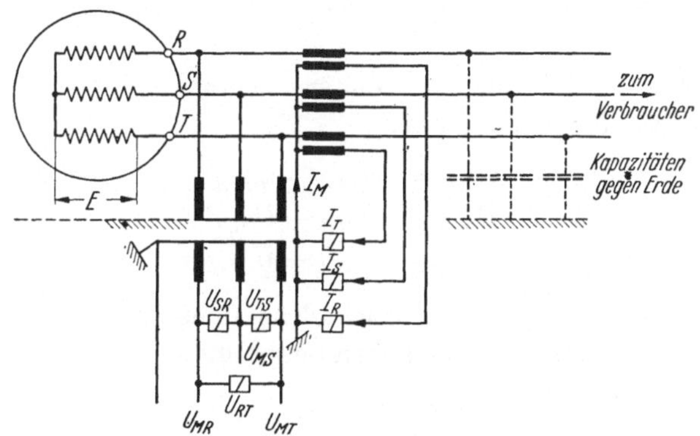

Abb. 13. Meßwerte an einer Drehstromleitung

1. Spannungs-Meßwerte

Spannungen zwischen den Leitern = Dreieckspannungen U_{RS}, U_{ST}, U_{TR}.
Spannungen zwischen Leiter und Erde = Erdspannungen U_{ER}, U_{ES}, U_{ET}.

Bei von der Erde isoliertem Sternpunkt des Generators oder des Transformators wird im Netz durch die Kapazitäten jedes Leiters gegen Erde ein künstlicher Sternpunkt gebildet. Desgleichen bilden 3 Spannungswandler ebenfalls einen künstlichen Sternpunkt. Sind die 3 Kapazitäten oder die Impedanzen des Spannungswandlers vollkommen gleich, so liegt der Sternpunkt stets im Mittelpunkt Mp des Dreiecks, auch wenn es nicht gleichseitig sein sollte. Dieser Mittelpunkt kann in bekannter Weise graphisch durch den Schnittpunkt der Mittellinien gefunden werden. Da diese Voraussetzungen im normalen Betrieb praktisch zutreffen, bezeichnet man gewöhnlich die 3 Sternspannungen mit U_{MR}, U_{MS} und U_{MT}.

Bei geerdetem Sternpunkt des Transformators oder Generators entsprechen die 3 Sternspannungen den Sternspannungen des Transformators oder Generators.

Erhält bei isoliertem Mittelpunkt ein Leiter Berührung mit Erde, so wird der Spannungswandler und die Kapazität dieses Leiters kurzgeschlossen. Die beiden anderen Spannungswandler zeigen nunmehr die Spannung der beiden anderen Leiter gegen den mit der Erde verbundenen Leiter an. Die näheren Verhältnisse werden in dem Abschnitt über das Erdschlußproblem behandelt.

Will man nur die Spannung zwischen den Leitern messen, so genügen 2 Spannungswandler wie in Abb. 14. Die Schaltung ist als V-Schaltung allgemein bekannt und wurde früher fast ausschließlich angewendet. Man erhält alle 3 Dreieckspannungen und kann durch 3 gleiche in Stern geschaltete Widerstände Ströme erhalten, die den Spannungen der Leiter gegen den symmetrischen Sternpunkt M entsprechen. Diese Spannungswerte bleiben aber bei Erdberührung eines Leiters vollkommen unverändert, so daß man mit dieser Schaltung Spannungen zwischen den Leitern und Erde nicht messen kann.

Vektoriell sind die Spannungen Leiter—Leiter die geometrische Differenz der anliegenden Sternspannungen:

$$U_{RS} = \lvert\, U_{MR} - U_{MS}\,\rvert$$
$$U_{ST} = \lvert\, U_{MS} - U_{MT}\,\rvert$$
$$U_{TR} = \lvert\, U_{MT} - U_{MR}\,\rvert.$$

Bei Erdberührung eines Leiters rückt der symmetrische Sternpunkt an den erdgeschlossenen Leiter. Liegt zwischen Leiter und Erde ein Wirkwiderstand,

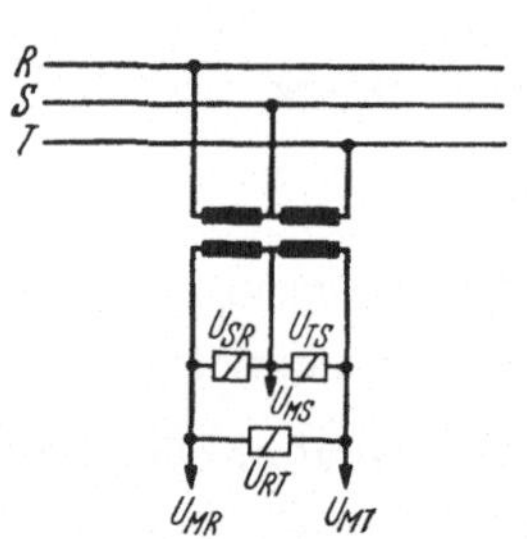

Abb. 14. Schaltung der Spannungswandler

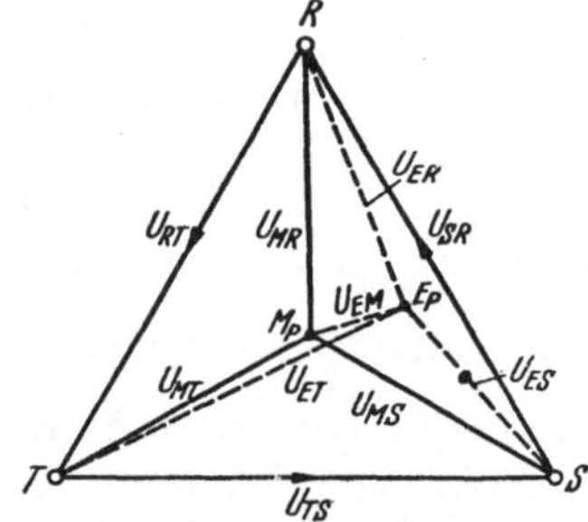

Abb. 15. Verlagerungsspannung U_{EM}
bei Erdschluß

so bewegt sich der Sternpunkt auf einem Halbkreis nach dem Leiter zu, Abb. 15. Der neue Sternpunkt ist von dem ursprünglichen Schwerpunkt um den Betrag U_{EM} entfernt. Bei direkter Erdberührung eines Leiters, z. B. R, liegt er am Leiter R und $U_{EM} = - U_{MR}$. Ganz allgemein ist also

$$3\,U_{EM} = - \lvert\, U_{ER} + U_{ES} + U_{ET}\,\rvert.$$

Gegenüber den Sternspannungen U_λ besteht der Zusammenhang

$$U_{ER} = \lvert\, U_{MR} - U_{EM}\,\rvert$$
$$U_{ES} = \lvert\, U_{MS} - U_{EM}\,\rvert$$
$$U_{ET} = \lvert\, U_{MT} - U_{EM}\,\rvert.$$

Die Verlagerungsspannung oder, wie sie auch bezeichnet wird, die Nullspannung U_{EM} (auch U_O) läßt sich also aus dem Vergleich der Spannungen gegen den symmetrischen Schwerpunkt des Dreiecks mit dem tatsächlichen Sternpunkt der 3 Spannungen Leiter—Erde gewinnen. Der symmetrische Sternpunkt M läßt sich stets durch eine $\curlywedge/\triangle$-Schaltung der 3 Wandler Leiter gegen Erde herstellen. Die geometrische Summe der 3 Spannungen Leiter gegen Erde ist bei symmetrischem Sternpunkt $= 0$. Eine Dreieckwicklung wie in Abb. 16 summiert die 3 Sternspannungen geometrisch und darf also bei Symmetrie keine Spannung aufweisen. Rückt der primäre Sternpunkt aus dem Schwerpunkt heraus, so versucht die Dreieckwicklung diesen Schwerpunkt festzuhalten. Wäre sie kurzgeschlossen, würde in ihr ein hoher Strom fließen, um den ursprünglichen Zustand wieder herzustellen. Bei offener Dreieckwicklung tritt an den Klemmen die Nullspannung U_{EM} nach Größe und Richtung auf. Das Übersetzungsverhältnis der Wandler, z. B. bei einer Primärspannung von 10000 V, ist dann für jeden einzelnen

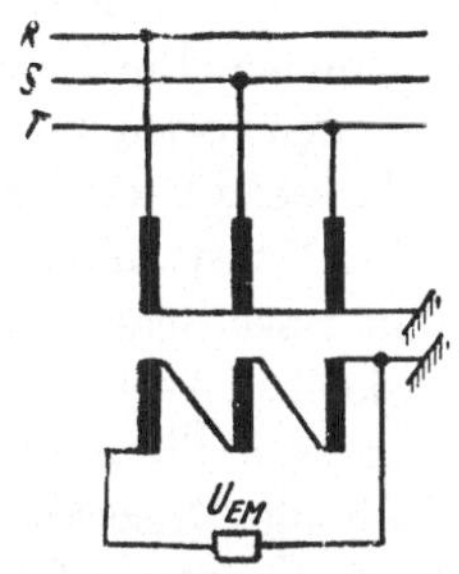

Abb. 16. Verlagerungsspannung U_{EM} durch $\curlywedge/\triangle$ Schaltung der Spannungswandler

$$\frac{10\,000/\sqrt{3}}{110/\sqrt{3}}.$$

Da bei einfacher Erdberührung der einzelne Wandler auch die volle Dreieckspannung erhalten kann, muß er jedoch tatsächlich für ein maximales Übersetzungsverhältnis von $\dfrac{10\,000}{110}$ ausgelegt sein.

Will man an der offenen Dreieckwicklung bei voller Erdberührung ebenfalls 110 V erhalten, so muß jeder Wandler für folgendes Übersetzungsverhältnis ausgelegt sein:

$$\frac{10\,000}{110,\,110/\sqrt{3}}\,,$$

obgleich der Wandler normal mit

$$\frac{10\,000/\sqrt{3}}{110/\sqrt{3},\,110/3}$$

beaufschlagt ist.

Besitzen die Spannungswandler selbst keine zweite Wicklung, welche in Dreieck geschaltet die Verlagerungsspannung angibt, so kann diese durch einen zusätzlichen Hilfswandler wie in Abb. 17 künstlich gewonnen werden. Es werden noch einmal die 3 Spannungen Leiter—Erde in

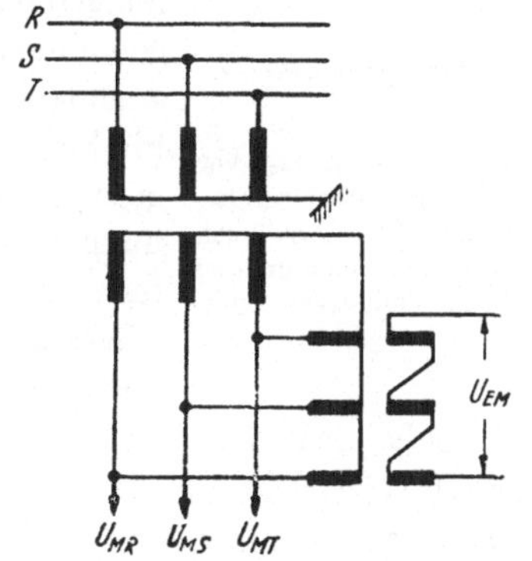

Abb. 17. Verlagerungsspannung durch $\curlywedge/\triangle$ Hilfswandler

einem Hilfswandler nachgebildet und in einer Dreieckwicklung auf ihre geometrische Summe hin überwacht. Aber auch hier sind stets 3 Spannungswandler Leiter gegen Erde notwendig.

Die 3 getrennten Spannungswandler sind mit einem Sechsschenkel-Transformator zu vergleichen, da jeder Schenkel seinen eigenen magnetischen Rückschluß besitzt. Dieser Rückschluß ist notwendig, damit sich der Sternpunkt frei verlagern kann. Da für die 3 Schenkel auch ein gemeinsamer Rückschluß genügt, wird die Verlagerungsspannung auch oft von der Wicklung eines vierten Schenkels eines Vier- oder Fünfschenkel-Transformators entnommen. Ein Dreischenkel-Transformator ist magnetisch verkettet und sucht den Sternpunkt durch hohen Ausgleichstrom ähnlich wie eine kurzgeschlossene Dreieckwicklung festzuhalten.

Die Nullspannung läßt sich auch aus einem Spannungswandler im Sternpunkt eines Generators oder Transformators gewinnen, sofern er nicht starr geerdet ist. Auch in der Sternpunktsverbindung in Abb. 17 zwischen dem sekundären Sternpunkt der Hauptwandler und des Hilfswandlers, wobei jedoch die Dreieckwicklung des Hilfswandlers kurzgeschlossen sein muß, tritt die Spannung U_{EM} auf. Der Hilfswandler-Sternpunkt ist durch die Dreieckwicklung im Schwerpunkt festgehalten, während der Sternpunkt der Hauptwandler sich frei verlagern kann. Die Differenz ist also U_{EM} nach Größe und Richtung. Alle Dreieckwicklungen dürfen nur an einem Punkt mit der Schutzerde versehen sein, wie in Abb. 16.

Es gibt in der Selektivschutztechnik auch Aufgaben, bei denen anstatt der Dreieck- oder Sternspannung eine andere Spannung zwischen irgendwelchen Punkten des Dreiecks günstiger ist. Dies kann man am besten mit einem induktiven Spannungsteiler oder z. B. einem Hilfswandler mit einer Wicklung und entsprechenden Anzapfungen, der zwischen zwei Leitern liegt, erreichen. Ohmsche Spannungsteiler verbrauchen Leistung und müssen der abgenommenen Leistung aus der gewünschten Spannung angepaßt werden. Ein Beispiel zeigt Abb. 18. Die Verbindung der Phase R mit dem in der Abbildung eingezeichneten Anzapfungspunkt des induktiven Spannungsteilers zwischen S und T entspricht der erhaltenen Spannung nach Größe und Richtung. Auf diese Weise kann man also eine beliebige Spannung nach Größe und Richtung innerhalb des Dreiecks herstellen.

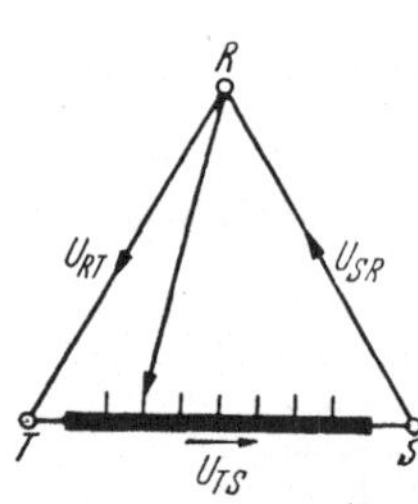

Abb. 18. Gewinnung von Spannungen beliebiger Größe und Phasenlage innerhalb des Spannungsdreiecks mittels induktiver Spannungsteiler

Schließlich dienen die Spannungen zum Feststellen der Frequenz und der Drehfeldrichtung. Gerade von der Drehfeldrichtung sind viele Schaltungen abhängig, so daß deren Kenntnis vor der Inbetriebnahme solcher Schaltungen notwendig ist.

2. Strom-Meßwerte

In Abb. 12 sind die Ströme von den Leitern R, S, T ausgehend gezeichnet. Während das Spannungsdreieck als feststehend betrachtet werden kann, ist die Höhe und die Phasenlage der Leiterströme von dem angeschlossenen Verbraucher abhängig. Bei einer normalen Belastung — hauptsächlich bei Motorenbelastung — können die drei Ströme als vollkommen symmetrisch angenommen werden. Bei reiner Wirklast ist die Phasenlage wie in Abb. 12 gezeichnet, also mit den Sternspannungen in Phase. Bezieht der Verbraucher induktiven Strom — Motorenbelastung —, so bewegt sich der Vektor entsprechend dem Verschiebungswinkel φ nach rechts. Bei leerlaufender Leitung oder Überkompensation des induktiven Blindstromes ist eine kapazitive Komponente vorhanden und die Vektoren neigen sich nach links. Man kann auf diese Weise leicht die Phasenlagen der Ströme gegenüber den einzelnen Spannungen des Spannungsdreiecks ablesen. Die gestrichelte Senkrechte zur Sternspannung zeigt den maximal möglichen Verdrehungswinkel bei gegebenem Energiefluß, ob induktiv oder kapazitiv. Dreht sich die Energierichtung um, so bewegen sich die Stromvektoren im entgegengesetzten Halb-

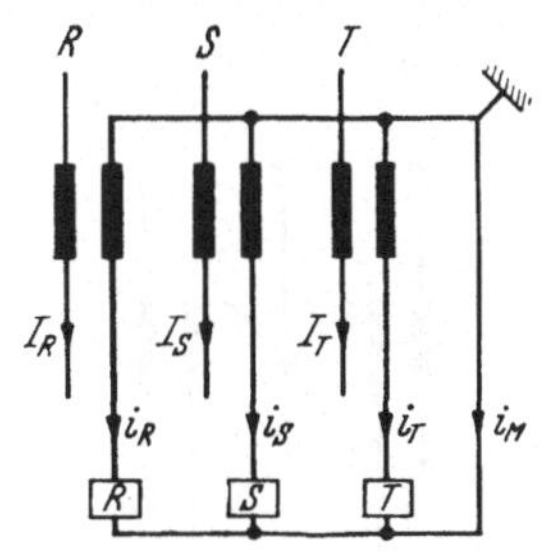

Abb. 19. Sternschaltung

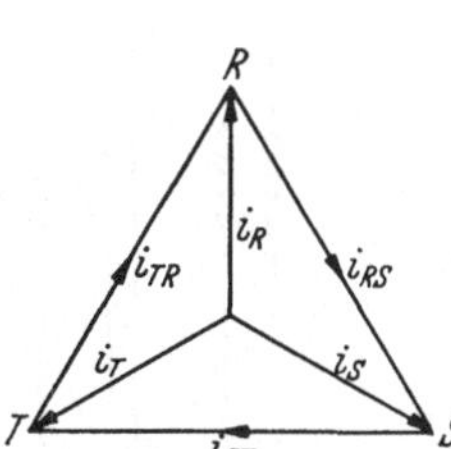

Abb. 20. Vektordiagramm

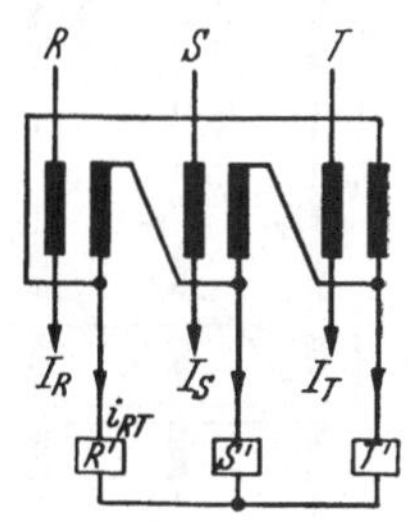

Abb. 21. Dreieckschaltung

kreis oder man braucht nur die Pfeilrichtung entgegengesetzt anzusetzen. Diese Darstellung hat sich gerade beim Untersuchen der gegenseitigen Phasenlagen von Strom und Spannung bei unsymmetrischen Kurzschlüssen bewährt. Hierbei werden die Ströme nicht nur unter Umständen sehr hoch, sondern auch das Spannungsdreieck deformiert sich.

Aus dem Stromwandler erhält man nun den Strom eines Leiters: J_R, J_S oder J_T. Die drei Leiterströme bilden in ihrer Vektorlage einen Stern. Abb. 19 stellt die normale Sternschaltung der sekundären Wicklungen von drei Stromwandlern dar. Die drei sekundären Ströme i_R, i_S, i_T bilden, wie im Vektordiagramm Abb. 20 gezeigt, einen symmetrischen Stern, der sich je nach der Phasenlage gleichmäßig gegen das Spannungssystem dreht.

Diese Leiterströme kann man auch in Dreieckströme umwandeln, wenn man die Sekundärwicklungen der Stromwandler in ein Dreieck schaltet und die Relais im Stern an dieses Dreieck anschaltet. In Abb. 21 fließt z. B. über das Relais R' einmal der Strom i_R vom Wandler des Leiters R und gleichzeitig in entgegengesetzter Richtung der Strom i_T des Wandlers im T-Leiter. Durch R' fließt also die geometrische Differenz $|\,i_R - i_T\,|$. Im Vektordiagramm nach Abb. 20 wird dieser Strom durch die Verbindungslinie zwischen R und T dargestellt. Er ist bei symmetrischer Sternspannung um $\sqrt{3}$ mal größer als der Wandlerstrom selbst. Will man in R, S, T ebenfalls z. B. den Normalstrom 5 A erhalten, dann müssen die Hauptwandler $\dfrac{J_{\mathrm{prim}}}{5/\sqrt{3}}$ übersetzen. In diesem Fall bleibt auch die Belastung für jeden Wandler die gleiche wie bei Sternschaltung und einem Übersetzungsverhältnis $J_{\mathrm{prim}}/5$ A. Man kann die $\triangle$-Schaltung auch mit Hilfswandler wie in Abb. 22 vornehmen.

Die drei Leiterströme kann man auch mit nur zwei Wandlern messen, wie in Abb. 23 dargestellt ist. Es sind z. B. nur die Wandler in den Leitern R und T eingesetzt. Die Sekundärwicklungen sind zu einem Stern zusammengeschaltet und in der Mittellinie, wo kein Wandler vorhanden ist,

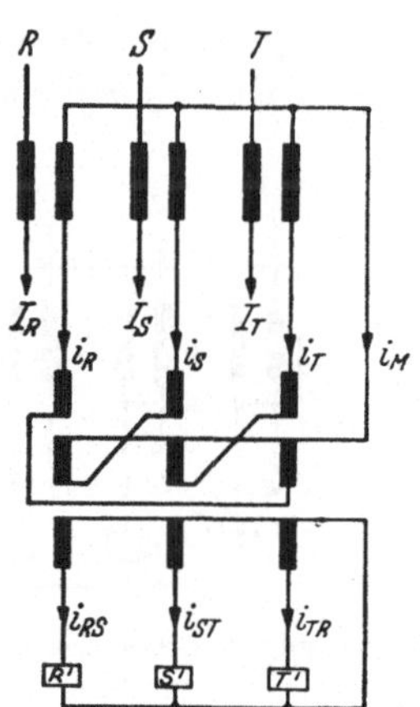

Abb. 22. Phasendrehung durch
Stern-Zickzack-Schaltung eines
Hilfswandlers

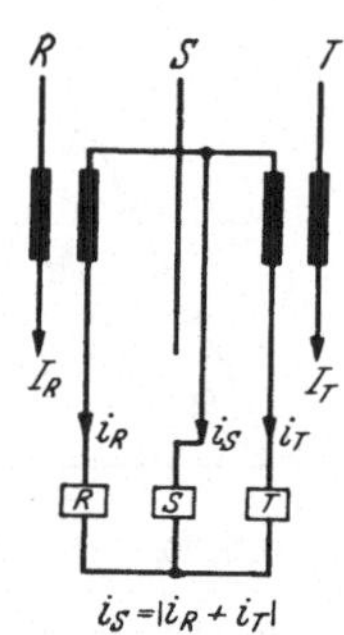

Abb. 23. Zweiwandler-
schaltung

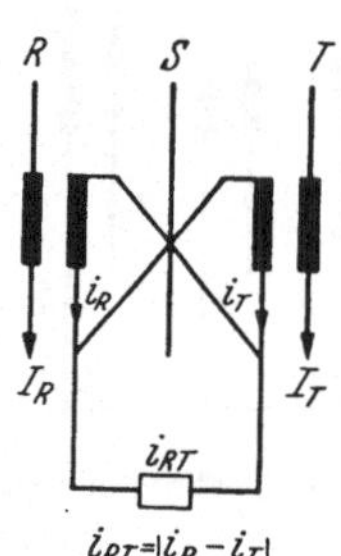

Abb. 24. Kreuzschaltung

fließt die geometrische Summe der beiden Wandlerströme $|\,i_R + i_T\,| = i_S$. Man kann auch mit zwei Wandlern einen Dreieckstrom herstellen, wie in Abb. 24. In der Verbindungslinie der unter dem Namen „Kreuzschaltung" oft verwendeten Wandlerschaltung fließt nunmehr die geometrische Differenz der beiden Wandlerströme $|\,i_R - i_T\,| = i_{RT}$. Diese Kreuzschaltung stellt einen Teil der in Abb. 21 dargestellten Dreieckschaltung dar.

Die drei Sternströme bilden im symmetrischen Zustand auch ein geschlossenes Dreieck und ihre geometrische Summe ist $= 0$. Weicht jedoch die Summe von 0 ab, so fließt über die Sternpunktsverbindung der Wandler in Abb. 19 der überschüssige Strom. Dieser Strom wird mit $i_M =$ Mittelpunktstrom, auch $i_E =$ Erdstrom oder $i_0 =$ Nullstrom genannt, bezeichnet. Er ist besonders bei Erdschlußschaltungen eine wichtige Größe, denn er stellt den Erdstrom dar, der bei diesen Fehlerfällen in der Erde unter der Drehstromleitung fließt. Bei der Empfindlichkeit, die gerade bei Erdschluß oft von den Relais gefordert wird, sind hier noch einige Worte über die Forderung zu sagen, die man hierbei an die Wandler stellen muß.

Die Sekundärwicklungen der drei Wandler sind parallel geschaltet. Bei vollkommener Symmetrie ist die Stromsumme der Primärströme in jedem Zeitmoment $= 0$, d. h. bei vollkommen genauer Übersetzung wird auf der Sekundärseite stets der Strom eines Wandlers von einem der beiden anderen oder beiden abgesaugt, da nämlich der gleiche Strom durch die anderen Wandler zurückfließt. Es war aber vorher darauf hingewiesen worden, daß mit Rücksicht auf die Vorschriften für Fehlergrenzen die sekundäre Windungszahl immer etwas unterhalb der theoretischen Windungszahl gewählt wird. Selbst bei gleicher Bauart kann es vorkommen, daß je nach der Eisenqualität die sekundäre Windungszahl um eine Windung differieren kann. Entsprechend diesem Fehlbetrag, ob $+$ oder $—$, fließt ein Ausgleichstrom über die Nulleitung mit der Grundwelle. Es müssen daher bei empfindlichen Erdschlußschaltungen die *sekundären Windungszahlen* unter allen Umständen *gleich* sein. Das für Meßinstrumente geforderte Einhalten von Fehlergrenzen hat hierbei keinerlei Bedeutung.

Weiterhin war angegeben worden, daß der Magnetisierungsstrom sich nach der sekundären Belastung richtet und vom Primärstrom abzieht. Ist z. B. ein Wandler stärker als die anderen sekundär belastet, so ist auch sein Magnetisierungsstrom und damit sein Fehlbetrag im Sekundärstrom größer. Entsprechend diesem Fehlbetrag entsteht wiederum ein Fehlerstrom, der sich über die Sternpunktsverbindung ausgleichen muß. Daher die zweite Forderung: *gleiche Belastung für die drei Wandler.*

Drittens können die Eisensorten verschieden sein und dadurch trotz gleicher Bürde die Magnetisierungsströme voneinander abweichen. So entsteht wiederum ein Ausgleichstrom. Bei ganz empfindlichen Schaltungen muß daher auch das *Eisen möglichst gleiche Qualität* aufweisen.

Schließlich tritt auch nach Erfüllen dieser drei Forderungen dennoch ein Ausgleichstrom auf, der sich als Differenz der drei Magnetisierungsströme erweist und nunmehr aus einem *Gemisch von höheren Harmonischen*, besonders der dritten, besteht. Die Höhe dieser Oberwellen hängt von der Höhe der sekundären Bürde ab und nimmt im Normalbetrieb annähernd proportional mit der Höhe des Primärstromes zu. Besonders stark werden sie, wenn die Wandler ins Sättigungsgebiet kommen. Es ist also Vorsicht geboten, wenn man in die Sternpunktsverbindungen der Wandler ein Summenstromrelais schaltet, das wesentlich unter Nennstrom ansprechen soll und von dem ein Fehlerkriterium, z. B. Vorhandensein eines Doppelerdschlusses, abgeleitet wird. Besitzen die Wandler eine kleine Überstromziffer n, so kann es bei hohen, auch vollkommen symmetrischen Kurz-

schlüssen vorkommen, daß dieses Relais anspricht und fälschlicherweise
einen Erdstrom anzeigt, der in Wirklichkeit nicht vorhanden ist.

Diese Schwierigkeiten treten nicht auf, wenn man die drei Hauptleiter
gemeinsam als Primärleiter eines Ringwandlers verwendet, wie in Abb. 25.
Die drei Primärströme bilden bei symmetrischer Belastung die Stromsumme 0. Nur die Null-Komponente der drei Leiterströme kann jetzt als
wirksamer Primärstrom auftreten. Jedoch ist für den Nullstrom ein solcher
Wandler ein Einleiter-Wandler und damit für sehr kleine Unsymmetrieströme
außerordentlich wenig leistungsfähig. Deshalb sind Mehrleiter-Wandler trotz
der vom Wandler herrührenden Störströme oft geeigneter, da dann der Unsymmetriestrom im Wandler mehr A-Windungen besitzt und die Leistung
quadratisch mit der primären AW-Zahl zunimmt.

Summen- und Differenzbildung. Die sekundären Ströme kann man in
jeder beliebigen Weise miteinander kombinieren, indem man sie magnetisch
oder direkt zum Teil in verschiedener Größe einander überlagert. Man erhält
dann immer entweder die geometrische Summe oder Differenz.

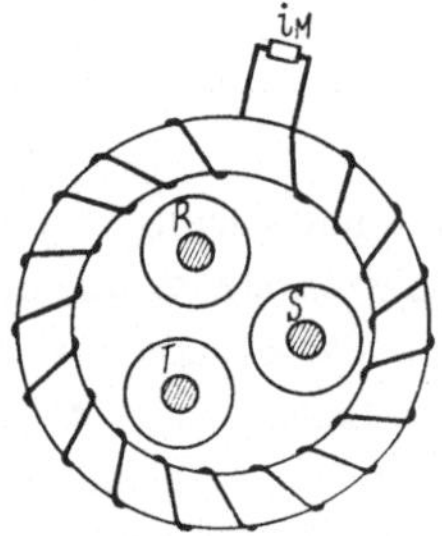

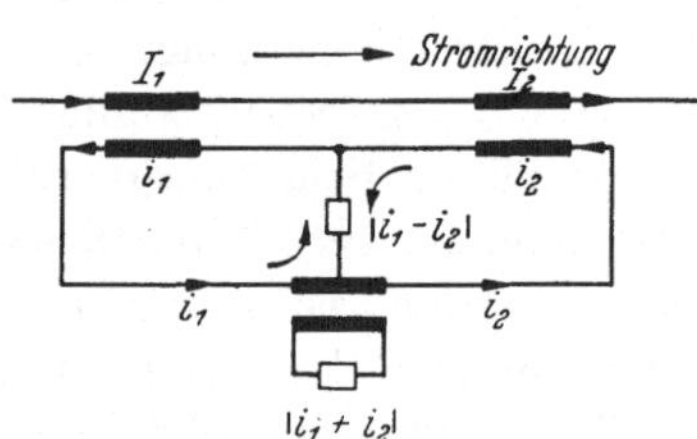

Abb. 25. Kabelringwandler   Abb. 26. Summen- und Differenzbildung

Vergleicht man sie magnetisch, so werden eigentlich nur die AW-Zahlen
miteinander verglichen. Man hat dann Freiheit hinsichtlich der tatsächlichen
Höhe der Ströme, da man diese mit der entsprechenden Windungszahl auf
die Vergleichs-AW bringen kann. Auch das Vergleichsresultat läßt sich durch
die Windungszahl auf eine andere gewünschte Stromstärke bringen.

Vergleicht man dagegen direkt, so müssen die Ströme schon von vornherein auf das Vergleichsmaß gebracht werden. Charakteristisch hierfür ist
die Forderung bei einer Differentialschaltung, daß alle Wandler auf den
gleichen Sekundärstrom übersetzen müssen.

Diese beiden Vergleichsmöglichkeiten werden in der Praxis vielfach miteinander kombiniert. Abb. 26 zeigt das Grundschema einer Differentialschaltung. Zwei Hauptwandler liegen in einem Leitungszug und sind vom
gleichen Strom durchflossen, $J_1 = J_2$. Die sekundären Wicklungen sind
hintereinander geschaltet. In der Mitte sind die beiden Leitungen über ein
Relais kurzgeschlossen. Gleichzeitig durchfließen sie einen Hilfswandler, an

dessen Mitte die Diagonalverbindung angeschaltet ist. Es sind also zwei sekundäre Stromkreise vorhanden, der Strom i_1 fließt über die linke Hälfte des Zwischenwandlers über das Diagonalrelais zum Wandler zurück, während i_2 in entgegengesetzter Richtung zu i_1 über das Relais und in gleicher Richtung wie i_1 über die zweite Hälfte des Zwischenwandlers fließt. Wir erhalten also im Relais die geometrische Differenz $|\,i_1 - i_2\,|$, und im Zwischenwandler addieren sich die beiden AW-Zahlen $|\,aw_1 + aw_2\,|$. Auf der Sekundärseite des Zwischenwandlers erhält man einen Strom, der also der geometrischen Summe $|\,i_1 + i_2\,|$ proportional ist. Vom Relais in der Diagonale aus gesehen sind die Sekundärwicklungen der Wandler parallel geschaltet, genau wie bei der Sternschaltung der Stromwandler in Abb. 19. Die Sternpunktverbindung dreier Stromwandler ist also mit der Diagonalverbindung in Abb. 26 identisch. Da die beiden Vergleichswandler räumlich auseinander liegen, sind sie durch die Impedanzen der Verbindungsleitungen belastet. Es gelten also auch hier die gleichen Forderungen, wie sie eben für empfindliche Messungen für J_M dargelegt wurden, nämlich gleiche Windungszahl, gleiche Belastung, hohe Überstromziffer. Da diese Bedingungen in der Praxis schwer einzuhalten sind, wurden gerade für diese Schutzarten besondere Maßnahmen gegen Fehlanzeige entwickelt, die des näheren im Abschnitt über Differentialschutz erläutert werden.

Auch wenn die Primärströme nicht in ihrer Höhe gleich sind, sofern nur ihre gegenseitige Phasenlage und ihr Größenverhältnis konstant ist, kann man sie in gleicher Weise vergleichen. Die sekundären Ströme werden durch die Windungszahlen der Hauptwandler oder durch Zwischenwandler auf gleiche Größe gebracht. So können die Ströme von den beiden Seiten eines Leistungstransformators trotz ihrer verschiedenen Größe miteinander verglichen werden, wenn sie durch das Übersetzungsverhältnis der Hauptwandler oder durch Zwischenwandler sekundär auf gleiche Größe und gleiche Phasenlage gebracht worden sind. Die einzelnen Schaltungsmöglichkeiten und die Bedingungen werden später beim „Trafo-Differentialschutz" ausführlich dargelegt.

Weiterhin können Ströme paralleler Leitungen, die durch die primären Leitungsimpedanzen in konstantem Größenverhältnis stehen, verglichen werden. Die Schaltungen sind unter dem Namen „Achterschutz" (Name rührt von der Form der Schaltung wie eine Acht her) und „Polygonschutz" bekannt und oft ausgeführt. Abb. 27 und 28 stellen solche Schaltungen im Prinzip dar. Hierbei ist nur der Vergleich einer Phase dargestellt. Die Relais sind im Normalbetrieb stromlos, da die Ströme gleich groß sind und gleiche Richtung besitzen und dadurch lediglich in der „Acht" oder im „Polygon" kreisen. Erst bei einer durch eine Störung bedingten Unsymmetrie fließt Strom durch die Relais. Auch bei diesen Schaltungen sind Maßnahmen erforderlich, um Fehlerströme durch Wandlerungenauigkeiten aus der Messung fernzuhalten.

Unter der fast beliebig großen Anzahl von Summen- und Differenzbildung und Größenänderung der Ströme ist eine Schaltung bemerkenswert, die vor allem bei Kabeldifferential-Schaltungen mit dem Namen „Mischwandler" bezeichnet wird.

Man kann nur Ströme gleicher Phasenlage und gleicher Höhe vergleichen. Daß sie in den Versorgungsnetzen auch stets die gleiche Frequenz besitzen,

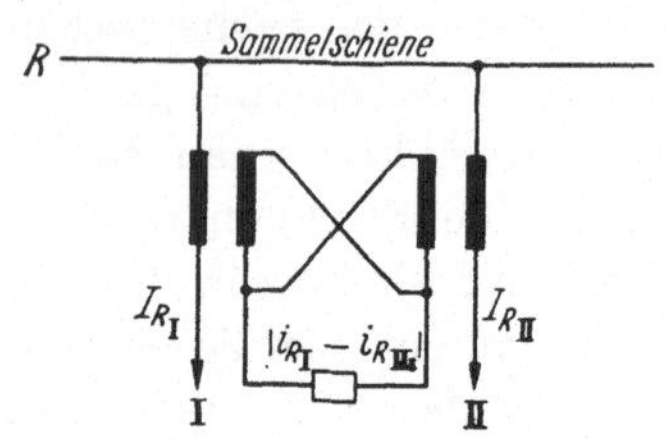

Abb. 27. Stromvergleich zweier paralleler Leitungen. „Achterschaltung" (Leiter R)

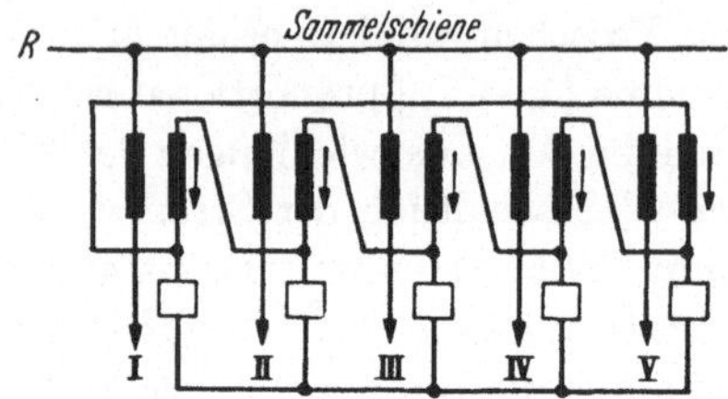

Abb. 28. Stromvergleich von mehr als zwei paralleler Leitungen. „Polygonschaltung" (Leiter R)

ist dabei vorausgesetzt. Bei einem Stromvergleich in allen drei Leitern müßte man also entweder jeden der drei Leiterströme oder zumindest zwei Leiterströme getrennt miteinander vergleichen. Um nun die Anzahl der hierfür notwendigen Verbindungsleitungen zu verringern, stellt man einen Einphasenstrom aus den drei Leiterströmen her, der zwar bei den verschiedenen Kurzschlußfehlern verschieden hoch ist, aber immer einen einphasigen Vergleich zuläßt. Abb. 29 zeigt eine solche Wandlerschaltung. Der Mischwandler soll primär drei gleiche Windungszahlen besitzen, $w_1 = w_2 = w_3$. Im Normalbetrieb fließen die drei Leiterströme i_R und i_T in entgegengesetzter Richtung in w_1 bzw. w_2 und dann nach dem Leiter S zurück. Die AW-Zahlen auf dem Wandler entsprechen dann der geometrischen Differenz der beiden Leiterströme $|i_R - i_T| = \sqrt{3} \cdot i_R$. Im Normalbetrieb oder bei außenliegendem dreipoligen Kurzschluß erfolgt der Vergleich mit dieser Stromgröße. Bei den verschiedenen Kurzschlußfehlern wechselt diese Größe, und zwar erhält man bei den einzelnen Kurzschlußfällen die Verhältniswerte, die in Abb. 29 aufgezeichnet sind. Hierbei sind die Leiterströme mit 1 bezeichnet und die Wicklungen w_1, w_2, w_3 ebenfalls mit 1. Bei einem Kurzschluß zwischen den Leitern R--S fließt also ein Strom mit der Größe 1 durch die Windungs-

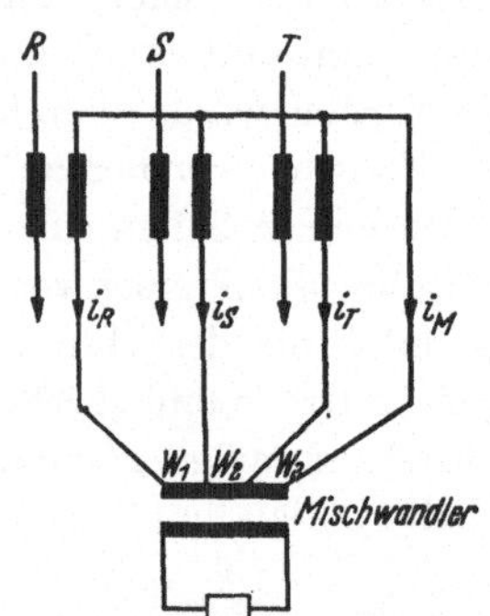

Abb. 29. Mischwandler.
Beispiel: $W_1 = W_2 = W_3$

Kurzschluß	Verhältniswert
$R - S$	1
$S - T$	1
$T - R$	2
$R - S - T$	$\sqrt{3}$
$R - 0$	3
$S - 0$	2
$T - 0$	1

lungen w_1, w_2, w_3 ebenfalls mit 1. Bei einem Kurzschluß zwischen den Leitern R--S fließt also ein Strom mit der Größe 1 durch die Windungszahl w_1. Hierbei soll der Strom auf der Sekundärseite des Mischwandlers den Verhältniswert 1 besitzen. Im Kurzschlußfalle $T—R$ fließt der Strom i_R durch die beiden Wicklungen $w_1 + w_2$. Der Sekundärstrom ist also in diesem Fall doppelt so hoch und hat den Verhältniswert 2. Wie die Tabelle in Abb. 29 zeigt, wechselt also die Höhe des Sekundärstromes bei den einzelnen Kurzschlußfällen im Verhältnis 1 : 3. Aus besonderen Gründen kann es zweckmäßig sein, eine etwas andere Wicklungsaufteilung zu wählen. Es ergeben sich dann andere Verhältniswerte, aber es existiert stets ein brauchbarer Vergleichstrom.

3. Künstliche Phasenverschiebung

In den Schutzschaltungen kommt es häufig vor, daß man in einem Relais einen Strom haben will, der gegenüber dem Primärstrom oder der Primärspannung um einen konstanten Winkel phasenverschoben ist.

a) Spannung. Bei einer Spannung ist es leicht, einen gegenüber der Primärspannung verschobenen Strom zu erhalten, da diese Phasenverschiebung lediglich von der Art des angeschalteten Widerstandes abhängig ist. Will man einen Strom haben, der in Phase mit der primären Spannung liegt, so muß vor der Relaisspule, die meistens induktiver Art ist, ein so hoher ohmscher Widerstand liegen, daß dieser allein praktisch die Phasenlage bestimmt. Wählt man einen induktiven oder kapazitiven Widerstand, so ist die Phasenlage nacheilend oder voreilend. Solange man die Verschiebung durch die Relaisspule nicht miteinbezieht, muß ihr Widerstand vernachlässigbar klein gegenüber dem Vorwiderstand sein. Bekannt ist z. B. die in Meßinstrumenten häufig angewendete „Hummel-Schaltung" zum Erzeugen einer Verschiebung von 90°. Es ist auch eine 90°-Verschiebung bekannt, die aus Kapazitäten und Drosseln besteht, aber nach außenhin trotzdem den Charakter eines Wirkwiderstandes besitzt, so daß der Strom im Relais durch weiteren Wirkwiderstand verändert werden kann, ohne daß die 90°-Verschiebung zwischen Relaisstrom und der angelegten Spannung dadurch berührt wurde.

b) Strom. Viel schwieriger wird eine künstliche Phasenverschiebung im Strompfad. Auf S. 5 war ausgeführt worden, daß auch bei starker Induktivität der sekundären Bürde nur der Stromfehler größer wird, dagegen der Winkelfehler kleiner. Er ist Null, wenn der Verschiebungswinkel im Sekundärkreis gleich dem des Magnetisierungsstromes ist. Bei kapazitiver Sekundärbürde wird der Stromfehler sogar positiv und der Winkelfehler größer. Die Winkelfehler bewegen sich aber im Normalbetrieb nur in der Größenordnung von einigen Minuten. Durch eine sekundäre Phasenverschiebung wird also nichts hinsichtlich einer künstlichen Verschiebung zum Primärstrom erreicht. Es ändert sich dabei nur die Phasenlage des primären Spannungsabfalles am Wandler zum Primärstrom.

Eine einfache Möglichkeit einer künstlichen Phasenverschiebung besteht darin, daß man den Spannungsabfall an einem Widerstand im Sekundärkreis als Maß für den Strom nimmt. Wählt man z. B. als Sekundärbürde eine Drossel, so ist deren Spannungsabfall voreilend zum Sekundärstrom. Wählt man einen rein ohmschen Widerstand (Shunt), so kann man den Strom in eine phasengetreue Spannung verwandeln. Von dieser Spannung kann man nun bekannterweise über Drosseln oder Kapazitäten Ströme beliebiger Phasenlage abnehmen. Das ist nur dann leistungsmäßig tragbar, wenn der Verbrauch im Relais sehr klein ist. Es können also nur hochempfindliche und leistungsarme Relais hierbei verwendet werden.

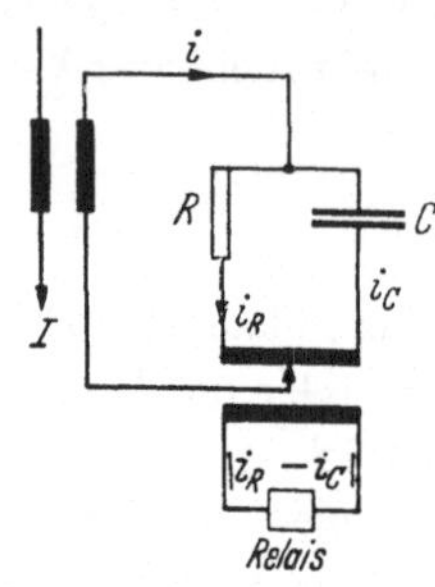

Abb. 30. Phasenverschiebung im Stromwandlerkreis durch Stromaufspaltung

Diese Methode entspricht einer Aufspaltung des Sekundärstromes, wobei nur ein Teil, und zwar ein sehr geringer, für die eigentliche Betätigung im Relais verwendet wird. Man kann aber auch beide Teile des aufgespaltenen Stromes für das Relais wirksam machen. In Abb. 30 spaltet sich der Sekundärstrom i über einen ohmschen Widerstand R und die Kapazität C auf und fließt über einen Zwischenwandler mit einer Mittelanzapfung zum Hauptstromwandler zurück. Die beiden Teilströme i_R und i_C durchfließen in entgegengesetzter Richtung die beiden Hälften des Zwischenwandlers. In diesem entsteht also eine AW-Zahl, die durch die geometrische Differenz der beiden Ströme gegeben ist. Der Relaisstrom ist daher $i_{Rel} \approx |\, i_R - i_C\,|$. Da die geometrische Summe der beiden Teilströme immer nur den Wandlerstrom i ergeben muß, bewegt sich der Berührungspunkt der beiden Teilströme auf einem Halbkreis über den Strom i, s. Abb. 31. Die Verbindungslinie zwischen dem Mittelpunkt von i und dem jeweiligen Berührungspunkt im Halbkreis stellt den Vektor des Relaisstromes dar. Ist $i_R = i_C$, so steht der Relaisstrom senkrecht auf dem Wandlerstrom. Durch Verändern von R oder C erhält man z. B. die gestrichelten Vektoren. Die Größe von R und C spielt eine untergeordnete Rolle, nur das gegenseitige Verhältnis ihrer Widerstände ist maßgebend. Der Anzapfpunkt an der Wicklung des Hilfswandlers verschiebt den Fußpunkt des Vektors des Relaisstromes. Die Phasenlage kann also entweder durch Ändern des Verhältnisses $R : C$ oder durch Verändern der Mittelanzapfung variiert werden.

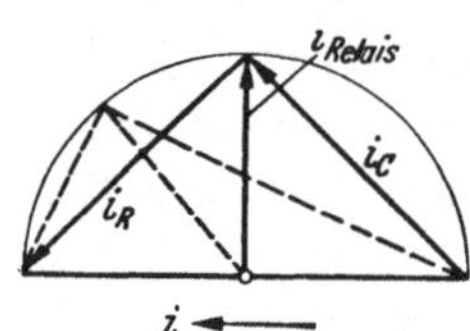

Abb. 31. Vektordiagramm

C. Selektionsmittel

Die Bezeichnung „Selektivschutz" enthält schon die Hauptforderung, die an eine Schutzschaltung gestellt wird. Selektivität bedeutet nämlich, daß ein Schutz imstande sein muß:

1. die den Betrieb störende anomale elektrische Erscheinung aus den betrieblich bedingten normalen elektrischen Vorgängen eindeutig herauszufinden und zu erfassen = *Selektivität der Fehlerart;*

2. aus einem Netzgebilde den fehlerbehafteten Teil — z. B. Generator, Transformator, Sammelschiene, Leitungsstrecke, Abnehmerzweig — sicher festzustellen und nur diesen herauszutrennen = *Selektivität des Fehlerortes.*

Um die erste Aufgabe zu erfüllen, müssen die mittels der Wandler zur Verfügung stehenden Meßgrößen *dauernd überwacht* und aus ihrem Verhalten die einzelnen Fehlerarten festgestellt werden. Dies ist jedoch nur möglich, wenn ein sicheres elektrisches Unterscheidungsmerkmal = *Fehlerkriterium* gegenüber den normalen elektrischen Erscheinungen existiert, was in gewissen Fällen nicht ohne weiteres der Fall ist. Ein Drehstromgebilde ist eine Verkettung von mehreren Stromkreisen, von denen jeder einzelne z. B. mit einem Kurzschluß behaftet sein kann. Es ist daher öfters notwendig, mit Sicherheit auch die fehlerbehafteten Leiter festzustellen, zwischen denen ein Kurzschluß aufgetreten ist. Diese gesamte Aufgabe fällt den *Anregegliedern zu* = Anregekreis.

Die zweite Aufgabe, nämlich das Herausfinden des fehlerbehafteten Netzteiles, wird mit zusätzlichen Mitteln erreicht, z. B. geeignete Schaltungen (Vergleich) oder Relais, die durch die Anregerelais inganggesetzt werden (Zeitstaffelung) = Arbeitskreis.

Im folgenden werden nun für diese beiden Aufgaben die wichtigsten Selektionsmittel erörtert, die in der Mehrzahl der Schutzschaltungen Verwendung finden. In Sonderfällen, z. B. bei Generatorschutz, werden noch andere Selektionsmittel herangezogen, die später bei den entsprechenden Schutzschaltungen behandelt werden.

I. Selektionsmittel der Fehlerart

Es gibt eigentlich nur eine Fehlerart, die ein sofortiges Eingreifen des Schutzes erfordert, nämlich der Kurzschluß bzw. alle Fehler, die kurzschlußartige Vorgänge an der Fehlerstelle zur Folge haben. Fast alle Selektivschutzeinrichtungen sind daher zum Erfassen und Abschalten kurzschlußartiger Fehler durchgebildet.

Die zweite Art von Fehlern, zu deren Erfassen Relaiseinrichtungen verwendet werden, birgt nur die Gefahr weiterer zumeist kurzschlußartiger Störungen in sich, z. B. Erdschlüsse in sternpunktisolierten Netzen, oder bringt erst nach längerer Zeit Gefahren für einzelne Netzteile mit sich, z. B. Überlastung oder unsymmetrische Ströme in Generatoren oder Motoren. Bei diesen Fehlerarten wird häufig das Betriebspersonal nur durch ein Signal auf die bestehende Gefahr aufmerksam gemacht oder das Relais schaltet erst nach längerer Zeit bei Weiterbestehen des Fehlers den betreffenden Netzteil ab.

1. Fehlerkriterien des Kurzschlusses

Es sei hier an den Rohrbruch eines Wasserversorgungsnetzes erinnert, der alle Erscheinungen des Kurzschlusses veranschaulicht. Der Druck ist an der Bruchstelle gleich Null, er steigt nach dem Speisepunkt entsprechend dem Druckabfall in den Rohren an und das Wasser strömt von allen Seiten nach der Bruchstelle hin. Es entsteht also in dem Rohrnetz ein Drucktrichter. Die Abnehmer in der Nähe der Bruchstelle bzw. hinter der Bruchstelle erhalten kein Wasser zugeführt.

Der elektrische Kurzschluß ist der Isolationsdurchbruch zwischen zwei spannungsführenden Leitern. In Abb. 32 ist eine einfache Leitung dargestellt, die von einer Seite von einem Generator über einen Transformator gespeist wird und an deren Ende ein Verbraucher hängt.

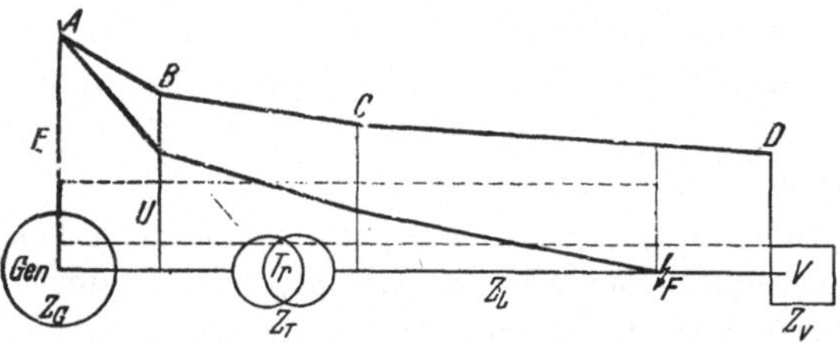

Abb. 32. Spannungsverhältnisse an einer Leitung bei Normalbetrieb und bei Kurzschluß. *A* EMK im Generator; *B* Klemmenspannung am Generator *U*; *A—B* Spannungsabfall im Generator; *B—C* Spannungsabfall im Transformator; *C—D* Spannungsabfall auf der Leitung; *D* Spannung am Verbraucher; *F* Fehlerstelle

Im Generator wird durch die Erregung eine EMK $= E$ aufrecht erhalten. Fließt ein Verbraucherstrom, so wirkt dieser wieder rückwärts auf das vom Erregerstrom aufgebaute Feld in verringerndem Sinne ein. Die Erregung muß also entsprechend dem Belastungsstrom wieder soweit gesteigert werden, daß an den Klemmen des Generators *B* die gewünschte Klemmenspannung herrscht. Dieser physikalisch bedingte Vorgang kann auch so gedeutet werden, daß der Generator einen Widerstand (Reaktanz) darstellt und der Belastungsstrom an diesem einen entsprechenden Spannungsabfall hervorruft. Um die Klemmenspannung konstant zu halten, muß dann die EMK um diesen Spannungsabfall jeweils erhöht werden. Bei einem angenommenen Belastungsstrom sieht schematisch der Spannungsverlauf vom Generator bis zum Verbraucher etwa wie in Abb. 32 obere Linie aus. Von *A—B* tritt der Spannungsabfall im Generator, von *B—C* im Transformator und von *C—D* in der Leitung auf. Die Spannung bei *D* ist die Verbraucherspannung. Die Summe der Spannungsabfälle von *B—D* wird schon aus wirtschaftlichen Gründen möglichst klein gehalten.

Tritt nun bei *F* ein metallischer Kurzschluß auf, so ist bei *F* die Spannung zwischen den Leitern $= 0$ und zwischen *A—F* liegen nur noch die Impedanzen von Generator, Transformator und der entsprechenden Leitungsstrecke. Da die EMK im Generator entsprechend seinem im Moment des Kurzschlusses bestehenden Erregerzustandes zunächst bestehen bleibt, muß also der Strom umgekehrt zu dem nunmehr stark verringerten Widerstand im Belastungskreis größer werden. Wird die Leitung auch vom anderen Ende aus durch eine zweite Zentrale gespeist, so tritt ein ähnliches Bild in Richtung des zweiten Generators auf.

Es sollen nun hier nicht die exakten Vorgänge bei einem solchen Kurzschluß erörtert werden. Sie haben für den Selektivschutz nur in einzelnen Grenzwerten Bedeutung, während sie z. B. für die Bestimmung der an einem Ort zu erwartenden Abschaltleistung der Schalter oder für die dynamische Wirkung von Stoßkurzschlußströmen von ausschlaggebender Wichtigkeit sind. Sie sind außerdem in der Literatur verschiedentlich ausführlich beschrieben worden. Es werden daher im folgenden nur diejenigen Vorgänge qualitativ und in einer geeigneten Form dargestellt, die zum Verständnis der von der Schutztechnik angewendeten Maßnahmen notwendig sind.

Die in Abb. 32 dargestellten Verhältnisse lassen sofort drei wichtige Kriterien eines solchen Kurzschlusses gegenüber dem Normalzustand ohne weiteres erkennen, und zwar a) Stromerhöhung; — b) Spannungserniedrigung; — c) Verringerung des Belastungswiderstandes.

a) Stromerhöhung. Diese Erscheinung kann ohne weiteres durch ein Stromrelais festgestellt werden, das normalerweise im Wandlerstromkreis liegt und das bei Überschreiten des Normalstromes anregt und Kontakt macht = *Überstromanregung*. Im allgemeinen hat man zunächst stets die Vorstellung, daß jeder Kurzschluß einen sehr hohen Strom zur Folge haben muß, so daß diese Überstromanregung in jedem Falle als alleiniges Fehlerkriterium eines Kurzschlusses genügen müßte. Leider trifft dies nicht immer zu.

Die Stromwandler an einem Relaisort sind meistens für den maximalen Belastungsstrom, der über die Relaisstelle fließen kann, ausgelegt. Man wählt oft sogar den Nennstrom dieser Wandler etwas höher als den maximalen Betriebsstrom. Dieser Nennstrom muß in jedem Kurzschlußfalle auf dieser Leitung um einen einstellbaren Prozentwert überschritten werden, wenn man durch Überstrom allein den Kurzschlußzustand kennzeichnen will.

Man kann auch sagen, daß entsprechend diesem gewählten Nennstrom bei gegebener Netzspannung über die Leitung betrieblich maximal eine bestimmte Leistung übertragen wird. Ist diese Übertragungsleistung = Nennleistung der Leitung klein gegenüber der gerade im Betrieb befindlichen Maschinenleistung, so ist ohne weiteres mit größter Wahrscheinlichkeit mit Überstrom im Kurzschlußfalle zu rechnen.

Die im Betrieb befindliche Maschinenleistung verändert sich aber vielfach in weiten Grenzen, z. B. zwischen Tag und Nacht, Arbeitstagen und Feiertagen, und somit auch das Verhältnis zwischen Nennleistung der Leitung zur Maschinenleistung. In ungünstigen Fällen ist dann nicht mehr mit einem Überschreiten des Nennstromes zu rechnen. Darum ist stets die Frage zu prüfen, ob Überstromanregung allein in allen Fällen ausreichend ist, oder anders ausgedrückt, es ist der *minimale Kurzschlußstrom bei Schwachlastbetrieb festzustellen*. Alles, was über diesen Anregewert hinausgeht, bringt stets eine Anregung durch Überstrom und ist in ihrer absoluten Höhe für die Anregefrage ohne wirkliche Bedeutung. Das Überschreiten der für das Anregen festgelegten Stromhöhe allein ist das Fehlerkriterium.

Im Anfangsmoment des Kurzschlusses besitzt der Generator den durch die gerade herrschende Belastung gegebenen Erregungszustand. Entsprechend dieser EMK entsteht ein Kurzschlußstrom, der nur durch die zwischen Generatornullpunkt und Fehlerort liegenden Reaktanzen bestimmt wird. Sieht man von der allerersten Amplitudenspitze des Stoßkurzschlußstromes ab, so kann man für den Anfangswert nur mit der Ständerstreuung im Generator rechnen. Diese schwankt etwa zwischen 10 und 20 %, im Mittel also 15 %, d. h. wenn gerade Nennstrom des Generators fließen würde, entstünde im Generator ein Spannungsabfall von 15 % der Sternspannung

$$= \frac{U_\Delta}{\sqrt{3}} \cdot \frac{15}{100} \, .$$

Der Nennstrom des Generators errechnet sich zu

$$J_n = \frac{N}{\sqrt{3} \cdot U_\Delta} \, ,$$

wobei N die Leistung des Generators darstellt. Hieraus ergibt sich eine Anfangsreaktanz im Generator zu

$$X_S = \frac{U_\Delta \cdot 15}{\sqrt{3} \cdot J_n \cdot 100} = \frac{U_\Delta^2}{N} \cdot \frac{15}{100} \text{ in Ohm/Phase.}$$

Setzt man hierbei die Spannung U in kV ein und die Leistung N in kVA $\cdot$ 1000 = MVA, so ergibt sich der Streuwiderstand zu

$$X_S = \frac{\text{kV}^2}{\text{MVA}} \cdot \frac{15}{100} \text{ in Ohm/Phase.}$$

Die Spannung wird immer auf die Nennspannung am Relaisort bezogen. Speisen mehrere Generatoren das Netz, so ist die Gesamtleistung der Maschinen einzusetzen.

Im weiteren Verlauf des Kurzschlusses wirkt der Kurzschlußstrom auf das Feld zurück und verkleinert es, das heißt die EMK wird kleiner und damit auch der Kurzschlußstrom. Dieser Vorgang geht entsprechend einer Zeitkonstante relativ langsam vor sich. Bei einem dreipoligen Kurzschluß stellt sich etwa nach 4—6 sek ein Gleichgewicht ein. Der anfangs hohe Strom sinkt auf seinen Dauerstrom ab. Die Höhe dieses Dauerstromes ist abhängig von dem Erregerzustand, der beim Eintritt des Kurzschlusses bestand, und ist bei dreipoligem Kurzschluß am kleinsten. Da nun die Frage der Überstromanregung vom kleinsten Kurzschlußstrom abhängig ist, wird *nur der dreipolige Dauerkurzschlußstrom* betrachtet. Wollte man sich etwa auf den höheren Strom zu Beginn des Kurzschlusses verlassen, so kann es vorkommen, daß bei längerer Abschaltzeit, z. B. 6 sek, die Anregerelais vor dieser Zeit wieder abfallen und nicht auslösen.

Dieser dreipolige Dauerkurzschlußstrom ist nun für eine Maschine eine hinreichend bekannte Größe. Bei Leerlauferregung ergibt sich je nach der Bauart der Maschine ein bestimmtes Verhältnis von dem dreipoligen Dauerkurzschlußstrom zum Nennstrom

$$\frac{J_{K_3}}{J_N} = \text{Kurzschlußverhältnis}.$$

Dieses beträgt im allgemeinen für Turboläufer $0{,}7 \div 0{,}8$ und für Schenkelpolmaschinen $0{,}8 \div 1$. Erhöht man die Erregung, so wächst der Dauerkurz-

schlußstrom proportional an. Er ist aus der Kurzschlußkennlinie eines Generators in Abb. 33 zu ersehen. Bei Punkt A hat der Generator die Leerlauferregung und seine Nennspannung. Bei Belastung muß die Erregung so weit gesteigert werden, daß diese Nennspannung konstant bleibt. Bei Punkt B erreicht der Erregerstrom seinen durch die Dimension der Erregermaschine bedingten Maximalwert. Der dreipolige Dauerkurzschlußstrom

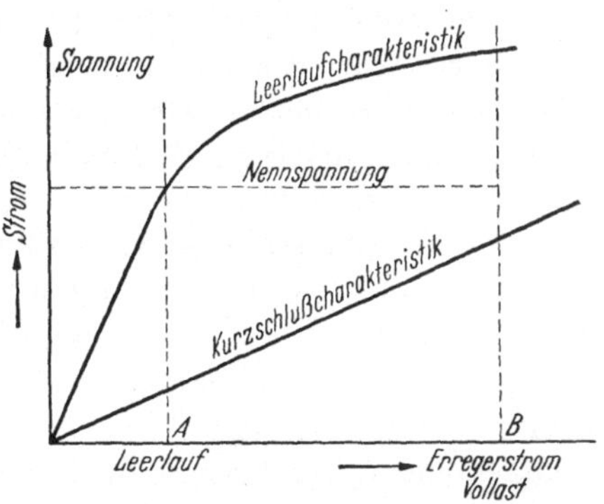

Abb. 33. Leerlauf- und Kurzschlußcharakteristik eines Generators

steigt nun linear mit dem Erregerstrom an. Bezeichnet man das Verhältnis maximaler Erregerstrom zum Leerlauf-Erregerstrom mit v, so ist das Kurzschlußverhältnis bei maximaler Erregung

$$\frac{J_{K_3}}{J_n} \cdot v.$$

Ein Turboläufer würde also bei einem $v = 2{,}5$ einen dreipoligen Dauerkurzschlußstrom von $0{,}7 \cdot 2{,}5 \cdot J_n = 1{,}75 \cdot J_n$ ergeben. Nun kann man heute fast ausschließlich voraussetzen, daß jede Maschine einen Spannungsschnellregler besitzt, der in der Zeit bis zum Erreichen dieses Dauerkurzschlußzustandes die Erregung auf ihren maximalen Wert bringt, d. h. man kann dann mit dem maximalen Dauerkurzschlußstrom rechnen. Setzt man diesen Maximalstrom vorsichtigerweise mit $1{,}73 \cdot J_n = \sqrt{3} \cdot J_n$ ein, so kann man eine einfache Faustformel zum Bestimmen des kleinsten Dauerkurzschlußstromes aufstellen und zwar

$$J_{d_3} = J_n \cdot \sqrt{3} = \frac{kVA \cdot \sqrt{3}}{\sqrt{3} \cdot kV} = \frac{kVA}{kV} \, ,$$

d. h. die beim Kurzschluß in Betrieb befindliche Maschinenleistung (nicht die gerade bestehende Belastung) in kVA, dividiert durch die Netzspannung am Relaisort in kV.

In einem vermaschten Netz kann beim Kurzschluß in einer Leitung die Lage des Fehlers und die Netzgestaltung gerade so sein, daß von beiden Leitungsenden der gleiche Kurzschlußstrom der Fehlerstelle zufließt. Die allgemeine Faustformel für den kleinsten Kurzschlußstrom lautet daher

$$J_{K\,min} = \frac{kVA}{kV \cdot 2} \, .$$

Da normalerweise die heute auf dem Markt befindlichen Relais zwischen 0,1 und 1 sek abschalten, so liegen die tatsächlichen Ströme im Relais höher, was als Sicherheit angesehen werden kann. Eine weitere Sicherheit ist das Rückfallverhältnis der Überstromrelais. Ein Rückfallverhältnis bedeutet, daß das Relais bei einem tieferen Strom abfällt, als sein Ansprechwert ist. Besitzt z. B. ein Relais ein Rückfallverhältnis 0,8 und soll bei 6 A sekundär Kontakt machen, so fällt es erst bei 5 A (— 20%) wieder ab. In Netzen, wo zu Beginn des Kurzschlusses ein Stoßkurzschlußstrom auftritt, werden die Relais mit Sicherheit ansprechen und würden erst bei einem tieferen Wert als dem kleinsten Kurzschlußstrom wieder abfallen.

Zwischen Generator und Fehlerort liegen aber meistens noch Transformatoren und Leitungen. Die Transformatoren besitzen ebenfalls eine Streureaktanz X_{Tr} und ebenso die Leitung X_L. Hat ein Transformator einen Streuwert von $\varepsilon = 10\%$, was heute als normal anzusprechen ist, so stellt er eine Reaktanz dar, die sich ebenso wie beim Generator zu

$$X_{Tr} = \frac{kV^2}{MVA} \cdot \frac{\varepsilon\%}{100} \text{ in Ohm/Phase}$$

errechnet. Der Anfangs-Kurzschlußstrom vom Generator aus gesehen ist also

$$J_K = \frac{U_\Delta}{\sqrt{3}\,(X_S + X_{Tr} + X_L)} \, .$$

Die zusätzlichen Reaktanzen machen sich besonders beim Anfangsstrom bemerkbar. Auf den Dauerkurzschlußstrom dagegen haben sie erst dann wesentlichen Einfluß, wenn die außenliegenden Reaktanzen 2- bis 3mal so groß wie die Generatorreaktanz im Dauerkurzschlußzustand sind. Diese Reaktanz ist wesentlich höher als die für den Anfangsstrom maßgebende Ständerstreuung X_S. Sie ist durch den reziproken Wert vom Kurzschlußverhältnis $\dfrac{J_K}{J_n}$ gegeben. Bei einem Kurzschlußverhältnis = 0,7 beträgt sie 142% anstatt 15% im Anfangswert.

α) *Kurzschlußstrom kleiner als maximaler Betriebsstrom.* Dies ist zunächst der vorher schon erwähnte Fall, wenn die Nennleistung einer Leitung gleich der im Betrieb befindlichen Maschinenleistung ist. Werden die Überstromrelais einer Leitung nur wenig über dem Nennstrom eingestellt, so berücksichtigt die Faustformel $\frac{\text{kVA}}{\text{kV}}$ praktisch schon die Speisung von zwei Seiten in vermaschten Netzen. Anstatt $\sqrt{3} \cdot J_n$ kann man nämlich auch $2 \cdot J_n$ annehmen, d. h. der kleinste Dauerkurzschlußstrom beträgt praktisch das Doppelte des Nennstromes der Leitung.

In Mittelspannungsnetzen ist die Nennleistung einer Leitung im allgemeinen wesentlich kleiner als die kleinste Maschinenleistung im Schwachlastbetrieb. Je höher allerdings die Betriebsspannung ist, um so höher ist auch die Nennleistung einer Leitung. Eine 220 kV-Leitung z. B. mit einem Nennstrom von 300 A besitzt eine Nennleistung von 114 MVA. Eine solche Maschinenleistung muß bei Schwachlastbetrieb mindestens im Betrieb sein, wenn der Nennstrom im Dauerkurzschluß dieser Leitung überschritten werden soll. Bei solchen Netzen ist eine Überstromanregung selten ausreichend. Bei Doppelleitung wird häufig gefordert, daß beim Herausfallen einer Leitung die zweite noch in der Lage sein muß, wenigstens für kurze Zeit das Doppelte seiner Nennleistung zu übertragen, d. h. eine Überstromanregung dürfte erst über dem zweifachen Nennstrom ansprechen oder die notwendige Schwachlastmaschinenleistung müßte doppelt so hoch sein.

Auch in Mittelspannungsnetzen können Fälle vorkommen, wo eine Überstromanregung im Schwachlastbetrieb nicht mehr ausreicht. Führen z.B. auf eine Sammelschiene eine Anzahl Leitungen, so verteilt sich der Kurzschlußstrom bei einem Sammelschienen-Kurzschluß auf die einzelnen Leitungen. Die einzusetzende Maschinenleistung muß mindestens gleich der Summe der Nennleistung der speisenden Leitungen sein, wenn jede Leitung Überstrom feststellen soll.

In Überlandnetzen, die von einem Höchstspannungsnetz über Transformatoren gespeist werden, ist die Maschinenleistung $=$ Gesamtleistung des übergelagerten Netzes immer höher als die relativ kleinen Nennleistungen der einzelnen Leitungen. Für den Kurzschlußstrom ist praktisch nur die Leistung der Speisetransformatoren maßgebend, da das speisende Höchstspannungsnetz und damit die Primärspannung des Transformators als starr angesehen werden kann. Hierbei ergibt sich ein Unterschied gegenüber Netzen, die direkt durch Generatoren gespeist werden. Der auftretende Kurzschlußstrom ist für die Gesamtsumme der speisenden Generatoren in einem solchen Netz zu klein, als daß er den Generator in seiner Reaktanz wesentlich verändern kann. Der Kurzschlußstrom ist vielmehr lediglich durch die Reaktanz der speisenden Transformatoren und die Leitungsreaktanz bis zum Fehlerort gegeben. Besitzt ein Transformator z. B. eine Streuspannung von 10%, so kann er nur den 10fachen Nennstrom als Kurzschlußstrom liefern. Dieser Strom tritt schlagartig auf, und nach Abschalten des Kurzschlusses kehrt die Spannung schlagartig wieder. Bei einer überwiegenden Generatorspeisung steigt sie dagegen nur langsam in etwa dem gleichen Maße an, wie sie bei länger dauerndem Kurzschluß abgesunken wäre.

Diese Erscheinung hat vor allem bei starker Motorenbelastung im Netz manchmal eine nicht zu vernachlässigende Bedeutung. Wird sehr schnell abgeschaltet, so ist praktisch kein Unterschied zwischen einer Speisung über Transformatoren und direkt über Generatoren. Bei länger andauerndem Kurzschluß, z. B. 2 sek, fallen jedoch auch die Motoren in ihrer Drehzahl stark ab und müssen wieder hochgezogen werden. Bei sofort voller wiederkehrender Spannung bedeutet dies einen erhöhten Einschaltstrom, während eine abgesunkene Generatorspannung die Motoren wieder langsam hochzieht und damit einen geringen Nachstrom zur Folge hat.

β) *Bestimmung des fehlerhaften Leiters.* Ein Drehstromgebilde ohne geerdeten Sternpunkt besteht aus drei voneinander praktisch unabhängigen Stromkreisen, in denen ein Kurzschluß auftreten kann, nämlich zwischen den Leitern R—S, S—T, T—R; bei einer reinen Überstromanregung werden also immer die beiden Relais in den vom Kurzschluß betroffenen Leitern ansprechen und damit die beiden Leiter als fehlerbehaftet bestimmen. Der dreipolige Kurzschluß wird durch Ansprechen der drei Relais gekennzeichnet.

Das gleiche läßt sich auch mit je einem Relais in zwei Leitern erreichen, da die drei Leiter verkettet sind. Liegen die Relais z. B. in den Leitern R und T, so spricht bei einem Kurzschluß R—S das Relais im Leiter R, beim Kurzschluß T—S das Relais in T an, und beim Kurzschluß R—T sprechen beide Relais an. Der dreipolige Kurzschluß ist also vom zweipoligen Kurzschluß R—T nicht mehr zu unterscheiden.

Ein Doppelerdschluß ist ein zweipoliger Kurzschluß über Erde, wobei die beiden Erdpunkte weit auseinander liegen (Abb. 34). Außerhalb der beiden Erdpunkte besteht das Bild eines zweipoligen Kurzschlusses, der durch das Ansprechen der Relais wie vorher gekennzeichnet wird. Zwischen den beiden

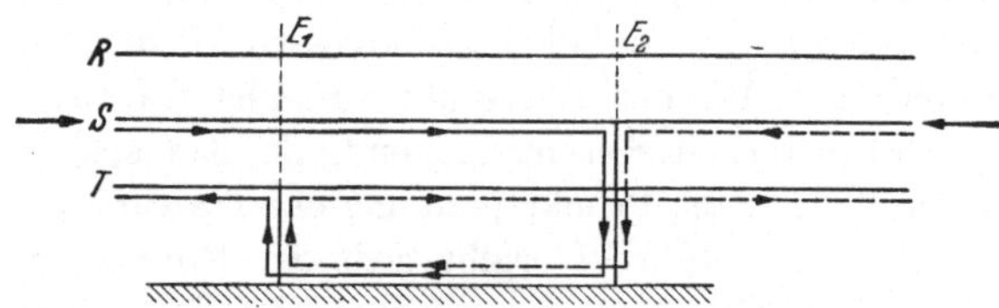

Abb. 34. Stromverlauf bei Doppelerdschluß

Erdpunkten fließt bei einseitiger Einspeisung nur in einem Leiter Kurzschlußstrom, während der Rückstrom über Erde fließt. Nur bei zweiseitiger Einspeisung führen auch zwischen E_1 und E_2 beide Leiter Kurzschlußstrom, wobei noch als wichtige Tatsache zu verzeichnen ist, daß zwischen E_1 und

E_2 die Leiterströme gleiche Phasenlage (Richtung) haben. Solange man nur das Vorhandensein eines Kurzschlusses feststellen will, genügen auch hierbei nur zwei Relais, wobei die Einschränkung gilt, daß bei einseitiger Einspeisung, z. B. in Abb. 34 von links, und bei Fehlen eines Relais im Leiter S zwischen den beiden Erdpunkten kein Ansprechen erfolgen würde, jedoch stets außerhalb der beiden Punkte E_1 und E_2.

Bei den widerstandsabhängigen Schutzarten ist das sichere Feststellen eines Doppelerdschlusses jedoch von großer Wichtigkeit. Der Strom in der Erde kann als Unsymmetrie- oder Nullstrom $J_E{}^*$ durch die Summenschaltung der drei Leiterstromwandler festgestellt werden (s. Abb. 19). In diesem Falle müßten stets drei Stromwandler und ein Stromrelais in der Sternverbindung der Wandler vorhanden sein. Im Minimum müssen zwei Stromrelais und eines für J_E vorhanden sein.

Bei Netzen mit starr geerdetem Sternpunkt ist jeder Erdschluß eines Leiters stets ein Kurzschluß zwischen Leiter und geerdetem Sternpunkt. Das Netz ist ein Vierleitersystem geworden, und es müssen im Minimum 3 Überstromrelais zum Feststellen eines Kurzschlusses vorhanden sein. Soll ein Kurzschluß ohne Erdberührung von einem Kurzschluß über Erde unterschieden werden, muß ebenfalls ein Relais für J_E vorhanden sein. Das Feststellen des fehlerbehafteten Leiters ist in gewissen Fällen durch Überstromrelais allein nicht immer einwandfrei möglich.

b) Spannungserniedrigung. Diese scheidet als alleiniges Kurzschlußkriterium aus, da bei Wegfallen der Spannung durch betriebliche oder andere Ursachen ein Kurzschlußzustand vorgetäuscht werden und eine fehlerhafte Auslösung erfolgen würde. Lediglich zum Bestimmen der fehlerbehafteten Leiter bei zweipoligem Kurzschluß oder Doppelerdschlüssen kann sie herangezogen werden. Hierbei tritt nämlich stets eine Verzerrung des Spannungsdreiecks auf. Durch Vergleich der absoluten Höhe der Dreieckspannungen untereinander mittels eines Vergleichsrelais (s. S. 37) kann festgestellt werden, zwischen welchen Leitern der Kurzschluß besteht. Das Kurzschlußkriterium selbst müssen auch hierbei Überstromrelais feststellen. Wichtig wird z. B. das Verhalten der Spannungen der Leiter gegen Erde in starr geerdeten Netzen, wenn die Überstromrelais die fehlerbehafteten Leiter nicht eindeutig feststellen können. Dann kann die Spannungserniedrigung eines Leiters gegen Erde ein zusätzliches Auswahlkriterium ergeben.

c) Widerstandserniedrigung. Im normalen Betrieb ist am Relaisort die Spannung zwischen den Leitern konstant, wenn man von den durch den Betrieb bedingten Schwankungen absieht. Wir betrachten zunächst nur die Spannung auf der Sekundärseite der Spannungswandler $U_n = 100$ V. Das Verhältnis der sekundären Spannung von 100 V zum sekundären Strom 0—5 A stellt die sekundäre Impedanz der Belastung dar. Trägt man diese

---

Impedanz über dem sekundären Strom auf, so erhält man eine Hyperbel. Die Nennimpedanz bei Nennstrom beträgt dann $100/5 = 20$ Ohm bzw. bei Übersetzung auf 1 A $100/1 = 100$ Ohm. Durch ein Relais, welches das Verhältnis von Spannung zum Strom überwacht, kann festgestellt werden, wann die Belastungsimpedanz einen Wert unterschreitet, der nur durch einen Fehlerstrom parallel zum Verbraucher hervorgerufen sein kann.

Als Fehlerkriterium gilt dann, wenn entweder der gemessene Impedanzwert um einen gewissen Prozentsatz unterhalb des zu dem Strom gehörenden Betriebsimpedanzwertes liegt (Kurve a in Abb. 35) oder einen bestimmten absoluten Impedanzwert unterschreitet, der einer Betriebsimpedanz bei einem Überstrom (z. B. 10 A Kurve b in Abb. 35) entspricht. In jedem Fall muß jedoch eine solche Anregekurve von einem bestimmten Strom ab erst wirksam sein. Der kleinste Anfangsstromwert liegt aus Erfahrungsgründen nicht unter $0,5 \cdot J_n$. Eine solche Anregeart wird als „Unterimpedanz"- oder „Quotientenanregung" bezeichnet. Ihr großer Vorzug liegt darin, daß ein Feststellen des Kurzschlußzustandes und damit eine Anregung auch dann noch erfolgt, wenn der Kurzschlußstrom kleiner als der maximale Betriebsstrom $i_{k\ \text{sek}} < 5$ A ist. Sie wird also stets dort angewendet, wo eine Überstromanregung nicht mehr ausreicht.

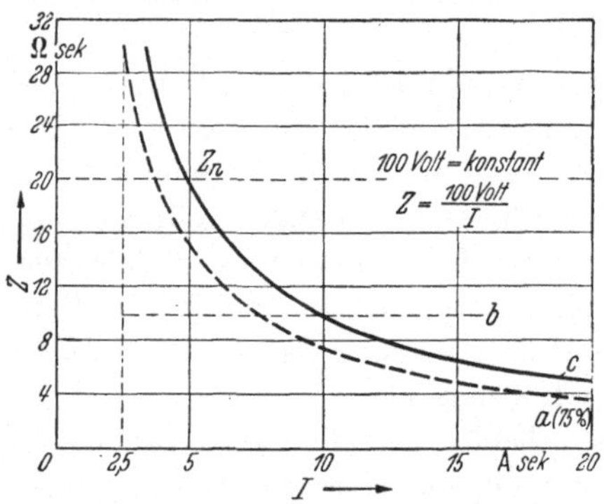

Abb. 35. Belastungswiderstand im Normalbetrieb (c) gemessen auf der Sekundärseite der Wandler. a Strom-Spannungsanregung; b Quotientenanregung

Eine solche Anregung kann auf verschiedene Weise erreicht werden. Schaltet man die Kontakte eines Stromrelais, das z. B. bei $0,5 \cdot J_n$ seinen Kontakt schließt, mit dem Ruhekontakt eines Spannungsrelais, das diesen Kontakt bei Erregung geöffnet hält, in Reihe, so erfolgt nur eine Anregung, wenn der Strom größer als $0,5 \cdot J_n$ ist und die Spannung um einen bestimmten einstellbaren Wert, z. B. um 25%, gesunken ist (Abb. 36a). Die Kurve a in Abb. 35 zeigt eine solche Anregekurve. Sie bleibt um den gewählten Spannungsabfallbetrag von 25% unter der Betriebsimpedanz und schneidet diese an keiner Stelle.

Eine zweite Möglichkeit besteht darin, daß man die absoluten Größen von Strom und Spannung in einem Waagebalkenrelais miteinander vergleicht (Abb. 36b). An einem Waagebalken greifen zwei Magnete an, von denen der eine vom Leiterstrom im schließenden Sinne und der andere von der Spannung im öffnenden Sinne erregt ist. Überwiegt die Anzugskraft des Strommagneten, so schließt sich der Kontakt und gibt das Anregesignal. Das gleiche erreicht man, wenn man an Stelle des mechanischen Waagebalkens einen elektrischen Vergleich wählt (Abb. 36c). Auf der Sekundärseite zweier kleiner Hilfswandler werden die dem Primärstrom und der Primärspannung proportionalen Ströme gleichgerichtet und in einer Differenzschaltung miteinander verglichen. In der Brückendiagonale liegt ein polarisiertes Relais. Je nachdem, welche Seite überwiegt, schlägt das Relais nach der einen oder anderen Seite aus. Überwiegt die Stromseite, so erfolgt Anregung.

Ein einfaches Stromrelais spricht an, wenn die magnetische Anzugskraft größer als die konstante Gegenkraft einer Feder ist. Bei dem Waagebalken, ob mechanisch oder elektrisch, ist die Federkraft durch die Spannung ersetzt und damit von dieser abhängig. Ein solches Relais gibt Kontakt, wenn das Verhältnis von Spannung zu Strom einen bestimmten Wert unterschreitet.

Eine dritte Möglichkeit besteht darin, daß man die Ansprechempfindlichkeit eines Stromrelais in Abhängigkeit von der Spannung elektrisch steuert (Abb. 36d).

Parallel zu einem Stromrelais, das z. B. auf $0,5 \cdot J_n$ anspricht, liegen zwei kleine Wandler in Serie. Deren Impedanz ist so hoch, daß sie praktisch keinen Parallelstrom zum Stromrelais führen. Magnetisiert man sie jedoch in einer zweiten Wicklung durch einen Gleichstrom, der der Spannung proportional ist, vor, so verringert sich die Impedanz entsprechend der Vormagnetisierung und es fließt ein entsprechender Strom am Stromrelais vorbei. Das Stromrelais wird unempfindlicher und spricht erst bei einem höheren Strom an.

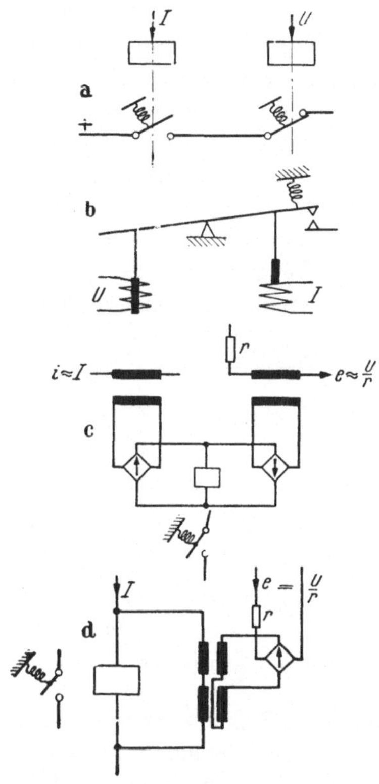

Abb. 36a–d. Unterimpedanzanregung. a Strom-Spannungsanregung; b Waagebalkenrelais; c elektrische Waage; d spannungsgesteuertes Stromrelais.

Die in Abb. 36b—d dargestellten Anregemöglichkeiten müssen außerdem eine Rückzugfeder besitzen, damit erst von einem bestimmten Strom, im Minimum $0,5 \cdot J_n$, ab eine Anregung erfolgt. Ist z. B. die Spannung gleich Null und dabei die Stromseite allein beaufschlagt, darf das Relais erst bei Überschreiten der unteren Stromgrenze von $0,5 \cdot J_n$ ansprechen.

Die allgemeine Gleichung für den Gleichgewichtszustand lautet daher für das mechanische Waagebalkenrelais

$$k_1^2 \cdot J^2 - C = f(k_2^2 \cdot U^2) \tag{5}$$

bzw.

$$k_1 \cdot J - C = f(k_2 \cdot U) \tag{6}$$

bei elektrischem Vergleich. Hierin ist $k_1 \cdot J$ der sekundäre Strom, C ein konstanter Strombetrag, der den Minimalansprechstrom darstellt und der Federkraft entspricht, und $f(k \cdot U)$ eine Funktion des Spannungsstromes. Aus dem jeweiligen Verhältnis von Spannung zu Strom kann dann die jeweilige Ansprechimpedanz — über dem Strom aufgetragen — ermittelt werden.

In der Praxis stellt man die Anregekurve solcher Relais gewöhnlich als die Abhängigkeit der notwendigen Spannung in Prozent der Nennspannung vom Strom dar. Eine andere Darstellung zeigt die jeweilige Ansprechimpedanz über dem Strom aufgetragen. In beiden Fällen verwendet man die sekundären Werte, z. B. 100 V und 5 A.

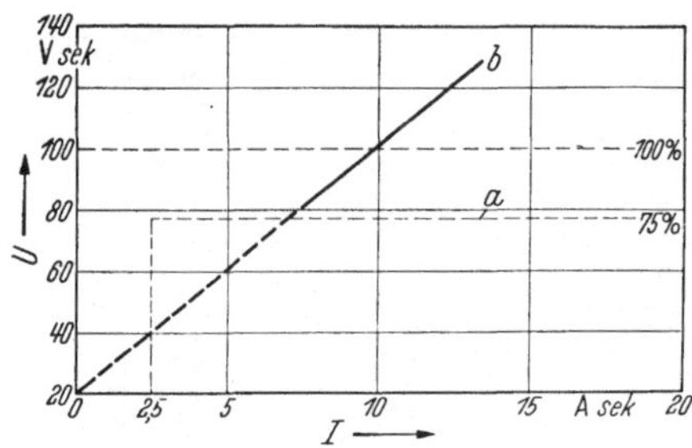

Abb. 37. Spannungskurven für a und b

In Abb. 35 zeigt die Kurve b eine Ansprechimpedanz über dem Strom, die von $0{,}5 \cdot J_n$ senkrecht ansteigt und dann als Waagerechte von 10 Ω die Betriebsimpedanzkurve bei 10 A schneidet. In der folgenden Abb. 37 sind für die Kurven a und b die Spannungskurven über dem Strom aufgetragen. Für die Strom-Spannungsanregung (a) ist die Spannung eine Waagerechte, z. B. bei 75% der Nennspannung von $0{,}5 \cdot J_n$ an. Für die Kurve b müßte die Spannungskurve bei 10 A die Nennspannung schneiden, von dort geradlinig nach dem Nullpunkt absinken und bei $0{,}5 \cdot J_n$ senkrecht zu Null werden. Dividiert man die jeweiligen Spannungswerte durch die zugehörigen Stromwerte, so erhält man die in Abb. 35 gezeigte rechteckige Impedanzkurve b.

Die gebrochene, nicht lineare Spannungskurve kann man durch nichtlineare Widerstände im Spannungspfad, z. B. Drosseln, Gleichrichtersäulen, oder durch nichtlineares Verhalten der Anzugskräfte u. a. erreichen. Dadurch ist der Strom auf der Spannungsseite der Vergleichsrelais nicht mehr proportional der Spannung. Er tritt erst von einer gewissen Höhe der Spannung auf.

Abb. 35 und 42 zeigt solche in der Praxis üblichen Kurven, die außerdem verschiedene Schnittpunkte mit der Nennspannung ermöglichen. Sobald die Betriebsimpedanzkurve bzw. die Nennspannung geschnitten wird, spricht das Relais wie ein Überstromrelais auch bei voller Spannung an. Diese Tatsache ist auch der Grund, warum die Strom-Spannungsanregung nicht in allen Fällen verwendet werden kann. Bei langen Leitungen und großem Maschineneinsatz kann der Spannungsabfall auf der Leitung den Abfallwert des Spannungsrelais, z. B. von 75%, überschreiten und keine Anregung mehr ergeben.

Die als dritte Möglichkeit dargestellte elektrische Steuerung der Ansprechempfindlichkeit eines Stromrelais durch die Spannung verhält sich genau so wie ein Vergleichsrelais. Der Strom J verzweigt sich in einen Strom i_A, der über das Relais fließt und der Federkraft entspricht, und in einen Strom i_U, der über die Drosseln vorbeigeleitet wird. i_A stellt den Anregestrom des Relais dar. Beim Erreichen dieses Wertes herrscht am Relais ein Spannungsabfall, der $i_A \cdot Z_{\text{Relais}}$ entspricht. Eine vormagnetisierte Drossel nimmt einen Leerlaufstrom bei dieser Spannung auf, der den Gleichstrom-AW, also dem Spannungsstrom, proportional ist. Da der Ansprechstrom i_A eine Konstante ist und auch mit C bezeichnet werden kann, erfolgt also sein Ansprechen, wenn

$$k_1 \cdot J - C = f\,(k_2 \cdot U) \tag{7}$$

ist. Diese Gleichung entspricht genau der Gl. (6) für die Verhältnisrelais.

Im Kurzschlußfall ist die am Relaisort gemessene Spannung der Spannungsabfall, den der Kurzschlußstrom an der Impedanz der Leitung vom Relaisort bis zur Fehlerstelle hervorruft. Die gemessene Ansprechimpedanz entspricht also einer Entfernung. Liegt der Fehlerort innerhalb der durch die Konstanten des Relais gegebenen Ansprechentfernung, so erfolgt Ansprechen, sofern der Minimalstrom überschritten ist. Da die Kurven auf Sekundärwerte bezogen sind, muß der Strom und die Spannung mit dem Übersetzungsverhältnis der Wandler multipliziert werden, um die Primärwerte zu erhalten. Die Primärimpedanz Z_{prim} ist also gleich

$$Z_{\text{prim}} = \frac{U_{\text{Spannung}}}{U_{\text{Strom}}} \cdot Z_{\text{sek}}\,. \tag{8}$$

Vergleicht man die Kurven a und b in Abb. 35 miteinander, so vergrößert sich die Ansprechentfernung bei Kurve a mit kleiner werdendem Strom, während bei der Kurve b die Entfernung bis zum Minimalstrom konstant bleibt. Je nach der Funktion des Spannungsstromes kann nun die Ansprechentfernung mit kleiner werdendem Strom ansteigen oder abfallen. Man bevorzugt im allgemeinen ein leichtes Ansteigen, wie die Kurve in Abb. 42 zeigt.

Bei langen Höchstspannungsleitungen, die durch Kompensationsdrosseln mit der natürlichen Leistung, also mit einem Leistungsfaktor cos $\varphi = 1$ gefahren werden, verändern sich bei einem entfernten Kurzschluß die Strom- und Spannungswerte oft nur relativ wenig gegenüber den Normalwerten. Nur die Phasenlage ändert sich stark von cos $\varphi = 1$ zu etwa cos $\varphi = 0,1$.

Dann sind Quotientenrelais mit starker Winkelabhängigkeit vorteilhafter, z. B. ein in X-Achse verschobener Kreis oder noch besser eine Ellipse mit dem großen Durchmesser in der X-Achse.

α) *Bestimmung des fehlerbehafteten Leiters.* Bei einer Unterimpedanzanregung wird ein Leiterstrom mit der Spannung Leiter — Leiter kombiniert. Auf diese Weise wird jeder zwei- und dreipolige Kurzschluß richtig erfaßt. Man kann also kombinieren: J_R mit U_{R-S}, J_S mit U_{S-T}, J_T mit U_{T-R}, oder J_R mit U_{R-T}, J_S mit U_{S-R}, J_T mit U_{T-S}.

Bei einem Kurzschluß, z. B. zwischen den Leitern T und S, bricht die Spannung U_{S-T} zusammen, Abb. 38. War hierbei der Leiterstrom J_S mit der

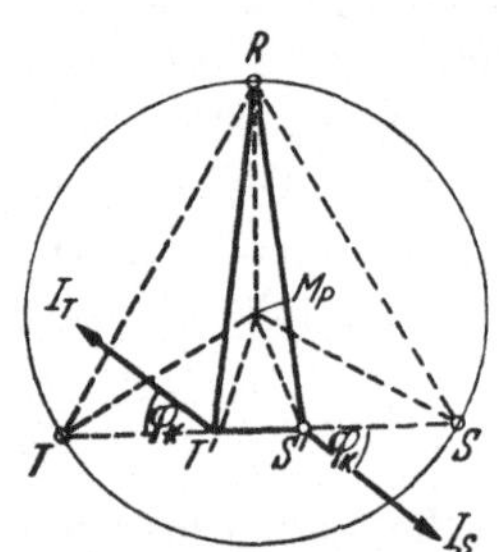

Abb. 38. Spannungsdreieck bei zweipoligem Kurzschluß

Spannung U_{S-T} kombiniert, so spricht dieses Relais bestimmt an. Der Leiterstrom J_T wäre dann mit der Spannung U_{T-R} kombiniert. Diese Spannung bricht ebenfalls etwas zusammen, im Maximum auf $\dfrac{\sqrt{3}}{2} = 86\%$ ihres Nennwertes. Ist eine Unterimpedanzanregung verwendet, die z. B. bei $2 \times J_n = 10$ A die Betriebsimpedanz schneidet, so regt auch dieses Relais an, sobald 10 A überschritten werden. Es regt also bei zweipoligem Kurzschluß *ein Relais sicher* an, das *zweite kann* bei höherem Strom ebenfalls *anregen*. Es besteht also ein grundsätzlicher Unterschied zur Überstromanregung. Weiterhin muß man die drei Spannungen überwachen, d. h. in der gewählten Form muß eine solche Anregung stets dreiphasig ausgeführt werden. Will man außerdem noch Kurzschlüsse gegen Erde, z. B. in starr geerdeten Netzen

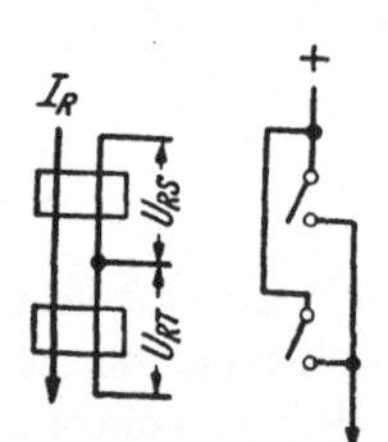

Abb. 39. Doppelanregung für 6fach- und 4fach-Anregung. Nur für Leiterstrom R gezeichnet

oder bei Doppelerdschluß, erfassen, so müssen die Leiterströme mit den Spannungen der Leiter gegen Erde kombiniert werden. Entweder nimmt man nochmals drei Anregeglieder oder schaltet die Relais bei Vorhandensein von Nullstrom J_E im Spannungspfad gegen Erde um.

Um nun ein gleiches Anregeverhalten wie bei Überstromrelais zu erhalten, d. h. um eine sichere Auswahl der kurzschlußbehafteten Leiter zu gewährleisten, sind verschiedene Schaltungen angewendet worden.

β) *Anregeschaltungen mit Leiterauswahl, Sechsfach-Anregung.* Man kombiniert den Leiterstrom, z. B. in Abb. 39, J_R in einem Relais mit der Spannung U_{R-T} und im zweiten mit der Spannung U_{R-S}. Die Kontakte beider Relais schaltet man parallel. Die beiden anderen Leiterströme kombiniert man ebenfalls mit den beiden anliegenden Spannungen. Auf diese Weise müssen wie bei der Überstromanregung stets die beiden Relais ansprechen, die in den vom Kurzschluß betroffenen Leitern liegen, da von beiden Leiterströmen stets einer mit der zusammengebrochenen Spannung kombiniert ist. Eine Sechsfach-Anregung entspricht in ihrem Verhalten einer Dreifach-Überstromanregung. Im Erdkurzschlußfall müssen die Spannungswicklungen jedoch ebenfalls an die Spannung Leiter—Erde gelegt werden.

Vierfach-Anregung. Genau wie bei Überstromanregung kann man einen Leiterstrom weglassen, so daß anstatt 6 nur noch 4 Relais notwendig sind, z.B. J_R mit U_{R-S} und mit U_{R-T}, und J_T mit U_{T-R} bzw. U_{T-S}.

Zweifach-Anregung. Will man nur mit zwei Anregerelais wie zwei Überstromrelais auskommen, so müssen die beiden Leiterströme mit den zugehörigen Sternspannungen kombiniert werden. Diese Sternspannungen verhalten sich jedoch bei einem zweipoligen Kurzschluß anders als bei dreipoligem. Abb. 40 zeigt ihr verschiedenes Verhalten. In der Abszisse ist die

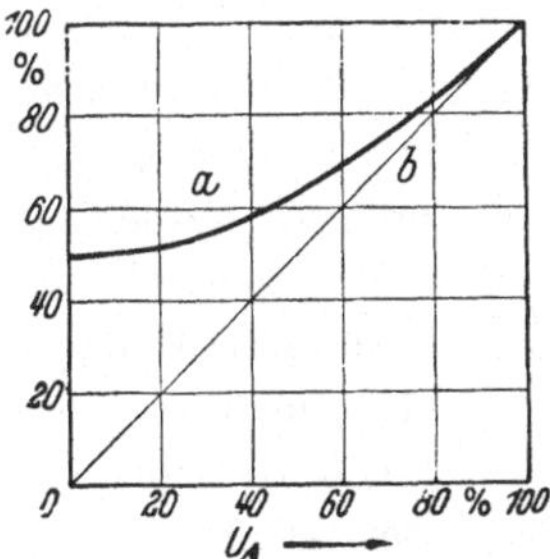

Abb. 40. Verhalten der Dreieck-
und der Sternspannung bei
a zweipoligem Kurzschluß,
b dreipoligem Kurzschluß

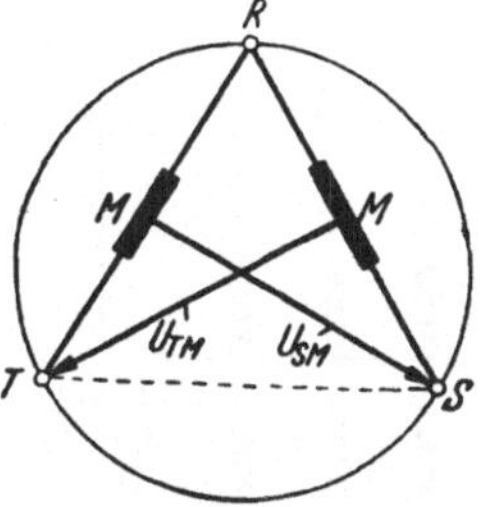

Abb. 41. Gewinnung der Sternspannung
durch Mittelanzapfung der gegenüberliegenden Dreieckspannung.
I_T mit U_{TM}; I_S mit U_{SM}

Dreieckspannung von 0—100% aufgetragen. Die Ordinate zeigt die Höhe der Sternspannung ebenfalls von 0—100%. Bei dreipoligem symmetrischen Kurzschluß nimmt die Sternspannung prozentual in dem gleichen Maße ab, wie die zusammenbrechende Dreieckspannung. Beim zweipoligen Kurzschluß dagegen sinkt sie nur auf 50% ihres Normalwertes ab, während die Dreieckspannung bis auf Null zusammenbricht. Dieser Unterschied läßt sich nur dadurch ausgleichen, daß der Spannungsstrom durch entsprechende nichtlineare Vorschaltwiderstände erst in der Nähe von 50% seines Nennwertes zu fließen beginnt. Dann bedeutet ein Absinken auf 50% gleichzeitig für die Spannungsseite des Vergleichsrelais auch ein Absinken auf Null. Man erhält dann eine verschiedene Minimalstromstärke für das Ansprechen des Relais, je nachdem ein zweipoliger oder dreipoliger Kurzschluß vorliegt. Abb. 41 zeigt eine solche Schaltung. Als Sternspannung wird meist die Spannung eines Leiters nach der Mitte der gegenüberliegenden Dreieckspannung gewählt. Der Mittelpunkt der Dreieckspannung wird am besten durch die Mittelanzapfung eines induktiven Spannungsteilers gewonnen. Die

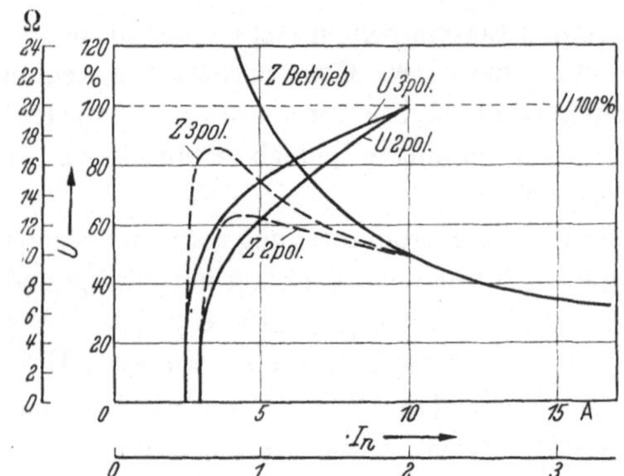

Abb. 42. Anregekurven einer 2fach-Anregung. U/I und Z/I bei zwei- und dreipoligem Kurzschluß. Schnittpunkt auf 10 A $= 2 \times I_n$ eingestellt

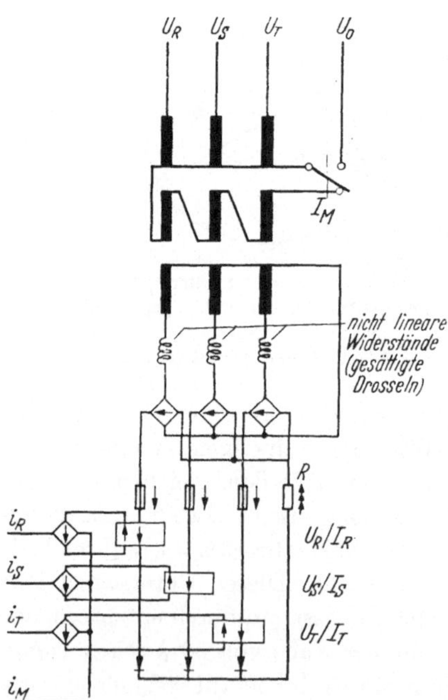

Abb. 43. 3fach-Anregung mit Ausgleichschaltung, nicht lineare Widerstände (gesättigte Drosseln)

so erhaltene Spannung hat die Größe $U \cdot \dfrac{\sqrt{3}}{2}$ und hat die Phasenlage der Sternspannung. Auf Abb. 42 sieht man die Verschiebung des minimalen Ansprechstromes bei zwei- und dreipoligem Kurzschluß.

Bei einem Kurzschluß, z. B. zwischen den Leitern T und R, bricht die Sternspannung U_{TM} auf ihren halben Wert zusammen und ergibt mit dem Strom J_T eine Anregung. Der S-Leiter führt keinen Kurzschlußstrom und die Sternspannung U_{SM} bleibt unverändert. Bei einem Kurzschluß zwischen R und S tritt das gleiche für das Relais in S ein, während $J_T = 0$ und U_{TM} voll erhalten bleiben. Bei einem Kurzschluß zwischen T und S führen beide Relais Strom (J_T und J_S) und beide Sternspannungen brechen auf 50% zusammen. Eine solche Anordnung verhält sich genau wie zwei Überstromrelais.

Dreifach-Anregung. Die Zweifach-Anregung kann man ohne weiteres zu einer Dreifach-Anregung erweitern. Will man die Verschiedenheit der Minimalansprechströme vermeiden, so läßt sich besonders bei Verwendung von gleichgerichteten Strömen im Spannungspfad eine Abhilfe erreichen. Abb. 43 zeigt eine solche Schaltung.

Durch 3 kleine Zwischenwandler werden die 3 Sternspannungen nachgebildet, die nichtlinearen Ströme über gesättigte Drosseln wieder gleichgerichtet und über die Relaiswicklungen geführt. Die drei Gleichströme führen über einen gemeinsamen Widerstand R. Brechen bei einem zweipoligen

Kurzschluß zwei Sternspannungen auf 50% zusammen, so ist der Spannungsabfall der dritten Spannung am Widerstand R noch so hoch, daß unterhalb 50% der beiden anderen Spannungen von diesen aus kein Strom mehr fließen kann. Dadurch erzwingt man bei geeigneter Dimensionierung einen vollkommen gleichen Minimalansprechstrom.

Im Doppelerdschlußfall müssen die Sternspannungen auf die Spannungen Leiter—Erde umgeschaltet werden. Durch ein J_E-Relais kann die Dreieckwicklung, welche den geometrischen Mittelpunkt des Spannungsdreiecks fest-

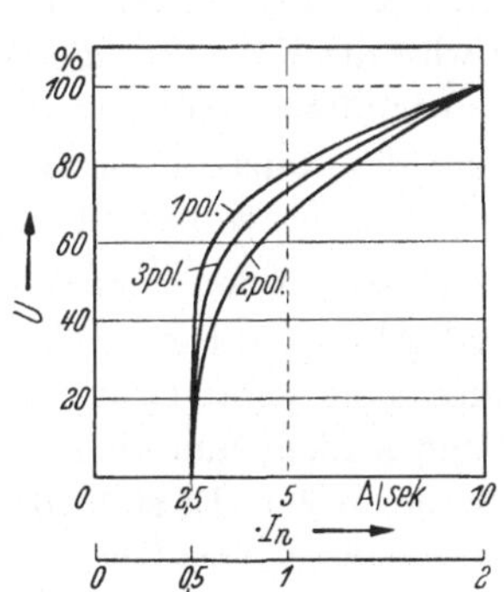

Abb. 44. U/I, Schnittpunkt auf
$2 \times I_n$ eingestellt

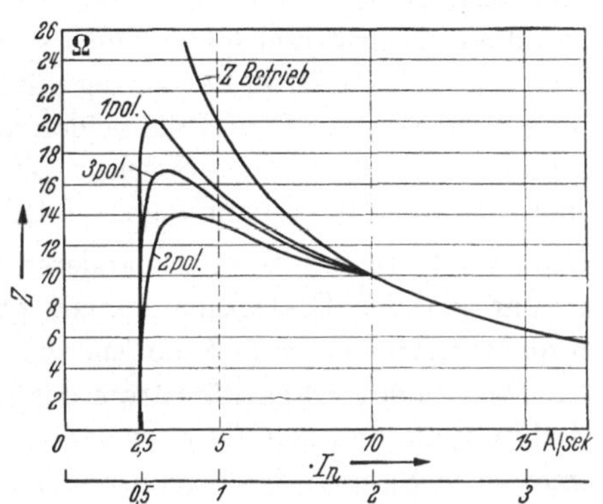

Abb. 45. Z/I, Schnittpunkt auf $2 \times I_n$ eingestellt.
Anregekurven einer 3fach - Unterimpedanzanregung
nach Schaltung Abb. 43.

hielt, abgeschaltet und der Nullpunkt an Erde gelegt werden. Auf diese Weise entsprechen die drei Gleichströme den Spannungen der Leiter gegen Erde. In starr geerdeten Netzen wird der Nullpunkt fest an Erde gelegt. Die Anregung erfolgt in allen Fällen richtig. Die Umschaltung ist nur in sternpunktisolierten Netzen notwendig, um nicht Anregungen bei einfachen Erdschlüssen, die noch keinen Kurzschluß darstellen, mit dem Laststrom zu erhalten. Abb. 44 und 45 zeigt Anregekennlinien mit einer solchen Anordnung. Sie verhält sich vollkommen wie eine dreifache Überstromanregung und kann mit einer solchen kontaktmäßig parallel geschaltet werden.

2. Fehlerkriterien bei Erdschlüssen in nicht starr geerdeten Netzen

Erdschlüsse in Netzen, deren Sternpunkt entweder vollständig isoliert oder über eine Induktivität mit Erde verbunden ist, haben nur eine Verlagerung der Kapazitätsströme zur Folge, ohne daß die Energieübertragung dadurch gestört wird. Die Gefahr einer Ausweitung des einfachen Erdschlusses zu einem Kurzschluß bedingt jedoch, daß das rasche Auffinden der Erdschlußstelle sehr wichtig ist, um das fehlerhafte Leitungsstück heraustrennen zu können. Die Fehlerkriterien solcher Erdschlüsse sind etwas verschieden, je nachdem das Netz mit isoliertem oder über Drossel geerdetem Sternpunkt betrieben wird.

Abb. 46 zeigt schematisch die Vorgänge bei Erdschluß in einem Netz mit voll isoliertem Sternpunkt. Zwischen den Leitern und zwischen den Leitern und Erde liegen Kapazitäten, die kontinuierlich verteilt sind. Es fließen daher im Betrieb Kapazitätsströme zwischen den einzelnen Leitern und zwischen jedem Leiter und Erde. Hier interessieren nur die letzteren. Im erdschlußfreien Betrieb sind diese Erdkapazitätsströme in jedem Leiter annähernd gleich groß und bilden einen symmetrischen Stern (Abb. 46a). Bekommt ein Leiter, z.B. T, Berührung mit Erde, so wird die Kapazität dieses Leiters kurzgeschlossen, und die beiden anderen Kapazitäten werden an die Spannungen $R—T$ und $T—S$ gelegt. Waren vorher die Kapazitätsströme proportional den Sternspannungen, so ist jetzt der Strom der Kapazität des T-Leiters $=$ Null, und die beiden anderen Ströme wachsen auf den $\sqrt{3}$fachen Wert und sind den Dreieckspannungen proportional, Abb. 46b. Diese haben sich nicht verändert, so daß die Energieübertragung keine Veränderung erfährt. Der erhöhte Kapazitätsstrom der Leiter R und S fließt nun über die Erdschlußstelle und den T-Leiter nach der Speisestelle zurück. Er stellt die geometrische Summe der beiden anderen Kapazitätsströme dar. Über die Erdschlußstelle fließt daher der dreifache Betrag des Ladestromes eines Leiters im Normalbetrieb.

An der Speisestelle ist die geometrische Summe der 3 Kapazitätsströme wieder Null. Auf der Leitung selbst dagegen ist dies nicht mehr der Fall, da der Leiterstrom T unverändert von der Erdschlußstelle bis zum Speisetransformator fließt, während die Ströme der beiden anderen Leiter infolge der verteilten Kapazität sich immer mehr verringern. Bildet man daher an den verschiedensten Punkten mit der Dreiwandlerschaltung die Stromsumme, so wächst die Unsymmetrie immer mehr, je näher die Meßstelle an der Erdschlußstelle liegt. Abb. 46c zeigt das Absinken der geometrischen Summe von $|\,J_R + J_S\,|$ längs der Leitung und den in konstanter Höhe zurückfließenden Strom des Leiters T. In Abb. 46d ist die geometrische Summe der drei Ströme $= J_E =$ in der Erde fließender Strom aufgezeichnet. Die Richtungspfeile geben an, daß der Summenstrom von der Erdschlußstelle aus in der Erde sich in das ganze Netz verteilt. Die Erdschlußstelle ist gleichsam der Generator, der den Erdschlußstrom in das Netz hineinspeist. Will man überschlägig den Erdschlußstrom in einem nicht gelöschten Netz feststellen, so kann man folgende Faustformel verwenden

$$\text{bei Freileitungen:}\quad J_E = \frac{3 \cdot kV \cdot km}{1000}$$

$$\text{bei Kabeln:}\quad J_E = \frac{60 \cdot kV \cdot km}{1000}\,.$$

Hierbei sind Mittelwerte der Kapazitäten der Leiter gegen Erde eingesetzt. Das Resultat ergibt einen Näherungswert mit etwa $\pm 10\%$ Genauigkeit. Der Strom entspricht dem Strom in dem erdgeschlossenen Leiter (also dem Strom T in Abb. 46b). An der Erdschlußstelle kann er sich als Unsymmetriestrom J_E bei ungünstiger Lage halbieren, da er nach beiden Seiten wegfließt (Abb. 46d).

Ist der Sternpunkt des Netzes über eine Drossel geerdet, so wird diese durch die Erdschlußstelle an die Sternspannung des erdschlußbehafteten

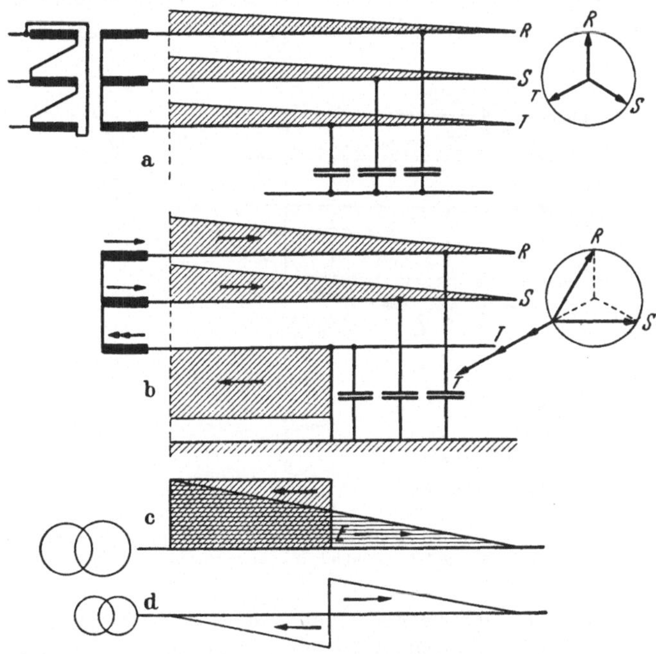

Abb. 46 a–d. Vorgänge bei Erdschluß in Netzen mit voll isoliertem Nullpunkt. a Normalbetrieb. Ladeströme Leiter — Erde; b Erdschluß im T-Leiter; c geometrische Summe $|I_R + I_S|$ im Vergleich zu J_T; d Summenstrom J_E in der Drei-Wandlerschaltung.

Leiters gelegt und nimmt einen dieser Sternspannung entsprechenden Leerlaufstrom auf. Dieser Strom fließt ebenfalls über die Erdschlußstelle. Dieser Magnetisierungsstrom eilt der treibenden Spannung um 90° nach, während der Kapazitätsstrom um 90° voreilt. Die Momentanrichtung der beiden Ströme ist also entgegengesetzt. Der Strom an der Erdschlußstelle stellt daher die Differenz zwischen kapazitivem und induktivem Strom dar. Wird der Leerlaufstrom der Drossel auf den gleichen Wert wie der kapazitive Erdschlußstrom gebracht, so muß an der Erdschlußstelle der Strom zu Null werden. Der Erdschluß wird „gelöscht".

Nun besitzt der Strom einer Drossel stets noch eine gewisse Wirkkomponente, die praktisch zwischen 5 und 10% der induktiven Komponente liegt. Bei genauem Abgleich bleibt diese Komponente als Reststrom an der Erdschlußstelle bestehen. Durch die Sättigung der Drossel wird auch der Strom verzerrt und ergibt mit dem sinusförmigen Kapazitätsstrom keine vollständige Übereinstimmung. Es bleibt daher noch zusätzlich ein Restbetrag übrig, der aus höheren Harmonischen besteht. Schließlich fließt neben dem Kapazitätsstrom noch ein kleiner Ableitungsstrom (Wirkstrom) über die Isolation des Leiters gegen Erde, der im Erdschlußfall in demselben Verhältnis wie der Kapazitätsstrom über die Erdschlußstelle fließt, der aber nicht durch den induktiven Strom der Drossel kompensiert werden kann. Bei exakter Ab-

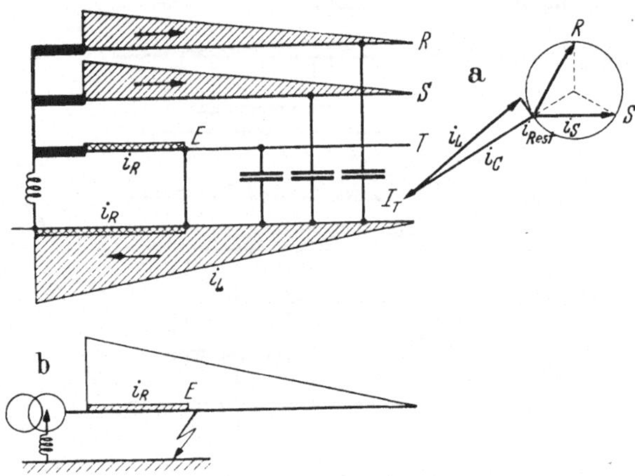

Abb. 47a u. b. Vorgänge bei Erdschluß in Netzen mit induktiver Sternpunktserdung, gelöschte Netze.
a Erdschluß des Leiters T mit Löschspule; b Summenstrom J_E längs der Leitung

stimmung fließt also über die Erdschlußstelle noch ein Gemisch von Wirkstrom und höheren Harmonischen. Bei ungenauer Abstimmung kommt hierzu noch der Mehr- oder Minderbetrag des induktiven oder kapazitiven Stromes. Der induktive Strom ist durch die Einstellung der Drossel fest gegeben, während der kapazitive Strom mit der jeweils im Betrieb befindlichen Leitungslänge variiert.

Abb. 47a und 47b zeigt schematisch die Verhältnisse. Von dem Trafo aus fließt im Leiter T nur noch der Wirkreststrom. Die Kapazitätsströme der Leiter R und S, die auf den $\sqrt{3}$ fachen Betrag angestiegen sind, werden von dem Drosselstrom von der Erdschlußstelle abgesaugt und über den Sternpunkt dem Transformator zugeführt. Das zugehörige Diagramm der Leiterströme zeigt das Verschwinden des Leiterstromes T bis auf den Restbetrag an Wirkstrom i_R. Bildet man jetzt die Stromsumme längs der Leitung, so ist der grundsätzliche Unterschied zum isolierten Netz sofort ersichtlich. Der

Summenstrom J_E zeigt an der Erdschlußstelle keinen Sprung mehr, sondern ist nunmehr an der Speisestelle mit der Löschdrossel am größten und entspricht hier genau dem Strom in der Drossel. Nur auf der Strecke von Drossel bis zur Erdschlußstelle enthält der relativ hohe Kapazitätsstrom noch die kleine Wirkkomponente. Die Drosselspule ist jetzt die Ausgangsstelle für den kapazitiven und ohmschen Strom. Während der erste sich von der Drossel aus ins ganze Netz verteilt, fließt der Wirkstrom zur Erdschlußstelle hin.

Abb. 48 veranschaulicht die Spannungsverhältnisse bei einem Erdschluß. Im störungsfreien Betrieb ist der Sternpunkt der Erdkapazitäten praktisch identisch mit dem Schwerpunkt des Spannungsdreiecks. Bei sattem Erdschluß rückt der Erdpunkt an den fehlerbehafteten Leiter, und die Summenspannung U_{EM} an einer offenen Dreieckswicklung (vergleiche Abb. 17) ist gleich der Spannung zwischen Schwerpunkt und Erdpunkt. Erfolgt der

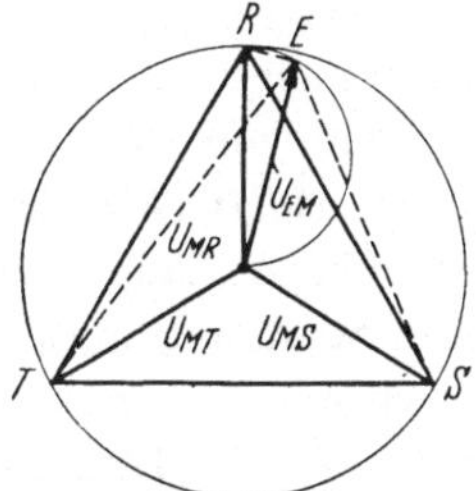

Abb. 48. Spannungsverhältnisse bei Erdschluß über Widerstände

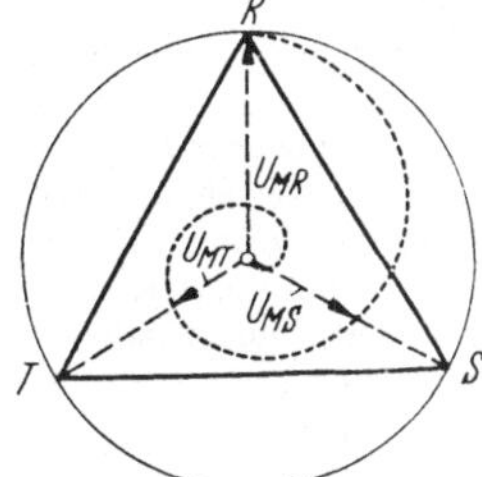

Abb. 49. Zurückschwingen des Erdpunktes E_p nach Löschung eines Erdschlusses zum Mittelpunkt M_p

Erdschluß über höhere Übergangswiderstände, so wandert der Erdpunkt über einen Halbkreis nach dem erdschlußbehafteten Leiter hin. Der Erdpunkt kann daher dann unter Umständen außerhalb des Spannungsdreiecks liegen.

Wird der Erdschluß bei nichtgelöschtem Netz unterbrochen, so wandert der Erdpunkt schlagartig zum Schwerpunkt zurück, und an der Erdschlußstelle erscheint sofort die volle Spannung des Leiters gegen Erde. Dadurch erfolgt oft ein Wiederzünden des Lichtbogens, wenn die Isolation noch nicht voll vorhanden ist = intermittierender Erdschluß. Ist das Netz dagegen gelöscht, so hat der Übergang an der Erdschlußstelle einen wesentlich geringeren Einfluß auf den während des Erdschlusses bestehenden Zustand. Wäre die Löschung so exakt, daß praktisch kein Strom über die Erdschlußstelle fließt, so könnte der Ausgleich der kapazitiven Ströme der beiden gesunden Leiter über die Drossel zum Trafo weiterbestehen. Die Spannung an der Erdschlußstelle kehrt also nach dem Erlöschen des Lichtbogen nur langsam wieder, je genauer abgestimmt, umso langsamer. Das Netz schwingt sich langsam in seinen Normalzustand zurück, wobei der Erdpunkt im Spannungsdreieck (Abb. 49) in einer Spirale zum Schwerpunkt zurückkehrt.

Überwacht man die Spannungen der Leiter gegen Erde mit 3 Spannungsmessern, so zeigt das Instrument des erdschlußbehafteten Leiter Null, während die anderen die Dreieckspannungen anzeigen. Beim eben erwähnten Ausschwingen zeigen nunmehr auch die anderen Instrumente nacheinander scheinbar Teilerdschlüsse an. Setzt man an Stelle der 3 Instrumente Spannungsrelais, die beim Zusammenbrechen der Spannung eines Leiters Signal geben, so können beim Zurückschwingen auch die beiden anderen Relais fälschlicherweise noch Erdschlüsse anzeigen, wenn dies nicht durch besondere Maßnahmen verhindert wird.

Für die Bestimmung der Fehlerstelle ist auch der Anfangsvorgang des Erdschlusses von Wichtigkeit. Man kann praktisch immer annehmen, daß der Überschlag nicht weit vom Maximum der Spannungskurve erfolgt (Abb. 50).

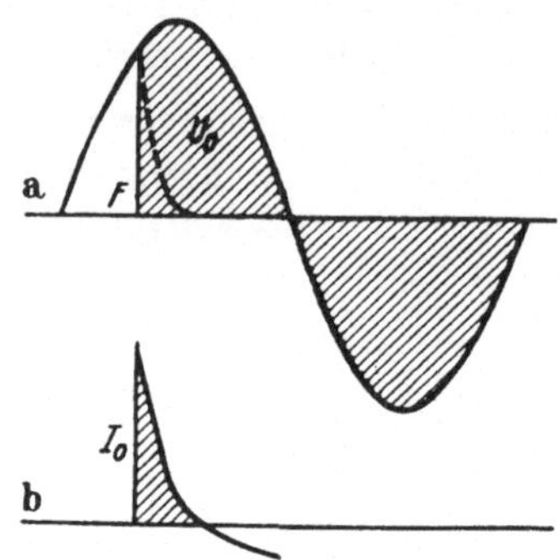

Abb. 50 a u. b. Vorgang beim Einsetzen des Erdschlusses a Zusammenbrechen der Leiterspannung gegen Erde und Auftreten der Nullspannung U_E ; b Auftreten eines Entladestromes des erdschlußbehafteten Leiters und Aufladung der beiden anderen Leiter

In diesem Moment stellt der Leiter einen auf diesen Spannungswert vollgeladenen Kondensator dar. Dieser Kondensator muß sich über die Erdschlußstelle erst entladen, wenn der Leiter die Spannung Null gegen Erde annehmen soll. In dem gleichen Maße erscheint auch die Nullspannung U_{EM} an einer offenen Dreieckswicklung, die ja stets die verschwundene Spannung darstellt. Gleichzeitig müssen sich die Kapazitäten der beiden gesunden Leiter auf den $\sqrt{3}$fachen Betrag aufladen. Dieser Aufladestrom muß jedoch von der Speisestelle geliefert werden, während der Entladestrom aus dem ganzen Netz nach der Erdschlußstelle fließt. Beide zusammen fließen in gleicher Richtung über die Fehlerstelle, Abb. 51. Die Entladung geht sehr schnell vor sich, da der Strom praktisch nur vom Wellenwiderstand abhängt (bei Freileitungen zirka 500 Ω, bei Kabeln etwa 50 Ω). Für den Aufladestrom sind jedoch die Reaktanzen der Generatoren und Transformatoren maßgebend. Jede Aufladung oder Entladung von Kondensatoren über Induktivitäten hat Schwingungen zur Folge. Sie müssen beim Entladevorgang von wesentlich höherer Frequenz sein als beim Aufladevorgang wegen der wesentlich größeren Induktivitäten beim letzteren. In Abb. 52 zeigt das Oszillogramm eines Erdschlußvorganges, bei welchem kurz hintereinander Überschläge auftre-

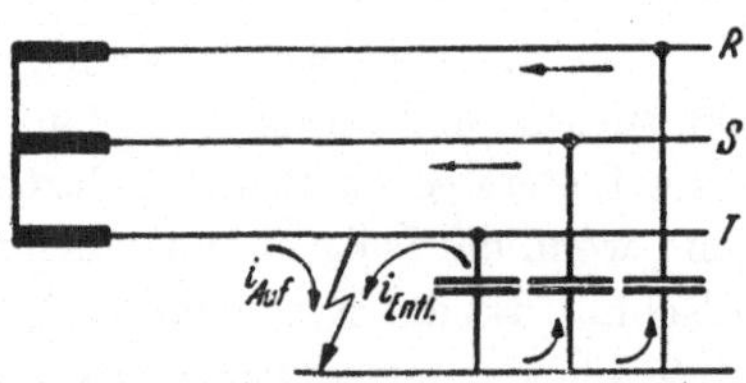

Abb. 51. Verlauf des Ent- und Aufladestromes

ten, zwei wichtige Tatsachen: Erstens besitzt der Erdstrom J_E im Anfang stets die gleiche Polarität wie die Verlagerungsspannung U_{EM}, und zweitens

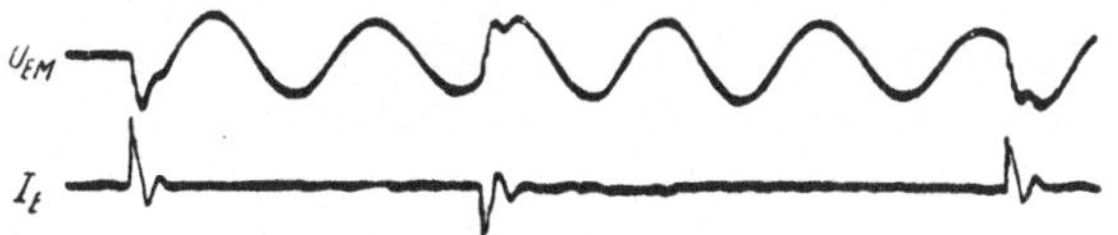

Abb. 52. Oszillogramm eines gelöschten Erdschlusses mit mehreren Überschlägen. U_{EM} Verlagerungsspannung; I_E Erdstrom

sind die Anfangsströme wesentlich größer als im stationären Erdschlußzustand. Schließlich zeichnen sich deutlich die höheren Schwingungen der Entladung von den langsameren der Aufladung ab.

Zum Schluß ist noch die Frage zu streifen, welche Wirkung hat ein Erdschluß in einem nichtgelöschten und in einem gelöschten Netz auf den Generator? Dabei wird vorausgesetzt, daß eine Löschspule nicht im Sternpunkt eines Generators, sondern im Sternpunkt eines Stern/Dreieck - Transformators angeschlossen ist.

In Abb. 53a bis f sind diese beiden Vorgänge gegenüber gestellt. Abb. 53a zeigt die Schaltung Generator mit Trafo, an welchen die Löschspule angeschlossen wird. Bei nicht vorhandener Spule erhält man auf der Sternseite des Trafo einen Sternstrom, wie er in Abb. 53b dargestellt ist. Die Ströme in den Leitern R und S sind auf den $\sqrt{3}$fachen Betrag und der Leiterstrom T auf den 3fachen des normalen Ladestromes angestiegen. Die Ströme auf der

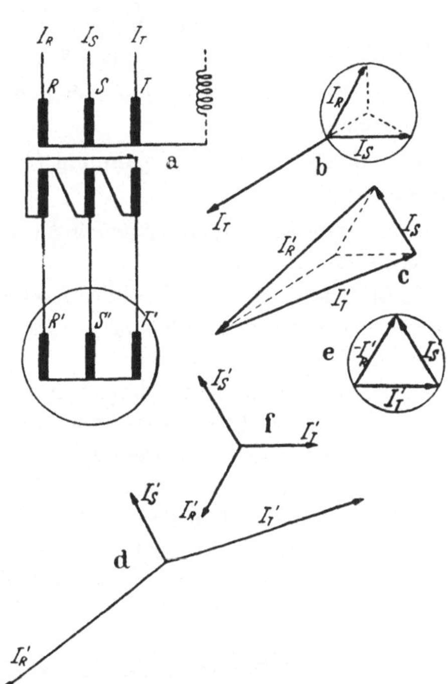

Abb. 53a–f. Rückwirkung eines Erdschlusses auf den Generator. a Generator mit $\curlywedge / \triangle$ Transformator; b Primäres Stromdiagramm bei nichtgelöschtem Netz im Erdschluß im Leiter T; c und d Stromdreieck und Stromstern im Generator bei nichtgelöschtem Netz und Erdschluß im T-Leiter; e und f desgl. bei gelöschtem Netz

Dreiecksseite eines Trafo sind stets den geometrischen Differenzen der Sternströme proportional, die in Abb. 53c J_R', J_S', J_T' und in Abb. 53d als entsprechender Stromstern auf der Generatorseite dargestellt sind. Untersucht man diesen unsymmetrischen Stern nach der im folgenden Abschnitt angegebenen Methode, so ergibt sich, daß im Generator ein rechtsläufiges Drehfeld vom doppelten Wert des normalen Ladestromes und ein linksläufiges Drehfeld vom einfachen Betrag entsteht. Oder mit anderen Worten: Ein Erdschluß im nicht gelöschten Netz hat zusätzlich ein rechts- und ein linksläufiges Drehfeld von der Höhe des normalen Ladestromes im Generator zur Folge.

Schließt man die Drossel an, so verschwindet im Leiter T auf der Sternseite des Trafo der Strom vom dreifachen Betrag des normalen Ladestromes. Es bleiben auf der Sternseite nur die um $\sqrt{3}$ gestiegenen Ströme in R und S bestehen, Abb. 53e, f. Die geometrische Differenz ergibt jetzt einen symmetrischen Stern von der Größe der normalen Ladeströme. Der Generator merkt jetzt von einem gut kompensierten Erdschluß nichts mehr, wenn man von der kleinen Unsymmetrie des Wirkreststromes absieht.

Kurze Zusammenstellung der für den Schutz wichtigsten Erscheinungen bei Erdschluß:

1. Auftreten einer Nullspannung U_{EM} = Allgemeine Anzeige des Erdschlusses.

2. Die drei Leiterspannungen sind verschieden 0, $\sqrt{3}$, $\sqrt{3}$ = Bestimmung des geerdeten Leiters.

3. In nicht gelöschten Netzen Auftreten eines kapazitiven Erdstromes J_E der an der Erdschlußstelle am größten ist = Bestimmen des Erdschlußortes mit Blindleistungsrelais.

4. In gelöschten Netzen kapazitiver Summenstrom an den Löschspulen am größten. Erdschlußstelle nur noch mit Wirkleistungsrelais zu bestimmen.

5. Gleichstromentladevorgang beim Einsetzen des Erdschlusses gleichphasig mit U_{EM}, wesentlich höher als stationärer kapazitiver Erdschlußstrom, unabhängig ob gelöscht oder nicht = Bestimmung des Fehlerortes mit Wischerrelais. Desgleichen Auftreten von Schwingungen.

6. Auftreten eines linksläufigen Drehfeldes im Generator bei nicht gelöschtem Netz.

3. Unsymmetrische Ströme und Spannungen

Außer einem dreipoligen Kurzschluß sind praktisch bei jedem Störungsfall die Ströme und Spannungen unsymmetrisch, ohne daß diese Tatsache bei dem Aufbau des Schutzes besonders erwähnt wird. Diese Unsymmetrie birgt vielmehr bei längerer Dauer eine Gefahr für die Generatoren in sich, so daß es notwendig ist, diesen Zustand von einer gefährlichen Höhe an festzustellen und zu signalisieren.

Bei einem Synchrongenerator läuft der Rotor synchron mit dem Drehfeld um und die Rückwirkungen der Leiterströme heben sich in ihm auf, so daß sich keine Induktionsströme im Läufer (Dämpferwicklung und Erregerkreis) ausbilden können wie in einem Induktionsmotor. Wird jedoch ein

Drehstromgenerator mit einem einachsigen Strom belastet, z. B. nur zwischen zwei Leitern, so entstehen im Läufer Induktionsströme, die außerordentliche Höhen erreichen und zur Zerstörung des Rotors führen können. Die Ströme weisen die doppelte Netzfrequenz auf. Man kann sie auch im Erregerkreis nachweisen. Ein einachsiges Wechselfeld kann man in ein rechts- und ein linksläufiges Feld zerlegen, wobei das rechtsläufige keine Rückwirkung ergibt. Gegen das linksläufige dagegen läuft der Rotor mit der Netzfrequenz um, so daß im Rotor ein Strom der doppelten Frequenz induziert wird, wie bei einem Induktionsmotor, der gegen das Drehfeld angetrieben wird und einen Schlupf von 200% erhält.

Diesen einachsigen Wechselstrom, der das inverse Drehfeld hervorruft, herauszufinden, ist Aufgabe der Unsymmetrierelais. In Abb. 54a ist ein unsymmetrischer Stromstern angenommen, dessen Ströme J_R, J_S, J_T die Stromsumme Null ergeben. Nimmt man einen dieser drei Ströme, z. B. J_R, und ergänzt ihn graphisch zu einem symmetrischen Stern R, R', R''', und zieht die Verbindungslinien von den Ergänzungsströmen R' und R''' zu den beiden anderen Strömen J_T und J_S, so erhält man zwei Vektoren $R'-T$ und $R'''-S$, die entgegengesetzt gerichtet und gleich groß sind. Der geometrische Beweis hierfür geht aus Abb. 54a und b hervor. In Abb. 54b ist das gleiche mit dem Leiterstrom T gemacht worden und die Verbindungen $T'''-R$ und $T'-S$ ergeben die gleichen Vektoren. Konstruiert man das gleiche mit dem Leiterstrom S, so erhält man schließlich an allen drei Leiterströmen ein gleichseitiges Dreieck. Man kann also jeden unsymmetrischen Stromstern mit der Stromsumme

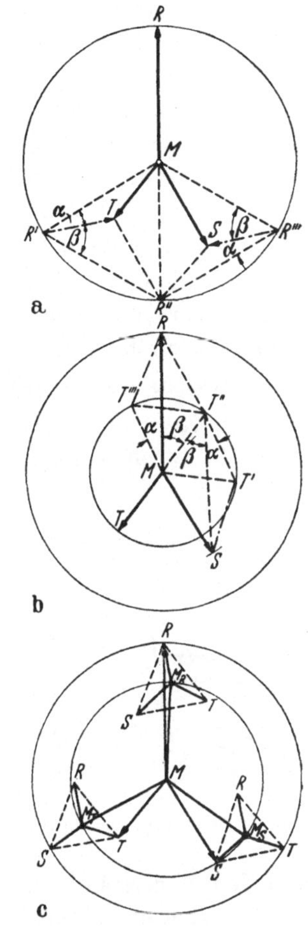

a

b

c

Abb. 54a—c

a Zerlegung eines unsymmetrischen Stromsternes in einen symmetrischen und einen einachsigen Wechselstrom.

$$\triangle\ R'-T-R'' = \triangle\ M\ -S-R'''$$
$$\triangle\ R'-T-M = \triangle\ R''\ -S-R'''$$
$$\alpha+\beta = 60°$$
$$R'-T = S-R''$$

b Symmetrischer Stern des Leiterstromes T und einachsiger Wechselstrom.

$$\triangle\ R-M-T''' = \triangle\ S\ -T'-T''$$
$$\triangle\ R-M-T'' = \triangle\ T''-M-S$$
$$\alpha+\beta = 60°$$
$$R-T''' = T'-S$$

c Aufteilung eines unsymmetrischen Sternes in zwei symmetrische Sterne — rechtsund linksläufige Phasenfolge.

M_R-M, M_S-M, M_T-M rechtsläufig
M_R-R, M_T-T, M_S-S linksläufig

Null in einen symmetrischen Stromstern und einen einachsigen Wechselstrom zerlegen. Dieser einachsige Wechselstrom ruft das inverse Drehfeld hervor, dessen Größe um $\sqrt{3}$ kleiner ist. Bildet man von dem gleichseitigen Dreieck den Schwerpunkt, so erhält man den Stromstern des inversen Drehfeldes, und die Verbindungen von den drei Mittelpunkten des Dreiecks zum Mittelpunkt 0 stellen die Vektoren des rechtsläufigen Drehfeldes nach Größe und Richtung dar.

Es genügt also, einen Vektor des unsymmetrischen Sternes entweder um 60% voreilend oder 60% nacheilend künstlich zu verschieben und die Vektoren mit dem entsprechenden anderen Vektor geometrisch zu vergleichen. Die Differenz ergibt stets den einachsigen Wechselstrom. Dieser Wert, durch $\sqrt{3}$ dividiert, ergibt die Größe des inversen Stromes.

In Abb. 55 ist ein sogenannter Drehfeldscheider für die Spannung dargestellt. Der Strom aus der Sternspannung U_T wird über den Kondensator

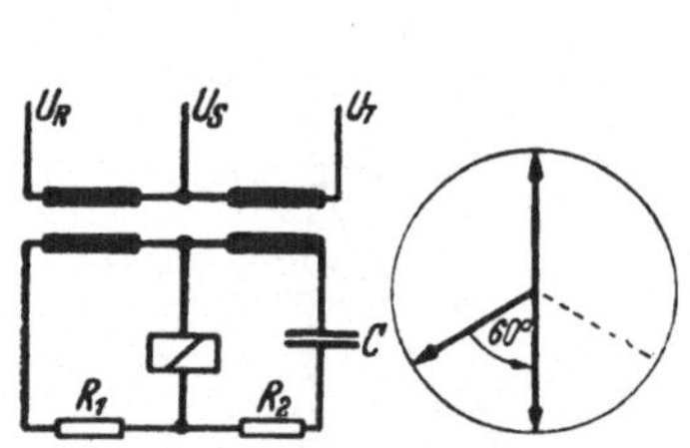

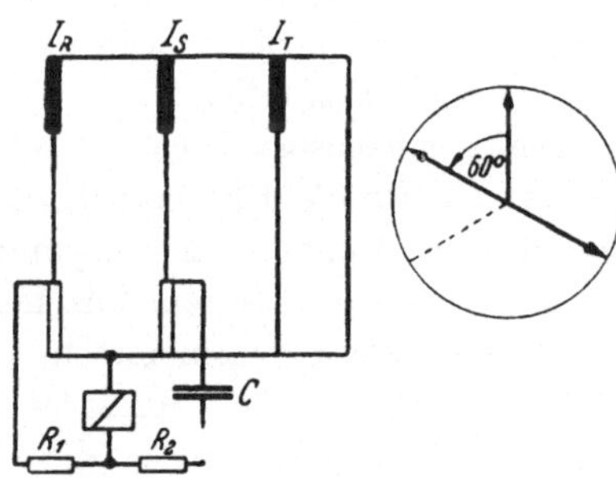

Abb. 55. Drehfeldscheider für Spannung   Abb. 56. Drehfeldscheider für Strom

C und den Widerstand R_2 voreilend verschoben und mit einem phasengetreuen Strom der Sternspannung U_R verglichen. Die beiden Ströme sind nun entgegengesetzt gerichtet und gleich groß. Das Relais in der Sternspannung U_S erhält im symmetrischen Zustand keinen Strom. Bei Unsymmetrie fließt darüber ein Strom, der der überlagerten einachsigen Wechselspannung proportional ist.

Abb. 56 zeigt die gleiche Schaltung für Ströme, wo die Leiterströme J_R und J_S an den Widerständen in äquivalente Spannungen umgewandelt werden, so daß die gleiche Schaltung wie in Abb. 55 angewendet werden kann.

Diese Schaltung würde nicht mehr richtig anzeigen, wenn in den Strömen noch eine Nullkomponente vorhanden wäre. Z. B. es wäre nur der Strom J_T vorhanden. Wandelt man jedoch drei Sternströme über eine Stern/DreieckSchaltung in Dreieckströme um, so bilden die Sternströme auf der Dreieckseite stets die Stromsumme Null und obige Schaltung läßt sich wieder verwenden. Das gleiche geschieht über einen Stern-Dreieck-Transformator zum Generator. Abb. 57 zeigt eine solche Schaltung. Hier ist, um eine andere

Möglichkeit zu zeigen, eine Phasenverschiebung der Ströme nach Abb. 30 und 31 vorgenommen worden. Der Strom J_R ist in einen Strom i_C über einen Kondensator und einen Strom i_R über einen Widerstand R aufgespalten. Das Verhältnis von C und R ist so getroffen, daß i_C um 60° gegenüber J_R voreilt. In dem Zwischenwandler mit der Mittelanzapfung wird die geometrische Differenz zwischen $|J_T + i_R|$ und i_C gebildet. In der Sekundärwicklung tritt ein Strom auf, der dem einachsigen Wechselstrom bzw. dem inversen Strom proportional ist.

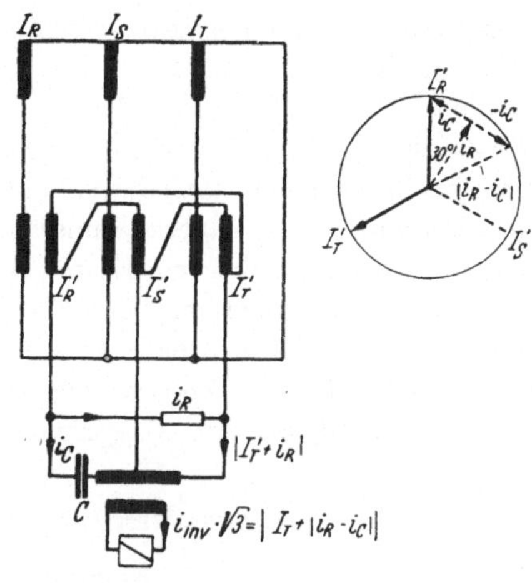

Abb. 57

Drehfeldscheider für Strom mit Nullkomponente

Die auf diese Weise gefundenen inversen Spannungen und Ströme können auch wattmetrisch miteinander kombiniert werden, um z. B. inverse Richtungsrelais zu erhalten.

4. Überlast

Die Überlastung eines Motors, Transformators oder eines Generators ist keine elektrische Störung in dem bisher behandelten Sinne, sondern kann durch betriebliche Verhältnisse bedingt sein. Die Verlustwärme, die in einem Trafo oder einer Maschine erzeugt wird, setzt sich aus den Eisenverlusten und den Stromwärmeverlusten in den Wicklungen zusammen. Die ersten kann man als unveränderlich ansehen, da sie von der Spannung und der Frequenz abhängen. Die zweiten dagegen sind vom Strom, d. h. von den Betriebsbedingungen, abhängig und stark veränderlich. Die Gesamtverlustwärme bedingt eine Temperaturerhöhung, wobei die Maschinen und Trafos so ausgelegt sind, daß bei Nennbelastung, d. h. bei Nennspannung und Nennstrom, die Temperatur noch nicht eine Verschlechterung der Isolation zur Folge hat und diese Temperatur bei gegebenen Abkühlungsverhältnissen dauernd vertragen werden kann. Es herrscht also Gleichgewicht zwischen erzeugter und durch Kühlung abgeführter Wärme. Die zugelassene Maximaltemperatur ist also durch die Summe aus praktisch konstanten Eisenverlusten und den variablen Stromwärmeverlusten (Kupferverluste mal Zeit) gegeben. Diese Temperatur darf nicht überschritten werden.

Das beste und einwandfreieste Kriterium wäre die Temperaturmessung. Leider ist diese nicht immer durchzuführen und außerdem ist sie nicht an allen Stellen, z. B. in der Trafowicklung, gleich. Man nimmt daher den Strom selbst als Kriterium, da der größte Teil der Wärme von dem Quadrat des Stromes abhängig ist. Ein Relais, das auf das Überschreiten des Produktes $J^2 \cdot t$ anspricht, kommt der Lösung einigermaßen nahe. Das Produkt würde richtig sein, wenn man auch die Abkühlverhältnisse genau nachbilden könnte, d. h. wenn man ein genaues thermisches Abbild herstellen könnte. Das gelingt nur in gewisser Annäherung. Es gibt wohl kaum eine Schutzeinrichtung, für die so viele Vorschläge und Versuche gemacht worden sind, ohne eigentlich der Lösung vollkommen nahe zu kommen, wie der Überlastschutz. Immer wieder erweisen sich Temperaturmessung und vor allem billige Thermorelais (Bimetall) als eine einigermaßen ausreichende Lösung.

II. Selektionsmittel zum Bestimmen des Fehlerortes

1. Richtungsbestimmung

Wenn an einem Relaisort die Anregerelais das Vorhandensein eines Fehlers, vor allem eines Kurzschlusses, feststellen, so muß z. B. in einem vermaschten Netz auch sofort bekannt sein, in welcher Richtung, vom Relaisort gesehen, die Fehlerstelle liegt, wenn nicht, wie in Stichleitungen ohne Rückspeisung, das Feststellen des Kurzschlusses auch zugleich seine Richtung angibt, da hierbei ein Kurzschlußstrom eben nur bei einem Kurzschluß in der Stichleitung auftreten kann. Für den Relaisort gibt es zwei Richtungen der Kurzschlußenergie: nach der Leitung zu oder in Richtung nach der Sammelschiene. Im ersten Fall kann das Relais auslösen = *Auslöserichtung*, im zweiten muß das Richtungsrelais die Auslösung sperren = *Sperrichtung*. Die Richtung wird dadurch bestimmt, daß der Kurzschlußstrom in seiner Phasenlage, die bei den beiden Richtungen genau um 180° verschieden ist, mit der Phasenlage eines anderen Stromes, die sich in beiden Richtungen nicht verändert, verglichen wird. Der Vergleichsvektor kann entweder die Spannung des Kurzschlußkreises oder eine der anderen Drehstromspannungen oder in manchen Fällen auch der Vektor eines anderen Stromes sein, der ebenfalls unabhängig von der Umkehr des Kurzschlußstromes ist. Man kann also außer der ersten Möglichkeit nicht mehr von der Richtung der Kurzschlußenergie sprechen, da z. B. der Vergleich mit einer gesunden Spannung eine physikalisch nicht vorhandene Leistung bedeutet. Die *Richtungsbestimmung* wird daher am besten als *ein Phasenvergleich* bezeichnet und man spricht daher meistens nur von einer *Richtung des Kurzschlußstromes*, obgleich dieser Ausdruck bei Wechselstrom physikalisch falsch ist. Aber er drückt den Vorgang anschaulich aus.

Ein Richtungsrelais soll auch keine Leistung messen, sondern nur angeben, wann der Strom gegenüber dem Vergleichsvektor seine Phasenlage um 180° ändert. Der *Umschlagspunkt* ist das *eigentliche Kriterium*, und dieser soll so empfindlich wie möglich sein. Dabei ist es gerade umgekehrt, wie bei einem Leistungsmesser oder Zähler. Der Strom ist in seiner Höhe gleich dem Anregestrom, z. B. bei Unterimpedanz mindestens $0,5 \cdot J_n$, während der Spannungsvergleichsvektor bei ganz nahe liegendem metallischen Kurzschluß verschwindend klein sein kann. Von einem Richtungsrelais wird also keine Genauigkeit hinsichtlich der Leistungsmessung verlangt, sondern höchste Empfindlichkeit bei kleinstem Vergleichsvektor. Diese geforderte Empfindlichkeit geht weit über die Ansprechempfindlichkeit eines Leistungsmessers oder Zählers bei kleinstem Strom hinaus.

Da der Leistungsmesser oder Zähler diejenigen Geräte sind, die eine solche Bestimmung der Phasenlage enthalten, war es natürlich, daß man zunächst diese als Richtungsrelais verwendete. Da es aber auf eine exakte Messung der Leistung nicht ankommt, können auch andere Anordnungen ver-

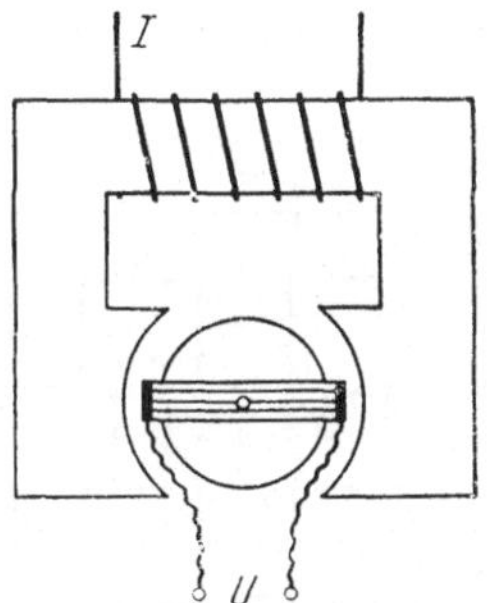

Abb. 58. $U \cdot I \cdot \cos \varphi = N$,
Dynamometrischer Leistungsmesser

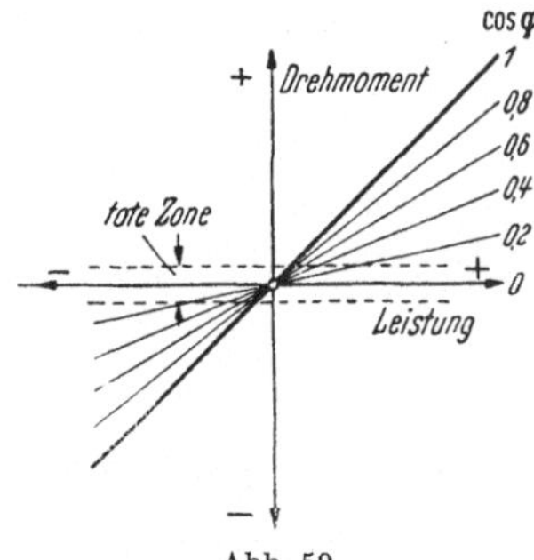

Abb. 59.
„Tote Zone" eines Richtungsrelais

wendet werden, die die Phasenlage des Stromes auch bei kleinster Spannung bestimmen können. Für diesen Zweck stehen folgende Möglichkeiten zur Verfügung:

a) Dynamometrische Leistungsmesser. Abb. 58 zeigt das Schema eines Dynamometer. Der Eisenkern wird vom Kurzschlußstrom erregt. Im Luftspalt bewegt sich eine Drehspule, die von einem der Spannung proportionalen Strom durchflossen ist. Das entstehende Drehmoment ist dem Produkt der beiden Ströme mal dem $\cos \varphi$ des Phasenverschiebungswinkels zwischen den beiden Strömen gleich. Ein solches Dynamometer mißt also die Leistung N.

$$N = U \cdot J \cdot \cos \varphi. \tag{9}$$

Der Umschlagpunkt, wo das Drehmoment von plus nach minus wechselt, also bei $U \cdot J \cdot \cos \varphi = 0$, ist das für die Wirksamkeit eines Richtungsrelais *wichtigste Kriterium.* Um den Kontakt von einer Seite nach der anderen zu bewegen, braucht ein Relais ein gewisses minimales Drehmoment. Unterhalb dieses Minimalwertes, ob plus oder minus, kann das Richtungsrelais die Richtung nicht mehr sicher bestimmen. In Abb. 59 sind die Drehmomente eines

Dynamometer über der Leistung N bei verschiedenem Phasenwinkel aufgetragen. Es sind Gerade, die beim Wechsel der Leistungsrichtung durch den Nullpunkt gehen. Die beiden gestrichelten Waagerechten zeigen das minimale Drehmoment an, das vorhanden sein muß, um den Vorwärts- oder Rückwärtskontakt des Relais zu schließen. Die Zone zwischen diesen beiden Grenzlinien wird als „tote Zone" bezeichnet.

Abb. 60 zeigt, was diese tote Zone am Relaisort bedeutet. Wird als Vergleichsvektor die Spannung der Kurzschlußschleife verwendet, so wird diese Spannung immer kleiner, je näher der Kurzschlußpunkt an den Relaisort heranrückt, um dort schließlich zu Null zu werden. Da der Strom und bei metallischem Kurzschluß auch der Phasenwinkel dabei konstant bleibt, ist das Drehmoment nur von der Höhe der Spannung abhängig. Es gibt also sowohl vor dem Relais als auch dahinter einen Punkt, wo die Höhe der Kurzschlußspannung den minimalen Wert unterschreitet, der zum sicheren Schlie-

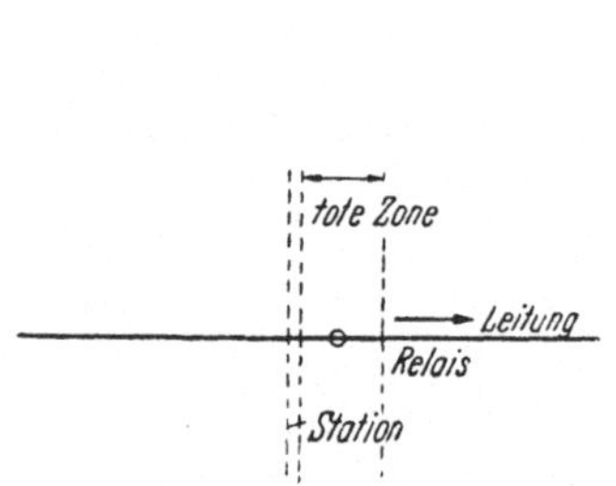

Abb. 60. „Tote Zone" räumlich am Relais dargestellt, $\cos \varphi = 1$

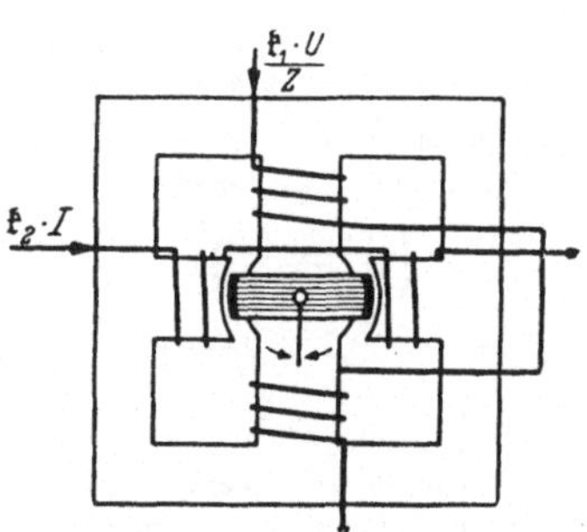

Abb. 61. Induktionsdynamometer (GEC)

ßen des Kontaktes nach der einen oder anderen Richtung notwendig ist. Der Bereich zwischen diesen beiden Grenzpunkten ist die „tote Zone", die sich auch räumlich als eine bestimmte Entfernung vor und hinter dem Relais darstellt. Am Einbauort des Stromwandlers ändert sich die Phasenlage des Stromes um 180° und am Einbauort des Spannungswandlers geht bei metallischem Kurzschluß die Spannung bis auf Null. Diese „tote Zone" so klein wie möglich zu halten, ist das Ziel bei der Konstruktion dieser Relais und der schaltungsmäßigen Verwendung. Sie wird als *„Richtungsempfindlichkeit"* des Relais bezeichnet und meistens in Prozent der Spannung bei bestimmter Phasenlage, z. B. $\cos \varphi = 1$, angegeben, die bei Nennstrom eine sichere Richtungsangabe gewährleistet. Man gibt sie manchmal auch in Ohmwerten, d. h. in der räumlichen Entfernung, vor oder hinter dem Relais an, bei den gleichen Angaben wie vorher.

b) Induktionsprinzip. Bei dem Dynamometer nach Abb. 58 wurde z. B. der Spannungsstrom dem beweglichen Rähmchen durch bewegliche Leitungen zugeführt. Um diese zu vermeiden, kann man den Strom auch induktiv auf das Rähmchen übertragen. Eine elegante Ausführung dieser Art, die in der amerikanischen Praxis (GEC) viel verwendet wird, zeigt Abb. 61. Das Rähmchen ist ein massiver Aluminium- oder Kupferrahmen. Dieser wird von dem senkrechten Eisenkern durchsetzt und kann sich in dem Luftspalt des waagerechten Eisenschenkels bewegen. Der senkrechte Schenkel ohne Luftspalt ist von einem Strom e magnetisiert, der der Spannung proportional ist, $e = \dfrac{k_1 \cdot U}{Z}$, wobei Z eine Impedanz ist, die Größe und Phasenlage von e bestimmt. Der Querschenkel ist vom Strom magnetisiert. Die magnetischen Flüsse sind den Strömen proportional und phasengleich. Von dem senkrechten Fluß wird im Rähmchen eine Spannung und damit ein Strom induziert. Dieses stromdurchflossene Rähmchen ergibt im Luftspaltfeld ein Drehmoment, wie beim Dynamometer nach Abb. 58. Der Umschlag erfolgt, wenn $e \cdot i \cdot \cos \varphi = 0$ ist, wobei φ den Winkel zwischen i und dem von e induzierten Strom bedeutet. Da ein Richtungsrelais durchaus nicht eine Wirkkomponente anzuzeigen braucht, sondern nur eine möglichst große Empfindlichkeit besitzen soll, verschiebt man die Ströme im Richtungsrelais künstlich, um bei der im Kurzschlußfall vorhandenen Phasenverschiebung von Spannung und Strom das höchste Drehmoment zu erzielen. Bezeichnet man den inneren Phasenverschiebungswinkel, gleichgültig ob er durch Eigenschaften im Relais oder außen künstlich erzeugt wird, mit ψ, so schreibt sich die allgemeine Formel für den Umschlagspunkt eines Richtungsrelais mit

$$U \cdot J \cdot \cos (\psi - \varphi) = 0. \tag{10}$$

Abb. 62 zeigt das reine Induktionsprinzip des allbekannten Zählers. Bewegt sich eine Kupfer- oder Aluminiumscheibe im Luftspalt zweier Kerne, die von verschiedenen Strömen magnetisiert sind, so bilden die gerade im Luftspalt befindlichen Teile der Scheibe Kurzschlußbahnen, in denen Ströme entstehen, die auch bei entsprechender Nähe im Luftspalt des benachbarten Kernes hindurchfließen. Das Drehmoment entspricht genau wie beim Induktionsdynamometer dem Produkt der Erregerströme jedoch mal dem Sinus ihres Phasenwinkels.

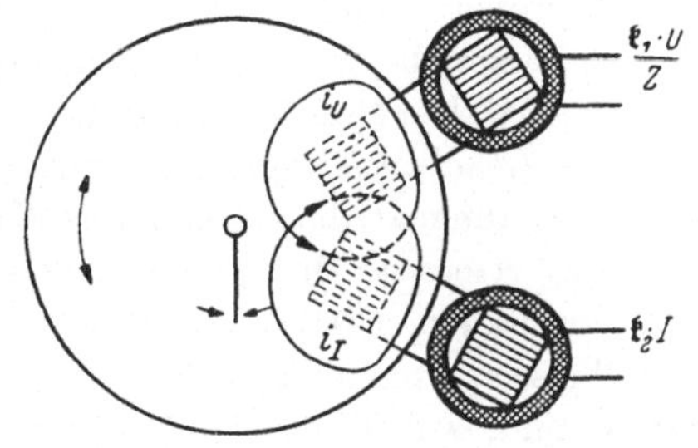

Abb. 62. Reines Induktionswattmeter, Zählerprinzip

c) Vergleichsprinzip. Erweitert man die allgemeine Formel der Leistungsmesser

$$U \cdot J \cdot \cos (\psi - \varphi) = N$$

auf der linken Seite mit dem Ausdruck

$$\left[\left(\frac{U}{2}\right)^2 - \left(\frac{J}{2}\right)^2\right] - \left[\left(\frac{U}{2}\right)^2 - \left(\frac{J}{2}\right)^2\right]$$

und formt die linke Seite wie folgt um:

$$\left[\left(\frac{U}{2}\right)^2 + \frac{U \cdot J \cdot \cos(\psi - \varphi)}{2} + \left(\frac{J}{2}\right)^2\right] - \left[\left(\frac{U}{2}\right)^2 - \frac{U \cdot J \cdot \cos(\psi - \varphi)}{2} + \left(\frac{J}{2}\right)^2\right] = N, \tag{11}$$

so ergibt sich

$$\left|\frac{U}{2} + \frac{J}{2}\right|^2 - \left|\frac{U}{2} - \frac{J}{2}\right|^2 = N. \tag{12}$$

Man erhält also das gleiche Drehmoment, wenn man die absolute Differenz des Quadrates der geometrischen Summe und des Quadrates der geometrischen Differenz zweier Ströme bildet, die einen Phasenwinkel $\psi - \varphi$ miteinander einschließen. Dieses kann man in einem Vergleichsrelais (Waagebalkenprinzip) nach Abb. 63 erreichen. Dei beiden Magnetspulen, die den Waagebalken beiderseitig beaufschlagen, haben zwei Wicklungen, von denen je eine vom Strom und die andere von einem der Spannung proportionalen Strom durchflossen sind, mit dem einen Unterschied, daß auf der rechten Seite — *Schließungsseite* — eine Wicklung im umgekehrten Sinne geschaltet ist. Da alle 4 Wicklungen die gleiche Windungszahl haben, heben sich auch die gegenseitigen transformatorischen Beeinflussungen auf. Auf diese Weise erhält man auf der linken Seite eine Magnetisierung, die der geometrischen Summe, und auf der rechten Seite der geometrischen Differenz der beiden Ströme proportional ist. Da die Anzugskraft dem Quadrat des magnetischen Flusses entspricht, ist die Differenzkraft nach obiger Gleichung der Leistung proportional. Der Moment des Kippens des Waagebalkens aus einer Lage in die andere — *Gleichgewichtspunkt* — gibt den Richtungsentscheid. Genau wie in Abb. 36c kann man die mechanische Waage durch eine elektrische Vergleichsschaltung ersetzen. Die beiden Anzugsspulen des Waagebalkenrelais werden durch zwei kleine Hilfswandler ersetzt, von denen je zwei Spulen in der gleichen Weise von Strom und einem der Spannung proportionalen Strom durchflossen sind, wobei eine Spule ebenfalls entgegengesetzt geschaltet ist. In je einer dritten Wicklung treten dann Ströme auf, von denen der eine der geometrischen Summe und der andere der geometrischen Differenz entspricht. Diese beiden Ströme werden über Trockengleichrichter gleichgerichtet und miteinander entweder magnetisch in einem Gleichstromrelais (Abb. 64a) oder direkt in einer Brückenschaltung (Abb. 64b) verglichen. Da das Gleichstromrelais durch ein permanentes Feld polarisiert ist, kann es entscheiden, welcher von den beiden gleichgerichteten Strömen absolut

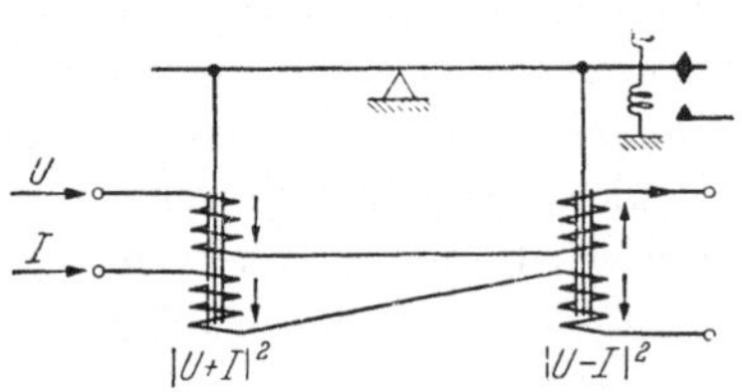

Abb. 63. Richtungsrelais mittels Waagebalken

größer ist. Da durch die Gleichrichtung Frequenz und Phasenlage keine
Rolle mehr spielen, kommt der Vergleich einer arithmetischen Subtraktion
gleich, während in den beiden Wandlern geometrische Addition und Subtraktion gebildet wird. Das Gleichstromrelais gibt nach rechts oder links
Kontakt, je nachdem der eine oder andere resultierende Strom kleiner oder
größer ist. Die Gleichung für den Gleichgewichtszustand lautet nunmehr

$$| U + J | - | U - J | = 0. \qquad (13)$$

Die Differenz entspricht jetzt nicht mehr genau der Leistung, was aus
Abb. 65 hervorgeht. In Abb. 65 ist zur Veranschaulichung das Vektordiagramm des elektrischen
Vergleichs gezeigt. Senk-
recht sind die Vektoren
des Spannungsstromes,
die auf beiden Seiten
gleich sind, gezeichnet.
Ihre absolute Differenz
ist ohne Strom gleich
Null. Die beiden ebenfalls
gleichen Stromvektoren
addieren bzw. subtrahie-
ren sich unter dem Win-

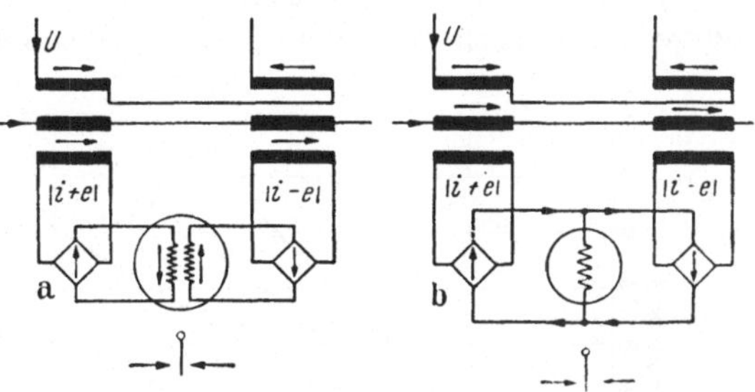

Abb. 64a u. b. Richtungsrelais mit elektrischer Waage.
a Magnetischer Vergleich. b Elektrischer Vergleich

kel φ zu den Spannungsvektoren. Die Differenz der Absolutbeträge der sich
ergebenden Vektoren von geometrischer Summe und Differenz entspricht
dem durch das Gleichstromrelais fließen-
den Strom. Nur bei $\varphi = 90°$ ist Summe
und Differenz gleich. Ist $\varphi > 90°$, wird
die andere Seite zur Summe und umgekehrt. Von da ab schlägt das Relais nach
der anderen Seite aus. Der Kipppunkt
liegt also bei 90° und hierbei gilt die
vorherige Formel.

Man kann auch J und U in den Vektoren vertauschen, ohne daß die Gleichstromdifferenz sich ändert. Sobald die
einen größer als die anderen werden,
wechseln sie von selbst die Rolle. Bildet
man das Verhältnis der beiden Ströme,
z. B. $J/U = m$, und trägt hierüber das
dabei erhältliche Drehmoment auf, erhält man die Kurven in Abb. 66. Die von

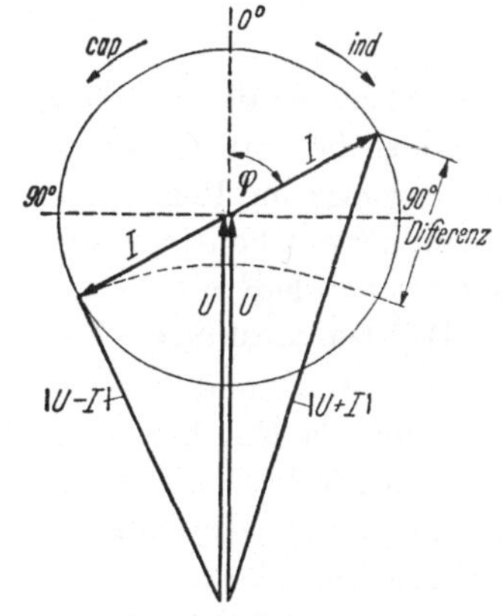

Abb. 65. Vektordiagramm für den
Summen- und Differenz-Vergleich

Null ausgehenden Geraden entsprechen dem Drehmoment der wattmetrischen Relais bei verschiedenem cos φ, während die gestrichelten den Dreh-

momenten am Gleichstromrelais nach Abb. 64 entsprechen. Bei $\cos \varphi = 1$ entspricht es bis zu $m = 1$ genau dem wattmetrischen Relais. Ist z. B. U groß, so entspricht bei $\cos \varphi = 1$ der Differenzbetrag genau der Leistung, bis $J = U$ ist, von da ab bleibt das Drehmoment konstant. Bei $\cos \varphi < 1$ biegen die Kurven schon früher in die waagerechte Richtung ab. Solange J nicht größer als 30% des Spannungsstromes ist, kann man die Leistung messen, jedoch mit einem wichtigen Unterschied, daß die Spannung konstant bleiben muß. Vergleicht man hierzu Abb. 65, so ändert sich die Differenz praktisch nicht mehr, wenn man die Spannungsvektoren verdoppeln oder verdreifachen würde. Man mißt in Wirklichkeit $J \cdot \cos \varphi$, wenn die Spannungsvektoren groß sind bzw. $U \cdot \cos \varphi$, wenn die Stromvektoren größer sind. Da letzteres beim Richtungsrelais gerade bei naheliegenden Fehlern, d. h. in

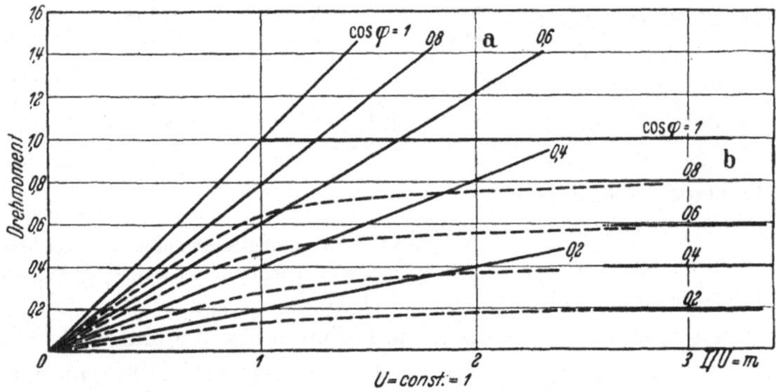

Abb. 66. Vergleich zwischen den Drehmomenten bei verschiedenem $\cos \varphi$. *a* Dynamometer oder mechanische Waage; *b* elektrische Waage

einer Zone, wo das Relais seine höchste Wirksamkeit besitzen soll, der Fall ist, so ist die tote Zone durch den Wert $U \cdot \cos \varphi$ bestimmt, wobei die Höhe des Stromes im Relais keine Rolle mehr spielt. Primär jedoch steigt die Spannung mit höherem Strom an, wodurch sich die tote Zone räumlich umgekehrt verkleinert.

d) Ortsdiagramm des Richtungsrelais. Will man vektoriell die Phasenlage von Spannung und Strom darstellen, so ist es meistens üblich, die positive Richtung der R-Achse des Koordinatensystems nach oben zu legen und den Spannungsvektor in Richtung der R-Achse aufzutragen. Man betrachtet also die Spannung als gegeben und den Strom in seiner Größe und Phasenlage veränderlich oder besser gesagt als beweglich. Ist der Strom gegenüber der Spannung induktiv, so bewegt der Stromvektor sich um den Verschiebungswinkel φ nach rechts, bei kapazitivem Strom nach links (Abb. 67a). Man kann aber auch den Strom in seiner Richtung als fest gegeben betrachten und ihn in die senkrechte R-Achse legen. Dann wird der Spannungsvektor beweglich. Fließt der gegebene Strom z. B. über eine Drossel, so ist die Spannung als

Spannungsabfall voreilend zum Strom und bewegt sich um φ nach links, Abb. 67b. Dann vertauschen sich die Quadranten für induktiv und kapazitiv. Bei einer Richtungsänderung um 180° ist es außerdem in der vektoriellen Darstellung gleichgültig, ob man die Spannung in ihrer Richtung als konstant ansieht und den Strom sich umkehren läßt, oder den Strom als unveränderlich betrachtet und die Spannung als variabel. Beide Darstellungen haben ihre Vorzüge, je nachdem, was ein Diagramm aussagen soll. Die zweite Darstellung, Abb. 67b, eignet sich besonders für ein Ortsdiagramm, wie es vor allem für die später behandelten Widerstandsdiagramme der Fall ist.

In einer Koordinatenebene — R/X Kreuz = Widerstandsebene — denkt man sich im Koordinatenmittelpunkt den Relaisort. In allen hier verwendeten Ortsdiagrammen ist die R-Achse als Ordinate und die X-Achse als Abszisse gezeichnet. Es wird verschiedentlich andererseits die X-Achse als Ordinate dargestellt. Dann dreht sich das Ortsdiagramm nur um 90°. Es gibt aber fast noch mehr Darstellungen, z. B. wie in Abb. 68, die in der senk-

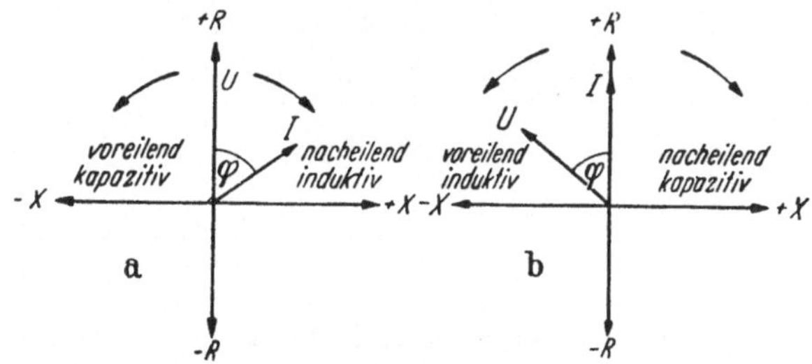

Abb. 67a u. b. Vektorielle Darstellung für Richtungsrelais in der Koordinatenebene. a Spannung als Vergleichsvektor, Strom beweglich; b Strom als Vergleichsvektor, Spannung beweglich

rechten Achse die Wirkkomponente annehmen. In einem Widerstandskreuz — Wirkwiderstand R senkrecht, Blindwiderstand X waagerecht — stellt jede Leitung einen Widerstandsstrahl dar, die vom Relaisort = Koordinatenmittelpunkt unter einem bestimmten Winkel zur R-Achse ausgeht. Da z. B. eine Freileitung kontinuierlich aus induktivem und ohmschem Widerstand besteht, d. h. das Verhältnis $X/R = tg\,\varphi$ praktisch konstant ist, muß sie in der Widerstandsebene als eine Gerade vom Mittelpunkt ausgehen. Auf dem Widerstandsstrahl kann man direkt einen Entfernungsmaßstab anlegen, da jeder Entfernung ein bestimmtes R und X entspricht. Bei einem Kurzschluß auf einer Leitung ist der Kurzschlußstrom auf der Strecke vom Relaisort bis zur Fehlerstelle konstant. Die Spannung am Relaisort entspricht dem Spannungsabfall, den der Strom am Leitungswiderstand hervorruft. Je nach der Entfernung des Fehlerortes vom Relaisort verändert sich der Spannungsabfall und damit die am Relaisort gemessene Spannung proportional der Entfernung. Da der Verschiebungswinkel zwischen Strom und Spannung durch das Verhältnis von X/R gegeben ist, liegt der Spannungsvektor in der

Leitungslinie (J in der R-Achse konstant angenommen) und ist proportional
der Entfernung. Es ist also jetzt der Spannungsvektor nach Größe = Entfernung und Richtung = tg φ der Leitung veränderlich. Legt man fest, wie
z. B. in Abb. 68, daß die Vorwärtsrichtung = Richtung in die Leitung hinein nach links oben gerichtet sein soll, Quadrant A, so stellt Quadrant D die
Rückwärtsrichtung dar. Da man Vergleichsvektor mit veränderlichem Vektor vertauschen kann, so kann man in dem Quadranten B die Spannung als
um 180° gedreht ansehen und den Stromvektor unverändert lassen, obgleich
dies der üblichen Vorstellung zunächst ungewohnt ist. Sie erweist sich jedoch
gerade bei den Widerstandsortskreisen als sehr vorteilhaft, da eben Spannungsvektor mit Entfernung bzw. Widerstand identisch ist. Da außerdem,
wie später eingehend erläutert wird, jedes Richtungsrelais nur einen Sonderfall eines winkelabhängigen Widerstandsrelais darstellt, ist es richtig, auch
das Ortsdiagramm des Richtungsrelais in der gleichen Weise darzustellen.

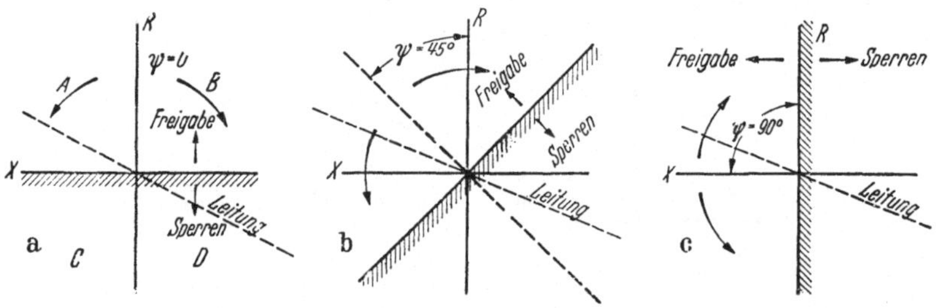

Abb. 68a–c. Ortsdiagramm für $U \cdot I \cdot \cos(\psi - \varphi) = 0$

In Abb. 65 war die Spannung als Vergleichsvektor angenommen. Der
Kippunkt oder besser gesagt die Kippgerade lag senkrecht zur Spannung.
Legt man die beiden Stromvektoren senkrecht als Vergleichsvektoren, so
würde die Kippgerade senkrecht zum Strom liegen. Das Resultat wäre in
beiden Fällen das gleiche. Wichtig ist also, daß die *Kipplinie immer senkrecht zum Vergleichsvektor liegt*.

Der in der allgemeinen Formel für die Kipplinie $U \cdot J \cdot \cos(\psi - \varphi) = 0$
enthaltene innere oder künstliche feste Verschiebungswinkel ψ ist schon erwähnt worden. Er kann im Stromkreis oder Spannungskreis liegen. In jedem
Fall stellt er sich in der Widerstandsebene als eine Verschiebung des Vergleichsvektor dar. Entsprechend diesem Winkel ψ verschiebt sich daher auch
die Kipplinie, die senkrecht auf der Winkellinie von ψ steht. Die Ortsdiagramme in Abb. 68a, b, c stellen die Kipplinien bei verschiedenem Winkel ψ
dar. In Abb. 68a ist $\psi = 0$ und damit die Kipplinie senkrecht zu J (R-
Achse). Da nach oben die Vorwärtsrichtung angenommen wurde, gibt ein
solches Richtungsrelais die Auslösung frei, wenn der Spannungsvektor sich
in dem oberen Halbkreis bewegt. Da eine Leitung stets eine induktive Komponente besitzt, bewegt sie sich in der Widerstandsebene in den Quadranten

A und D mit einem Winkel entsprechend dem Verhältnis X zu R. Liegt der Fehler in Vorwärtsrichtung, so ist der Spannungsvektor nach dem Quadranten A gerichtet, bei Rückwärtsrichtung nach dem Quadranten D. Die Leitung geht durch den Mittelpunkt, d. h. durch den Relaisort. Das Diagramm sagt also aus, daß bei einem Fehler in Richtung der Leitung = Vor-wärtsrichtung das Richtungsrelais freigibt, da der Fehlerort auch zugleich oberhalb der Kipplinie liegt. Fehler in der Rückwärtsrichtung (Quadrant D) liegen unterhalb der Kipplinie. Bei einem metallischen Kurzschluß im Quadranten A besteht zwischen Strom und Spannung ein Winkel φ. Da das Drehmoment eines Richtungsrelais von dem cos φ dieses Winkels abhängig ist und bei cos $\varphi = 1$ am größten ist, versucht man durch den Winkel ψ die Vergleichsachse so zu legen, daß bei Kurzschluß das Relais möglichst seine höchste Empfindlichkeit besitzt. Wird $\psi = 45°$, wie in Abb. 68b, so liegt auch die Kipplinie unter 45° senkrecht dazu. Abb. 68c zeigt das Ortsdiagramm für $\psi = 90°$. Ein mittlerer Winkel ψ zwischen 30° und 60° wird praktisch allen Kurzschlußwinkeln φ gerecht.

e) Richtungsrelais mit Spannungen, die nicht dem Kurzschlußkreis angehören. Solange es noch nicht gelang, Richtungsrelais mit großer Empfindlichkeit zu bauen, suchte man nach Wegen, um die dadurch bedingte größere tote Zone zu verkleinern oder gar zu vermeiden. Ein außerordentlich geeignetes Mittel hierfür lag darin, daß man anstatt der Spannung an der Kurzschlußschleife, die ja bis Null absinken kann, eine andere Spannung im Spannungsdreieck wählte, die durch den Kurzschluß in ihrer Größe nicht so stark beeinflußt wird und auch bei Kurzschlüssen am Relaisort noch vorhanden ist und dadurch eine einwandfreie Richtungsbestimmung ermöglicht. Diese Methode vermeidet tatsächlich die tote Zone vollständig bei allen zweipoligen Kurzschlüssen. Bei dreipoligen Kurzschlüssen brechen jedoch alle Spannungen zusammen, so daß hier die tote Zone wieder in Erscheinung tritt. In Durchführung dieses Gedankens entstanden die 30°-, 60°-, 90°-Schaltungen. Die Nullgradschaltung benutzt die Spannung der Kurzschlußschleife und vermeidet also nicht die tote Zone. Bei der 30°-Schaltung wird ein Leiterstrom mit der nachfolgenden Dreieckspannung kombiniert, also z. B. J_R mit U_{T-R}, J_S mit U_{S-R}, J_T mit U_{S-T}. Der Name besagt, daß im symmetrischen Zustand der Strom der Spannung um 30° vorauseilt. Der Winkel ψ ist also nur durch die Wahl der anderen Spannung 30° gemacht worden. Die 60°-Schaltung kombiniert den Leiterstrom mit der im Dreieck nachfolgenden Sternspannung, z. B. J_R mit U_{TM}, J_S mit U_{RM}, J_T mit U_{SM}. Die Voreilung beträgt im symmetrischen Zustand 60°.

Schließlich verbindet man bei der 90°-Schaltung die Leiterströme mit den gegenüberliegenden Spannungen.

Will man die Wirksamkeit der Schaltungen am Spannungsdreieck ablesen, dann muß man den Spannungsvektor als den Vergleichsvektor und den Stromvektor als beweglich ansehen. Die Kipplinie liegt nunmehr senkrecht zu dem gewählten Spannungsvektor. Abb. 69 zeigt das Drehstromdiagramm im Normalzustand bei 30°-Schaltung. Bei einer reinen Wirkbelastung liegen die Leiterströme in Richtung der Sternspannungen. Bei einer Leistungsrichtung kann sich der Stromvektor je nach der Belastung maximal 90° nach links — reine kapazitive Last — oder 90° nach rechts — reine induktive Last — bewegen. Im Kurzschlußfall ist stets induktive Belastung durch die induktiven Leiterwiderstände vorhanden, d. h. man braucht nur den induktiven Quadranten von 0°—90° betrachten. Es ist also nur festzustellen, ob der Stromvektor in dem induktiven Quadranten von 0°—90° oberhalb der Kipplinie bleibt. Z. B. in Abb. 69 liegen die Kipplinien senkrecht zu den verketteten Spannungen. Für die Stromvektoren ist der induktive Quadrant eingezeichnet, der stets nur auf einer Seite der Kipplinie liegt.

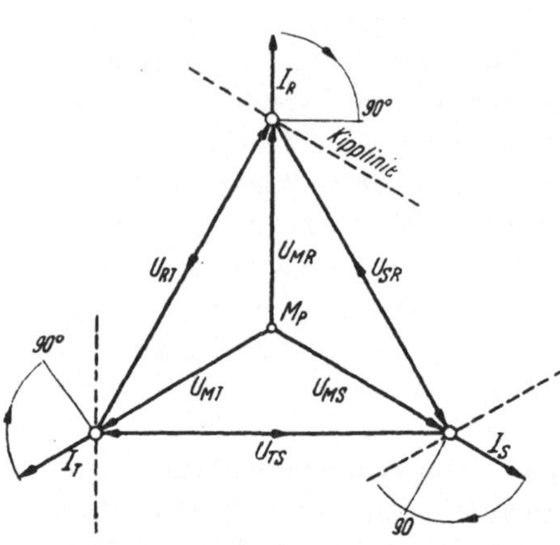

Abb. 69. Diagramm einer 30°-Schaltung des Richtungsrelais, Normalbetrieb bzw. 3pol. Kurzschluß. $\psi = 0°$

Bei einer 60°-Schaltung müssen die Kipplinien senkrecht zu den nachfolgenden Sternspannungen, also für den Leiter R senkrecht zu U_{MT} usw., liegen.

Bei einem zweipoligen Kurzschluß bricht aber das Dreieck einseitig zusammen, z. B. in Abb. 70 bei einem Kurzschluß zwischen $S—T$. Es sei wiederum die 30°-Schaltung angenommen. Die Kipplinien liegen dann senkrecht zu den nunmehr bestehenden Dreieckspannungen. Die treibende Spannung für den Kurzschlußstrom ist die Spannung zwischen T und S. Bei reinem Wirkwiderstand der Leitung, d. h. bei cos $\varphi = 1$, liegen die Stromvektoren in Phase mit U_{T-S}. Je nach dem Verhältnis X/R der Leitung

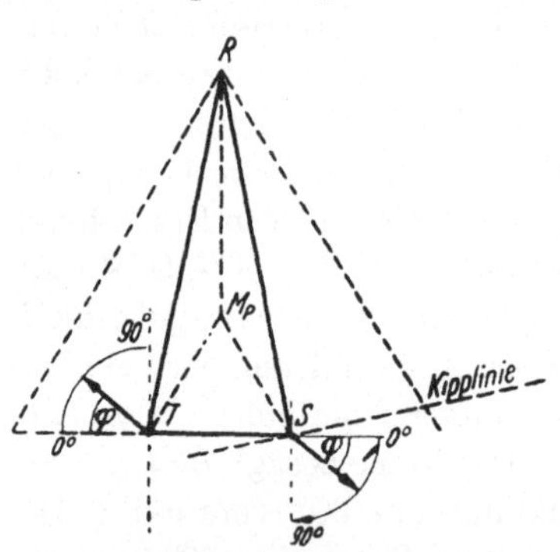

Abb. 70. Diagramm der 30° Schaltung bei 2poligem Kurzschluß $\psi = 0°$

können sie sich von dieser Lage bis maximal um 90° nach rechts drehen. Der mögliche Quadrant ist in Abb. 70 angedeutet. Dabei dreht sich der Leiterstrom J_S bei wachsendem Winkel φ immer mehr in Richtung der in ihrer Größe kaum veränderten Spannung U_{R-S}, während J_T mit der zusammengebrochenen Spannung U_{S-T} verbunden ist. Der Strom J_S ergibt also auch bei $U_{T-S} = 0$ mit der Spannung U_{R-S} ein großes Drehmoment und damit keine tote Zone. Bei einphasigen Richtungsrelais muß also für

Kurzschluß T—S der Leiterstrom J_S mit U_{R-S} verbunden werden. Nach dieser Kontrollmethode kann man leicht das Arbeiten der Richtungsrelais bei den verschiedensten Kombinationen und Kurzschlußverhältnissen untersuchen.

Die Variationsmöglichkeiten erhöhen sich noch, wenn man im Richtungsrelais noch einen festen inneren Winkel ψ annimmt.

Bei einem zweipoligen Kurzschluß fließt über die Kurzschlußstelle auch noch Laststrom. Die treibenden Spannungen für diese dreiphasigen Ströme sind die Sternspannungen. In Abb. 71 ist ein solcher Kurzschluß mit überlagertem Laststrom angenommen. Bei metallischem Kurzschluß ist die Dreieckspannung zwischen den Leitern T und S an der Kurzschlußstelle III

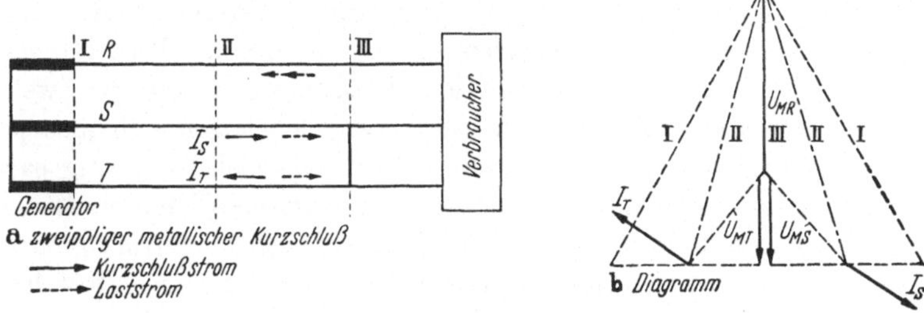

Abb. 71a u. b. — a Zweipoliger metallischer Kurzschluß. b Diagramm

gleich Null. Die verbleibende Sternspannung, die für den Laststrom noch maßgebend ist, ist im Diagramm Abb. 71 b zu sehen. U_{MR} ist voll erhalten und U_{MS} bzw. U_{MT} sind auf 50% zusammengebrochen. Genau so verhalten sich die Lastströme in den einzelnen Leitern. J_R ist doppelt so groß als J_S und J_T. Je nach der Richtung des Laststromes — er kann auch die entgegengesetzte Richtung wie der Kurzschlußstrom besitzen — addieren oder subtrahieren sich die Lastströme geometrisch von dem Kurzschlußstrom. Nur bei entgegengesetzter Richtung kann der Laststrom die Richtungsangabe unter Umständen fälschen. Nimmt man jedoch den *Dreieckstrom* J_{T-S} zur Richtungsangabe, so bleibt er unverändert, da die beiden gleichphasigen Sternströme sich an J_T und J_S in gleichem Sinne addieren oder subtrahieren. Die geometrische Differenz bleibt in Größe und Richtung die gleiche und entspricht dem Kurzschlußstrom ohne Laststrom.

f) Mehrpolige Richtungsrelais. Würde man je ein einpoliges Richtungselement in 0°-Schaltung in jedem Leiter verwenden, so zeigt Abb. 70, daß zwar das Relais mit J_S und U_{MS} richtig zeigt, das Relais mit J_T und U_{MT} dagegen bei größerem Kurzschlußwinkel schon negativ ausschlagen würde. Das kann man vermeiden, wenn man die beiden Systeme mechanisch kuppelt. Der Umschlagspunkt erfolgt dann, wenn die Summe beider Drehmomente gleich Null wird. So wurden gerade in der Anfangszeit praktisch alle Richtungs-

relais mehrpolig ausgeführt. Dabei wurden die bekannten zwei- und dreipoligen Schaltungen für Leistungsmesser und Zähler verwendet. In der 30°-
und 60°-Schaltung zeigen auch die Einzelsysteme, wie Abb. 70 ebenfalls
deutlich macht, im Kurzschlußfall richtig. Die mehrpoligen Systeme haben
außerdem aber den Nachteil, daß sie den Laststrom des dritten Leiters, z. B.
in Abb. 71, der unverändert ist und mit der unverändert hohen Sternspannung noch ein beträchtliches Drehmoment entwickelt, noch miterfassen
und dadurch lastabhängig werden. Als dann die Auswahlschaltungen entwickelt wurden, bei denen das Richtungsrelais durch die Auswahl der Anregerelais strom- und spannungsseitig in die kurzschlußbehafteten Leiter umgeschaltet wird, wurden mehrpolige Relais immer seltener verwendet, so
daß sie in modernen Schaltungen kaum mehr vorkommen.

Bei der Kupplung mehrerer Systeme kommt es wieder auf die tatsächlichen Drehmomente der Einzelsysteme an, da die Summe aller Systeme den
Ausschlag gibt. Das ist bei den richtigen Leistungssystemen ohne weiteres
der Fall. Aber auch bei dem Gleichstromvergleich lassen sich mehrpolige
Systeme bilden, indem man die einzelnen Brücken gleichstromseitig parallel
schaltet und als Diagonale ein einziges Gleichstromrelais benutzt. Man muß
nur die geeignete Schaltung (30° oder 60°) und eventuell mit einem zusätzlichen
inneren Winkel ψ wählen, um den Lasteinfluß klein zu machen bzw. ihn auf
ein solches Gebiet zu verlegen, in welchem der Kurzschlußeinfluß überwiegt.

Die tote Zone ist nur in der unmittelbaren Nähe des Relaisortes vorhanden. Außer dem fälschlichen Schließen eines Erdungstrennmessers ist
selten ein metallischer Kurzschluß vorhanden, sondern fast ausschließlich

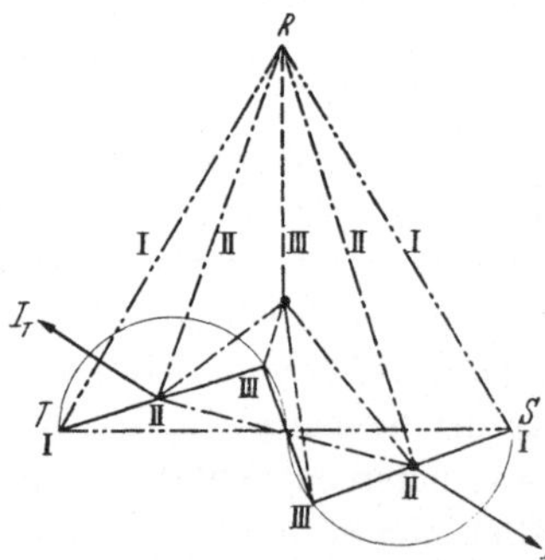

Abb. 72. Zweipoliger Kurzschluß mit
Lichtbogenwiderstand. I im Generator E;
II zwischen Kurzschlußstelle und Zen-
trale; III an der Kurzschlußstelle

über einen Lichtbogen. Dann besteht meistens eine Spannung, die zur Richtungsbestimmung ausreicht. Bei größerem Lichtbogenwiderstand bricht das Dreieck wie in
Abb. 72 zusammen. Die beiden Leiterpunkte,
z. B. T und S, wandern nicht mehr längs
dem Spannungsvektor U_{T-S} nach dem
Mittelpunkt, sondern je nach der Höhe des
Lichtbogenwiderstandes auf einem Halbkreis.
An der Kurzschlußstelle III sind die Sternspannungen U_S und U_T ungleich groß und
die Dreieckspannung U_{T-S} noch in erheb-
lichem Maße vorhanden. Der Kurzschlußstrom wird jedoch in seiner Phasenlage von
dem Phasenwinkel der ganzen Kurzschlußbahn einschließlich Generator bestimmt. Verbindet man jetzt in der 0°-Schaltung den Dreieckstrom J_{T-S}
mit der Dreieckspannung U_{T-S}, so ist auch direkt am Kurzschlußort noch
genügende Richtungsempfindlichkeit, die bei empfindlichen Relais praktisch
keine tote Zone mehr ergibt, vorhanden.

Schließlich kommt es noch darauf an, ob ein Richtungsrelais mit *Arbeits-oder Abfrageschaltung* verwendet wird. Bei einer Arbeitsschaltung muß das Relais bei Vorwärtsrichtung den Kontakt schließen, der im drehmomentlosen Zustand geöffnet ist. Dann liegt die tote Zone vor dem Relais in Leitungs-richtung, vgl. Abb. 60. Steht der Kontakt im Ruhezustand zwischen den Kontakten, so dehnt sich die tote Zone auch noch hinter dem Relais nach der Sammelschiene aus. Bei einem metallischen Kurzschluß in diesem Gebiet könnte es vorkommen, daß ein Relais keinen Kontakt schließen und nicht auslösen könnte. Man kann aber auch den Kontakt im Ruhezustand schon in Auslösestellung bringen. Diese Stellung wird durch die Anregerelais nach einer kurzen Zeit „abgefragt" = Abfrageschaltung, ob der Kontakt in Aus-lösestellung liegen bleibt und damit die Auslösung gestattet oder ob er sich öffnet und die Auslösung verhindert. Zum Öffnen und damit zum Sperren braucht das Relais nur einen winzigen Weg zurücklegen, denn die geringste Öffnung am Kontakt unterbricht den Stromkreis. Die tote Zone liegt nun-mehr rückwärts vom Relais nach der Sammelschiene mit dem Unterschied, daß jetzt die tote Zone nicht mehr ein Gebiet des Nichtauslösens ist, sondern eines, in welchem zusätzlich eine Auslösung erfolgen kann. Dadurch kommen unter Umständen auch Sammelschienenkurzschlüsse noch zum Schnellab-schalten durch die Leitungsrelais.

2. Zeitstaffelung mit entfernungsunabhängigen Zeiten

a) Allgemeines. Liegen in einem Leitungszug mehrere Relaisstellen, die im Kurzschlußfall auslösen sollen, hintereinander, so werden von der Speise-stelle bis zum Fehlerort alle Relais vom Kurzschlußstrom angeregt. Um zu erreichen, daß nur das fehlerbehaftete Leitungsstück abgeschaltet wird, sind sämtliche Relais mit einem Zeitwerk verbunden, dessen Zeitablauf vom Mo-ment des Kurzschlußbeginnes bis zum Auslösekommando an den Schaltern einstellbar ist. Diese Kommandozeiten sind so gestaf-felt, daß das Relais, welches die fehlerbehaftete Strecke abschal-ten soll, stets eine kürzere Zeit

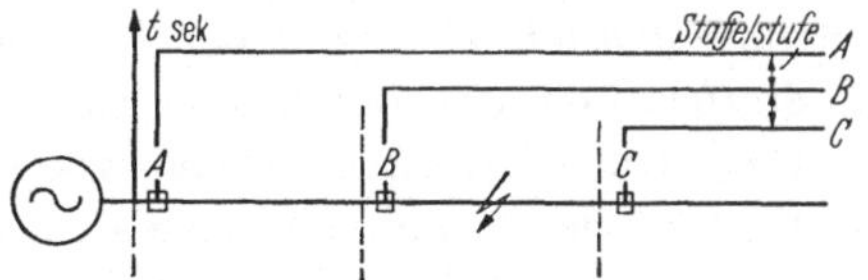

Abb. 73. Zeitstaffelung mit unabhängigen Zeitrelais, einseitig gespeiste Leitung

aufweist, als das in Richtung zum Kraftwerk liegende. Abb. 73 zeigt eine einseitig gespeiste Leitung mit drei hintereinanderliegenden Abschaltstellen A, B, C. In der Ordinate sind die eingestellten Kommandozeiten aufge-tragen. Sie sind an der entferntesten Stelle C am kürzesten und nehmen nach der Speisestelle zu. Tritt z. B. in der Leitungsstrecke zwischen B und C ein Kurzschluß auf, so werden die Relais in A und B vom Kurz-schlußstrom angeregt und setzen ihren Zeitablauf in Tätigkeit. Das Relais in B hat eine kürzere Kommandozeit als dasjenige in A und schaltet früher

5*

aus. Mit dem Ausschalten verschwindet der Kurzschlußstrom und das Relais in A und sein Zeitwerk fällt in seine Ausgangsstellung zurück. Würde das Relais in B aus irgendeinem Grunde nicht imstande sein, seine Leitung abzutrennen, schaltet nach der längeren Kommandozeit das Relais in A aus = *Reservezeit.* Den Zeitabstand zwischen zwei gestaffelten Kommandozeiten nennt man *Staffelzeit* oder *Staffelstufe.* Sie ist bedingt durch die Eigenzeit des davorliegenden Schalters plus einer kleinen Sicherheit. Bei den heutigen Schaltern reichen 0,4—0,5 Sekunden als genügender Zeitabstand aus.

Wird ein solcher Leitungszug von zwei Seiten aus gespeist, Abb. 74a, oder, was dasselbe ist, eine Ringleitung mit einer Einspeisestelle, Abb. 74b, so läßt sich mit der einfachen Staffelung nach Abb. 73 keine Selektivität mehr erreichen. Einmal muß *jedes Streckenende mit einem Ausschaltrelais*

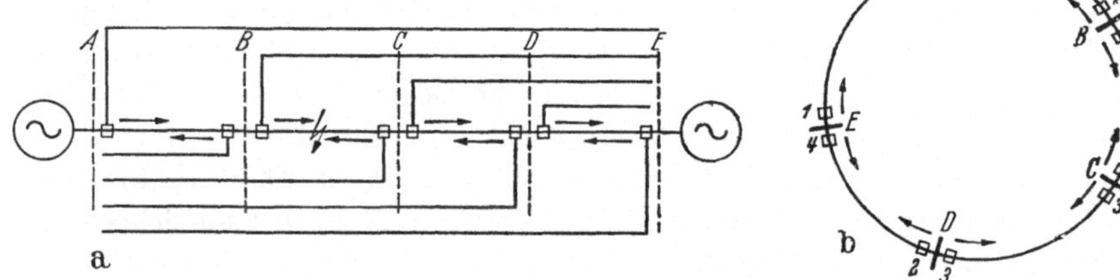

Abb. 74a u. b. — a Zweiseitig gespeiste Leitung mit unabhängiger Zeitstaffelung, mit Richtungselementen. — b Die gleiche Leitung im Ring geschaltet, mit einer Einspeisung

ausgerüstet werden, da nunmehr beide Leitungsenden abgeschaltet werden müssen, um die Kurzschlußstelle von der Einspeisung zu trennen. Zweitens müssen die Relais in jeder Station mit einem *zusätzlichen Richtungselement* unterscheiden können, von welcher Seite der Kurzschlußstrom herkommt bzw. ob er nach der Leitung = Vorwärtsrichtung oder nach der Sammelschiene zu = Rückwärtsrichtung fließt. Es entsteht auf diese Weise die sogenannte *gegenläufige Staffelung.* Die Richtungselemente unterscheiden also die Staffelzeiten nach den beiden Einspeisestellen. Tritt z. B. in der Strecke B—C ein Kurzschluß auf, so fließt von beiden Seiten Kurzschlußenergie auf die Fehlerstelle zu und sämtliche Relais sprechen an. Die einzelnen Relais laufen an, aber nur diejenigen können nach ihrer Zeit abschalten, deren Richtungselement nach der Leitung weist. Bei Rückwärtsrichtung wird das Abschalten verhindert. Auf diese Weise haben die Relais in B und in C, die an der fehlerbehafteten Strecke liegen, die kürzeste Abschaltzeit.

Die Abschaltzeiten über dem Leitungszug aufgetragen ergeben den *Staffelplan.* Diese beiden Staffelungen mit starren Zeiten zeigen, daß hierbei an der Einspeisestelle stets die längste Abschaltzeit besteht. Andererseits lassen sie die wichtige Eigenschaft aller Zeitstaffelsysteme erkennen, nämlich die *Reservezeit* bei Versagen einer Schaltstelle.

Um die lange Abschaltzeit an den Einspeisestellen, wo die höchsten Kurzschlußströme auftreten, zu verringern, hat man in großem Umfang stromabhängige Zeitelemente verwendet, deren Abschaltzeit umgekehrt proportional dem Strom sich verändert. Diese bringen in einem Leitungszug wie in Abb. 73 und 74 keine zusätzliche Selektivität, sondern das gesamte Zeitniveau verändert sich nur mit der Stromstärke. Eine zusätzliche Selektivität ergibt sich nur dann, wenn auf eine Sammelschiene mehrere Leitungen einspeisen. Dann führt die fehlerbehaftete Leitung den gesamten Kurzschlußstrom, während die zuspeisenden Leitungen Teilströme besitzen. Die erste hat dann eine kürzere Abschaltzeit als die anderen. Dies ist aber auch nur in einem begrenzten Umfang der Fall, da vom 3- bis 4fachen Anregewert die Änderung der Zeit in Abhängigkeit vom Strom (s. Abb. 80) so klein wird, daß keine genügende Staffelzeit gegenüber dem nächsten Relais ohne zusätzliche Maßnahme vorhanden ist. Man machte daher die Relais in ihren Grenzzeiten einstellbar und staffelt dann diese „begrenzt abhängigen" Relais mit den Grenzzeiten wie unabhängige Relais.

b) Grundtypen der entfernungsunabhängigen Zeitelemente. Die Konstruktionsmöglichkeiten aller Relais sind so vielfältig und auch abhängig von den Fabrikationsmöglichkeiten und den einzelnen Bauelementen der Herstellerfirmen, daß es die Übersicht nur verwirren würde, wollte man etwa zusammenstellen, welche Konstruktionsideen im Laufe der Zeit auf diesem Gebiet verwirklicht worden sind. So soll auch bei den Zeitelementen nur das Grundsätzliche gezeigt werden. Von allen Zeitrelais verlangt man für den Schutz hohe Genauigkeit und präzises Arbeiten auch nach langem Stillstand. Die heutigen Zeitrelais besitzen auch meistens Schleppzeiger, die die abgelaufene Zeit nachträglich abzulesen gestatten.

α) *Unabhängige Zeitelemente.* Abb. 75. Ein Kontakthebel (Laufkontakt) wird nach dem Anregen mit gleichbleibender Geschwindigkeit bewegt, bis er auf einen einstellbaren Gegenkontakt trifft und den Stromkreis schließt. Mit dem Laufkontakt ist eine Rückzugfeder verbunden, die beim Wegfall der Erregung den Kontakt möglichst rasch wieder in die Ausgangsstellung zurückbringt = *Rückfallzeit.* Der Antrieb erfolgt entweder durch ein Uhrwerk mit von Hand aufziehbarer Feder, das beim Anregen durch eine Kupplung an den Laufhebel gelegt und selbst freigegeben wird. Bei Abfallen der Kupplung fällt der Laufhebel durch die Rückzugfeder zurück und das Uhrwerk wird arretiert (BBC). Der weitaus häufigste Antrieb erfolgt durch einen Gleichstrommagneten, der eine Feder spannt und den Laufhebel über ein Hemmwerk nach sich zieht. Bei Entregung fällt Antriebmagnet und Laufhebel in die Anfangsstellung zurück. Auch der Antrieb durch einen kleinen Gleichstrommotor, dessen Umdrehungszahl durch einen Regler konstant ge-

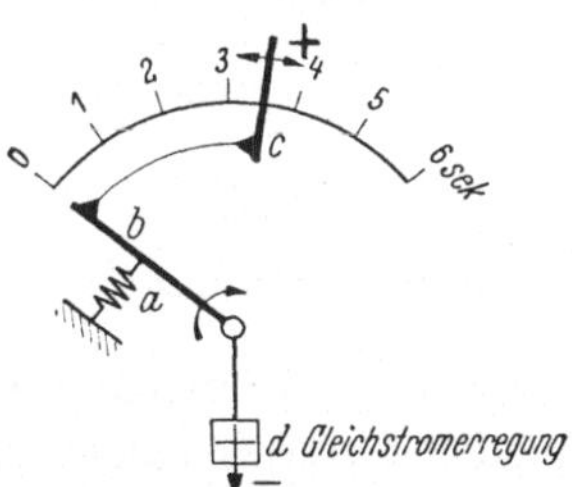

Abb. 75. Unabhängiges Zeitwerk. *a* Rückzugfeder; *b* Laufkontakt; *c* einstellbarer Gegenkontakt; *d* Hemmwerk oder regulierter Gleichstrommotor mit Getriebe

halten wird, ist ausgeführt worden (AEG). Die Zeit muß bei allen solchen
Zeitrelais in weiten Grenzen unabhängig vom Erregerstrom sein. Die Ar-
beitskennlinie (Abb. 76) muß also eine Gerade parallel zur Abszisse sein, wenn
diese z. B. die Erregerspannung in den normalen Grenzen darstellt. Die Zeit
kann kontinuierlich eingestellt werden, d. h. die
Waagerechte kann beliebig von unten bis zum
Endwert verändert werden. Abweichungen von
der Geraden werden als *Zeitstreuungen* bezeichnet, die bei guten Zeitrelais unter 0,1 sek liegen.

    β) Frequenzabhängige Zeitrelais. Abb. 77. Sie
unterscheiden sich von den eben behandelten
nur durch den Antrieb. Bei den Gleichstromzeitrelais wurde die Geschwindigkeit durch ein
mechanisches Hemmwerk oder einen Regler konstant gehalten. Hier wird als Antrieb ein Synchronmotor verwendet, dessen Umdrehungszahl

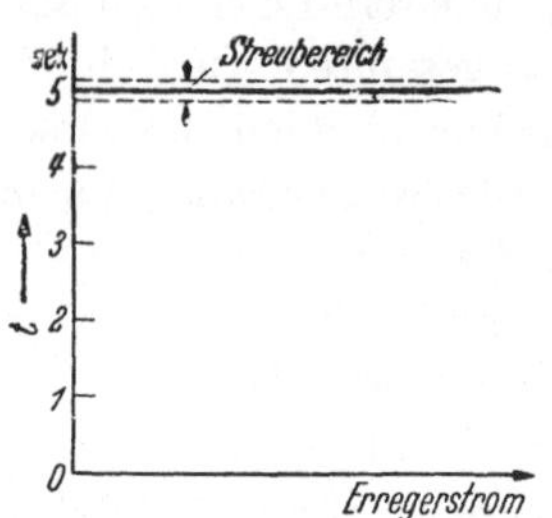

Abb. 76. Unabhängiges Zeitrelais
mit Gleichstromantrieb oder Uhrwerk

und damit die Geschwindigkeit des Laufhebels durch die Frequenz des
Netzes konstant gehalten wird. Seine Zeitgenauigkeit übertrifft die der Gleichstromzeitrelais. Beim Anregen wird der Motor mit einer Kupplung an den
Laufhebel gelegt, der beim Entkuppeln von der
Rückzugfeder sofort in seine Ausgangsstellung
wieder zurückgeholt wird. Der Motor kann entweder schon laufen oder wird erst beim An-
kuppeln mit an Spannung gelegt. Da im Kurzschlußfall die Spannung fehlen kann, wird der
Motor vom Kurzschlußstrom selbst meist über
gesättigte Zwischenwandler gespeist. Wenn nämlich die Anregerelais im Kurzschlußfall anregen,
dann ist mit Sicherheit genügend Antriebskraft
für den Motor vorhanden. Selbstverständlich
ist die Laufzeit von der Netzfrequenz abhängig,
und zwar verlängert sie sich bei fallender

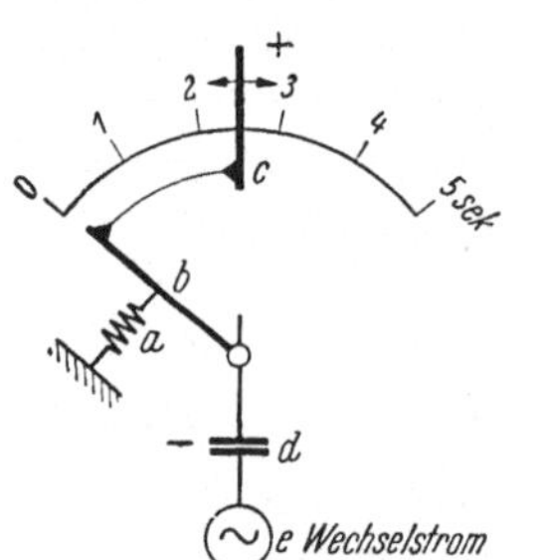

Abb. 77. Frequenzabhängiges
Zeitwerk. *a* Rückzugfeder; *b* Laufkontakt; *c* Gegenkontakt; *d* Kupplung; *e* Synchronmotor

Frequenz proportional dem Frequenzabfall. Wenn z. B. die Zeit auf 2 Sekunden Laufzeit eingestellt war und die Frequenz sinkt von 50 auf 48
Perioden, so würde sich die Laufzeit um 4% erhöhen. Bei steigender
Frequenz verkürzt sich entsprechend die Laufzeit. Abb. 78 gibt diese
Abhängigkeit von der Frequenz in dem möglichen Schwankungsbereich von
47 bis 53 Perioden wieder, wobei 50 die Eichfrequenz darstellt. Diese Abhängigkeit ist einmal geringfügig, andererseits spielt sie gar keine Rolle,
wenn hintereinanderliegende Zeitrelais den gleichen Antrieb besitzen. Es
bleiben nämlich die Staffelstufen, deren Einhalten für die Selektivität wichtig ist, dabei gewahrt. Nur bei Hintereinanderschalten von Synchronrelais mit
Gleichstromrelais könnten sich bei sehr kleinen Staffelunterschieden Über-

schneidungen ergeben. Diese Synchronrelais haben heute schon in weitem Maße Eingang gefunden.

γ) *Stromabhängige Zeitrelais* (*invers time relays*). Diese Zeitrelais werden fast ausschließlich in der Form eines Ferrarisrelais (Zählertype) gebaut, wie Abb. 79 schematisch zeigt. Ein Stromtriebkern bewegt eine Kupfer- oder Aluminiumscheibe und damit entweder direkt oder unter Zwischenschalten einer Übersetzung den Laufhebel. Dieser wiederum wird durch eine Feder (Rückstellkraft) in der Ausgangsstellung gehalten. Der Triebkern ist entweder

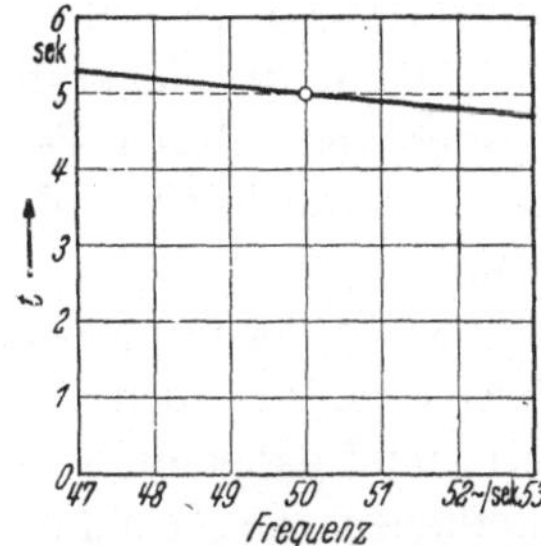

Abb. 78. Frequenzabhängiges Zeitrelais mit Synchronmotorantrieb

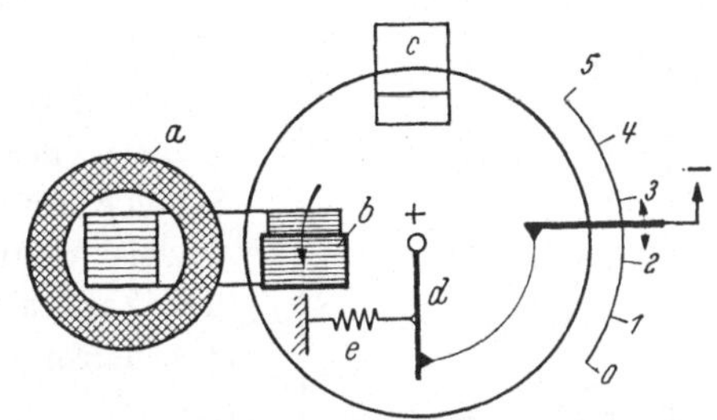

Abb.79. Stromabhängiges Zeitrelais. *a* Spule des Triebkernes; *b* Kurzschlußring; *c* magnetische Bremse; *d* Laufkontakt; *e* Rückzugfeder

ein normaler J^2-Zählerkern oder ein einfacher Kern mit Kurzschlußring (Abb. 79). Durch diesen wird der Gesamtfluß im Kern in zwei gegeneinander phasenverschobene Teilflüsse aufgespalten, die miteinander entsprechend dem Sinus ihres Verschiebungswinkel ein Drehmoment ergeben. Dieses ist ebenfalls J^2 verhältnisgleich. Das Antriebsmoment ist also $A = k_1 \cdot J^2$. Dieses muß zuerst die Federkraft F überwinden, um die Scheibe in Bewegung zu setzen. Bei der Bewegung entsteht aber durch den Strom selbst ein Bremsmoment B, das der Umdrehungszahl n der Scheibe und ebenfalls J^2 proportional ist. $B = n \cdot k_2 \cdot J^2$. Schließlich bringt man noch ein zusätzliches Bremsmoment C an, das durch einen permanenten Magneten gebildet wird und nur von der Drehzahl abhängt. Die Umdrehungszahl n bleibt konstant, wenn die Antriebskraft gleich der Bremskräfte plus Federkraft ist, also

$$A = B + C + F$$

oder
$$k_1 \cdot J^2 = n \cdot k_2 \cdot J^2 + n \cdot k_3 + F$$

bzw.
$$n = \frac{k_1 \cdot J^2 - F}{k_2 \cdot J^2 + n \cdot k_3} \,.$$

Die Laufzeit t ist umgekehrt proportional der Umdrehungszahl n.

$$t = \frac{k_2 \cdot J^2 + n \cdot k_3}{k_1 \cdot J^2 - F} \,.$$

Diese Zeit t, über dem Strom aufgetragen, ergibt die *begrenzt abhängige* Zeitkurve (Abb. 80).

Störend ist nur noch die Rückzugfeder, die sich beim Bewegen der Scheibe spannt und die Rückzugkraft F verstärkt. Diese Zunahme muß durch eine entsprechende Verstärkung des Antriebsmomentes A kompensiert werden. Bei einer älteren AEG-Ausführung hatte man anstatt einer Feder ein Gewicht verwendet, dessen Aufhängefaden sich um die Drehachse aufwickelte. Die Rückzugkraft blieb daher konstant. Bei einer früheren Siemens-Ausführung wurde der Laufhebel mit der Rückzugfeder ebenfalls mit einem Faden nachgezogen, der sich über einen Konus aufwickelte. Mit größerem Bewegungswinkel verkleinerte sich der Hebelarm und verstärkte damit die Zugkraft. GEC verstärkte die Antriebskraft durch Vergrößern der wirksamen Eintauchfläche der Scheibe unter dem Kern.

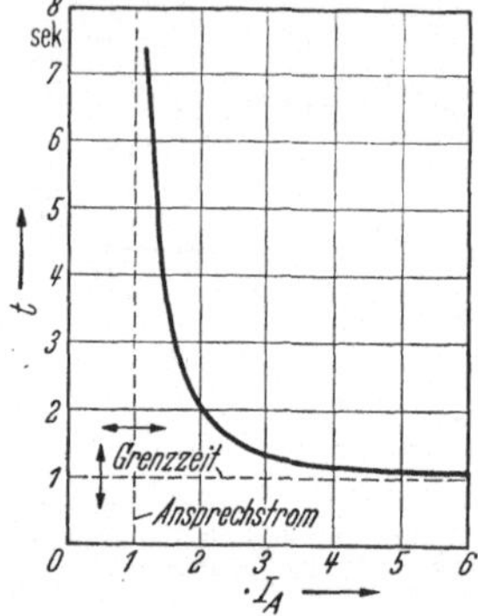

Abb. 80. Begrenzt stromabhängiges Zeitrelais

Die Ablaufkurve gilt nur für eine festgelegte AW-Zahl auf dem Triebkern. Um den Ansprechstrom zu verändern, muß daher die Windungszahl durch Anzapfungen der Wicklung variiert werden. Dann wird bei einem anderen Strom die erforderliche AW-Zahl erreicht. Bei dem oben erwähnten Siemens-Relais wurde die Eintauchtiefe der Scheibe unter dem Kern durch Schwenken der Triebeisen verändert.

Die Grenzzeit verändert man stets durch Verkürzen oder Verlängern des Laufweges mittels des Anschlagkontaktes.

Da jedoch die Stromabhängigkeit sich praktisch nur bis zum drei- oder vierfachen Wert des Ansprechstromes erstreckt, hat sie bei großen Kurzschlußströmen keinen Wert mehr. Man ist daher besonders in Deutschland zu den unabhängigen Zeitrelais übergegangen.

Macht man die Scheibe klein und läßt das zusätzliche Bremsmoment C und die Rückzugkraft F weg, dann nimmt die Scheibe sehr rasch eine konstante, stromunabhängige Drehzahl an. Dann ist nämlich nur noch A und B vorhanden, d. h.

$$k_1 \cdot J^2 = n \cdot k_2 \cdot J^2 \quad \text{oder} \quad n = k_1/k_2 = \text{Konstante.}$$

Die Scheibe entspricht dann einem Asynchronmotor. Versieht man sie außerdem noch mit Eisenplättchen, die ausgeprägten Polen entsprechen, dann erhält man einen Synchronmotor, dessen Umdrehungszahl nur noch der Netzfrequenz verhältnisgleich ist. Um hierbei einen bestimmten Anlaufstrom zu erhalten, muß der Motor durch ein zusätzliches Glied wirksam gemacht werden. Gewöhnlich verwendet man einen Streuanker mit einer einstellbaren Rückzugfeder, der entweder den dauernd rotierenden Motor mit dem Laufhebel kuppelt oder erst den magnetischen Kreis für den Motor schließt oder aber beides zugleich macht. Man erhält somit ein stromunabhängiges Überstromrelais (früheres Siemens-Relais).

3. Zeitstaffelung mit entfernungsabhängigen Zeiten

Die im vorhergehenden Abschnitt 2 behandelten Zeitelemente ergaben in vermaschten Netzen nicht mehr volle Selektivität, da sich vor allem bei hohen Kurzschlußströmen kein Schema einer praktisch unabhängigen Zeitstaffelung finden läßt, die allen Möglichkeiten gerecht wird. Erst als man den Gedanken verwirklichte, die Zeiten von der Entfernung des Relaisortes bis zur Fehlerstelle selbsttätig abhängig zu machen, kam man dem selektiven Auffinden der fehlerbehafteten Strecke einen erheblichen Schritt näher. Die *Entfernungsmessung in Verbindung mit der Zeit* ist also ein weiteres *sehr wichtiges Selektionsmittel.*

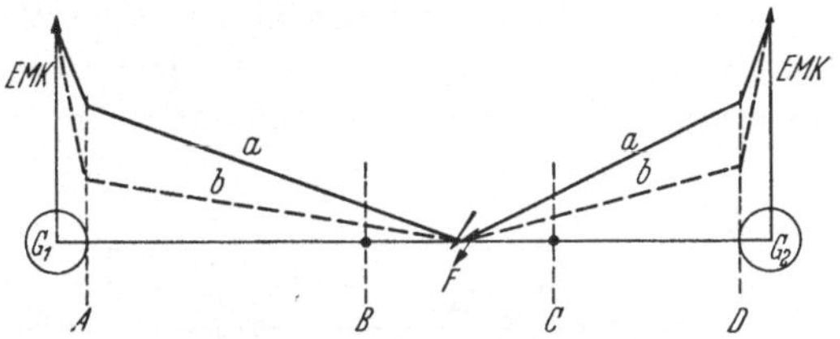

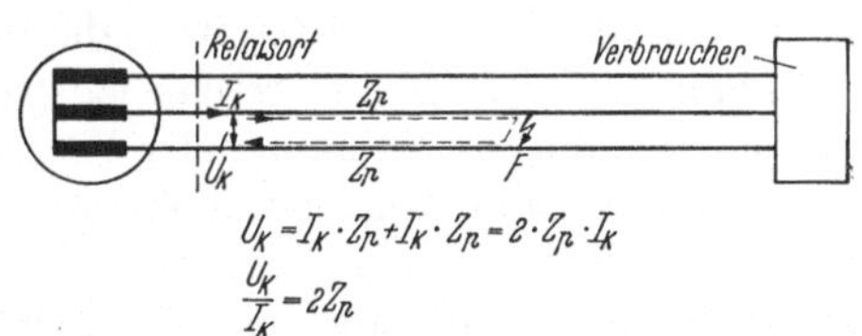

Abb. 81. Schematischer Spannungsverlauf an einem doppelt gespeisten Leitungszug bei einem metallischen Kurzschluß in *F*. *a* bei großer Maschinenleistung; *b* bei kleinerer Maschinenleistung

In Abb. 81 ist an einem zweiseitig gespeisten Leitungszug schematisch der Spannungsverlauf beim Kurzschluß in *F* dargestellt. An der Kurzschlußstelle ist die Spannung auf Null zusammengebrochen und steigt nach den beiden Generatoren G_1 und G_2 entsprechend dem Spannungsabfall an der dazwischenliegenden Leitungsimpedanz an. Ein Vorläufer der entfernungsabhängigen war die spannungsabhängige Zeitstaffelung (VuH). Der Zeitablauf wurde in der Weise von der jeweiligen Spannungshöhe abhängig, daß er mit höherer Spannung länger wurde. Die beiden Relais an der Strecke *B—C* in Abb. 81 weisen daher die kürzeste Ab-

Abb. 82. Kurzschlußstrom I_K und Spannung U_K am Relaisort

laufzeit auf. Die Höhe der Spannung wächst aber auch mit dem Strom, d. h. gerade bei hohem Kurzschlußstrom erhält man unerwünschte lange Abschaltzeiten.

Die wirklich entfernungsabhängige Zeitstaffelung erhält man, wenn man den Zeitablauf von dem Verhältnis von Spannung zu Strom abhängig macht. Zuerst von Ackermann angegeben (1920).

Nimmt man wie in Abb. 82 einen Kurzschluß in *F* an, so ist die Spannung U_K am Relais zwischen den beiden kurzschlußbehafteten Leitern

$$U_K = 2\,J_K \cdot Z_p\,,$$

worin J_K der Kurzschlußstrom und Z_p die Impedanz eines Leiters vom Relaisort bis *F* ist. Es wird also durch das Verhältnis von U/J die *doppelte Leiterimpedanz* oder die *Schleifenimpedanz* gemessen.

Steigt nun die Ablaufzeit eines Zeitrelais proportional einer Funktion von dem Wert U/J im Kurzschlußfall an, so erhält man ein entfernungsabhängiges Zeitrelais, da die Impedanz Z_p proportional der Leitungslänge ist.

$$\frac{U_K}{J_K} = 2\,Z_p. \tag{14}$$

In Abb. 83 ist schematisch ein Staffelplan mit einer solchen Zeitstaffelung aufgezeichnet. Die Relais an der kurzschlußbehafteten Strecke haben immer die kürzeste Abschaltzeit auch in der Nähe der Einspeisestellen. Selbstverständlich sind Richtungselemente für jede zweiseitig gespeiste Leitung ebenfalls erforderlich. Eine solche Zeitstaffelung ergibt volle Selektivität unab-

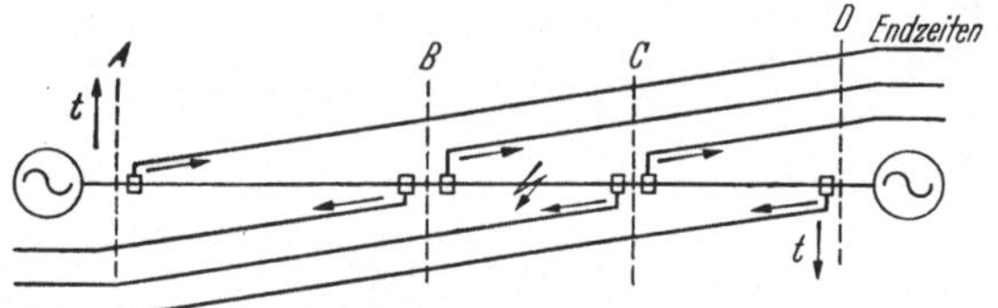

Abb. 83. Schematischer Staffelplan mit entfernungsabhängigen Zeitrelais

hängig von der Zahl und Lage der Speisepunkte, auch im engvermaschten Netz.

So einleuchtend und einfach dieses Staffelprinzip erscheint, so verwirrend ist die Vielzahl der Konstruktionen, die seit seiner Einführung vor mehr als 30 Jahren auf dem Markt erschienen sind mit einer Verschiedenheit, die manchmal kaum etwas miteinander Vergleichbares aufweist. Dennoch lassen die verschiedensten Konstruktionsideen einige wenige Leitgedanken erkennen. Der ganze Fragenkomplex teilt sich in drei Hauptgedanken: Erstens, welche Widerstandskomponente soll gemessen werden? Zweitens, mit welchem Meßrelais kann sie ermittelt werden und drittens, wie kann das Meßrelais mit einem Zeitwerk zu einem entfernungsabhängigen Zeitglied vereinigt werden?

4. Meßmöglichkeiten der Widerstandsmessung

Hierbei sind wiederum zwei Ziele, die man zu erreichen sucht. Einmal, wie kann man die Fälschung der Widerstandsmessung durch den zusätzlichen Lichtbogenwiderstand eliminieren und zweitens, kann man nicht den Richtungsentscheid gleich mit der Widerstandsmessung vereinigen?

a) Lichtbogeneinfluß. Besonders bei Freileitungen ist selten mit einer metallischen Berührung der Leiter im Kurzschlußfall zu rechnen. In den weitaus meisten Fällen tritt an der Kurzschlußstelle ein Lichtbogen auf, der mit seinem Widerstand sich zu der vorher erwähnten Schleifenimpedanz hinzuaddiert und die Entfernungsmessung fälscht. Dieser Widerstand ist sehr variabel. Man kann jedoch folgendes von ihm aussagen: Erstens ist der Widerstand rein ohmscher Natur. Zweitens ist der Spannungsabfall pro Längeneinheit in gewissen Grenzen konstant, d. h. unabhängig vom Strom, wie z. B. der Flammenbogen in einem Quecksilberdampfgleichrichter. Und drittens ist die Spannung am Lichtbogen nicht mehr sinusförmig.

Über den Spannungsabfall an einem Lichtbogen sind vor allem in der amerikanischen Praxis eingehende Untersuchungen angestellt worden, und auch die Erfahrungen im Betrieb lassen ein annäherndes Bild davon erkennen. Der Spannungsabfall pro cm Lichtbogenlänge in Luft ist wesentlich höher als bei einem kleinen Lichtbogen im Laboratorium. Der Unterschied läßt sich da·

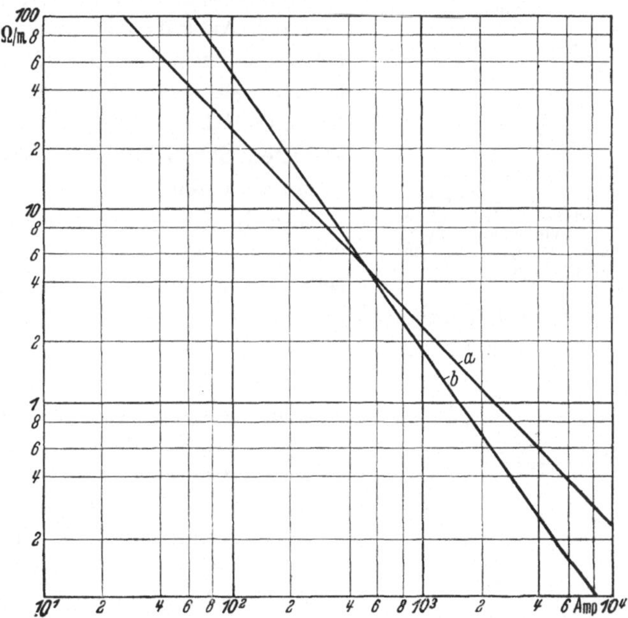

Abb. 84. Lichtbogenwiderstand, abhängig von der Stromstärke in Ω pro Meter Lichtbogenlänge. *a* Deutsche Faustformel $2500/I$ Ω/m; *b* Amerikanische empirisch gefundene Formel $28\,700/I^{1,4}$ Ω/m

durch erklären, daß der tatsächliche Stromweg eine sehr kraus gewundene Linie darstellt, die wesentlich länger ist, als sie den Augen erscheint. Die Aufnahmen solcher Lichtbogen lassen selbst die sichtbare Länge nur noch schätzen. Der Spannungsabfall pro cm liegt etwa in der Größenordnung zwischen 20 und 25 V. In Deutschland wird zur annähernden Berechnung des Lichtbogenwiderstandes R_L der Spannungsabfall als konstant mit 25 V/cm unabhängig vom Strom angenommen, woraus sich ein Widerstand in Ω/m

$$R_L = \frac{2500}{J}\ \Omega/\text{m}$$

ergibt. Es ist aber mit Sicherheit anzunehmen, daß eine gewisse Stromabhängigkeit doch besteht, zumal bei hohen Strömen die Metallverdampfung, besonders an Sammelschienen, den Widerstand erheblich herabsetzt. Die amerikanische Praxis setzt eine Abhängigkeit in die Formel ein — aus Versuchen empirisch ermittelt — und berechnet den Widerstand zu

$$R_L = \frac{28\,700}{J^{1,4}}\ \Omega/\mathrm{m}.$$

In Abb. 84 sind die Werte, die beide Formeln ergeben, in log. Maßstab ausgerechnet. Sie schneiden sich in einem Gebiet (500—1000 A), in welchem die meisten Kurzschlüsse in Freileitungen erfolgen.

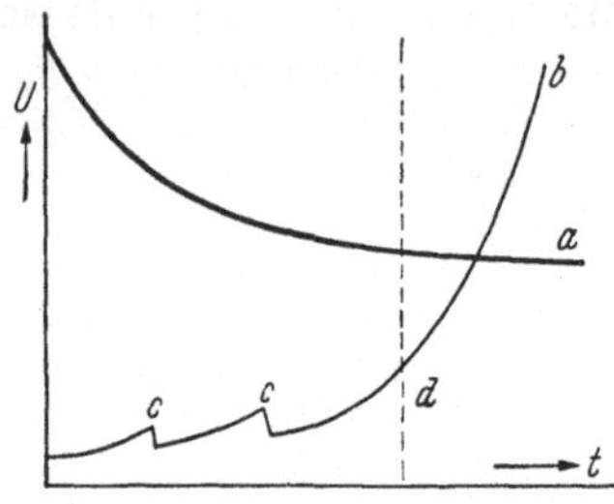

Abb. 85. Verlauf eines Lichtbogens. *a* EMK der Maschine im Kurzschluß; *b* Zunahme der Lichtbogenspannung; *c* Rückzündungen; *d* Beginn der unstabilen Zone

Nun ist aber die Länge in Meter sehr variabel. Als kürzeste Strecke kann man bei zweipoligem Kurzschluß die Kettenlänge zweier Isolatorketten annehmen, im Erdschlußfall nur eine (Abb. 86). Als kleinsten Strom muß man den Anregestrom einsetzen.

Der Lichtbogen vergrößert sich sehr rasch, einmal durch die Stromstärke selbst — je höher je schneller — und dann durch Wind. Die Lichtbogenlänge wächst also und damit proportional der Widerstand. Abb. 85 zeigt einen registrierten Spannungsverlauf an einem ausflatternden Lichtbogen. Man kann die Länge des Lichtbogens dieser Spannung annähernd proportional setzen. Charakteristisch an allen solchen Registrierungen sind die Spannungszusammenbrüche, die sich vor allem bei höheren Strömen immer wiederholen und manchmal die Spannung über ein gewisses Maß nicht anwachsen lassen. Es sind dies Rückzündungszonen, in denen die Lichtbogenbahn sich wieder vereinigt und damit die Länge verkürzt.

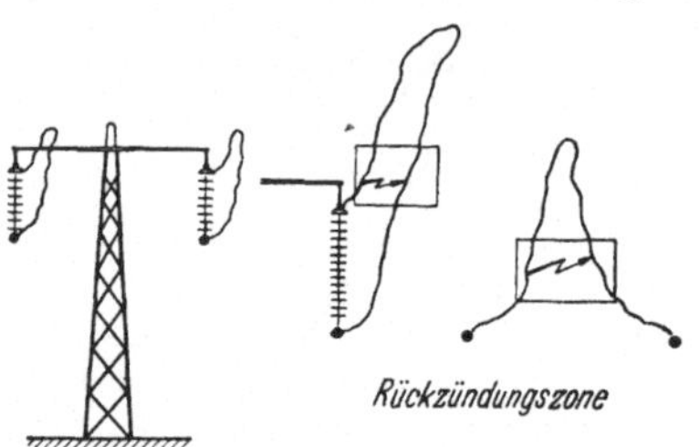

Abb. 86. Formen des Lichtbogens

Selbst innerhalb einer Periode ändert sich der Widerstand. In Abb. 87 ist der Verlauf der Lichtbogenspannung in einer Halbwelle gezeigt. Nach Zündung des Lichtbogens sinkt die Spannung auf einen konstanten Wert, die Spannungskurve verzerrt sich trapezförmig. Wächst die Lichtbogenlänge, so erfolgt die Zündung bei einem höheren Spannungswert. Dabei dauert das Aufheizen der Strombahn länger, bis die Spannung den konstanten Wert erreicht. Der Spannungsverlauf nähert sich der Sinuskurve. Wenn der Zündpunkt über der Hälfte der Spannungshöhe liegt, wird der Lichtbogen im allgemeinen unstabil und erlischt. Man beobachtet oft, daß schon von 30% der Spannung ab der Lichtbogen abreißt. Ebenso verlischt er meistens sehr

rasch, wenn durch Abschalten eines Leitungsendes plötzlich ein großer Strom-
anteil ausbleibt. Der verbleibende Strom kann nicht mehr die Wärme erzeugen, die bei der bestehenden Länge des Lichtbogens zu seiner Heizung
notwendig ist. Es ist eine bekannte Tatsache, daß oft nur ein Leitungsende
abzuschalten braucht, um den Kurzschluß zum Verschwinden zu bringen.

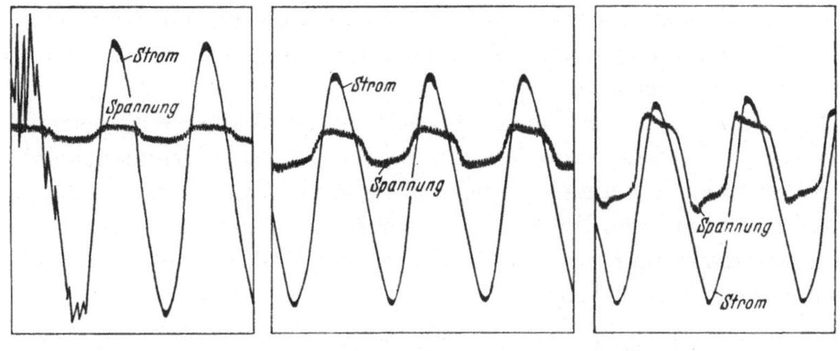

Abb, 87 a—c. Oszillogramm eines Lichtbogens. *a* Zünden; *b* 0,5 sek nach Zünden; *c* 1 sek nach
Zünden

Das gilt jedoch nur, wenn die Abschaltung etwas länger dauert. Bei sehr
schnell schaltenden Relais kann der Lichtbogen noch nicht soweit sich verlängern, daß obiger Effekt auftritt.

Der Strom ist durch die ganze Kurzschlußbahn einschließlich der Generatoren bestimmt und praktisch sinusförmig. Dividiert man also die Spannung innerhalb der Halbwelle durch den momentanen Stromwert, so ergibt
sich eine verzerrte Kurve des Widerstandes. Nimmt man Effektivwerte von
Spannung und Strom, so ergibt sich ein effektiver Widerstandswert, den
man als Lichtbogenwiderstand R_L bezeichnet und der rein ohmscher Natur
ist. Er addiert sich geometrisch zu dem meist stark induktiven Widerstand
der Leitungsschleife. Im Erdschlußfall bei Erdkurzschluß beträgt er nur die
Hälfte.

Tabelle 1. *Zusammenstellung der genormten Widerstandsbezeichnungen.*

Nr.	Quotient		Buchst.-Bezeich.	Deutsche Bezeichnung	Internationale Bezeichnung	Erweiterter Quotient
1	$\dfrac{U}{J}$	Z	Z	Scheinwiderstand	Impedanz	$\dfrac{U^2}{J^2}$
2	$\dfrac{U \cdot \cos\varphi}{J}$	$Z \cdot \cos\varphi$	R	Wirkwiderstand	Resistanz	$\dfrac{U \cdot J \cdot \cos\varphi}{J^2}$
3	$\dfrac{U \cdot \sin\varphi}{J}$	$Z \cdot \sin\varphi$	X	Blindwiderstand	Reaktanz	$\dfrac{U \cdot J \cdot \sin\varphi}{J^2}$
4	$\dfrac{J}{U}$	$\dfrac{1}{Z}$	Y	Scheinleitwert	Admittanz	$\dfrac{J^2}{U^2}$
5	$\dfrac{J \cdot \cos\varphi}{U}$	$\dfrac{1}{Z} \cdot \cos\varphi$	G	Wirkleitwert	Konduktanz	$\dfrac{U \cdot J \cdot \cos\varphi}{U^2}$
6	$\dfrac{J \cdot \sin\varphi}{U}$	$\dfrac{1}{Z} \cdot \sin\varphi$	B	Blindleitwert	Suszeptanz	$\dfrac{U \cdot J \cdot \sin\varphi}{U^2}$

b) Widerstandsbezeichnungen. In Tab.1 sind die genormten und mathematisch definierten Arten von Widerstandsbezeichnungen zusammengestellt. Die Spalten 1 bis 3 bezeichnet man als Widerstand, während 4 bis 6 als Leitwerte benannt werden. Ein Relais jedoch, welches das Verhältnis Spannung zu Strom feststellt, mißt nicht etwa den Quotient U/J oder J/U, sondern wägt nur die beiden Größen gegeneinander ab. Man kann daher sagen, das Relais spricht entweder bei Unterschreiten einer Impedanz oder bei Überschreiten einer Admittanz an. Als Ansprechwert kann man daher auch den reziproken Wert einsetzen.

Weiterhin sind die einzelnen winkelabhängigen Werte auf die beiden Achsen des Koordinatenkreuzes R und X bezogen. Es ist jedoch manchmal vorteilhafter, wenn man andere Bezugsachsen wählt. Verschiebt man das ganze Achsenkreuz um einen Winkel ψ von der R-Achse ausgehend, so kann man die 6 Widerstandswerte in Tab. 1 in 3 für den Selektivschutz charakteristischen Formen ausdrücken:

$$
\begin{aligned}
&\text{1 und 4} && Z = \text{konstant} \\
&\text{2 und 3} && Z \cdot \cos(\psi - \varphi) = \text{konstant} \\
&\text{5 und 6} && \frac{Z}{\cos(\psi - \varphi)} = \text{konstant},
\end{aligned}
$$

oder anders geschrieben

$$
\text{I. } Z = K \tag{15}
$$

$$
\text{II. } Z = K \cdot \frac{1}{\cos(\psi - \varphi)} \tag{16}
$$

$$
\text{III. } Z = K \cdot \cos(\psi - \varphi). \tag{17}
$$

Nur diese drei Widerstandswerte können gemessen werden, d. h. ein winkelunabhängiger, einer, der umgekehrt proportional dem Kosinus eines Winkels ist, und einer, der proportional diesem Kosinus ist. Der Winkel ist die Differenz in Graden zwischen einem festen Verschiebungswinkel ψ des Stromes oder der Spannung oder von beiden und dem Kurzschlußwinkel φ.

Da der Winkel φ verschieden sein kann, so will man stets wissen, was ein Relais bei verschiedenem Winkel für einen Widerstand bzw. eine Entfernung mißt. Darüber gibt das Ortsdiagramm Auskunft, das ein Polardiagramm eines Widerstandsstrahles vom Winkel φ ist.

Auf das Ortsdiagramm wurde schon beim Richtungsrelais näher eingegangen. Es ist in Abb. 88 in etwas anderer Form wiederholt. Man stellt sich den Relaisort im Mittelpunkt eines Achsenkreuzes vor, das in der Ordinate den Wirkwiderstand und in der Abszisse den Blindwiderstand bezeichnet. Da jede Leitung aus induktivem und ohmschem Widerstand kontinuierlich zusammengesetzt ist, entspricht jeder Kilometer einem bestimmten Impedanzwert, der als Widerstandsvektor vom Mittelpunkt aus eine durch X/R festgelegte Neigung besitzt. Die ganze Leitung stellt also eine Gerade dar,

die in einer bestimmten Neigung durch den Mittelpunkt St = Station oder
Relaisort geht. Der Winkel zwischen der R-Achse und der Leitungslinie stellt
den Kurzschlußwinkel φ dar. Es wurde schon gesagt (S. 61), warum es vorteilhafter ist, sich den Kurzschlußstrom fest in die R-Achse gelegt zu denken.
Dann liegt nämlich die Spannung in Richtung der Leitung. Man stellt sich
im Kurzschlußfall den Strom über die
ganze Strecke als konstant und die
Höhe der Spannung am Relaisort mit
der Entfernung bis zur Fehlerstelle
veränderlich vor. Man kann dann auf
der Leitungslinie für jeden Kurzschlußort sofort die zugehörige Spannung
für den Relaisort angeben. Setzt man
den Strom gleich eins, so stellt der
Spannungsvektor das Verhältnis U/J
= Z dar und man erhält ein Wider-
standspolardiagramm. Vorwärtsrichtung ist dabei nach dem Quadran-

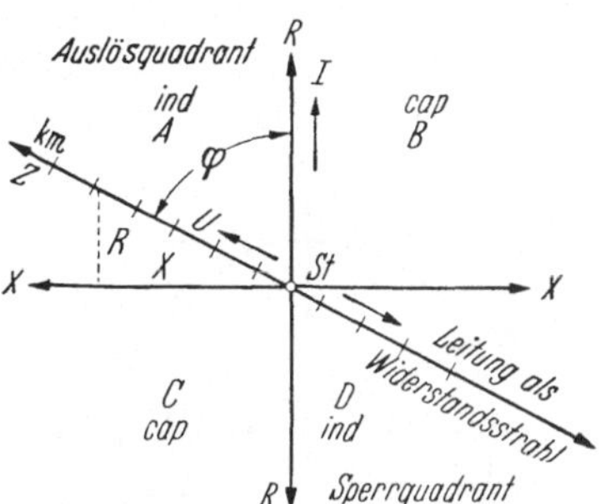

Abb. 88. Leitung als Widerstandsstrahl in der
Widerstandsebene. R/X Koordinaten;
St = Station (Relaisort); $tg\ \varphi = X/R$

ten A und Rückwärtsrichtung nach dem Quadranten D gerichtet. Bei
Richtungswechsel = Durchgang der Leitungslinie durch St muß man sich
umgekehrt der üblichen Vorstellung den Strom in der Richtung als unverändert denken und die Spannung die Richtung wechseln lassen. Es wird dabei genau das gleiche erreicht wie im üblichen Sinne. Im Interesse des Ver-
ständnisses der folgenden Diagramme sei hierauf noch einmal besonders hingewiesen.

c) Ortsdiagramme der Grundformen von Widerstandsbezeichnungen. Im
folgenden seien nun die drei Grundformen der Widerstandsbezeichnungen
im Ortsdiagramm dargestellt.

Formel I $\qquad\qquad\qquad Z = K.$

Dreht man den durch K gegebenen Widerstandsvektor Z um den Mittelpunkt St, so beschreibt die Spitze des Vektors einen Kreis, Abb. 89. Das Diagramm sagt aus, daß unabhängig vom Winkel φ in allen Richtungen der
gleiche Widerstandswert = U/J oder J/U gemessen wird. Da nun der Widerstand Z gleichzeitig eine Entfernung bedeutet, heißt das, daß das Relais vorwärts oder rückwärts, gleichgültig, welchen Kurzschlußwinkel φ die Leitung
aufweist, ob Kabel oder Freileitung, immer den gleichen Impedanzwert, d. h.
bei bekannten Leitungsdaten eine bestimmte Entfernung, mißt. Dieser Kreis
wird als *Impedanzkreis* bezeichnet. Das Relais mißt in Auslöse- wie in Sperr-
richtung die gleiche Entfernung. Es braucht also noch ein zusätzliches Richtungsrelais, um vorwärts oder rückwärts unterscheiden zu können.

Abb. 90 zeigt nun den fälschenden Einfluß eines Lichtbogenwiderstandes
R_L auf die Impedanzmessung. Es ist eine Leitung mit dem Kurzschluß-

winkel φ angenommen. Der Kreis stellt den Bereich dar, auf welchen das
Relais eingestellt ist. Wo die Linie den Kreis schneidet, kippt das Relais.
Liegt der Kurzschlußort vom Relaisort aus innerhalb seines Meßbereiches,
d. h. innerhalb des Kreises, kann das Relais auslösen, außerhalb des Kreises
sperrt es. Die Fläche, die vom Kreis eingeschlossen ist, wird als *Auslösefläche*
und die Strecke von *St* bis zum Kreis als *Auslösebereich* bezeichnet.

Im Schnittpunkt der Leitungslinie mit dem Kreis besitzt die Leitung eine
bestimmte ohmsche R- und induktive Komponente X. Die Projektion des

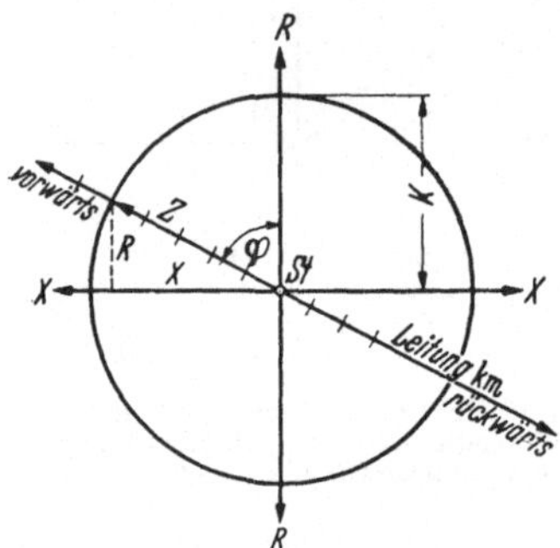

Abb. 89. Ortsdiagramm nach $Z = K$.
Impedanzkreis, winkelunabhängig

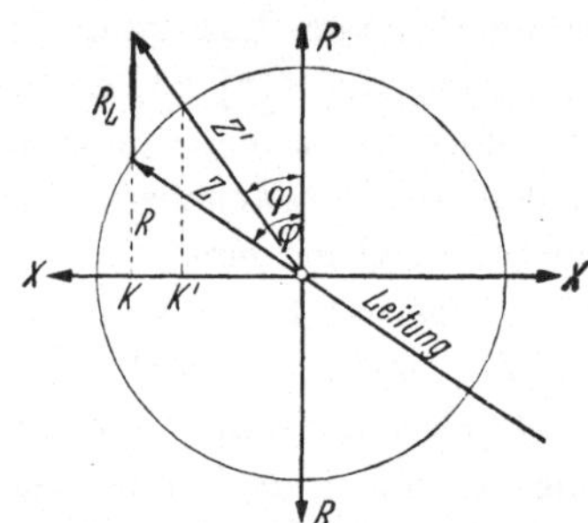

Abb. 90. Einfluß des Lichtbogenwiderstandes R_L auf die Impedanzmessung

Schnittpunktes auf die X-Achse ist mit K bezeichnet, da die induktive Komponente sich nicht verändert und proportional der Entfernung ist. Die ohmsche Komponente wird aber durch Addition des Lichtbogenwiderstandes R_L
vergrößert. Die daraus resultierende Impedanz ist bei gleicher Entfernung
auf den Wert Z' angestiegen und der Kurzschlußwinkel φ hat sich auf φ' verkleinert. Die Leitungslinie hat also eine andere Richtung erhalten. Der
Spannungsvektor ist bei gleichem Strom in der gleichen Weise wie Z vergrößert und gedreht. Das Relais kippt aber immer bei dem gleichen Verhältnis von $U:J$, das dem gegebenen Z entspricht. Es muß also seinen Kontakt
wechseln, wenn die neue Linie von Z' den Kreis schneidet. Das entspricht
aber einem Verhältniskippunkt von K'. Der Kippunkt wandert also auf die
Station zu oder, mit anderen Worten, ein Kurzschluß in K, bei dem das
Relais auslösen sollte, rückt mit Lichtbogen aus dem Kreis heraus und wird
mit längerer Zeit abgeschaltet. Diesen Einfluß versuchte man durch Anwendung einer winkelabhängigen Widerstandsmessung nach Formel II zu
eliminieren.

Formel II $$Z = K \cdot \frac{1}{\cos(\psi - \varphi)}\,.$$

Hierbei ist die Projektion des Scheinwiderstandes Z auf eine Bezugsachse,
die unter dem Winkel ψ zur R-Achse geneigt ist, konstant. Schlägt man mit
K um den Mittelpunkt einen Kreis, so liegen die Spitzen aller Z-Vektoren, die
dieser Bedingung genügen, auf einer Geraden, die den Kreis an dem Schnittpunkt mit der Bezugsachse tangiert. Abb. 91a—c veranschaulicht dies bei

verschiedenem Verschiebungswinkel ψ. Bei $\psi = 0°$ erhält man eine Gerade parallel zur X-Achse. Für alle Vektoren von Z, die mit dem Kurzschlußwinkel φ zur R-Achse $= J$-Achse angenommen werden, gilt

$$Z \cdot \cos \varphi = K.$$

Diese Gerade ist das Ortsdiagramm für ein Resistanzrelais, das nur die Wirkkomponente der Impedanz feststellt. Mit dem Neigungswinkel ψ kann man die Tangente an beliebige Punkte des Kreises legen. Eine große Bedeutung hat die Verschiebung $\psi = 90°$ in der Schutztechnik erlangt. Die Gerade parallel zur R-Achse (Abb. 91c) im Abstand K von St stellt das Orts-

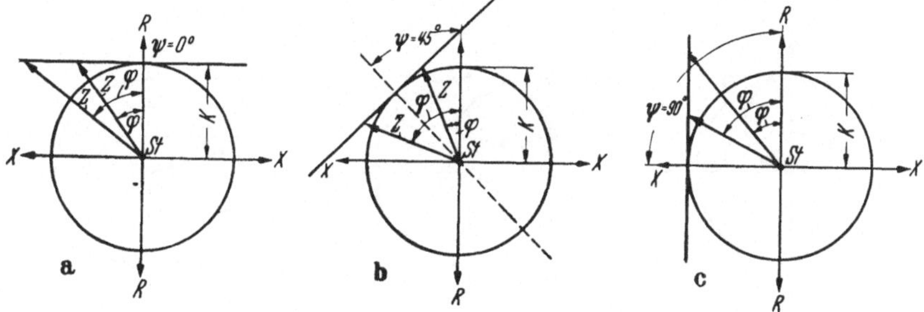

Abb. 91a–c. Ortsdiagramme nach $Z = K \cdot \dfrac{1}{\cos(\psi - \varphi)}$

diagramm eines Reaktanzrelais dar, das nur die induktive Blindkomponente der Impedanz, d. h. nur das ωL der Leitung, feststellt. Dieser induktive Widerstand wird durch den ohmschen Widerstand des Lichtbogens oder durch Erwärmung der Leitung nicht verändert und kann als einwandfreieste Entfernungsgröße angesehen werden. So erklärt sich, daß sehr bald fast alle Herstellerfirmen Reaktanzrelais bauten und in ihm das beste Entfernungsrelais sahen. Leider hat die Praxis bewiesen, daß man dadurch andere Schwierigkeiten — hohe Pendelempfindlichkeit — in Kauf nehmen mußte. Außerdem stellte es sich heraus, daß man den tatsächlichen Lichtbogeneinfluß überschätzt hatte. Man suchte daher bald nach Lösungen, die den Nachteil der Pendelempfindlichkeit vermieden und dennoch eine der Wirklichkeit etwa gerecht werdende Lichtbogenkompensation enthielten.

Die senkrechte Gerade in Abb. 91c teilt die Widerstandsebene in zwei Teile. Alle Fehler links von ihr werden mit langer Zeit, rechts mit kurzer Zeit, abgeschaltet, d. h. auch alle Fehler im Quadranten D rückwärts vom Relais. Ein Reaktanzrelais muß also trotz seiner wattmetrischen Eigenschaften stets eine zusätzliche Richtungseinrichtung besitzen. Macht man bei den in Abb. 91 dargestellten 3 Diagrammen die Konstante $K =$ Halbmesser des Kreises gleich Null, so laufen alle Geraden durch den Nullpunkt. Die Relais sind zu Richtungsrelais geworden. Man kann also ein Richtungsrelais als einen Spezialfall eines Relais nach Formel II bezeichnen. Das geht auch aus der Kippgleichung (Gl. 10) für ein Richtungsrelais hervor.

$$U \cdot J \cdot \cos (\psi - \varphi) = 0.$$

Dividiert man die Gleichung durch J^2, so erhält man

$$U/J \cdot \cos (\psi - \varphi) = Z \cdot \cos (\psi - \varphi) = 0.$$

Formel III $$Z = K \cdot \cos (\psi - \varphi).$$

Man schlägt wiederum mit der Konstante K einen Kreis um den Mittelpunkt (Abb. 92a—c). Anstatt der Geraden nach Formel II tritt jetzt die In-

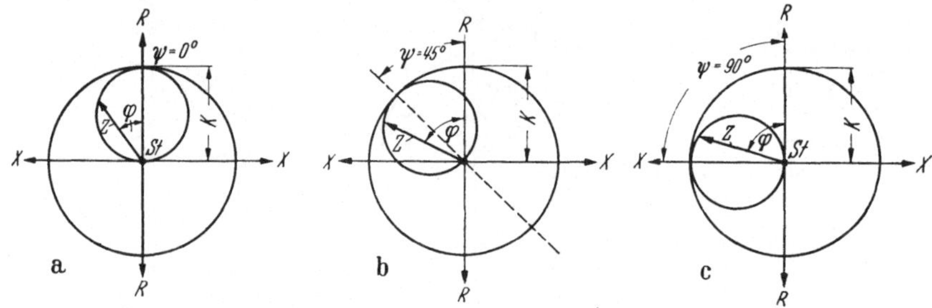

Abb. 92a–c. Ortsdiagramme nach $Z = K \cdot \cos (\psi - \varphi)$

verse — eingeschriebener Kreis — auf, dessen Durchmesser auf der Bezugsachse liegt und gleich K ist. Er geht durch den Mittelpunkt St und tangiert den Kreis von K an dem Schnittpunkt mit der Bezugsachse. Die Spitzen von Z liegen auf dem eingeschriebenen Kreis. Bei $\cos (\psi - \varphi) = 1$ ist $Z = K$ und bei $\cos (\psi - \varphi) = 0$ ist Z ebenfalls $= 0$. Bei $\psi = 0°$ erhält man den Konduktanzkreis und bei $\psi = 90°$ den Suszeptanzkreis.

Gegenüber den Ortsdiagrammen nach Formel I und II zeigen diese Diagramme ein sehr wichtiges Merkmal. Der Ortskreis geht durch den Mittelpunkt und die Leitung im Quadranten D liegt außerhalb, d. h. das Relais löst nur bei Fehlern im Kreis, also in Vorwärtsrichtung, aus. *Alle Meßrelais, die gleichzeitig die Richtung feststellen, gehorchen der Formel III.*

Umgekehrt kann man auch ein Richtungsrelais als einen Spezialfall der Widerstandsrelais durch Formel III ansehen. Dividiert man die Kippgleichung $U \cdot J \cdot \cos (\psi - \varphi) = 0$ eines Richtungsrelais beiderseitig mit $J^2 \cdot \cos^2 (\psi - \varphi)$, so erhält man $Z/\cos (\psi - \varphi) = 0$. Dies ist bei dem eben beschriebenen Meßrelais $Z = 0$, d. h. nur im Mittelpunkt St, der Fall.

Ganz allgemein läßt sich daher sagen: *Ein Richtungsrelais ist ein Widerstandsrelais, dessen Ortsdiagramm durch den Koordinatenmittelpunkt verläuft.*

d) Allgemeine Polargleichung des Kreises. Die aus den Widerstandsbezeichnungen nach Tab. 1 abgeleiteten Ortsdiagramme nach Formel I und

III sind Polardiagramme von Kreisen. Man kann also von der allgemeinen Polargleichung ausgehen. Sie lautet:

$$Z^2 - 2 \cdot Z \cdot \varrho \cdot \cos \delta + \varrho^2 = r^2. \tag{18}$$

Hierbei ist Z der gesuchte Vektor vom Koordinatenmittelpunkt zu jedem Punkt des Kreises, ϱ die Entfernung des Kreismittelpunktes vom Koordinatenmittelpunkt und r der Halbmesser des Kreises. ϱ soll in Vielfachen des Halbmessers r ausgedrückt werden. $\varrho/r = k$. k ist eine gegebene Verhältniszahl. Der Halbmesser des Kreises r sei nun mit K bezeichnet. Der Winkel δ ist der Abweichungswinkel von Z zu ϱ, er entspricht also $\psi - \varphi$, und ϱ selbst liegt in der Bezugsachse mit dem Winkel ψ zur R-Achse. Setzt man diese Bezeichnung in die allgemeine Polargleichung ein, so erhält man:

$$Z^2 - 2 \cdot Z \cdot \cos(\psi - \varphi) \cdot k \cdot K + k^2 \cdot K^2 = K^2 \tag{19}$$

oder aufgelöst

$$Z = K \cdot \left[k \cdot \cos(\psi - \varphi) \pm \sqrt{1 - k^2 \cdot \sin^2(\psi - \varphi)} \right]. \tag{20}$$

Die Spitzen von Z bewegen sich auf einem Kreis, dessen Mittelpunkt vom Koordinatenpunkt um $k \cdot K$ entfernt und dessen Radius $= K$ ist. Der Kreismittelpunkt liegt auf einer Geraden, die um den Winkel ψ gegen die R-Achse geneigt ist. φ ist der Winkel zwischen Z und der R-Achse.

Wendet man diese allgemeine Formel auf die Ortsdiagramme an, so erhält man eine überraschende Variationsmöglichkeit der Widerstandsmessung. Abb. 93a—e gibt Beispiele dieser Verschiebungsmöglichkeit. Bei $\psi = 0$ ver-

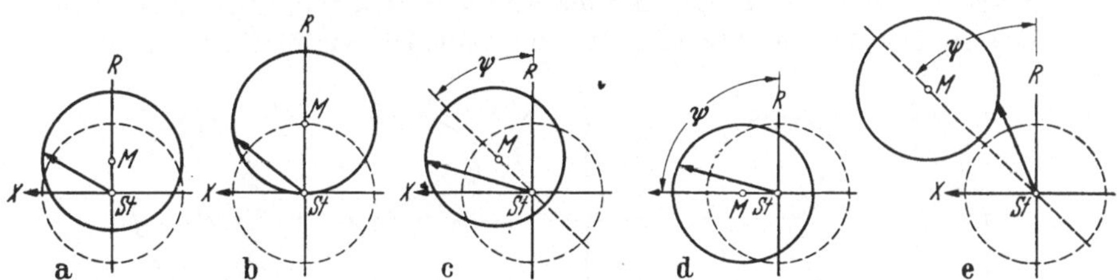

Abb. 93a–e. Verschiebungsmöglichkeiten des Impedanzkreises (Schubkreis). $k = M -$
a) $\psi = 0°$ b) $\psi = 0°$ c) $\psi = 45°$ d) $\psi = 90°$ e) $\psi = 45°$
$k < 1$ $k = 1$ $k < 1$ $k < 1$ $k > 1$

schiebt sich der Kreis in Richtung der R-Achse nach oben. Bei $k = 0$ erhält man den Impedanzkreis nach Formel I und bei $k = 1$ den Konduktanzkreis nach Formel III. Neigt man die Verschiebungsachse um ψ, so zeigt Abb. 93c—e die Wirkung dieser Maßnahme. Wird k größer als 1, so liegt der Kreis außerhalb des Koordinatenmittelpunktes.

Diese Verschiebung des Kreises ergibt nun eine Kompensationsmöglichkeit für den Lichtbogenwiderstand. Bei dem reinen Impedanzkreis nach Abb. 90 hat jeder Lichtbogenwiderstand eine Verlagerung des Kippunktes K

nach der Station hin zur Folge. Verschiebt man den Kreis nach oben, wie z. B. in Abb. 93a—b, so gibt es ein Gebiet an der linken Seite des Kreises, wo bei einem Lichtbogenwiderstand praktisch keine Verschiebung vom Kippunkt K erfolgt. An dieser Seite hat der Kreis — ersetzt durch eine Sehne — den Charakter eines Reaktanzrelais. Eine Verlängerung von Z durch R_L ergibt nur eine geringe Änderung von X. Besonders ausgeprägt ist dies bei der in Abb. 94a ellipsenförmigen Ortskurve, auf deren Verwirklichung noch später eingegan-

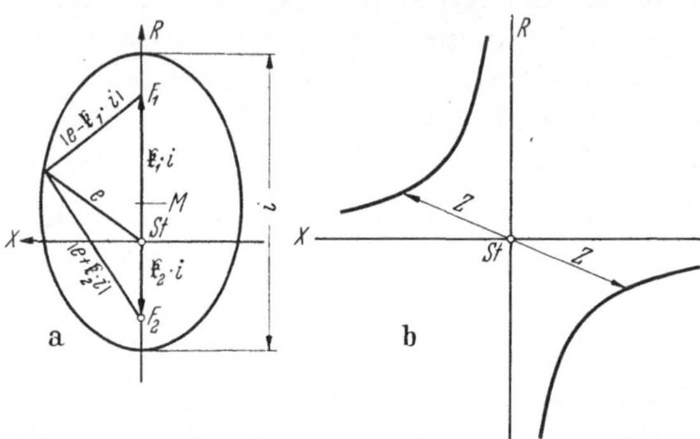

Abb. 94a u. b. Ellipse und Hyperbel als Ortsdiagramme der Widerstandsmessung

gen wird. In dem Bereich $\varphi = 90°$ bis $\varphi = 45°$ entspricht die Ellipsenbahn nahezu einer Geraden und die X-Komponente von Z ist hierbei fast konstant, wie bei einem Reaktanzrelais.

Diese verschobenen Kreise und die Ellipse weisen aber gegenüber einem Reaktanzrelais einen wichtigen Unterschied auf: Die Auslöseflächen sind all-

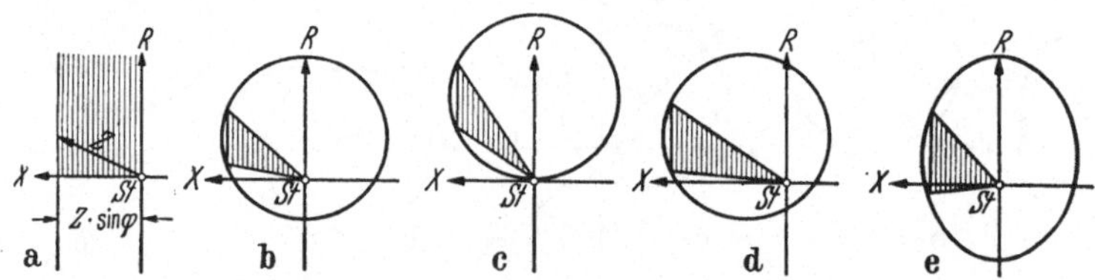

Abb. 95a–e. Kompensationsmöglichkeiten des Lichtbogenwiderstandes.

a Reaktanz	b Schubkreis	c Konduktanzkreis	d Schubkreis	e Ellipse
	$\psi = 0$	$\psi = 0$	$\psi = 45°$	$\psi = 0$
	$k < 1$	$k = 1$	$k < 1$	$k < 1$

seitig begrenzt, während sie beim Reaktanzrelais nach rechts unbegrenzt sind. Eine begrenzte Auslösefläche erweist sich als günstig beim Außertrittfallen der Generatoren (s. S. 117).

Abb. 95 stellt in den schraffierten Abschnitten bei verschiedenen Ortskurven die Bereiche dar, wo die Entfernungsmessung praktisch unabhängig vom Lichtbogenwiderstand ist. Beim Reaktanzrelais nach Abb. 95a ist sie völlig unabhängig, während dies in Abb. 95b—e nur in einem für den praktischen Betrieb ausreichenden Gebiet der Fall ist. Verändert man beim Schubkreis den Faktor k, wodurch der Kreis verschieden hoch verschoben werden kann, so kann man das lichtbogenunabhängige Gebiet in das für den Kurzschlußwinkel φ der Leitung günstigen Bereich schieben = *Einstellbare Lichtbogenkompensation*, Abb. 96.

Die Leitungslinie schneidet den Impedanzkreis im Punkt A. Verschiebt man den Kreis mit dem gleichen Halbmesser K nach oben, bis er ebenfalls durch den Punkt A läuft, so kann der Lichtbogenwiderstand R_L die Größe der Sehne AB erreichen, ehe sich der Kippunkt K_p auf die Station zu bewegt. Zwischen A und B wandert er vielmehr entsprechend der Kreisperipherie noch nach außen. Dieses Hinausschieben bezeichnet man mit Übergreifen, dessen Größe man in % der X-Komponente von Z im Impe

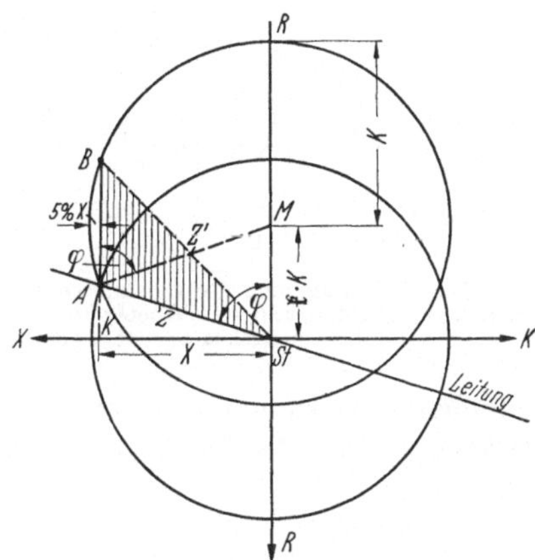

Abb. 96. Einstellbare Lichtbogenkompensation

danzkreis ausdrückt. Die Kompensationsstrecke AB gibt man ebenfalls in % von X an. Bei einem Übergreifen von 5% muß man den Halbmesser des Kreises auf $Z' = Z \sin \varphi \cdot 1{,}05$ festlegen, d. h. man errechnet die induktive Komponente der Impedanz und stellt die Konstante auf einen um 5% höheren Wert als X ein. Die Senkrechte von M auf die Strecke AB ist gleich X und der Halbmesser gleich $X \cdot 1{,}05$. Daraus ergibt sich, daß $AB = R_L = 64\%$ von X beträgt. Macht man das Übergreifen größer als 5%, so wird der Kompensationsbereich größer. Man stellt also ein solches Relais wie ein Reaktanzrelais ein, schiebt den Kreis so hoch, daß er die Spitze von Z bei dem Kurzschlußwinkel der Leitung schneidet.

Bezeichnet man den Prozentsatz des Übergreifens in % $= \varepsilon$, so errechnet sich der Prozentsatz des kompensierten Lichtbogenwiderstandes von der Reaktanz zu

$$\text{\% von } X = 200 \sqrt{\left(1 + \frac{\varepsilon}{100}\right)^2 - 1}\,. \tag{21}$$

5. Widerstandsrelais in Verbindung mit Richtungsgliedern

Um das Zusammenarbeiten eines Richtungselementes mit einem Widerstandsrelais anschaulich zu machen, braucht man nur die jeweiligen Ortskurven übereinander zu legen. Abb. 97a—e zeigt eine Reihe von solchen Überlagerungen. Als Kippgerade des Richtungsrelais ist eine unter 45° ($\psi = 45°$) nach Abb. 68b gewählt worden. Dadurch wird von der gesamten

Auslösefläche der Widerstandsrelais alles, was unter der Richtungsgeraden liegt, durch das Richtungsrelais gesperrt. Es bleibt nur der schraffierte Teil als *wirksame Auslösefläche* übrig. Es werden also nur auf dem Teil der Leitungslinie Kurzschlüsse erfaßt, die vom Mittelpunkt aus sich im schraffierten Teil

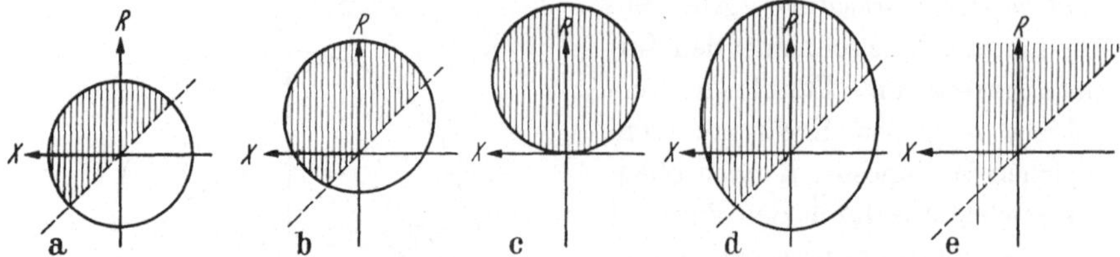

Abb. 97a–e. Überlagerung der Ortskurven von Widerstandsmeßrelais mit denen von Richtungsrelais. a Impedanzkreis; b verschobener Kreis; c Konduktanzkreis; d Ellipse; e Reaktanzlinie. Beim Richtungsrelais $\psi = 45°$. Schraffiert |||| = wirksame Auslösefläche

befinden. Der Konduktanzkreis braucht kein Richtungselement, und die wirksame Auslösefläche des reinen Reaktanzrelais ist auch hierbei nach oben unbegrenzt.

6. Möglichkeiten der praktischen Verwirklichung der Ortskurven

Alle Ortskurven lassen sich durch drei voneinander verschiedene Beziehungen der Strom- und Spannungsvektoren darstellen, woraus sich zugleich drei verschiedene praktische Ausführungsmöglichkeiten ergeben:

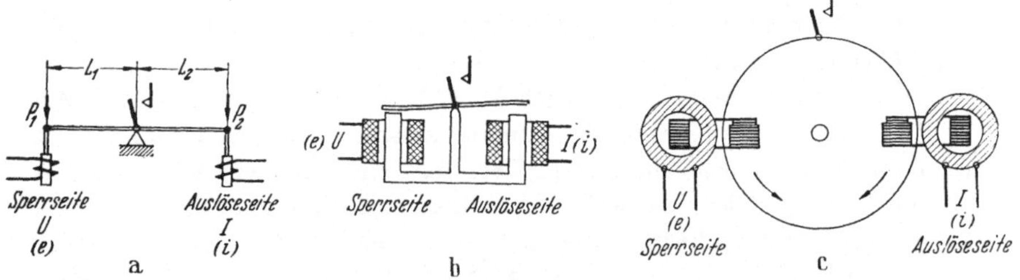

Abb. 98a–c. Quadratische Verhältnisrelais. a mit Solenoiden; b mit Klappanker; c mit Ferrarisscheibe

a) durch ein quadratisches Verhältnis der Vektoren bzw. durch ein Verhältnis eines Quadrates zu einem skalaren Produkt (Leistungsmessung);

b) durch ein lineares Größenverhältnis von Vektoren und

c) durch eine konstante Winkelbeziehung zwischen den Vektoren.

a) Quadratisches Verhältnis. Die erste Ausführungsform und zugleich klassisches Vorbild eines quadratischen Verhältnisrelais ist das schon mehrmals behandelte Waagebalkenrelais (balance relay), Abb. 98. An einem Waagebalken mit den Hebelarmen L_1 und L_2 greifen zwei Kräfte P_1 und P_2 an. Es besteht Gleichgewicht, wenn $L_1 \cdot P_1 = L_2 \cdot P_2$ ist. Gerade für den Gleichgewichtspunkt = Kippunkt verhält sich $P_1 : P_2 = L_2 : L_1 =$ konstant. P_1

und P_2 werden durch Anzugskräfte zweier Solenoide (Abb. 98a) oder zweier Magnete (Abb. 98b) oder durch Drehmomente, z. B. zweier entgegengesetzt wirkender Triebkerne einer Ferrarisscheibe (Abb. 98c), dargestellt. Um den Kontakt zu betätigen, muß die eine Kraft die andere um einen Bruchteil überwiegen. Ist die notwendige Differenzkraft klein im Verhältnis zu den Absolutbeträgen der Anzugskräfte, so kann gesagt werden, daß ein solches Kipprelais seinen Kontakt schließt oder öffnet, wenn die Kräfte in einem bestimmten konstanten Verhältnis zueinander stehen.

Die Spulen werden von Strömen durchflossen, die proportional den Primärströmen sind. Wirksam ist der Fluß Φ, den diese Ströme erzeugen, und die Anzugskraft ist dem Quadrat des Flusses proportional, $P \approx \Phi^2$. Der Fluß wird durch die Ampere-Windungen erzeugt, $\Phi = i \cdot w_1$ bzw. $e \cdot w_2$, wobei $i = k_1 \cdot J$ und $e = k_2 U$ bzw. $\dfrac{k_2 \cdot U}{r}$ ist. r soll andeuten, daß e sich aus der Klemmenspannung $k_2 U$ und einem Regulierwiderstand r als Strom ergibt. Die Kräfte sind also proportional $k_1 \cdot J \cdot w_1$ bzw. $\dfrac{k_2 \cdot U}{r} \cdot w_2$. Hierbei bedeuten w_1 und w_2 die Windungen der Spulen. Setzt man auf beiden Seiten die Windungen gleich $w_1 = w_2$, so ergibt sich, daß die Kräfte verhältnisgleich e^2 bzw. i^2 sind, wobei $e = C_2 \cdot U$ und $i = C_1 \cdot J$ zu setzen ist. Sollen e oder i nur teilweise wirksam sein, so soll $k \cdot i$ bedeuten, daß entweder der Strom i oder seine Windungszahl um den Faktor k verändert ist.

Die Gleichgewichtsbedingung lautet also

$$\frac{P_1}{P_2} = \frac{L_2}{L_1} = \frac{e^2}{i^2} = \frac{C_2^2 \cdot U^2}{C_1^2 \cdot J^2} = Z^2 = \text{Konstante } K \,,$$

bzw.

$$\frac{e}{i} = Z = \frac{C_2}{C_1} \cdot Z = C_3 \cdot Z \,. \tag{22}$$

Diese Definition ist bei den folgenden Betrachtungen zu beachten.

In Abb. 98 sind die beiden Seiten nach Auslöseseite und Sperrseite unterschieden. Die Stromseite soll den Kontakt zu schließen versuchen, während die Spannungsseite ihn geöffnet hält bzw. die Kontaktgabe zu sperren versucht. Diese Relais messen also die Impedanz nach Formel I, $Z = K$.

Die beiden Seiten stellen den Zähler und den Nenner der in Tab. I angegebenen Quotienten dar. Bei den Begriffen 1 bis 3 (Widerstandswerte) liegt die Nennergröße, bei 4 bis 6 die Zählergröße auf der Auslöseseite.

In der letzten Rubrik sind die Quotienten der ersten Spalte erweitert, so daß Leistungsgrößen im Zähler (2, 3, 5, 6) erscheinen. Ersetzt man z. B. in Abb. 98c (Ferrarisscheibe) einen der beiden Triebkerne durch einen Zählerkern, der ein Drehmoment entsprechend $U \cdot J \cdot \cos(\psi - \varphi)$ ergibt ($\psi = $ konstanter innerer Verschiebungswinkel), so erhält man für den Kippunkt entweder $i^2 = e \cdot i \cdot \cos(\psi - \varphi)$ oder $e^2 = e \cdot i \cdot \cos(\psi - \varphi)$.

$$Z = K \cdot \frac{1}{\cos(\psi - \varphi)} \qquad \text{oder} \qquad Z = K \cdot \cos(\psi - \varphi) \,.$$

Diese Relais ergeben Ortsdiagramme nach Formel II und III. Solche Kipprelais sind auch in der Weise ausgeführt worden, daß man ein dynamometrisches Leistungsrelais mechanisch mit einem J^2-System kuppelt und die beiden Drehmomente entgegenschaltet. Kipprelais nach Abb. 98a und c sind heute in verschiedenster Konstruktionsform in Gebrauch.

Die Werte e und i kann man z. B. im Impedanzkreis für Z und für K einsetzen, denn das Gleichgewicht besteht bei $i^2 = e^2$. Das gleiche gilt auch für die allgemeine Polargleichung. Man erhält dann

$$e^2 - 2 \cdot e \cdot k \cdot i \cdot (\cos \psi - \varphi) + k^2 i^2 = i^2$$

oder $\qquad | e - ki |^2 = i^2$ [Winkel $(\psi - \varphi)$ zwischen e und i]. $\qquad$ (23)

Man erhält also alle Kreisdiagramme, wenn man die Auslöseseite des Waagebalkens mit dem Strom i und die Sperrseite mit einem Strom beauf-

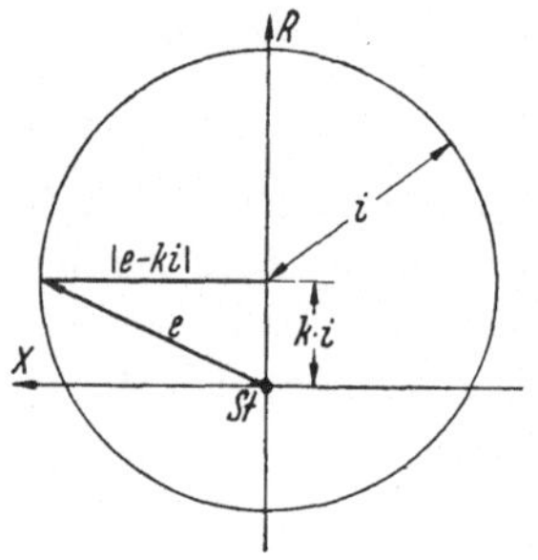

Abb. 99. Schubkreis

schlagt, welcher der geometrischen Differenz von dem Spannungsstrom und einem Teilstrom $k \cdot i$ entspricht. An Abb. 99 kann man sich von der Richtigkeit leicht überzeugen. In dem um den Betrag $k \cdot i$ verschobenen Kreise ist die Verbindungslinie von e — Schnittpunkt des Spannungsvektors mit dem Kreis — nach dem Kreismittelpunkt die geometrische Differenz von $| e - k \cdot i |$. Diese muß gleich dem Halbmesser i sein bzw. die beiden Quadrate müssen gleich sein. Bei $k = 0$ wird $e^2 = i^2$ gleich Impedanzkreis, bei $k = 1$ wird

$$| e - i |^2 = i^2$$

$$e^2 - 2 e i \cos (\psi - \varphi) + i^2 = i^2$$

$$e^2 = 2 e i \cos (\psi - \varphi) = \text{Konduktanzkreis } (\psi = 0).$$

Derartige magnetische Kipprelais mit Kreisdiagramm werden heute in erhöhtem Maße (Westinghouse, GEC) verwendet, da besonders die letzte

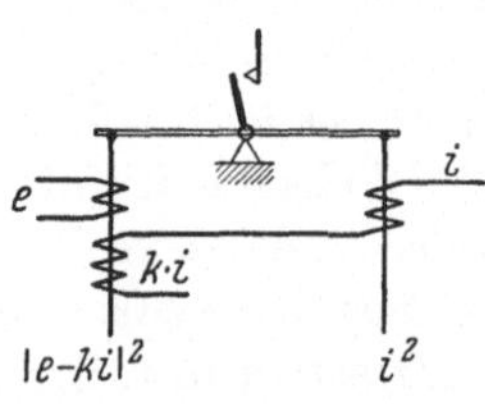

Abb. 100. Kipprelais mit verschobenem Kreis

Form die Richtungsangabe mit enthält. Die Schaltung zeigt schematisch Abb. 100. $k \cdot i$ soll bedeuten, daß hierbei die Wicklung von i dem Faktor k gegenüber 1 entspricht. Diese Relais werden auch Mho — umgekehrt Ohm — Relais genannt.

Abb. 101 zeigt eine Resistanzgerade $(\psi = 0)$. Die Spitzen der Spannungsvektoren müssen auf der Geraden parallel zur X-Achse liegen. Zerlegt man die Konstante = Abstand der Geraden von der X-Achse in zwei Vektoren i und ki, von denen i größer und ki kleiner als die Konstante ist, so beträgt diese nunmehr $\dfrac{1 + k}{2} \cdot i$. Die Verbindungslinien von e nach i bzw. $k \cdot i$ sind in jedem Punkt der Geraden gleich und stellen die geometrischen Differenzen $| e - ki |$ und $| e - i |$ dar. Da auch die Quadrate gleich sind, kann man also wie in Abb. 99 die beiden Anzugskräfte entsprechend dem Quadrat der beiden Differenzvektoren darstellen. Wir können schreiben

$$e^2 - 2\,e\,k\,i \cdot \cos \varphi + k^2 \cdot i^2 = e^2 - 2\,e\,i \cos \varphi + i^2 \tag{24}$$

$$2\,e\,i \cos \varphi\,(1 - k) = i^2\,(1 - k^2)$$

$$\frac{e \cdot i \cdot \cos \varphi}{i^2} = \frac{1 - k^2}{2\,(1 - k)}$$

$$Z \cdot \cos \varphi = \frac{1 + k}{2}$$

und erhalten ein Resistanzrelais.

Ist ki um einen Winkel ψ verschoben, so liegt bei dem Kreisdiagramm der Kreismittelpunkt stets bei $k \cdot i$ bzw. die Gerade in Abb. 101 ist stets die Mittelsenkrechte auf der Verbindungslinie der Spitzen von $k \cdot i$ und i.

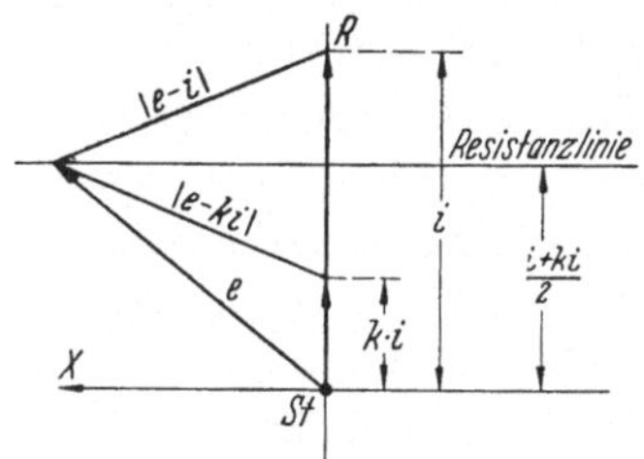

Abb. 101. Verschobene Gerade
(Resistanz, Reaktanz)

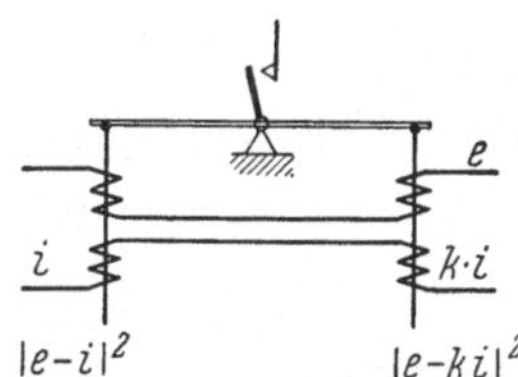

Abb. 102. Kipprelais mit verschobener Geraden

b) Lineares Größenverhältnis von Vektoren. Absolute Größen von Vektoren kann man nur vergleichen, wenn man sie gleichrichtet, da dann die Phasenlage keine Rolle mehr spielt. Schon beim Richtungsrelais und Anregerelais wurde dargelegt, daß der quadratische Vergleich beim Waagebalkenrelais in jeder Weise durch einen Vergleich von gleichgerichteten Größen ersetzt werden kann. Diese Methode hat eine große Bedeutung, da man empfindliche Gleichstromrelais mit sehr kleinem Eigenverbrauch verwenden kann. Dadurch lassen sich geometrische Summen- und Differenzbildung von Wechselstromgrößen ohne großen Leistungsverbrauch leicht herstellen. Man braucht nur für die Quadrate beim mechanischen Kipprelais die Größen selbst einsetzen und erhält genau die gleichen Verhältniswerte für den Kipppunkt. Also anstatt $e^2 = i^2 - - - - - e = i$

oder $\qquad | e - ki |^2 = i^2 - - - - - - | e - ki | = i$

oder $\qquad | e - ki |^2 = | e - i |^2 - - - - - - | e - ki | = | e - i |.$

Am vorteilhaftesten werden die geometrischen Additionen und Subtraktionen von e und i im kleinen Hilfswandler durchgeführt. Abb. 103a zeigt die von Siemens für alle Messungen verwendete Schaltung. Zwei kleine Hilfswandler besitzen je 3 Wicklungen.Die obere wird z. B. für den Spannungsstrom e und die mittlere für den Leiterstrom i verwendet. In der dritten Wicklung tritt ein Strom auf, der je nach dem Anschluß von e und i den Absolutgrößen der geometrischen Summe oder Differenz oder bei Anschluß von e oder i allein der Größe selbst proportional ist. Die Gleichrichter sind mit ihrer Polarität in Reihe geschaltet und das polarisierte Gleichstromrelais liegt in der Brückendiagonale. Beim Durchgang durch den Gleichgewichtspunkt wechselt der Strom im Relais seine Richtung und damit das Relais seinen Kontakt.

Anstatt des direkten Vergleichs (Siemens) (Abb. 103a) kann auch die Gleichstromdifferenz magnetisch im Relais gebildet (AEG) werden (Abb. 103b).

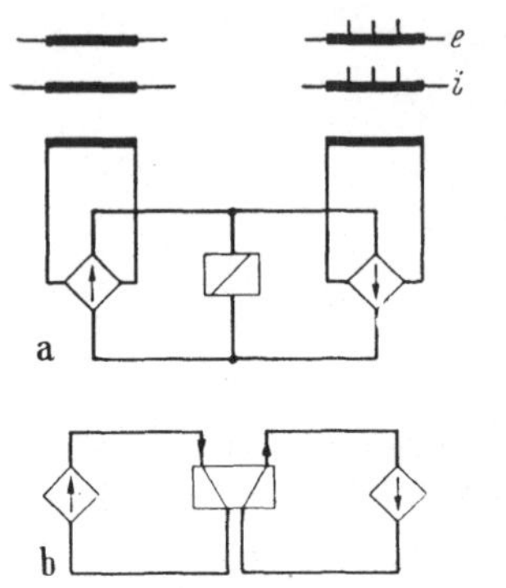

Abb.103. Gleichstrombrücke mit Hilfswandler. a direkter Vergleich; b magnetischer Vergleich

Als Gleichstromrelais wird ein Drehspulrelais mit Kernmagnet (Abb. 104) (Siemens) oder ein Tauchspulrelais (Abb.105) (AEG, Metropolitan Vickers) oder ein Eisenkern gewählt, dessen Remanenz in der Lage ist, einen Anker gegen eine Rückzugfeder festzuhalten (Abb. 106) (Jakobsen). Bei dem Relais von Jakobsen befinden sich auf dem Eisenkern die Gleichstromspulen, deren Ströme magnetisch verglichen werden sollen. War z. B. vorher der Kern vom gleichgerichteten Strom e magnetisiert, so überwiegt bei $i > e$ die Magnetisierung von i in umgekehrter Richtung. Der Fluß im Kern muß sich einmal umkehren und die Remanenz kann zu Null werden. In diesem Moment kann die Rückzugfeder den Anker abziehen und das Auslösekommando geben.

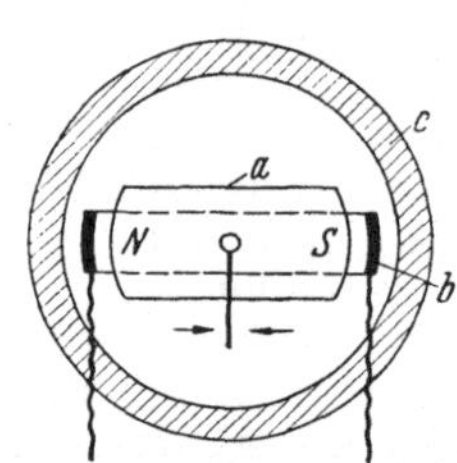

Abb. 104. Drehspulrelais mit Kernmagnet (Siemens). a Kernmagnet; b Drehspule; c Eisenmantel als magnetischer Rückschluß

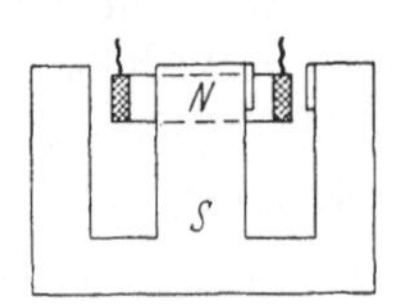

Abb. 105. Tauchspulrelais (AEG)

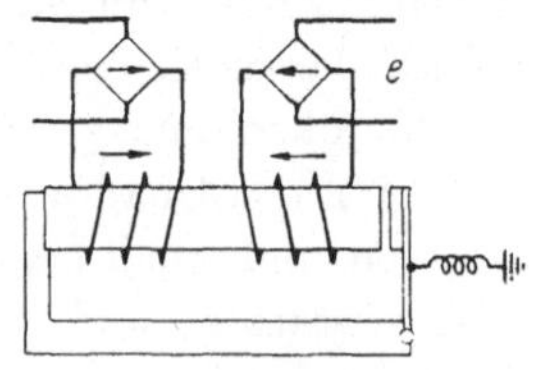

Abb. 106. Remanenzrelais (Jakobsen, Oslo)

Trägt man über der Differenz der beiden zu vergleichenden Größen beim Nulldurchgang das Relaisdrehmoment auf (Abb. 107), so erhält man beim magnetischen Vergleich nach Abb. 107b eine Gerade, beim direkten Vergleich

nach Abb. 107a eine Kurve, die infolge der Parallelschaltung des zweiten
Gleichrichters zum Relais bei höheren Werten nur noch wenig ansteigt. Bei
der Anordnung nach Abb. 106 ist die Anzugskraft dem Quadrat des Flusses
verhältnisgleich. Die Haltekraft steigt daher quadratisch mit der Differenz

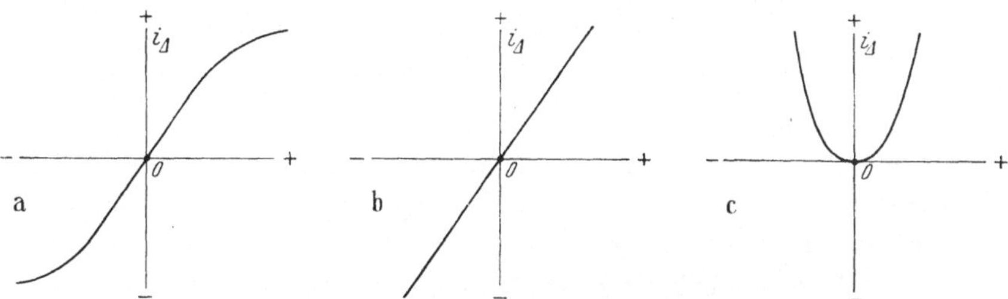

Abb. 107a–c. Ansprechkurve dse Gleichstromrelais beim Kippunkt.
a Direkter Vergleich; b magnetischer Vergleich; c Remanenzrelais

an. Sie geht daher nicht mehr durch Null, sondern sinkt nur im Kippunkt
auf Null ab. Es entsteht eine quadratische V-Kurve. Abb. 107c.

Der Vergleich der gleichgerichteten Vektorgrößen ermöglicht auch eine
sehr einfache Darstellung einer Ellipsen- oder Hyperbelform der Ortskurve.
In Abb. 94a sind die Brennpunkte der Ellipse durch zwei Stromgrößen $+ k_1 \cdot i$
und $- k_2 \cdot i$ und die Längsachse durch i dargestellt. Die Verbindungslinien
von der Spitze von e nach den beiden Stromvektoren stellen die geometrischen Differenzvektoren und somit die Leitstrahlen einer Ellipse dar, deren
arithmetische Summe gleich der Längsachse i ist. Man erhält also eine ellip-
tische Ortskurve, wenn man gleichsetzt:

$$i = |\, e - k_1 \cdot i \,| + |\, e + k_2\, i \,|. \tag{25}$$

Hierzu müssen drei gleichgerichtete Größen vorhanden sein. Die eine
Seite ist der Vergleichsstrom i (Längs-
achse), die andere Seite ist die
Gleichstromsumme von $|\, e - k_1\, i \,|$ und
$|\, e + k_2 \cdot i \,|$. Bei $(k_1 + k_2) < 1$ liegt der
Koordinatenmittelpunkt in der Ellipse.
Bei $k_1 + k_2 = 1$, wobei ein Strom
phasenverschoben gegenüber dem ande-
ren ist, bilden $k_1 \cdot i$ und $k_2 \cdot i$ ebenfalls
Leitstrahlen, und die Ellipse geht durch
den Mittelpunkt, was gleichzeitig Richtungsangabe bedeutet. In Abb. 108 ist

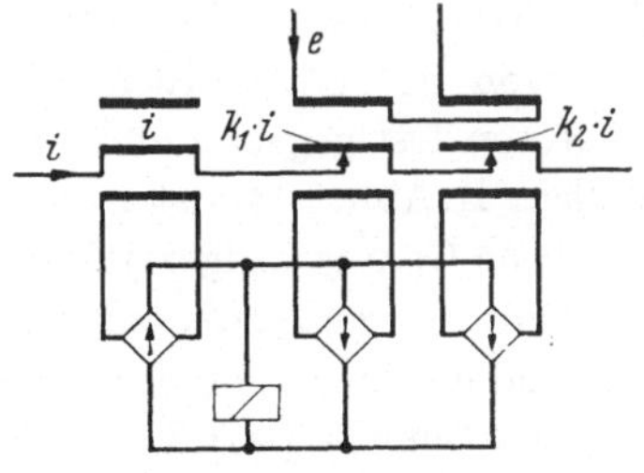

Abb. 108. Schaltung für eine ellipsen-
förmige Ortskurve

die Schaltung der Brücke gezeigt. Wird anstatt der Summe von

$$|\, e + k_1 \cdot i \,| + |\, e - k_2 \cdot i \,|$$

die Differenz gleichstromseitig gebildet, dann ergibt sich eine Hyperbel, bei
welcher die Differenz der Leitstrahlen konstant ist.

Der lineare Vergleich der Vektorgrößen mittels Gleichrichtung ermöglicht also die exakte Darstellung sämtlicher Ortskurven und läßt sich in den 3 nachfolgenden Gleichungen definieren.

$$| e - k \cdot i | = i \cdots \text{Kreisdiagramm}$$
$$| e - k \cdot i | = | e - i | \cdots \text{Gerade}$$
$$| e - k_1 \cdot i | \pm | e + k_2 \cdot i | = i \cdots \text{Ellipse oder Hyperbel.}$$

Nimmt man noch Größenvariationen von e ($k \cdot e$) hinzu, dann lassen sich besonders in der dritten Gleichung andere Kurven (z. B. eiförmige) erzielen. Alle Ortskurven, die man durch den Koordinatenmittelpunkt laufen läßt, besitzen einen Richtungsentscheid.

c) Winkelbeziehungen der Vektoren. Außer in der Ellipse und Hyperbel lassen sich bei allen Ortskurven konstante Winkelbeziehungen feststellen. Ein wattmetrisches Relais wechselt seine Ausschlagrichtung, wenn die bei-

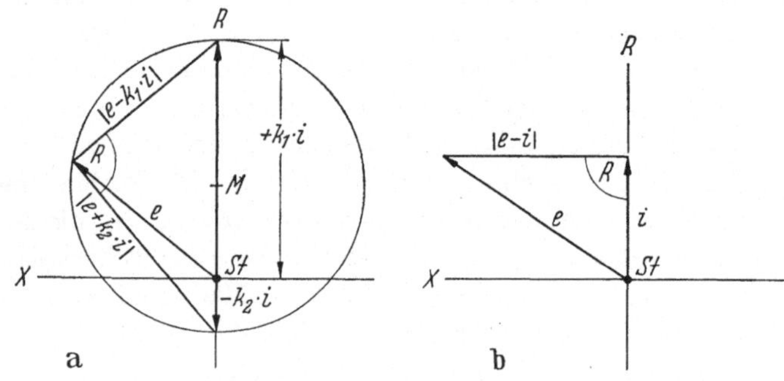

Abb. 109a u. b. Winkelbeziehung von Vektoren.
a verschobener Kreis, $\psi = 0$; b verschobene Gerade, $\psi = 0$ (Resistanz)

den Ströme senkrecht aufeinander ($\cos \varphi = 0$) stehen. Diese Winkellage von 90° ist in allen Kreisdiagrammen und Geraden für bestimmte Vektoren fest gegeben und damit durch ein wattmetrisches Relais festzustellen. In Abb. 109a ist noch einmal ein verschobener Kreis und eine verschobene Gerade aufgezeichnet. Teilt man den Halbmesser des Kreises in zwei entgegengesetzte Stromvektoren $+ k_1 \cdot i$ und $- k_2 \cdot i$, dann stellen die Verbindungslinien von der Spitze von e die geometrische Differenz $| e - k_1 \cdot i |$ und die Summe $| e + k_2 \cdot i |$ dar. Diese beiden stehen in einem Kreis senkrecht aufeinander.

Führt man in einem Wattmeter der einen Seite die geometrische Differenz und der anderen die geometrische Summe zu, so muß das Relais seine Ausschlagsrichtung ändern, wenn diese beiden Größen senkrecht aufeinander stehen. Das Relais kippt also immer, wenn der Spannungsvektor den Kreis erreicht. Bei $+ k_1 i = - k_2 i$ erhält man das überraschende Ergebnis, daß ein Wattmeter zu einem winkelunabhängigen Impedanzkipprelais wird, dann liegt nämlich der Kreismittelpunkt im Koordinatenmittelpunkt. Die Entfernung der beiden Stromspitzen stellt den Durchmesser des Kreises dar und durch Größen- oder Winkelveränderung von einem oder beiden Stromvektoren kann man den Kreis beliebig verschieben.

Bei einer Geraden (Abb. 109b) steht die Verbindungslinie von e nach $i = |e - i|$ immer senkrecht auf i und ein Wattmeter, das z. B. in der Feld-

spule den Strom i führt und im Rähmchen einen Strom proportional der geometrischen Differenz $|e - i|$, ergibt ein Kipprelais mit einer Geraden als Ortskurve. Wird i in der Differenz zu Null, so erhält man das wattmetrische Richtungsrelais.

Von dieser Möglichkeit ist in der Praxis viel Gebrauch gemacht worden. Z. B. ein Zählersystem mit einem Strom im Spannungspfad, der der Differenz proportional ist (Reyrolle) oder im Induktionsdyna-

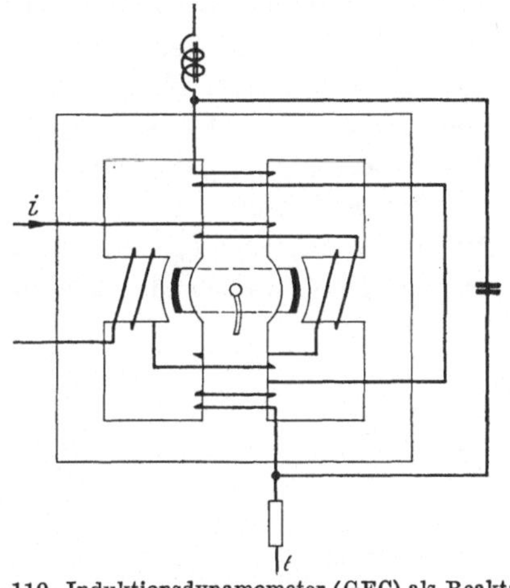

Abb. 110. Induktionsdynamometer (GEC) als Reaktanzkipprelais

mometer, Abb. 110 GEC, beide als Reaktanzkipprelais. Der gleichen Bauart gehört das Drehfeldrelais von BBC an. Nach einem Vorschlag von Kuusinen

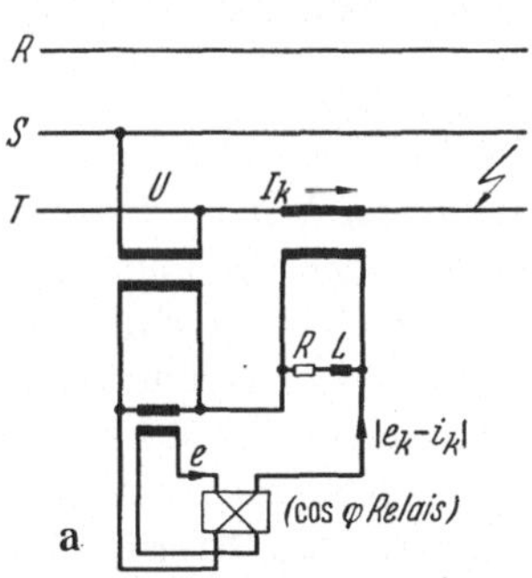

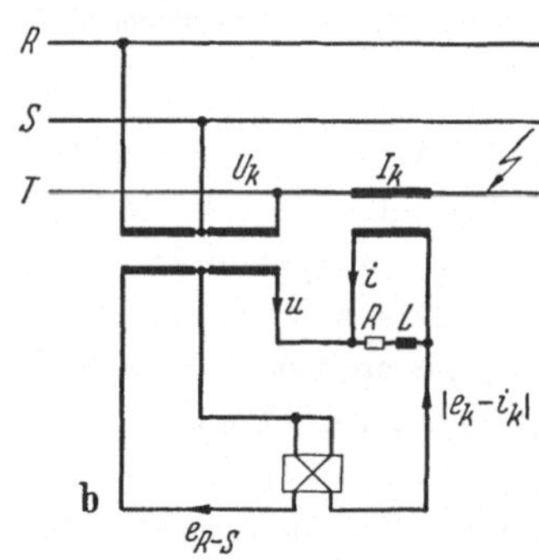

Abb. 111 a u. b, Entfernungsmessung mit wattmetrischen Relais und Kreisdiagramm.
a Vorschlag KUUSINEN. — b Ausführung (Drehfeldrelais) BBC

wird die Entfernung dadurch gemessen, daß man den Spannungsabfall an einer stromdurchflossenen Nachbildung der Strecke aus Widerstand und Drossel mit der Kurzschlußspannung vergleicht und die Differenzspannung mit der Kurzschlußspannung selbst in einem Wattmeter kombiniert (Abb. 111a). Der Spannungsabfall am Widerstand und der Drossel ist voreilend zum Strom und ergibt den Verschiebungswinkel ψ. Diese Spannung gegen die Kurzschlußspannung geschaltet, ergibt einen Differenzstrom, welcher der geometrischen Differenz verhältnisgleich ist. Das Relais kippt, wenn $|e-i|$ senkrecht auf e steht. Diese Bedingung ist erfüllt, wenn die Spitze von e auf einem Kreis mit dem Durchmesser i unter dem Winkel ψ zur R-Achse sich bewegt.

Im Drehfeldrelais von BBC ist als Vergleichsspannung eine beim zweipoligen Kurzschluß nicht betroffene Spannung gewählt, wie z.B. in Abb. 111b, anstelle der zusammengebrochenen Spannung $S-T$ die gesunde Spannung $S-R$. Das Relais ist ein Ferrarisrelais, das auf die 90° Komponente reagiert und seine Richtung wechselt, wenn die erregenden Ströme in Phase liegen. Ein Relais nach Abb. 111b kippt daher, wenn $|e_K-i_K|$ in Phase mit der Vergleichsspannung e_{R-S} ist. Die Größe von e_{R-S} hat, abgesehen von kleinen Werten, keinen Einfluß.

Der Winkel zwischen e_K und der Vergleichsspannung e_{R-S} kann bei dem Kurzschluß $T-S$ verschieden sein und zwar zwischen 120° und 90°. Bewegt

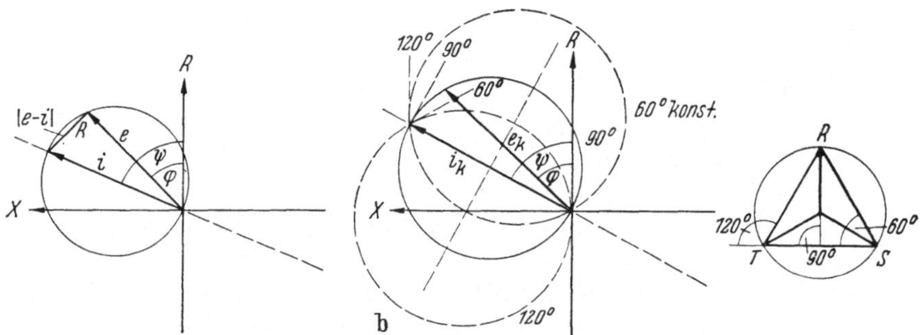

Abb. 112a u. b. Ortskurven, — a nach Abb. 111a; — b nach Abb. 111b bei $\sphericalangle\ e/e_K$ von 120°, 90°, 60°

sich der Vektor von e_K nach oben, so muß der Differenzvektor $|e_K-i_K|$ die Phasenlage des Vergleichsvektors haben bzw. der Winkel zwischen e_K und $|e_K-i_K|$ muß 180° minus dem Winkel zwischen e_K und e_{R-S} betragen. Das ist nach einem Elementarsatz der Geometrie der Fall, wenn i_K die Sehne eines Kreises darstellt, wobei e_K und $|e_K-i_K|$ Verbindungslinien nach dem Kreis bilden. Der Mittelpunkt des Kreises liegt also auf der Mittelsenkrechten auf i_K und einer Geraden, die den Winkel 90° minus konstantem Winkel mit dem i_K-Vektor einschließt. Man erhält also Kreise, die stets durch die beiden Endpunkte von i_K und damit auch durch den Koordinatenmittelpunkt gehen, jedoch je nach dem konstanten Winkel —180° minus Winkel zwischen e_K und e-Vergleich — verschiedene Durchmesser besitzen. Da bei nahe liegendem großen Lichtbogenwiderstand dieser Winkel kleiner als 60° (180°—120°) werden kann, verschiebt sich der Kreis noch weiter nach oben und besitzt damit eine Kompensation des Lichtbogenwiderstandes. Die Größe der Kompensation ist vom Winkel abhängig und daher nicht ohne weiteres berechenbar. In Abb. 112b sind die Kreise für drei Winkellagen gezeichnet, $180° - 120° = 60°$, $180° - 90° = 90°$ und $180° - 60° = 120°$.

7. Vereinigung der Widerstandskipprelais mit Zeitelementen zum widerstandsabhängigen Zeitablauf

Um nun einen entfernungsabhängigen Zeitablauf zu erhalten, müssen die bisher behandelten Meßglieder mit zeitmessenden Gliedern verbunden werden. Als Vertreter aller Meßglieder sei das Waagebalkenrelais hierbei betrachtet, denn es gilt in gleicher Weise auch für die anderen Kipprelais.

Die Konstante eines Kipprelais legt einen Widerstandswert und damit eine bestimmte Leitungslänge bzw. einen Punkt auf der Leitung fest, bis zu welchem das Relais von seinem Standort aus einen Fehler erfassen soll. Bei Fehlern jenseits des Kontrollpunktes soll es sperren. Verändert man zeitabhängig eine der elektrischen Größen und dadurch seine Konstante, so

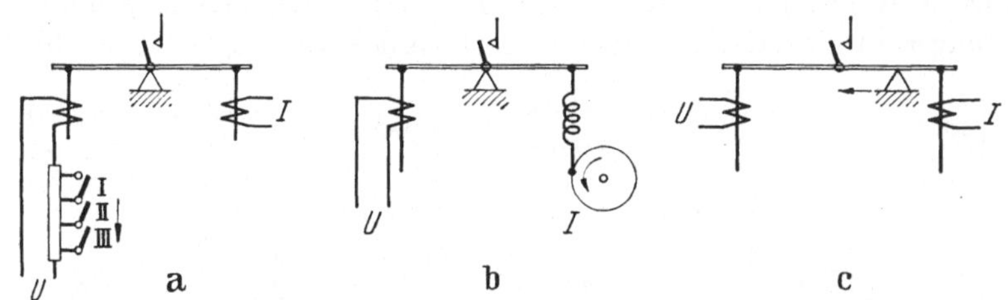

Abb. 113a–c. Zeitabhängige Veränderungen der Konstanten beim Kipprelais,
a I = konstant, U = variabel; — b U = konstant, I = variabel; — c U und I = konstant, Hebel variabel

wandert auch der Kontrollpunkt in der gleichen Zeitabhängigkeit weiter hinaus. Das Relais verlegt seinen Kippunkt zeitabhängig immer weiter auf der Strecke hinaus, bis der tatsächliche Fehlerpunkt in seine Auslösefläche fällt. Mit weiterer Entfernung steigt also die Abschaltzeit. Als Zeitelement kommen die schon beschriebenen, meist unabhängigen Zeitwerke zur Verwendung, bis auf einige Sonderkonstruktionen.

Bei einem Kipprelais läßt sich die Konstante und damit der Kippunkt auf der Leitungsstrecke auf drei verschiedene Weise verändern, Abb. 113. In Abb. 113a wird die Stromseite konstant gelassen und der Spannungsstrom zeitabhängig verändert, bei Abb. 113b wird die Spannungsseite unverändert gelassen und die Anzugskraft der Stromseite zeitlich verstärkt. Und schließlich läßt man in Abb. 113c beide Seiten konstant und verändert die Hebelarme. Für alle drei Varianten sind Konstruktionen ausgeführt worden, von denen die erste heute wohl endgültig den Sieg davongetragen hat.

a) Zeitabhängige Veränderung der Spannungsseite. Der Spannungsstrom e war so definiert, daß er aus der sekundären Wandlerspannung $k_1 \cdot U$ und einem veränderbaren Widerstand r erhalten wird. $e = \dfrac{k_1 \cdot U}{r}$. Es geht aus den Betrachtungen der Ortskurven hervor, daß der Vektor e hierbei überhaupt

als *die* Veränderliche angesehen wurde. Es ist also nur dieser Spannungsstrom zu ändern, um den Kippunkt zu verschieben. Er darf allerdings dadurch
keine Änderung seiner Phasenlage erfahren, da sonst die Winkelbeziehungen
zu den Stromvektoren verändert werden. Der Spannungsvektor liegt in
Richtung der Leitungslinie. Wenn der Fehler außerhalb des Kreises sich befindet, ist auch die Spitze des Spannungsvektors außerhalb. Er muß also zeitabhängig verkleinert werden, bis seine Spitze innerhalb des Kreises zu liegen
kommt. Der Impedanzkreis wird durch diese Maßnahme vergrößert und
schneidet die Leitungslinie erst in größerer Entfernung. Diese entgegengesetzte Wirkung, die oft das Verständnis erschwert, erklärt sich aus der
Gleichsetzung eines Diagrammes von Strom- und Spannungsvektoren mit
einem Widerstandsdiagramm, was aber andererseits wieder sehr anschaulich
ist.

Der Spannungsstrom e kann also zeitabhängig durch Vorschalten von
Widerstand oder durch Veränderung der sekundären Spannung durch Anzapfungen an einem Hilfswandler variiert werden. Diese letzte Maßnahme ist

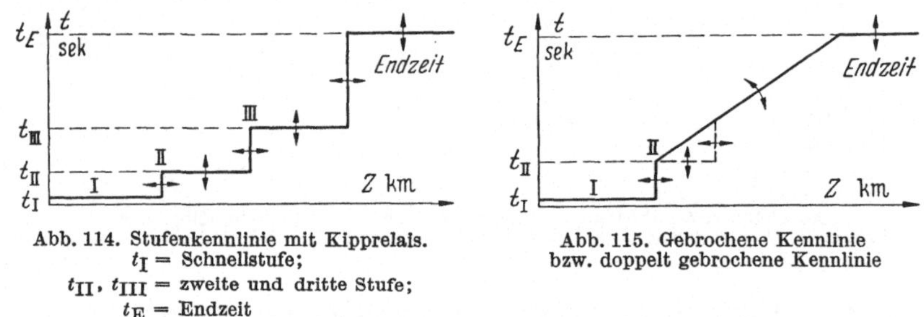

<table>
<tr><td>Abb. 114. Stufenkennlinie mit Kipprelais.
t_I = Schnellstufe;
t_{II}, t_{III} = zweite und dritte Stufe;
t_E = Endzeit</td><td>Abb. 115. Gebrochene Kennlinie
bzw. doppelt gebrochene Kennlinie</td></tr>
</table>

vor allem dann notwendig, wenn der Spannungskreis induktive oder kapazitive Widerstände enthält und die Phasenlage von e durch Wirkwiderstände
verändert werden würde. In Abb. 113a werden kurzgeschlossene Widerstände
zeitabhängig durch Kontakte freigegeben und damit die Konstante schlagartig verändert. Es wird auch der Widerstand kontinuierlich durch einen von
einem Zeitwerk bewegten Kontakt (Motor AEG) freigegeben, wodurch die
Konstante stetig verändert wird. Schließlich wird gerade bei schnell arbeitenden Kipprelais, besonders in der amerikanischen Praxis, für jeden Kontrollpunkt ein besonderes Kipprelais mit festen Konstanten eingesetzt und die
Weitergabe des Ausschaltkommando der einzelnen Kipprelais an den Schalter
zeitlich gestaffelt. Man erhält durch diese drei Maßnahmen die Kennlinien
wie in Abb. 114 und 115.

Mit der stufenförmigen Veränderung des Vorschaltwiderstandes oder mit
drei getrennten Kipprelais erhält man die heute fast ausschließlich angewendete *Stufencharakteristik*. Sie ist die anpassungsfähigste Zeitkennlinie, bei welcher nicht nur jeder Kippunkt in seiner Art, als auch die Zeit beliebig eingestellt werden kann. Bei der stetigen Kennlinie nach Abb. 115 läßt man einen

Teil des Widerstandes frei und verändert den Rest erst nach einer Zeitfunktion. Man erhält auch eine, eventuell auch zwei Kippstufen und von da ab eine stetig ansteigende Kurve. Man nennt eine solche Kurve *stetige* oder *einfach-* bzw. *doppelt gebrochene Kennlinie.* Alle Kennlinien, deren Zeitveränderung durch ein unabhängiges Zeitwerk bewerkstelligt werden, haben auch eine veränderliche Endzeit. Diese ist unabhängig von einer Entfernungsmessung, eventuell nur noch von der Richtung, oder vielfach völlig unabhängig. Sie stellt einen überlagerten unabhängigen oder richtungsabhängigen Zeitstaffelschutz dar (vgl. S. 68), gleichsam als „ultima ratio", wenn die Entfernungsmessung aus irgendwelchen Gründen keinen Erfolg hatte.

Bei diesen Kennlinien hat die Art der Ortskurve des Kipprelais keinen Einfluß.

b) Zeitabhängige Verstärkung der Stromseite. (Früher ausgeführt von Westinghouse, Metropolitain Vickers, Jakobsen Elektriska Verkstad.) Bei der Ausführung von Westinghouse (Abb. 116) spannte eine Ferrarisscheibe, die von einem Stromtriebkern angetrieben wird, eine Feder, die die Gegenkraft zu einem Spannungsmagneten bildet. Bei Metropolitain Vickers ist anstelle des Tauchankers ein Klappanker auf der Spannungsseite. Beide stellen ein reines Impedanzkipprelais dar.

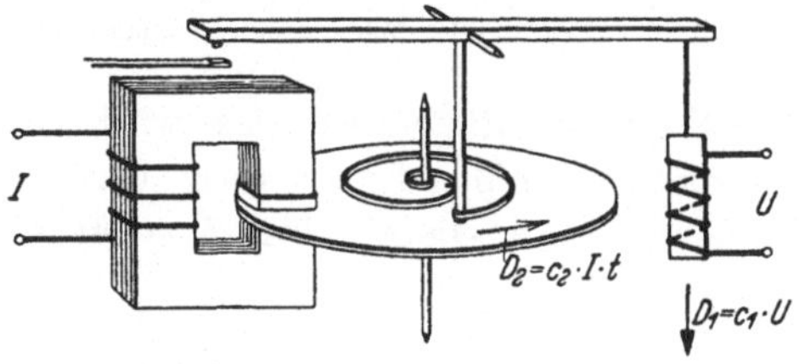

Abb. 116. Widerstandszeitrelais von Westinghouse

Die Spannungsseite hält den Waagebalken entsprechend U^2 fest. Der Stromtriebkern entwickelt eine Triebkraft verhältnisgleich J^2. Der Angriffspunkt dieser Kraft auf der Scheibe gegenüber dem Angriffspunkt der Achse an der Spannfeder stellt eine Übersetzung dar. Um nun die Anzugskraft der Spannungsseite zu überwinden, muß die Feder gespannt werden, was nur durch eine Anzahl von Umdrehungen der Scheibe, also nach einer gewissen Zeit geschehen kann. Auf diese Weise kann die verhältnismäßig kleine Triebkraft des Stromes mit der

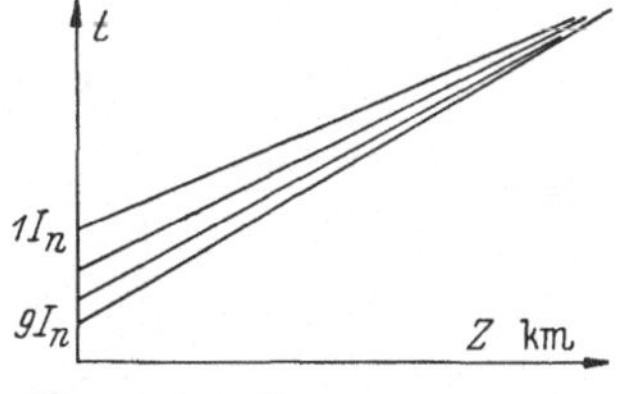

Abb. 117. Kennlinie nach Abb. 116

Zeit wesentlich verstärkt werden. Bei höherem Strom und gleicher Fehlerentfernung steigt auch entsprechend die Spannung. Beide Gegenkräfte steigen damit quadratisch an. Die Scheibe bewegt sich dadurch zwar schneller, aber die Feder muß auch stärker gespannt werden. Schnellere Umdrehung der Scheibe ergibt durch die größere notwendige Anzahl von Umdrehungen praktisch doch die gleiche Zeit. Man erhält eine gerade Kennlinie, die jedoch bei kleinen Strömen noch stromabhängig ist (Abb. 117).

Bei dem Relais (Abb. 118, Jakobsen) wird ein Anker an einem spannungs-
erregten Kern festgehalten. Der Anker ist mit einem Bimetallstreifen verbunden, der bei Erwärmung diesen vom Spannungskern abzureißen versucht. Damit er nicht durch den Laststrom vorgewärmt wird, ist er zunächst kurzgeschlossen und wird durch das Anregerelais erst freigegeben.

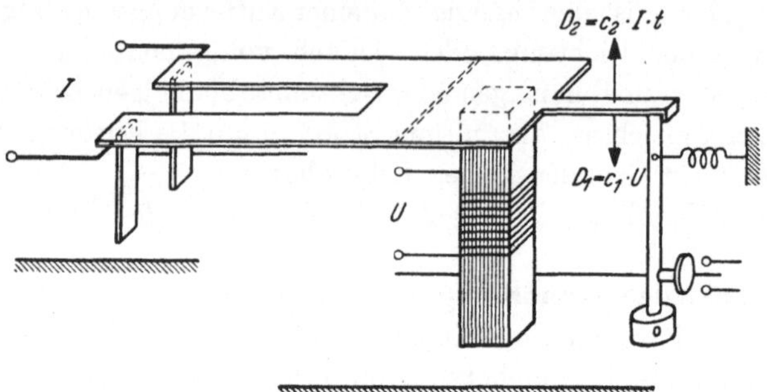

Abb. 118. Widerstandszeitrelais Jakobsens Elektriska Verkstad

Der Strom im Bimetallstreifen wird einem gesättigten Zwischenwandler
entnommen. Infolgedessen steigt der Strom nur noch langsam mit dem
Primärstrom an. Die Abreißkraft steigt mit $i^2 \cdot t$, wobei i der Bimetallstrom
ist. Da die Haltekraft auch dem Quadrat des Spannungsstromes e^2 verhältnisgleich ist, erhält man bei Abreißmoment $i^2 \cdot t = e^2$ oder $t = i^2/e^2$. Da es nicht
gelingt, i genau in ein lineares Verhältnis zum Primärstrom zu bringen, erhält
man wiederum eine Stromabhängigkeit, ähnlich wie in Abb. 117.

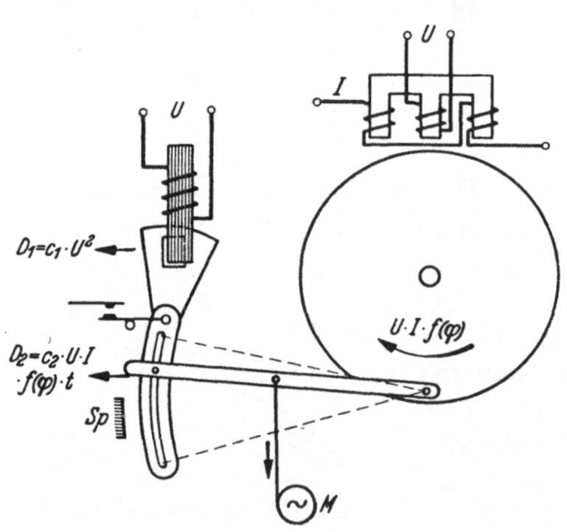

Abb. 119. Widerstandszeitrelais AEG

**c) Zeitabhängige Ver-
änderung der Hebelarme
beim Waagebalkenrelais.**
Ein solches Relais wurde
kurzzeitig von der AEG auf
den Markt gebracht und wird hier nur zur Vervollständigung der Übersicht
über die Ausführungsmöglichkeiten erwähnt, Abb. 119. Ein Spannungs-
triebkern (Segment einer Ferrarisscheibe) bildet mit dem Drehmoment proportional U^2 die Kraft an dem einen Hebelarm. Der andere Hebelarm wird
durch eine Kulisse gebildet, in deren Spalt der veränderliche Angriffspunkt
der Gegenkraft sich bewegt. Im Ruhezustand befindet sich dieser Punkt

oben dicht am Drehpunkt des Waagebalkens. Die Gegenkraft hat also zunächst einen sehr kleinen Hebelarm. Dieser Angriffspunkt wird durch ein unabhängiges Zeitwerk (Motor) nach dem Anregen nach unten bewegt und dadurch der Hebelarm der Gegenkraft vergrößert, bis Gegenkraft mal seiner Hebellänge gleich dem Spannungsdrehmoment ist.

Die Gegenkraft wird durch ein Leistungssystem (Zähler) erzeugt, dessen Drehmoment verhältnisgleich $U \cdot J \cdot \cos(\psi - \varphi)$ ist. Im Gleichgewichtspunkt ist

$$U^2 \cdot L_1 = U \cdot J \cdot \cos(\psi - \varphi) \cdot L_2,$$

wobei L_1 und L_2 die Hebelarmlängen in diesem Punkt darstellen. Daraus ergibt sich

$$\frac{U^2}{U \cdot J \cdot \cos(\psi - \varphi)} = \frac{L_2}{L_1},$$

also

$$\frac{Z}{\cos(\psi - \varphi)} = \frac{L_2}{L_1} = K.$$

Da L_2 und dadurch K zeitlich verändert wird, wird auch der Kippunkt zeitlich verschoben. Das Relais hat eine Ortskurve nach Formel III, d. h. einen um ψ geneigten Kreis, der durch den Koordinatenmittelpunkt geht und dadurch auch Richtungsbestimmung enthält.

d) Widerstandsmeßsysteme mit eigenem Zeitablauf. Um aus einem Kipprelais, das nur einen Meßwert und zwar im Gleichgewichtspunkt mißt, ein Meßsystem zu machen, das wie ein Meßinstrument an einer Skala den Widerstand, d. h. eine Entfernung anzeigt, muß das Relais mit seinem Ausschlag selbst seine Konstanten ändern.

Ein charakteristisches Ausführungsbeispiel ist das frühere Impedanzzeitrelais von Siemens, Abb. 120. Eine Ferrarisscheibe wird von zwei Triebkernen, einer vom Strom und der andere von der Spannung erregt, in entgegengesetztem Sinne bewegt. Es entspricht zunächst einem reinen Waagebalken wie in Abb. 98c. Die Ferrarisscheibe aus Aluminium oder Kupfer ist unrund und taucht bei der Bewegung verschieden tief in den Luftspalt der Triebkerne ein. Das Drehmoment ist aber in

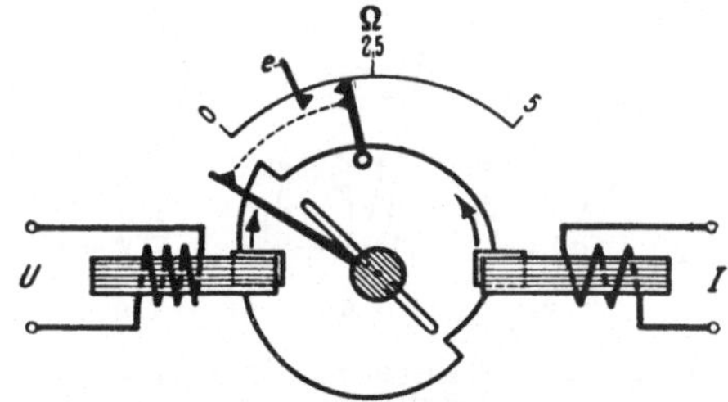

Abb. 120. Widerstandszeitrelais von Siemens

einem gewissen Bereich proportional der eingetauchten Scheibenfläche. Im Ruhezustand ist die Scheibe in den Spannungskern (links) tief eingetaucht und im Stromkern (rechts) nur sehr wenig. Werden die Spulen erregt, so überwiegt zunächst die Spannungsseite und bewegt die Scheibe im Uhrzeigersinn. Dadurch verringert sich die Eintauchtiefe auf der Spannungsseite und vergrößert sich auf der Stromseite. Das Spannungsdrehmoment wird also kleiner und das der Stromseite größer, bis sie beide gleich sind. Dort bleibt die Scheibe stehen. Verbindet man mit der Scheibe einen Kontakt, so stellt er sich auf einen Skalenwert ein, der dem Verhältnis U/J entspricht. Mit dem Anregen wird ein unabhängiges Zeitwerk (Gleichstrom mit Hemmwerk) erregt und bewegt einen Laufkontakt mit konstanter Geschwindigkeit. Das Relais entspricht damit vollkommen einem unabhängigen Zeitrelais nach Abb. 75 mit dem einen Unterschied, daß hier der Gegenkontakt anstatt von Hand von einem Meßwerk eingestellt wird. Zusätzlich wurde noch ein fester, von Hand einstellbarer Gegenkontakt als Endzeit angebracht. Stellt man die Scheibe durch einen Kontakt schon auf einen Skalenwert ein und fragt diesen Kontakt nach einer kurzen Zeit ab, d. h. man kontrolliert, ob diese Scheibe auf dem Kontakt liegen geblieben ist oder sich abgehoben hat, kann man in die Kennlinie eine Schnellstufe hineinbringen. Blieb der Kontakt geschlossen, dann lag der Fehlerort davor, öffnete sich der Kontakt, so lag er weiter entfernt und der Laufkontakt muß die tatsächliche Entfernung feststellen. Dieser Einstellkontakt ist unter dem Namen „Eilkontakt" bekannt geworden. Die Kennlinie mit einstellbarer Eil- und Endzeit zeigt Abb. 121.

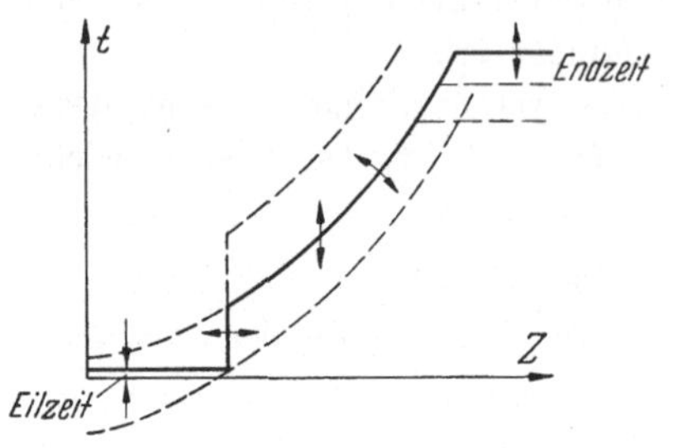

Abb. 121. Kennlinie des Siemens (früher) Impedanzzeitrelais

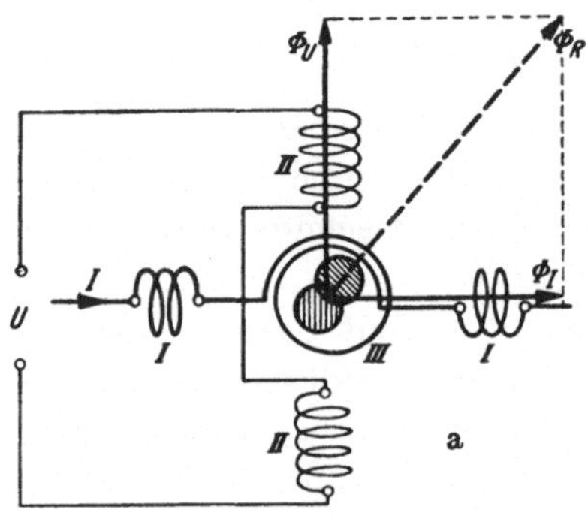

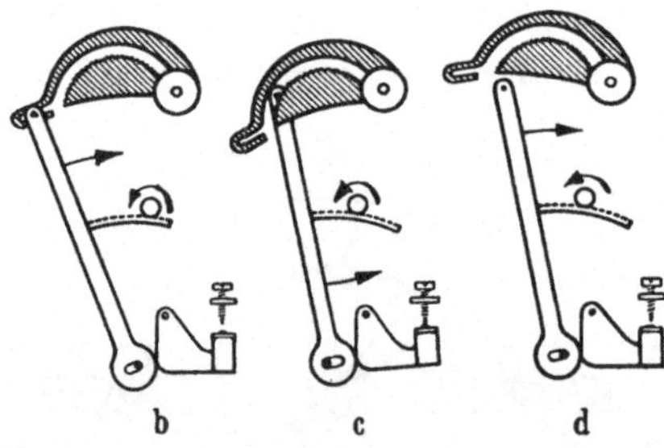

Abb. 122a–d. Widerstandszeitrelais von BBC (Reaktanzrelais).
a Meßwerke; — b Ruhestellung; — c Auslösestellung; — d Stellung bei sperrender Energierichtung

Ein gleicher Konstruktionsgedanke liegt auch dem früheren Reaktanzzeitrelais von BBC zugrunde. Das Meßsystem fällt durch eine besondere Art der Reaktanzmessung auf. Es besitzt ein eisengeschlossenes Kreuzfeld aus zwei um 90° versetzten Strom- und Spannungswicklungen. Das drehbare System besteht aus einem vom Strom magnetisierten Weicheisenanker. Dieser stellt sich in die Achse des resultierenden Feldes ein. Der Fluß der Spannungswicklung kann sich nur mit einem dem Strom gleichphasigen Anteil räumlich zusammensetzen. Die Richtung des resultierenden Feldes ist also durch

$$\operatorname{tg} \delta = \frac{e \cdot \cos(\psi - \varphi)}{i} \approx \frac{U \cdot \cos(\psi - \varphi)}{J}$$

festgelegt. Entsprechend diesem Winkel stellt sich der Drehanker ein. Durch eine mit ihm verbundene Kurvenscheibe wird dieser Winkel in eine Wegstrecke für den von einem Uhrwerk angetriebenen Laufhebel umgewandelt. Bei Auftreffen des Laufhebels auf die gezahnte Kurvenscheibe wird mechanisch die Auslösevorrichtung betätigt. Da sich der Drehanker je nach der Richtung nach oben oder unten bewegt, wird die Ortskurvenscheibe nur

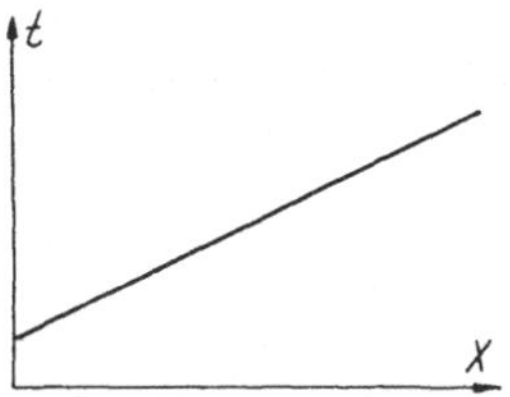

Abb. 123. Kennlinie des BBC Reaktanzrelais

nach einer Seite ausgebildet. Die Kennlinie ist eine ständig ansteigende Gerade. Die Endzeit ist fest ausgeführt, obgleich eine einstellbare wegen des unabhängigen Zeitwerkes möglich gewesen wäre.

e) Sonderkonstruktionen, die nicht unter die bisher behandelten Betrachtungen fallen. Die erste von Ackermann angegebene widerstandsabhängige Zeitstaffelung sah einzelne Kipprelais mit getrennten Zeitelementen vor, also eine Stufencharakteristik. Es ist interessant, daß die ersten Relais, die wenige Jahre später in Deutschland auf den Markt kamen, völlig andere Konstruktionsideen aufwiesen und zwar das Distanzrelais der AEG (Biermann) und das N-Relais von Dr. P. Maier, AEG. Auch die später entwickelten Relais, Reaktanzrelais von BBC und Impedanzrelais von Siemens (Abb. 120 und 122) versuchten ebenfalls noch anstatt der getrennten Meß- und Zeitglieder ein organisch verbundenes Widerstandszeitrelais zu verwirklichen, obgleich bei den letzten beiden die Trennung zwischen Meß- und Zeitglied schon deutlich wird. Ebenso interessant ist es nun, festzustellen, daß

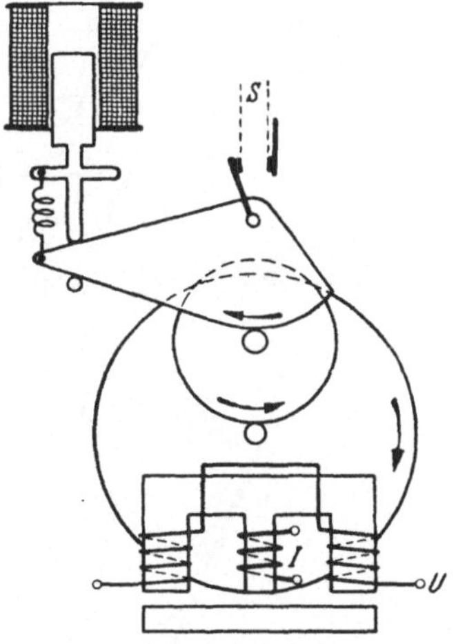

Abb. 124. Widerstandszeitrelais AEG (BIERMANN)

praktisch alle heutigen Konstruktionen wieder Meßkipprelais mit getrenntem Zeitwerk verwenden und somit zur Anfangsidee zurückgekehrt sind, wobei allerdings die Meßmethoden und schaltungsmäßigen Anordnungen wesentlich verfeinert und vervollkommnet sind.

Das erste in Deutschland gebaute Widerstandszeitrelais — Distanzrelais der AEG 1924 — läßt deutlich das Bestreben erkennen, ein widerstandsabhängiges Zeitrelais ähnlich dem damals viel verwendeten und von obiger Firma gebauten stromabhängigen Zeitrelais zu bauen. Außerdem ist gleichzeitig eine Richtungsangabe damit verbunden worden (Abb. 124). Eine Ferrarisscheibe erhält durch einen Magneten über eine Feder und ein Über-

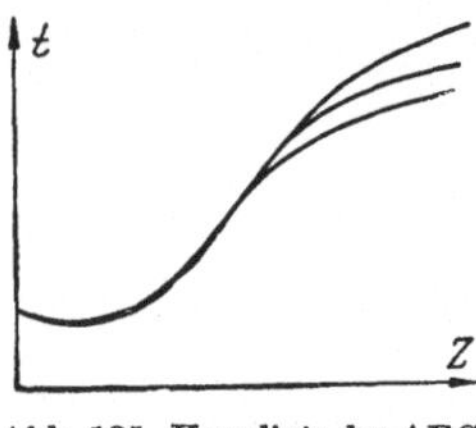

Abb. 125. Kennlinie des AEG (BIERMANN) Relais

setzungsgetriebe ein konstantes Drehmoment, das allein genügt, den Kontakt in einer konstanten Grundzeit zu schließen. Die Scheibe selbst wird außerdem noch durch einen Zählertriebkern, der ein Leistungsdrehmoment proportional $U \cdot J \cdot \cos (\psi - \varphi)$ in gleichem Drehsinn erzeugt, beeinflußt. Bei der größeren Umdrehungsgeschwindigkeit der Scheibe treten auch die Bremsmomente von Strom- und Spannungskern stark in Erscheinung. Durch geeignete Dimensionierung ist das Spannungsbremsmoment stark vorherrschend. Das Drehmoment der Scheibe setzt sich also aus dem konstanten Drehmoment plus Leistungsdrehmoment minus Spannungsbremsmoment zusammen. Die Kennlinie, Abb. 125, zeigt die Wirkung des resultierenden Drehmomentes. Bei Spannung = Null ergibt das konstante Drehmoment die konstante Grundzeit. Bei größerem Widerstand verkürzt das Leistungsdrehmoment etwas die Zeit, da die Spannung noch relativ klein ist. Bei noch größerer Entfernung tritt das Bremsmoment infolge der höheren Spannung stark in Erscheinung, läßt aber durch die nunmehr langsame Bewegung der Scheibe nach. Dadurch laufen die Kurven oben auseinander. Bei entgegengesetzter Richtung bremst auch das Leistungsdrehmoment, so daß die Scheibe entweder gar nicht oder nur nach langer Zeit den Kontakt schließen kann. Die Kennlinie ist also empirisch gefunden und läßt sich nicht eindeutig berechnen. Sie gehorcht einem Meßprinzip annähernd der Formel III. Eine einstellbare Endzeit ist nicht möglich.

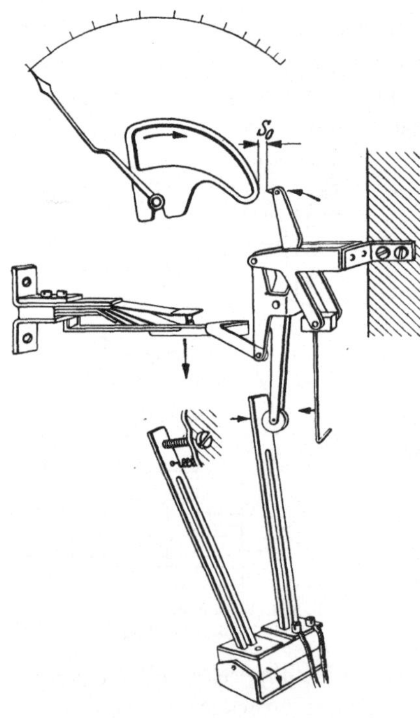

Abb. 126. Widerstandsze trelais AEG· (Dr. PAUL MAIER, N-Relais)

Das zweite, fast gleichzeitig entstandene N-Relais, Dr. P. MAIER, AEG, geht einen grundsätzlich anderen Weg, Abb. 126. Das Zeitelement wird durch einen Bimetallstreifen gebildet, der vom Strom geheizt wird. Der Strom wird einem gesättigten Zwischenwandler entnommen. Der Gegenkontakt wird von einem normalen Dreheisen-Voltmeter verstellt, wobei durch eine entsprechende Kurvenscheibe der Ausschlag in einen Weg für die Durchbiegung des Bimetallstreifens umgewandelt wird. Infolge der Sättigung des Zwischenwandlers ist der Weg der Durchbiegung annähernd linear vom Strom abhängig, $i \cdot t$, während der verstellbare Gegenkontakt etwa linear von der Spannung abhängt. Die Auslösezeit ist dadurch verhältnisgleich $t \approx U/J \approx Z$. Da die lineare Abhängigkeit des Stromes durch Sättigung nicht ganz erreicht werden kann, ist das Relais im Anfang seiner sonst linearen Kennlinie stromabhängig. Seinem Meßprinzip nach ist es ein reines Impedanzrelais und benötigt daher noch ein Richtungsglied, welches mechanisch die Auslösung verhindert. Die Kennlinie ist empirisch gefunden. Eine einstellbare Endzeit ist auch hierbei nicht möglich. Abb. 127.

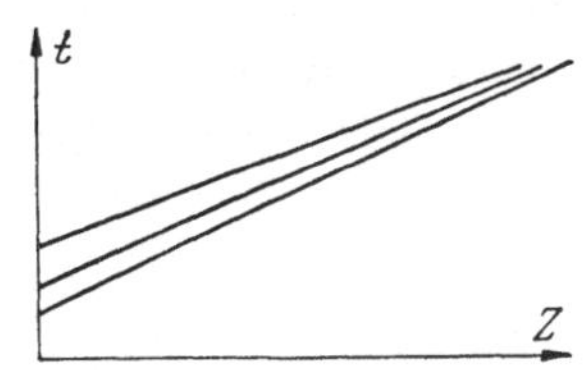

Abb. 127. Kennlinie des N-Relais (Dr. PAUL MAIER, AEG)

Alle derartigen Widerstandszeitrelais konnten den heute an den Schutz gestellten und auch erfüllbaren Forderungen nicht genügen und werden deshalb nicht mehr gebaut. Für die Entwicklungsgeschichte des Widerstandsschutzes sind sie jedoch interessant, so daß ihre Erwähnung hier für notwendig und wertvoll gehalten wurde.

f) Schnellarbeitende Kipprelais. Die Entwicklung der modernen Widerstandszeitanordnungen ist durch das Streben nach vielseitiger

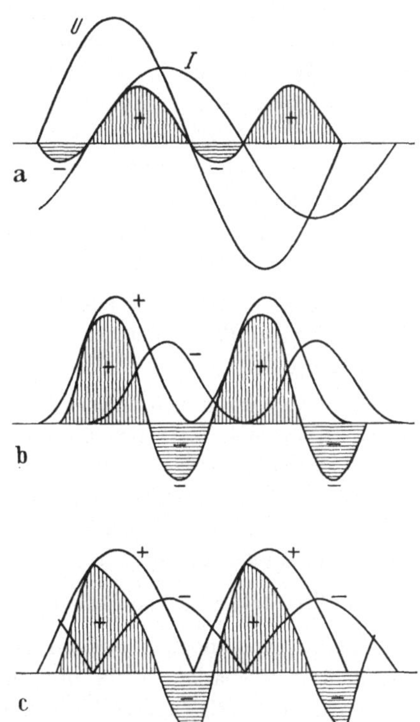

Abb. 128a—c. a Momentankurve des Drehmomentes eines Wattmeters = 60°; — b Drehmomentkurve eines Waagebalkenrichtungsrelais = 60°; — c Momentanströme eines Richtungsrelais mit Gleichrichter und Gleichstromrelais

Anpassungsfähigkeit, exakter Entfernungs-, Richtungs- und Zeitmessung und vor allem nach größerer Geschwindigkeit bei Fehlern in der eigenen Leitung gekennzeichnet. Die heute schon als normal angesehenen Zeiten der Schnellstufe von weniger als 0,1 sek wurden vor 30 Jahren noch für unerreichbar gehalten. Es erhebt sich nun die Frage, welche kürzeste Zeit überhaupt erreicht werden kann. Dazu vermögen die Abb. 128a—c eine Beantwortung zu geben.

Bei den Richtungsgliedern und Widerstandskipprelais kehrten drei Bauformen immer wieder: Das wattmetrische Relais, das Waagebalkenrelais und der Vergleich gleichgerichteter Vektoren im Gleichstromrelais.

In einem Wattmeter ist das Drehmoment gleich dem Produkt der Momentanwerte von den beiden Erregerseiten, z. B. Strom und Spannung. Ist U und J gleichphasig, so ergibt das Produkt immer den gleichen Richtungssinn des Drehmomentes. Besteht jedoch eine Phasenverschiebung—Abb. 128a —, so multiplizieren sich während der Periode auch Momentanwerte mit entgegengesetztem Vorzeichen, ergeben also entgegengesetzte Drehmomente. Der Ausschlag eines Wattmeters ist daher durch die Differenz der Drehmomente gegeben. Würde z. B. das Meßgerät in wenigen Millisekunden auf Drehmomente reagieren, was technisch leicht zu verwirklichen ist, dann würde der Kontakt mit 100 Perioden wechseln. Das Relais darf also nicht extrem schnell sein und praktisch nicht unter einer Periode = 20 Millisekunden seinen Kontakt betätigen.

Das gleiche tritt bei einem Waagebalkenrelais auf. Dort entstehen Drehmomente, die dem Quadrat der Momentanwerte verhältnisgleich sind. Am Waagebalken entsteht die Differenz der momentanen Drehmomente, und diese ergibt bei Phasenverschiebung ebenfalls positive und negative Werte (Abb. 128b).

Man begegnet manchmal der Meinung, daß diese Erscheinung bei einem Gleichstromrelais fortfallen müßte. Aber auch hier geschieht das gleiche. Die Gleichrichter geben nur die Halbwellen in gleicher Polarität wieder, deren gegenseitige Phasenverschiebung erhalten bleibt. Das Gleichstromrelais erhält die Differenz der Momentanwerte, was wiederum positive und negative Ströme im Relais zur Folge hat. Abb. 128c.

Bei allen Relais ist eine Periode die unterste Grenze der Geschwindigkeit.

Es gibt jedoch noch eine Möglichkeit, nämlich, daß man beim Wattmeter und dem Waagebalken je ein zweites Relais kuppelt, das zwar die gleichen Ströme, aber jeweils um annähernd 90° verschoben, erhält. Dann ist dort, wo in dem einen Relais ein negatives Drehmoment auftritt, im anderen Relais ein positives vorhanden. Bei einem quadratischen Waagebalkenrelais würde das Drehmoment sogar vollkommen gleichmäßig werden. Beim Gleichstromrelais genügt ein Aufspalten der Ströme in zwei etwa um 90°, oder drei um je 120° auseinanderliegende Teilströme. Diese einzelnen sind gleichzurichten und die Gleichströme zu addieren.

Der Nachteil ist jedoch, daß nunmehr frequenzabhängige Verschiebungsmittel (C und L) angewendet werden müssen.

8. Vergleich von Meßgrößen zweier voneinander entfernter Leitungspunkte

Im Gegensatz zum Zeitstaffelprinzip werden hierbei an beiden Enden der zu schützenden Leitungsstrecke die elektrischen Größen überwacht und die Meßgrößen selbst oder ein Meßresultat über einen getrennten Hilfskanal jeweils nach dem anderen Ende übertragen. Der charakteristische Unterschied besteht vor allem in der Notwendigkeit einer Hilfsverbindung. Zwei Möglichkeiten des Vergleichs wurden eben schon genannt. Erstens, die Übertragung der Meßgrößen selbst = direkter Vergleich, und zweitens die Übertragung von Meßergebnissen = indirekter Vergleich.

a) Direkter Vergleich. Der klassische Vertreter dieser Gruppe ist der Stromdifferentialschutz, dessen Grundprinzip schon auf S. 22 gezeigt wurde. Es wurde dort schon darauf hingewiesen, daß dieser Vergleich, so einfach er

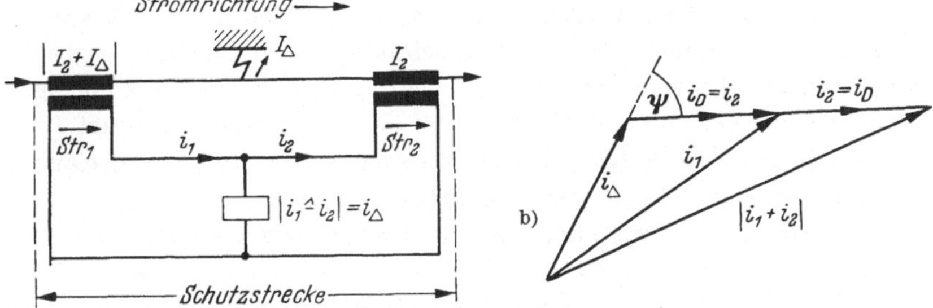

Abb. 129 a u. b. Grundschema der Stromdifferentialschaltung mit Vektordiagramm

zunächst erscheint, vor allem bei hohen Kurzschlußströmen, die bei außerhalb des Vergleichsbereiches liegenden Kurzschlüssen auftreten können, wegen der Wandlerungenauigkeiten stabilisiert werden muß.

Diese Stabilisierungen sind für jeden Stromvergleich notwendig, so vielfältig auch die Schaltungen der Anordnung selbst sind. Auf diese letzten wird bei den Schutzschaltungen für Maschinen, Transformatoren und Leitungen jeweils besonders eingegangen. Hier sollen nur die Stabilisierungsmethoden erörtert werden.

α) *Stabilisierung des Stromvergleiches.* Abb. 129 zeigt noch einmal das Grundschema einer Differentialschaltung. Am Anfang und am Ende einer zu schützenden Strecke = *Schutzstrecke* mißt je ein Stromwandler Str_1 und Str_2 den Primärstrom J_1 bzw. J_2 und die sekundären Ströme i_1 und i_2 werden über Hilfsleitungen zum anderen Ende übertragen und dort nach Größe und Richtung miteinander verglichen = direkter Vergleich. Tritt ein Fehler auf der Schutzstrecke auf, so wird dieser Fehlerstrom nur auf einer Seite bei einseitiger Speisung gemessen und muß sekundär als Fehlerstrom i_Δ über das Relais in der Diagonale fließen. Bei zweiseitiger Speisung fließt der von der anderen Seite zufließende Fehlerstrom primär in entgegengesetzter Richtung und muß in gleicher Richtung sich über das Relais ausgleichen. Es ist also

$i_\Delta = |\, i_1 - i_2\, |$. Der Fehlerstrom J_Δ braucht nicht die gleiche Phasenlage wie der Laststrom zu besitzen. Im Stromdiagramm Abb. 129 ist der durch die Schutzstrecke fließende Strom mit $J_D =$ Durchgangsstrom bezeichnet. Er ist entweder der normale Laststrom oder ein Kurzschlußstrom, der bei Fehlern außerhalb der Schutzstrecke = außenliegender Fehler über die Wandler fließt. J_D muß in beiden Wandlern gleichphasig sein. Handelt es sich um einen innenliegenden Fehler — innerhalb der Schutzstrecke — so ist kaum anzunehmen, daß noch ein Laststrom in der Höhe des Nennstromes, geschweige denn ein noch höherer Strom über die Schutzstrecke als Durchgangsstrom J_D fließen kann. Bei einem außenliegenden Fehler jedoch kann J_D sehr hohe Werte annehmen. Selbst wenn man Wandler mit einer Genauigkeit von 1% annimmt, so bedeutet das bei 20fachem Durchgangsstrom schon 20% des Nennstromes, vorausgesetzt, daß die Wandler bis zu diesem Wert proportional übersetzen würden. Das ist aber nach dem bei den Wandlern Gesagten praktisch nicht der Fall. Überschreitet einer der beiden Vergleichswandler sogar dabei seine Sättigungsgrenze, so wird die Differenz noch größer. Jede Differenz, ob durch Größen- oder Phasenunterschied bedingt, fließt über das Relais. Die Aufgabe besteht also darin, das Differentialrelais bei höherem Durchgangsstrom unempfindlicher zu machen.

Dieser Differenzstrom i_Δ tritt nur sekundär auf und kann gegenüber dem Durchgangsstrom durchaus einen Verschiebungswinkel ψ besitzen. Nimmt man z. B. an, der Wandler Str_2 wäre im Sättigungsbereich, dann bleibt sein Sekundärstrom nahezu konstant und i_1 würde bei wachsendem primären Durchgangsstrom J_D weiter wachsen. Es tritt dann ein sekundärer Differenzstrom $i_\Delta = |\, i_1 - i_2\, |$ von der Seite J_1 auf. i_1 setzt sich also aus dem Differenzstrom i_Δ und dem mit i_2 gleichphasigen Anteil zusammen. Dieser gleichphasige Anteil soll mit i_D bezeichnet werden. Wir erhalten dann folgende Beziehungen entsprechend dem Stromdiagramm, Abb. 129.

$$i_\Delta = |\, i_1 - i_2\, | \tag{26}$$

$$i_2 = i_D \tag{27}$$

$$i_1 = |\, i_\Delta + i_D\, | \tag{28}$$

$$|\, i_1 + i_2\, | = |\, 2 \cdot i_D + i_\Delta\, |. \tag{29}$$

Bei innenliegendem Fehler ist nach Obengesagtem der Differenzstrom entweder gleich einem Wandlerstrom oder bei zweiseitiger Speisung gleich der Summe der beiden Ströme $i_\Delta = |\, i_1 + i_2\, |$. Bei außenliegendem Fehler kann eine Differenz erst bei höherem Durchgangsstrom auftreten und ist dann immer nur noch ein Bruchteil eines Wandlerstromes. Hierbei ist in allen Fällen $i_\Delta < |\, i_1 + i_2\, |$.

Aus dieser Tatsache ergibt sich das Stabilisierungsprinzip, das praktisch allen stabilisierten Differentialrelais trotz verschiedenartigster Konstruktion zugrunde liegt. Es muß die geometrische Summe von i_1 und i_2 mit der geometrischen Differenz $|\,i_1 - i_2\,| = i_\varDelta$ verglichen werden. Ist die Summe um einen gewissen Betrag größer als die Differenz, so kann es sich nur um einen außenliegenden Fehler handeln, also $k \cdot |\,i_1 + i_2\,| > i_\varDelta$. Das Relais soll aber erst bei einem Wert des Differenzstromes ansprechen, der durch seine Rückzugfeder C bestimmt ist, so daß die Gleichung lautet:

$$k \cdot \text{Summe} - \text{Differenz} \pm C = 0 \, . \tag{30}$$

k ist ein Verkleinerungsfaktor, um den die Summe beim Vergleich konstant verringert wird. Die Federkraft C kann im öffnenden Sinne $+ C$ oder im schließenden Sinne $- C$ angebracht werden. Wenn die Federkraft C den Kontakt offen hält, muß der Differenzstrom, der stets den Kontakt schließen muß, die Summe und die Federkraft überwinden. Das Relais ist dann ein sogenanntes „*Prozentrelais*", da $i_\varDelta$ verhältnisgleich der Summe und damit dem Durchgangsstrom wachsen muß, wenn das Relais ansprechen soll. Das Relais wird dadurch gegen Unsymmetrien, die kleiner als die Summe $+$ Feder sind, unempfindlich. Ist dagegen die Feder im entgegengesetzten Sinne $- C$ angebracht, so hält das Relais dauernd seinen Kontakt geschlossen. Die Summe muß größer als $i_\varDelta +$ Federkraft sein, wenn der Kontakt sich öffnen soll. Schaltet man in Reihe mit diesem Kontakt einen von einem reinen Stromrelais als zusätzliches Differenzrelais, das z. B. auf 20% Nennstrom eingestellt ist, so wird dessen Wirksamkeit unterbunden, wenn das Vergleichsrelais seinen Kontakt öffnet, d. h. wenn der Durchgangsstrom größer als der Differenzstrom plus Federkraft wird. In dieser Anordnung wird das Relais zum „*Sperrelais*".

Die Dimension von $\pm C$ entspricht einem Strom, dessen Anzugskraft die Federkraft gerade überwindet. In den Abschnitten (S. 35 ff.) sind die Verhältnisrelais schon eingehend erörtert worden. Durch die zusätzliche Federkraft $\pm C$ entsprechen jedoch diese Relais nur solchen, wie sie für die Unterimpedanzanregung S. 37 verwendet werden.

β) Waagebalkenrelais. Zuerst hat Mc. Coll vor mehr als 30 Jahren ein Relais nach Abb. 130 vorgeschlagen. Die Rückzugsspule wird von der Summe $|\,i_1 + i_2\,|$ durchflossen. Von einer Mittelanzapfung geht der Dia-

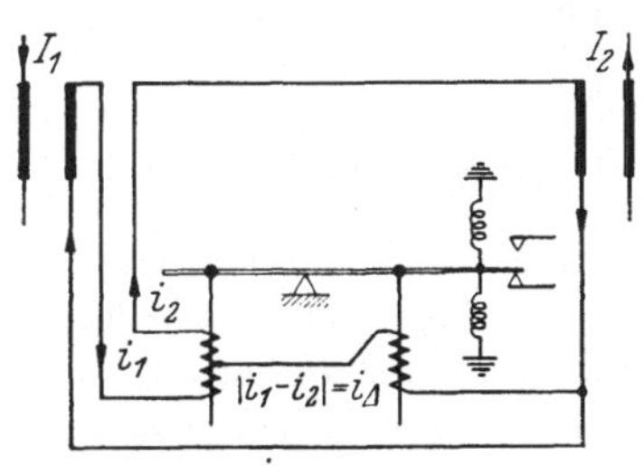

Abb. 130. Waagebalkenrelais

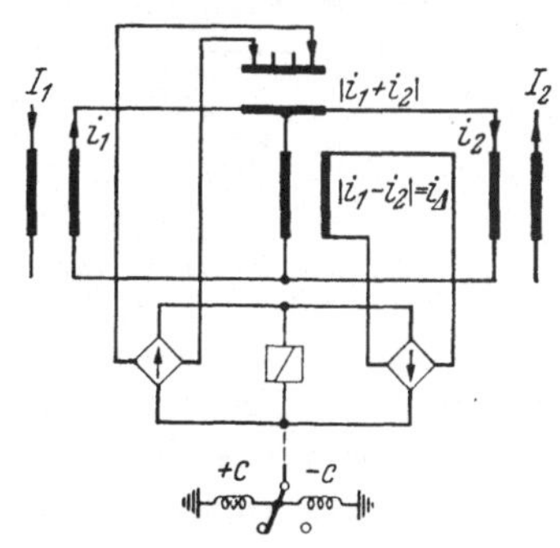

Abb. 131. Gleichstromvergleich (Siemens)

gonalkreis ab, in welchem die Anzugsspule liegt. Das Relais wurde stets als „Prozentrelais" verwendet. Der Faktor k, um welchen die Rückzugskraft kleiner sein muß, kann entweder durch kleinere Windungszahl, oder verschiedenen Hebelarm, oder verschiedenen Luftspalt dargestellt werden.

Gleichgewichtsgleichung $\qquad (k \cdot |\, i_1 + i_2\, |)^2 - i_\varDelta^2 \pm C = 0\,.$ $\qquad$ (31)

γ) *Gleichstrombrücke.* Abb. 131 zeigt den öfters erörterten Vergleich gleichgerichteter Größen (Siemens). Der Verkleinerungsfaktor k kann entweder durch Anzapfungen am Hilfswandler in der Summe oder durch eine Widerstandskombination auf der Gleichstromseite nach Abb. 132 erreicht werden. Bei der letzten Anordnung teilt sich der gleichgerichtete Summen- oder Sperrstrom über einen Widerstand i_A und einen über das Relais i_B. Wenn der Differenzstrom das Relais zum Ansprechen bringen, also gleich C sein soll, muß er um den Betrag i_B größer sein, da i_B von der Sperrseite abgesaugt wird und über r_2 zurückfließt. Es ergibt sich

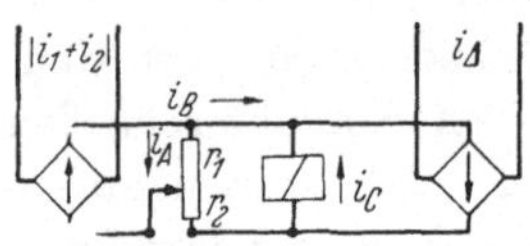

Abb. 132. Darstellung vom Verkleinerungsfaktor k beim Gleichstromvergleich $k = \dfrac{r_1}{r_1 + r_2}$

$$i_{\text{Summe}} \cdot \frac{r_1}{r_1 + r_2} + i_C = i_\varDelta\,.$$

Der Quotient $\dfrac{r_1}{r_1 + r_2}$ entspricht dem Verkleinerungsfaktor k. Die Gleichgewichtsgleichung lautet

$$k \cdot |\, i_1 + i_2\, | - i_\varDelta \pm C = 0\,. \qquad (32)$$

Polarisiertes Wechselstromrelais = Sperrelais (Geise, Siemens).

Als reines Sperrelais wurde ein Relais nach Abb. 133 von Siemens hergestellt. Ein beweglicher Anker bewegt sich zwischen zwei Polen, die in glei-

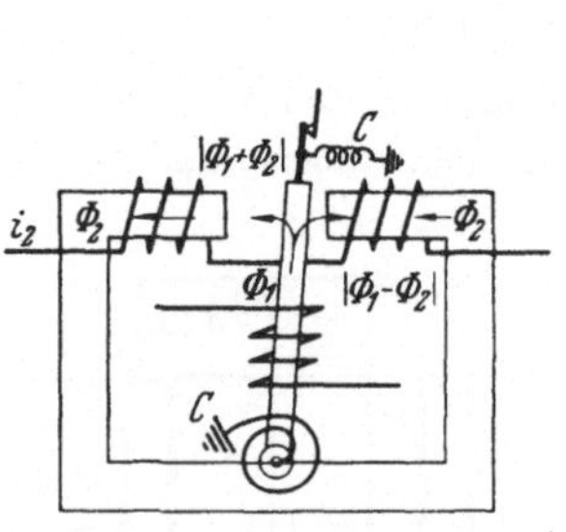

Abb. 133. Sperrelais (Siemens)

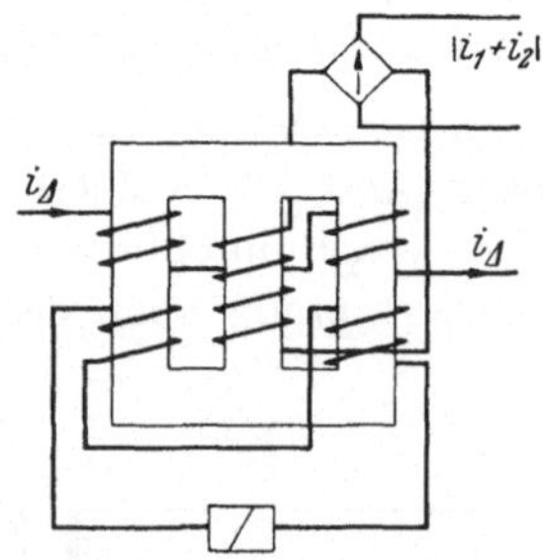

Abb. 134. Transduktorschaltung

cher Richtung von einem der beiden Wandlerströme, z. B. i_2, magnetisiert sind. Die bewegliche Zunge wird vom anderen Strom i_1 erregt. Eine Federkraft C hält den Kontakt geschlossen. Der Strom i_2 ruft einen Fluß $\varPhi_2$ hervor, der im äußeren Eisenkern sich schließt, während der Fluß $\varPhi_1$ vom Anker sich teilt und über die beiden Schenkel zum Drehpunkt zurückfließt. In den beiden

Luftspalten tritt links die Summe $|\,\Phi_1 + \Phi_2\,|$ und rechts die Differenz $|\,\Phi_1 - \Phi_2\,|$ auf. Die Anzugskraft ist dem Quadrat des Flusses im Luftspalt verhältnisgleich. Der Faktor k ist durch die ungleichen Luftspalte gegeben. Das Relais öffnet den Kontakt, wenn

$$k^2\,|\,\Phi_1 + \Phi_2\,|^2 - C = |\,\Phi_1 - \Phi_2\,|^2 \quad \text{ist.} \tag{33}$$

Dieses Relais läßt sich *nur* als *Sperrelais* verwenden. Ist nämlich einer der beiden Ströme gleich Null, dann verändert das Relais seine Stellung nicht, während bei dem Relais nach Abb. 130 und 131 bei $+\,C$ stets auch hierbei ein Ansprechen erfolgt. Dieser Fall tritt bei innerem Kurzschluß und einseitiger Speisung auf. Ein Prozentrelais muß darauf ansprechen, während ein Sperrelais in Ruhe bleiben soll.

δ) *Transduktorrelais.* Es wird ein Relais verwendet, ähnlich dem Unterimpedanzrelais S. 37, bei welchem die Ansprechempfindlichkeit eines Stromrelais durch einen gleichgerichteten Spannungsstrom verändert wird. Man schaltet parallel zu einem Stromrelais einen gleichstrom-vormagnetisierten Nebenschluß oder schließt das Stromrelais an die Sekundärwicklung eines vormagnetisierten Wandler (*Transduktor*) an. Dann ist die Ansprechempfindlichkeit des Relais abhängig von der Gleichstromvormagnetisierung. Hier wird der Summenstrom gleichgerichtet und zur Gleichstrommagnetisierung verwendet (Abb. 134). Der Differenzstrom i_Δ muß erst die Gleichstrom $AW = |\,i_1 + i_2\,|$ decken, bevor er transformatorisch an das Relais übertragen kann. Der Ansprechstrom des Relais ist die Konstante C, so daß die Gleichgewichtsbedingung lautet:

$$|\,i_1 + i_2\,| + C = i_\Delta. \tag{34}$$

Hierbei kann C nur positiv sein, so daß dieses Relais *nur* als *Prozentrelais* dienen kann. Wollte man es als Sperrelais verwenden, dann müßte der Summenstrom und Differenzstrom in ihrer Verwendung vertauscht werden und das Relais einen Ruhekontakt erhalten.

Die Kennlinie eines stabilisierten Differentialrelais stellt man in der Abhängigkeit des zum Ansprechen nötigen Differenzstromes i_Δ über dem Durchgangsstrom i_D dar. Je nachdem man die Federkraft $\pm\,C$ einsetzt, erhält man Kurven eines Prozent- oder eines Sperrelais. Durch Variation des Faktors k wird die Steilheit der Kurven verändert. Schließlich ergibt der Winkel ψ eine weitere Veränderung der Kurven.

Für das Sperrelais war auch eine Abhängigkeit i_1 über i_2 bekannt geworden.

In den Abb. 135a u. b bzw. 136a u. b sind für das Wechselstromrelais (Waagebalken) und das Gleichstromrelais diese Kurven für verschiedenes k und $\psi = 0°$ ausgerechnet. Die Kurven als Sperrelais des Wechselstroms gelten auch für das Sperrelais Geise/Siemens.

Tritt ein innerer Fehler auf, dann wird bei einseitiger Speisung nur eine Hälfte der Summenseite vom Strom durchflossen, d. h. der Durchgangsstrom ist für das Relais nur halb so groß. Man braucht nur jeden Punkt der Kennlinie auf den doppelten Wert von i_D hinausschieben (Abb. 137 gestrichelt).

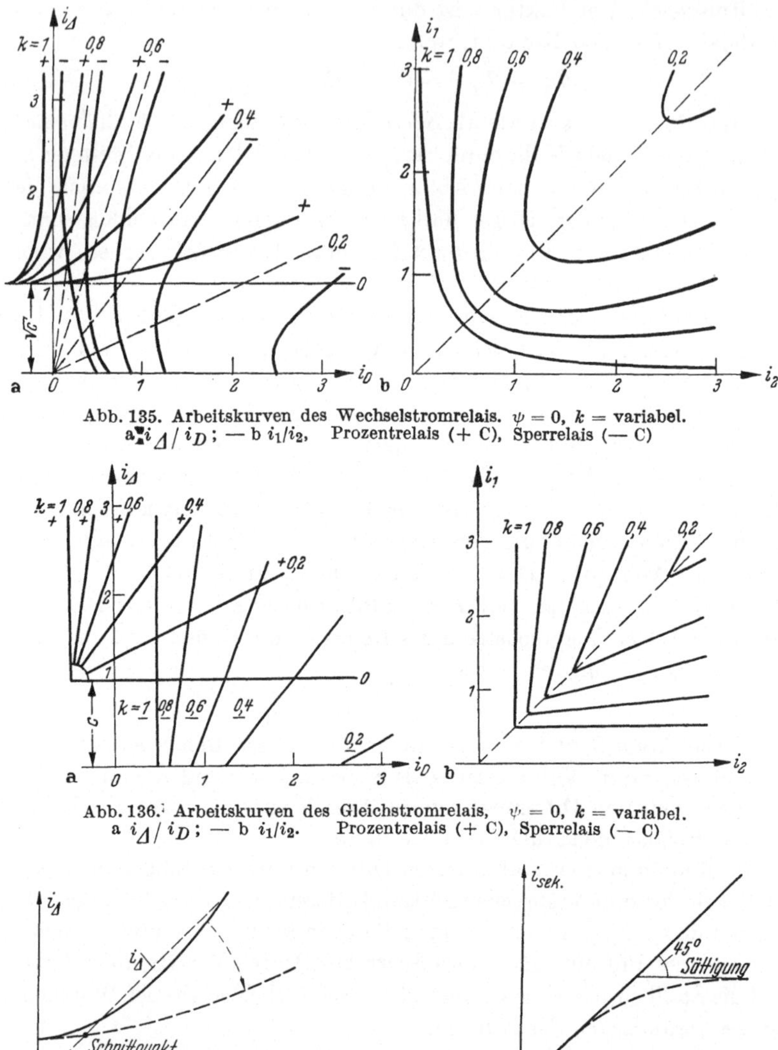

Abb. 135. Arbeitskurven des Wechselstromrelais. $\psi = 0$, k = variabel.
a i_Δ / i_D; — b i_1/i_2, Prozentrelais (+ C), Sperrelais (— C)

Abb. 136. Arbeitskurven des Gleichstromrelais, $\psi = 0$, k = variabel.
a i_Δ / i_D; — b i_1/i_2. Prozentrelais (+ C), Sperrelais (— C)

Abb. 137. Verhalten eines Prozentrelais bei einem innenliegenden Fehler und einseitiger Speisung

Abb. 138. Verhalten der Wandler bei Sättigung

Der auftretende Differenzstrom steigt unter 45° an und schneidet sehr bald die Kennlinie.

Bei zweiseitiger symmetrischer Einspeisung wird für das Relais $i_D = 0$ und die Kennlinie geht in die Waagerechte über.

Kommt bei außenliegendem Kurzschluß einer der beiden Wandler in die Sättigung, so bleibt dessen Sekundärstrom von da ab praktisch konstant, Abb. 138. Vom Relais aus gesehen bleibt der sekundäre Durchgangsstrom i^D konstant, während primär J_D weiter wächst. Abb. 139. Vom Sättigungspunkt ab steigt die Kennlinie nicht mehr, sie geht in eine Waagerechte über, während ein Fehlerstrom linear mit $J_{D\mathrm{prim}}$ anwächst, bis er die Waagerechte schneidet. Bei diesem Primärstrom würde das Prozentrelais ansprechen. Kommt der andere Wandler inzwischen ebenfalls in Sättigung, dann steigt der Fehlerstrom nicht mehr und es erfolgt kein Ansprechen mehr. Je steiler die Kennlinie und je später der Sättigungspunkt erscheint, bei umso höherem Primärstrom wäre ein Ansprechen zu erwarten. Da die Primärströme trotz beträchtlicher Höhe auch begrenzt

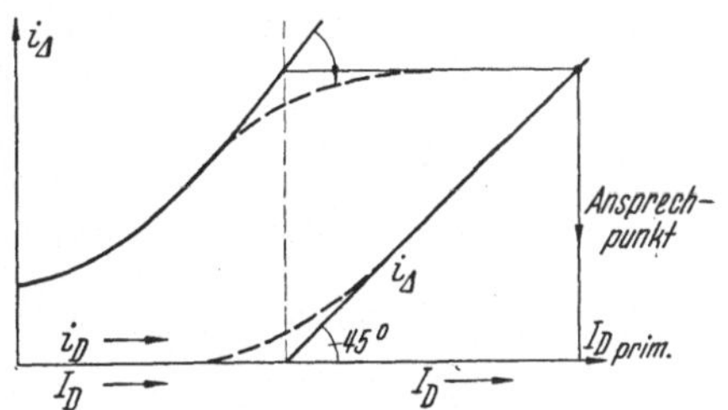

Abb. 139. Verhalten der Kennlinie eines Prozentrelais bei Sättigung eines Wandlers

bleiben, so kann durch richtige Wahl der Kennlinie ein Fehlansprechen bei äußerem Kurzschluß mit Sicherheit vermieden werden. Je steiler jedoch die Kurve, umso unempfindlicher wird es bei kleinen inneren Fehlern, solange noch erheblicher Laststrom durchfließt. Hierbei bringt die Verwendung als Sperrelais radikale Abhilfe. Man stellt den Ansprechpunkt des Sperrelais z. B. auf $1{,}5 \cdot J_n$ und wählt seine Kennlinie steil. Bis zu $1{,}5 \cdot J_n$ spricht das einfache Stromrelais an und wird außer Wirksamkeit gesetzt, wenn das Sperrelais den Kurzschlußort als außerhalb der Schutzstrecke liegend fest-

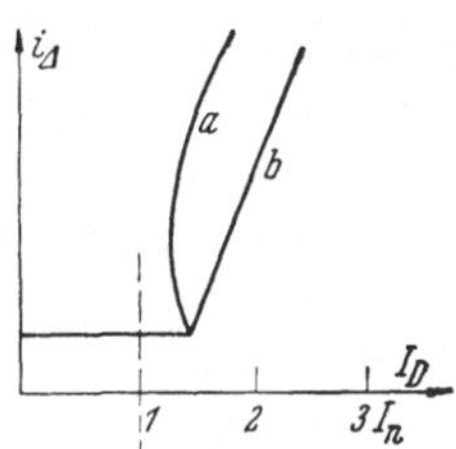

Abb. 140. Auslösekennlinie mit Sperrelais.
a Wechselstrom-Sperrelais; b Gleichstrom-Sperrelais

stellt. Die beiden Relais zusammen ergeben eine Kennlinie, wie sie in Abb. 140 angedeutet ist.

Man kann eine ähnliche Kurve bei einem Prozentrelais erreichen, wenn man den Einfluß des Summenstromes nicht linear gestaltet. Sehr leicht und elegant läßt sich dies beim Gleichstromrelais durchführen, Abb. 141. Man braucht nur dem Widerstand r_2 ein nicht lineares Verhalten geben, z. B. kann man über den konstanten Widerstand r_2 einen kleinen Gleichstrom fließen lassen, der durch einen Sperrgleichrichter gegen das Differentialrelais abgeriegelt ist. Der Gleichstrom erzeugt an r_2 eine Gegenspannung, die erst vom Summenstrom $| i_1 + i_2 | \cdot r_1$ überwunden werden muß, ehe ein Sperrstrom fließen kann. Man erhält dann eine Kennlinie, wie in Abb. 141, die der gemeinsamen Kennlinie eines Stromrelais + Sperrelais völlig gleicht.

Die einzelnen Schaltungen für Differentialschutz werden bei dem Abschnitt über Schutzschaltungen diskutiert.

b) Indirekter Vergleich. Hierbei werden die elektrischen Größen an den beiden Enden der Schutzstrecke überwacht und das Resultat der Messung über die Hilfsverbindung nach dem anderen Ende gemeldet. Der Verbindungskanal kann dabei jede in der Nachrichtentechnik verwendete Übertragungsleitung sein: Gleichstrom, Tonfrequenz, Hochfrequenz über Hochspannungsleitungen, UKW usw. Die bei dieser Methode vielzähligen

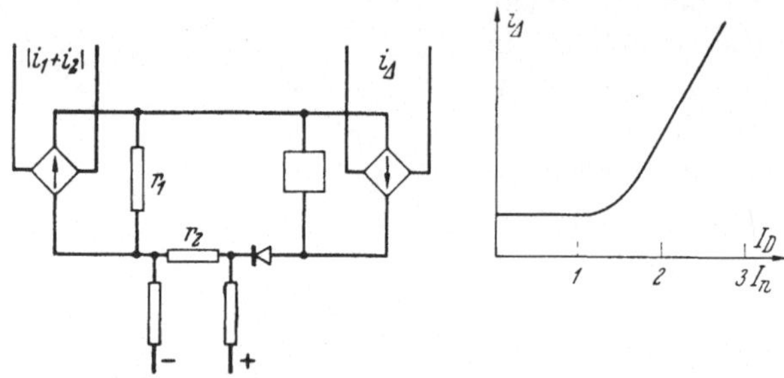

Abb. 141. Nicht lineare Kennlinie beim Gleichstromvergleich

Schaltungsvariationen werden noch im einzelnen bei dem Abschnitt über Schutzschaltungen behandelt.

Es kann gemeldet werden:

erstens: ob am anderen Ende ebenfalls Kurzschlußstrom vorhanden ist = rückwärtiges Sperrsystem bei Stichleitungen;

zweitens: welche Richtung der Kurzschlußstrom am anderen Ende besitzt = Richtungsvergleich;

drittens: Die Auslösungsmeldung eines Widerstandsrelais mit der Freigabe der Auslösung am anderen Ende = Mitnahmeschaltung.

Ganz allgemein kann über Vergleichssysteme gesagt werden, daß sie vollkommen selektiv sind und über die ganzen Schutzstrecken eine gleiche kurze Abschaltzeit ermöglichen. Jedoch besitzen sie keine Reservezeit und sind daher mit einem Zeitstaffelsystem noch zu verbinden.

III. Verhalten der Selektionsmittel beim Außertrittfallen der Kraftwerke

Tritt im Netz besonders in der Nähe eines Kraftwerkes ein Kurzschluß — vor allem ein dreiphasiger — auf, dann ist für die Dauer des Fehlers die synchronisierende Kraft zwischen den Kraftwerken sehr klein. Sie sind praktisch entkuppelt und sie nehmen jedes eine von der synchronen Frequenz abweichende Drehzahl an. Teils werden die Kraftwerke durch den Kurzschluß entlastet, teils belastet, d. h. das eine Kraftwerk erhöht und das andere erniedrigt seine Frequenz. Wird der Kurzschluß abgeschaltet, so sind in diesem Moment die Maschinen nicht mehr synchron.

Eine zweite Möglichkeit des Außertrittfallens besteht dann, wenn zwei Zentralen über eine Leitung mit hohem Widerstand miteinander verbunden sind. Bei hohem Laststrom über diese Leitung können die Pole der beiden entgegengesetzten Maschinen sich über die Kippgrenze hinaus auseinander drehen.

Beim Außertrittfallen laufen die beiden asynchron gewordenen Maschinen mit verschiedener Frequenz. Es wechseln also Synchronpunkte mit Oppositionslagen rhythmisch ab. Bei Opposition sind die beiden Spannungen hintereinander geschaltet und erzeugen einen Kurzschlußstrom, der sich aus der Summe der beiden Spannungen dividiert durch die gesamte Impedanz zwischen den beiden Generatornullpunkten ergibt. Die Impedanz setzt sich aus der Streureaktanz der Generatoren, Transformatoren und der Leitungsimpedanz zusammen. Da die Generatoren meistens mit Spannungsschnellreglern ausgerüstet sind und der Kurzschlußstrom bei Opposition eine Schwächung des Feldes zur Folge hat, kann man weder mit einem Stoßkurzschlußstrom, noch mit einem Dauerkurzschlußstrom rechnen. Es stellt sich ein mittlerer Streuwert ein, der erfahrungsgemäß mit 25—30% in die Rechnung eingesetzt werden kann. Der maximale Kurzschlußstrom liegt dann etwa in der Höhe des 3—4fachen Nennstromes der Generatoren. Dieser Kurzschlußstrom verläuft von Synchronismus über Opposition nach Synchronismus in einer Sinuskurve. Ein Überstromrelais spricht dann rhythmisch an und fällt wieder ab. Die Dauer von einem Synchronpunkt zum anderen wird als *Durchlaufperiode* T bezeichnet. Die *Schwebungsfrequenz* bewegt sich zwischen 0,5 und 5 Perioden pro Sekunde bzw. T zwischen 2 bis 0,2 Sekunden. Bei $T = 1$ sek ist die Wahrscheinlichkeit des Sichwiederfangens der Generatoren schon sehr hoch, so daß selten Zeiten über 1 bis 1,5 Sekunden pro Schwebung vorkommen.

Für den Selektivschutz ist es nun wichtig zu wissen, wie sich dabei die Entfernungs- und Richtungsmeßglieder verhalten. Die Ortskurven gehen davon aus, daß im Kurzschlußfall die Phasenlage von Strom und Spannung in einem bestimmten Bereich festliegt und bekannt ist. Bei einem Durchlaufvorgang wechseln aber Größe und Richtung dieser beiden Werte in jeder beliebigen Form.

Im Synchronismus sind die EMK $= E_A$ und E_B der beiden Generatoren G_A und G_B in gleicher Phasenlage (Abb. 142a und b) und zwar in der synchronen Achse (senkrecht). Beim Auseinanderlaufen kann man sich beide Vektoren in entgegengesetzter Richtung auseinander strebend vorstellen (E_A nach links und E_B nach rechts drehend). Sie bewegen sich jeder um den Winkel δ von der Synchronachse weg. Der Gesamtverdrehungswinkel wäre dann $2 \cdot \delta$. Zwischen den beiden Vektoren tritt eine Differenzspannung E_A auf, die senkrecht auf der Synchronachse steht. Ist $\delta = 90°$, so sind E_A und E_B entgegengesetzt gerichtet (Opposition), und bilden in ihrer Summe den Gesamtspannungsabfall an dem Gesamtwiderstand $Z_A + Z_B$. Da sich in dieser

Art der Darstellung, Abb. 142a u. b, links wie rechts immer das gleiche Bild ergibt, lassen sich alle Verhältnisse, die für den Schutz wichtig sind, auf einer Seite ermitteln. Darum ist auch δ schon für eine Hälfte des Gesamtwinkels gewählt worden.

Nehmen wir einen Momentanwert der Vektorenstellung heraus (Abb. 142a). Bei dem Winkel δ tritt eine Differenzspannung $E_A \cdot \sin \delta = E_\Delta$ auf. Der Strom J ergibt sich dann $J = \dfrac{E_A \cdot \sin \delta}{Z_A}$. Da nun E_Δ den Spannungsabfall längs der Leitung bei dem Strom J darstellt, entspricht die Verbindungslinie von 0 nach jedem Punkt dieser Waagerechten dem Spannungswert, der bei dem Winkel δ an dieser Stelle der Leitung gemessen wird. Der Spannungs-

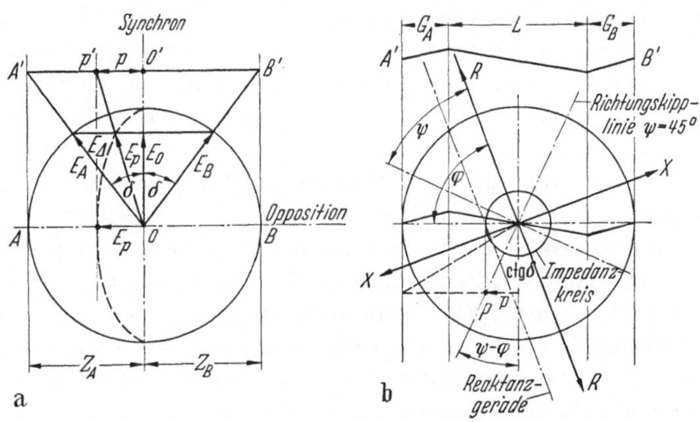

Abb. 142a u. b. Vorgang des Außertrittfallen in der Widerstandskoordinatenebene.
a Strom, Spannung;   b Richtung, Reaktanz, Impedanz

$$E_\Delta = E_A \cdot \sin \delta \qquad\qquad E_p = E_A \cdot \sqrt{p^2 \sin^2 \delta + \cos^2 \delta}$$

$$\frac{E_A \cdot \sin \delta}{Z_A} = J \qquad\qquad E_p/J = Z_A \sqrt{p^2 + \operatorname{ctg}^2 \delta}$$

$$O' - P' = p \cdot Z_A$$

vektor in der Synchronachse verändert seine Phasenlage bis $\delta = 90°$ nicht, sondern nur seine Größe sinkt bis auf Null bei $\delta = 90°$. Nimmt man einen Punkt P auf der Leitung an, so herrscht bei δ dort eine Spannung, die sich geometrisch aus Abb. 142a leicht errechnet zu

$$E_p = E_A \cdot \sqrt{p^2 \cdot \sin^2 \delta + \cos^2 \delta}. \tag{35}$$

Hier ist p ein Faktor und bezeichnet die prozentuale Entfernung von der Synchronachse bzw. von 0. Ist Z_A der gesamte Widerstand einer Hälfte, so befindet sich $P = p \cdot Z_A$ von 0 entfernt.

Der Strom ist zum Zeitpunkt δ in allen Punkten der Leitung

$$J = \frac{E_A \cdot \sin \delta}{Z_A}.$$

Die Impedanz, die in P dabei gemessen wird, ergibt sich aus

$$\frac{E_p}{J} = \frac{E_A \sqrt{p^2 \cdot \sin^2 \delta + \cos^2 \delta}}{E_A \cdot \sin \delta} \cdot Z_A = Z_A \cdot \sqrt{p^2 + \operatorname{ctg}^2 \delta}. \tag{36}$$

Man verlängere die Spannungsvektoren über den Kreis hinaus, bis E_A die Tangente in A' trifft. Die Differenzspannung ist nun auf die gesamte Länge von Z_A projiziert. Die Strecke $0 - 0'$ ist dann gleich $Z_A \cdot \mathrm{ctg}\, \delta$ und $P' - 0' = p \cdot Z_A$. Der Vektor $0 - P'$ errechnet sich dann zu

$$0P' = \sqrt{p^2 \cdot Z_A^2 + Z_A^2 \cdot \mathrm{ctg}^2\, \delta} = Z_A \cdot \sqrt{p^2 + \mathrm{ctg}^2\, \delta} = \frac{E_p}{J}. \qquad (37)$$

OP' stellt also die Impedanz nach Größe und Richtung dar, die im Punkt P beim Winkel δ gemessen wird. Die Spitzen aller Vektoren, die sich bei verschiedenem Winkel δ ergeben, bewegen sich also auf einer Geraden, die parallel zur Synchronachse durch den Punkt auf der Leitung im Abstand $p \cdot Z_A$ von 0 verläuft. Die Impedanzen im Nullpunkt der Zentrale, d. h. bei $p = 1$, entsprechen dann $Z_A/\sin \delta$ und die Impedanzwerte in der Synchronachse über 0 bewegen sich entsprechend $Z_A \cdot \mathrm{ctg}\, \delta$, d. h. bei $p = 0$ von $\infty \to 0 \to \infty$.

Um das Verhalten von Richtungsrelais und Widerstandsrelais nach Formel II $Z = K\, 1/\cos (\psi - \varphi)$ zu kontrollieren, muß die Phasenlage der Spannungen zu dem Strom festgestellt werden. Da die Phasenlage des Stromes zu der treibenden Differenzspannung E_A durch die gesamte Impedanz zwischen A und B durch den Winkel φ festliegt, kann das Widerstandskreuz ohne weiteres eingezeichnet werden, Abb. 142b. Die Differenzspannung steht immer senkrecht auf der Synchronachse. Weiterhin wurde bei den Ortsdiagrammen der Strom in die R-Achse gelegt, so daß hier zu der Oppositionsachse mit dem Winkel φ nacheilend die R-Achse gelegt werden kann. Gegenüber diesem Achsenkreuz $R - X$ können nun die Phasenlagen der einzelnen Spannungen abgelesen werden. Die Waagerechte $A' - B'$ in Abb. 142a bewegt sich bei verschiedenem δ parallel von Unendlich oben nach Unendlich unten. Die von den einzelnen Punkten von $A' - 0' - B'$ nach 0 verlaufenden Vektoren wechseln die Phasenlage zur R-Achse. Ein Richtungsrelais wechselt nun seine Ausschlagsrichtung, wenn die Spannung senkrecht auf der Bezugsachse steht. In Abb. 142b ist eine solche Bezugsachse unter $\psi = 45°$ zur R-Achse angenommen. Der Spannungsvektor in einem Punkt P steht nun bei einem bestimmten δ senkrecht auf dieser Bezugsachse.

Die Senkrechte auf der Bezugsachse schließt mit der Synchronachse den Winkel $\psi - \varphi$ ein. Der Schnittpunkt der mit δ wandernden Waagerechten mit der Senkrechten zur Bezugsachse ergibt einen Punkt P, wo Spannung und Strom senkrecht aufeinander stehen. Der Punkt ist um $p \cdot Z_A$ von 0 entfernt. Es ergibt sich nun, daß $\mathrm{tg}\, (\psi - \varphi) = p \cdot Z_A/\mathrm{ctg}\, \delta$ ist. Da $\psi - \varphi$ konstant ist, läßt sich der Punkt leicht nach

$$p \cdot Z_A = \mathrm{tg}\, (\psi - \varphi) \cdot \mathrm{ctg}\, \delta \qquad (38)$$

bestimmen.

Die Generatoren und Transformatoren sind praktisch reine Reaktanzen, während die Leitungen teilweise erhebliche Wirkwiderstände, z. B. bei Kabeln, besitzen. Die Linie $A — 0 — B$ stellt sich dann als ein gebrochener Linienzug dar (Abb. 142b). Die Strecken G_A und G_B stellen die Reaktanzen der Generatoren und Transformatoren und das Zwischenstück die Leitungen dar. G_A und G_B können in ihrer Länge je nach dem Maschineneinsatz erheblich variabel sein, so daß der Punkt 0 durchaus nicht in der Mitte der Leitungsstrecke liegt. Er wandert stets nach der Seite mit der kleineren Maschinenleistung = höhere Reaktanz zu. Auf der Strecke L liegen die Relais, deren Verhalten untersucht wird. Setzt man die Größen E_A bzw. E_B, $J_{\max}$, Z_A und

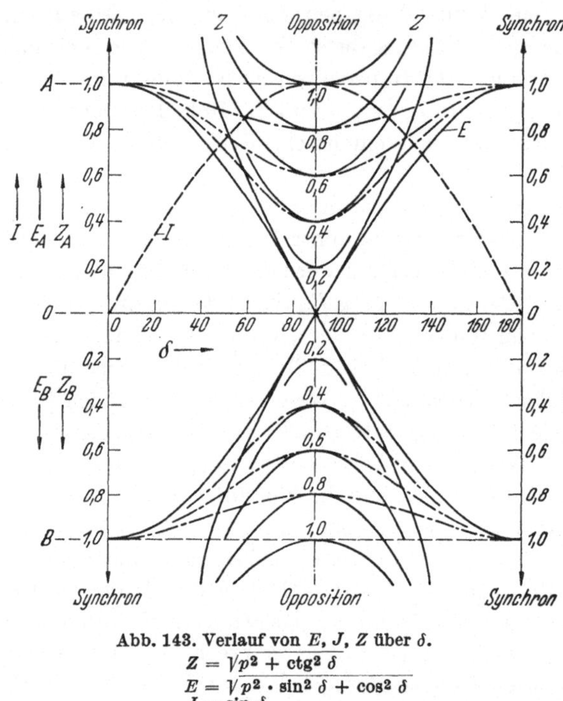

Abb. 143. Verlauf von E, J, Z über δ.
$$Z = \sqrt{p^2 + \operatorname{ctg}^2 \delta}$$
$$E = \sqrt{p^2 \cdot \sin^2 \delta + \cos^2 \delta}$$
$$J = \sin \delta$$

Z_B gleich 1 ein, so erhält man Vergleichswerte, die sich fast ausschließlich aus Kreisfunktionen ergeben. Zu diesem Zweck ist in den Abb. 143 und 144 waagerecht der Winkel δ von 0—180° gleich einer Durchlaufperiode und senkrecht dazu nach oben und unten Z_A und Z_B in Werten von p von 0—1 aufgetragen. Gleichzeitig sind dann die jeweiligen Werte von Z und E ebenfalls von 0—1 entsprechend von 0—100% nach oben und unten eingezeichnet. Der Strom J hat keine Beziehung zu p, sondern soll nur die Abhängigkeit von δ darstellen. Er ist ebenfalls von 0—1, d. h. von 0—100% ausgedrückt.

Der Strom ist dann eine Sinuskurve, die bei $\delta = 90°$ ihren Scheitelpunkt besitzt. Die Spannung verläuft nach $E = \sqrt{p^2 \sin^2 \delta + \cos^2 \delta}$ und erreicht bei $\delta = 90°$ den niedrigsten Wert, der gleich p ist. Die Impedanz verläuft nach

$Z = \sqrt{p^2 + \mathrm{ctg}^2\,\delta}$. Sie sinkt nur bei $p = 0$ und $\delta = 90°$ auf Null ab. Bei allen anderen Punkten entspricht der niedrigste Wert $= p$. In Abb. 144 sind Richtungs- und Reaktanzrelais dargestellt und zwar für das Richtungsrelais für $\psi = 0$, $\psi = 45°$ und $\psi = 90°$. Der Kippunkt durchläuft während der Durchlaufperiode stets sämtliche Punkte für p, d. h. das Relais kippt nacheinander an den verschiedenen Stellen der Leitung um. Da eine Reaktanzgerade in einem bestimmten Abstand zur R-Achse verläuft, verschiebt sich die Linie des Richtungsrelais bei $\delta = 90°$ um den konstanten Betrag von p.

$$\mathrm{tg}\,(\psi - \varphi) \cdot \mathrm{ctg}\,\delta = p' + p_0 = p\,.$$

Abb. 144 macht deutlich sichtbar, daß eine allseitig begrenzte Auslösefläche — Impedanzkreis — selbst im Mittelpunkt 0, sowohl örtlich als auch

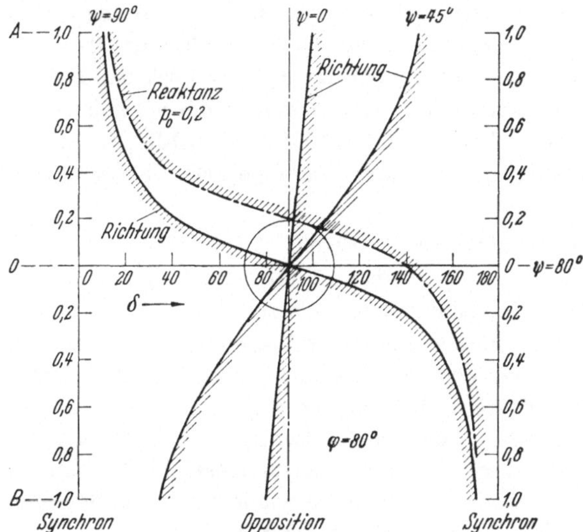

Abb. 144. Richtungs- und Reaktanzabhängigkeit von δ.
Richtung: $\mathrm{tg}\,(\psi - \varphi) \cdot \mathrm{ctg}\,\delta = p$
Reaktanz: $\mathrm{tg}\,(\psi - \varphi) \cdot \mathrm{ctg}\,\delta = p_0 + p$

zeitlich begrenzt in Mitleidenschaft gezogen wird. Ein Impedanzkreis mit dem schon sehr großen Halbmesser $p = 0,2$, d. h. 20% von Z_A wird nur zwischen $\delta = 78°$ bis $\delta = 102°$ durchlaufen. Das ergibt $24/180 \cdot T$ sek. Bei $T = 1$ sek bedeuten $24° = 133$ Millisekunden.

Diese Zeit tritt nur im Mittelpunkt auf. *Ein Relais, dessen Kreishalbmesser kleiner als seine Entfernung $p \cdot Z_A$ von 0 ist, wird überhaupt nicht beansprucht*, da der gemessene Widerstand bei $\delta = 90°$ niemals kleiner als $p \cdot Z_A$ sein kann. Bei einem Reaktanzrelais dagegen wird an allen Punkten zu verschiedenen Zeiten der Kippunkt unterschritten. Daher sind grundsätzlich begrenzte Auslöseflächen wesentlich pendelunempfindlicher.

Eine *Pendelsperre* = Sicherheit gegen Abschalten während eines Durchlaufvorganges kann nun in verschiedenen Formen verwirklicht werden.

α) Einfügen einer Pufferzeit beim Abfallen der Anregung für eine folgende zweite Anregung. Bei einer Überstromanregung soll z. B. das Überstromrelais bei $40^0/_0$ des Pendelstromes J anregen. Dann bleibt nach Abb. 143 das Relais von $\delta = 24°$ bis $\delta = 156°$ in Funktion. Da die Entfernungsmessung bei modernen Relais etwa nach 1,5 Perioden $= 0,030$ sek stattfindet, — das entspräche bei einer Schwebungsdauer von $T = 1$ sek einer weiteren Verdrehung um $5,4°$ — mißt das Impedanzrelais den Widerstand an seinem Ort bei ca. $\delta = 30°$. In dieser Zeit ist der Widerstand noch größer als Z_A. Wenn das Relais in der Mitte liegt, würde zwischen $80°$ und $90°$ seine Kippgrenze unterschritten und erst nach rund $100°$ wieder überschritten werden. Solange müßte bei einer zweiten Anregung die Auslösung verhindert werden. Die Sperrzeit der Pendelsperre muß also mindestens 60—$80°$ überbrücken, das heißt etwa 0,3—0,4 sek, wenn für $T_{\max} = 1$ sek das Relais „pendelfest" sein soll. Bei einem Reaktanzrelais müßte die Sperrzeit mindestens etwas länger als die ganze Anregezeit von $156°$—$24° = 132°$, das sind rund 0,75 sek betragen. Im allgemeinen macht man derartige Sperrzeiten in der Größe von 0,8—1 sek.

β) Die zweite Möglichkeit besteht darin, daß das Impedanzmeßwerk selbst den Einsatz der Sperrzeit bestimmt. Nach dem Anregen bei $40^0/_0$ von $J = 24°$ mißt das Impedanzrelais einen sehr hohen Wert und sperrt die Auslösung. Wählt man nunmehr eine Verzögerungszeit, die erst beim Kippen des Impedanzmeßwerkes einsetzt, so braucht diese nur die Durchlaufzeit durch den Kreis überbrücken. Das wäre bei einem Kreishalbmesser von $p = 0,1$ und Relaisstandort in 0 nur noch zwischen $84°$ und $96° = 12°$ der Fall, d. h. im Minimum 0,066 sek. Wenn bei einem Kurzschluß innerhalb des Kreises der Schutz anregt, wird für die erste Schnellzeit diese Sperrzeit nicht wirksam, da das Relais keinen hohen Widerstand messen kann.

γ) Drittens hat man den Unterschied zwischen den Ansprechzeiten zweier Impedanzrelais als Pendelkriterium herangezogen. Zwei Impedanzrelais, z. B. mit einem Kreishalbmesser von $p = 0,1$ bzw. 0,4 sprechen bei einem Kurzschluß im Kreis $p = 0,1$ beide sofort an. Bei einem Pendelvorgang dagegen spricht das Relais mit Halbmesser $p = 0,4$, bei $70°$ und dasjenige mit $p = 0,1$ erst bei $84°$ an. Es besteht also ein Zeitunterschied bei $T = 1$ sek von $14°$ = rd. 0,08 sek. Dieses Zeitintervall genügt, um ein Sperrelais anzuwerfen, das die Auslösezeit des kleinen Kreises, der die Schnellzeit ergibt, überbrückt.

δ) Schließlich hat man zwei Wattmeter verwendet, die am gleichen Strom und der gleichen Spannung liegen, aber verschiedenen inneren Phasenwinkel ψ besitzen. Nimmt man z. B. aus Abb. 144 ein Relais mit $\psi = 90°$ und eines mit $\psi = 0$ an, so sprechen sie bei einem Durchlaufvorgang zu verschiedenen

Zeiten innerhalb der Schwebung an. Dieser Zeitunterschied wird benutzt, um eine Pufferzeit einzuschalten. Allerdings ist hierbei gerade im Zentrum der Zeitunterschied gleich Null, während er an den Zentralen groß ist. Dort hat aber die Pendelsperre keinen Sinn mehr, da die Impedanzrelais schon von selbst pendelhaft sind. Allerdings ist schon in dichter Nähe des Zentrums der Zeitunterschied relativ groß, so daß die Wirkung bald eintritt. Man könnte auch an Stelle der Wattmeter ein Resistanz- und ein Reaktanzrelais mit großer Entfernungseinstellung verwenden, da dann der Schnittpunkt weit ab vom Zentrum liegt.

Zweiter Teil

Spezielle Schutzschaltungen

I. Allgemeines

Ein Schutzsystem muß auf die besonderen Eigenheiten des zu schützenden Teiles abgestimmt sein, wenn der beabsichtigte Zweck erreicht werden soll. Für die technische Durchführung der gestellten Aufgabe interessieren die speziellen Daten des Anlageteiles, nicht nur die elektrischen oder mechanischen, sondern auch wie dieser Teil mit anderen zusammenhängt, welche Bedingungen etwa von diesen Nachbarteilen zu erwarten sind und schließlich, welche besonderen Betriebseigenschaften vorliegen. Wenn nun im folgenden von Schutzschaltungen berichtet wird, so stellen diese immer nur Lösungen ganz bestimmter und in ihrer Wirkung genau begrenzter Aufgaben dar, wenngleich stets versucht wird, das Anwendungsgebiet möglichst universell zu gestalten.

Für den Betrieb ist es wertvoll, sich durch Gegenüberstellen von Eigenschaften und Wirkungen der einzelnen Systeme ein Urteil über die Brauchbarkeit des einen oder anderen Systems für den vorliegenden Fall zu bilden, wobei es zweckmäßig ist, hierzu einen Spezialisten zu hören. Dann hat der Betrieb zu entscheiden, ob der Aufwand, der zum Durchführen der gestellten Aufgabe erforderlich ist, auch tatsächlich dem jeweiligen Wert der Wirkung oder auch dem Wirtschaftswert der betreffenden Anlage entspricht. Dabei spielen auch Überlegungen über leichte Montage, Lagerhaltung und Wartung eine, wenn auch meist untergeordnete Rolle. Die konstruktiven Einzelheiten unterscheiden dann zwischen Systemen gleicher Wirkung, jedoch verschiedenen Fabrikates.

Im folgenden sind nun für die einzelnen wesentlichen Teile eines Netzgebildes die möglichen Schutzschaltungen zusammengestellt, wobei ausgehend von den Fehlermöglichkeiten die gegebenen Lösungsmöglichkeiten erörtert werden. Schließlich wird abschließend jeweils über die Wertigkeit der einzelnen Schaltungen für den Betrieb diskutiert.

II. Grundsätzlicher Aufbau einer Schutzschaltung

Eine Schutzschaltung hat durch die Kombination der Wandler und der Relais dafür zu sorgen, daß die besonderen Fehlerkriterien richtig verwertet und die Maßnahmen für eine richtige Abschaltung eingeleitet werden. Man muß also bei diesem Aufbau zwei Kreise unterscheiden: den Wandlerkreis und den Arbeitskreis.

a) Der Wandlerkreis dient nicht nur dazu, die Relais von der Hochspannung zu isolieren und die hochspannungsseitigen Werte von Strom und Spannung auf bequem meßbare Werte zu transformieren, sondern auch vielfach durch die Art der Schaltung die Fehlerströme aus den Betriebsgrößen herauszusieben oder sie in solche Form umzuwandeln, daß bestimmte Fehlerkriterien meßbar werden.

b) Der Arbeitskreis gliedert sich nun in

α) Die Anregung. Die Anregerelais sind als stumme Wächter dauernd im Betrieb. Sie stellen das Vorhandensein eines Fehlers fest und kennzeichnen die Fehlerart. Von ihrem Arbeiten sind alle weiteren Relais in der Schutzschaltung abhängig.

β) Die Ausführung. Sie enthält alle Kontakt- und Hilfsrelaiskombinationen, die notwendig sind, um eine Auslösung endgültig und zeitgerecht zu bewirken.

γ) Den Schutzkreis. Er besteht praktisch nur aus der Betätigung der Auslösespule des Leistungsschalters bzw. wie z. B. beim Generatorschutz noch aus der Auslösung der Entregung, evtl. Brandlöschung oder eines Stillsetzungsvorganges.

δ) Den Meldekreis. Er hat durch optische oder akustische Signale die Tatsache und die Art des Arbeitens des Relais an geeignete Stelle hin zu melden.

A. Generatorschutz

Als Quelle der Stromerzeugung ist der Generator besonders bei großen Einheiten wohl das wichtigste und wertvollste Glied in der Energieversorgung. Gerade bei ihm ist neben dem Heraustrennen im Fehlerfall aus dem Netzgebilde schnellstes Eingreifen des Schutzes notwendig, um die entstehenden Schäden und damit auch die Reparaturzeit klein zu halten. Andererseits sind gerade bei ihm die Fehlermöglichkeiten relativ zahlreich, so daß ein vollständiger Generatorschutz sich aus einer ganzen Reihe von Einzelschutzschaltungen zusammensetzt.

Man unterscheidet nun kurzschlußartige Fehler, die große Zerstörungen zur Folge haben und schnellstes Eingreifen erfordern, und nichtkurzschlußartige, die sich entweder zu solchen erweitern oder auf die Dauer den Betrieb in anderer Form gefährden können. Jede einzelne Fehlermöglichkeit muß nun gesondert festgestellt werden. Darum unterscheidet man Schutzmaßnahmen für folgende Fehler:

I. Wicklungsschluß = Kurzschluß zwischen zwei Leitern im Generator

Ein solcher Kurzschluß kann zwischen zwei Leitern, bei Maschinen auch Strang oder Phase bezeichnet, die in der gleichen Nut liegen oder an den Wickelköpfen nebeneinander liegen, durch Isolationsdurchbruch oder mechanische Einwirkung entstehen. Auch zwei örtlich getrennte Durchschläge gegen

Gehäuse (Doppelerdschluß) zweier Leiter ergeben den gleichen Kurzschlußfall. Schließlich kann der eine Durchschlag im Gehäuse und der andere außerhalb liegen.

Der auftretende Kurzschlußstrom wird einmal durch den Generator selbst erzeugt (innerer Kurzschlußstrom J_i, Abb.145) und zweitens durch parallel arbeitende Stromerzeuger von außen zugeführt (äußerer Kurzschlußstrom J_a). Der innere Kurzschlußstrom kann nur in den Sternpunktsverbindungen des Generators gemessen werden, während der äußere nur durch Wandler in den Leitungen zum Netz erfaßt werden kann.

Nimmt man einen Kurzschluß zwischen den Klemmen des Generators an, so entspricht die Höhe des inneren Kurzschlußstromes J_i ganz den auf S.30 dargelegten Werten, d. h. der maximale Wechselstrom kann den 10fachen Wert des Nennstromes erreichen, während der Dauerkurzschlußstrom von der Höhe der gerade bestehenden Erregung abhängt. Die erste Amplitudenspitze kann allerdings durch einen evtl. Gleichstromanteil doppelt so hoch werden. Bei leerlaufendem Turbogenerator mit einem Kurzschlußverhältnis $J_k/J_n = 0{,}7$ kann er nach einigen Sekunden bis auf 70% des Nennstromes bei dreipoligem Kurzschluß absinken. Das bedeutet, daß ein Überstromschutz im Nullpunkt des Generators, welcher z. B. auf 140% von J_n und auf 6—7 sek Ablaufzeit eingestellt wäre, einen solchen Kurzschluß evtl. nicht mehr abschalten könnte. Da heute praktisch jeder Generator einen Spannungsschnellregler besitzt, wird bei einem Kurzschluß die Erregung sehr schnell auf ihren maximalen Wert gesteigert und der Kurzschlußstrom erhöht. Dieser eben genannte Fall tritt dabei also nicht ein. Setzt man den Überstromschutz auf die Netzseite des Generators, so kann er nur auf den von außen her gelieferten Kurzschlußstrom ansprechen und ist daher von der Lieferfähigkeit der parallellaufenden Generatoren abhängig.

Liegt der Kurzschluß im Innern des Generators, so erhöht sich der innere Kurzschlußstrom entsprechend der transformatorischen Wirkung. Ein Kurzschluß in der Mitte der Wicklung z. B. würde den doppelten Strom ergeben usw. Diese Proportionalität besteht sehr weit bis zum Nullpunkt hin, bis der Übergangswiderstand und die Streuung ein weiteres Anwachsen begrenzen. Ein *Überstromschutz* im Sternpunkt erhält also auch dann noch genügend Strom zum Ansprechen. Da aber seine Ablaufzeit mit Rücksicht auf die Zeitstaffelung im Netz stets hoch sein muß, ist er als eigentlicher Generatorschutz nicht anzusehen, er stellt vielmehr die letzte Abschaltreserve für Netzfehler dar.

Bei Generatoren ohne herausgeführten Sternpunkt, die heute praktisch kaum mehr vorhanden sind, hat man die *Überstromrelais* vor dem Generator *mit* einem *Richtungsrelais* kombiniert, wodurch bei innerem Fehler die Ab-

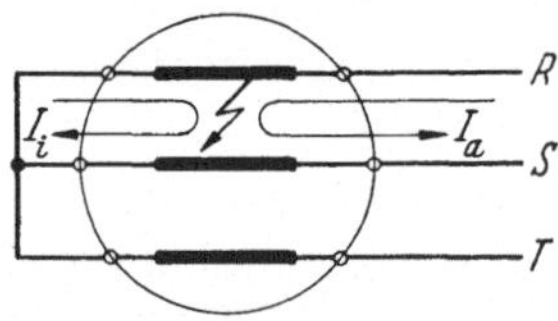

Abb. 145. Wicklungsschluß:
J_i = innerer Kurzschlußstrom;
J_a = von außen kommender Kurzschlußstrom

laufzeit verkürzt werden kann. Ein schnelles Abschalten ist auch dann noch nicht möglich, da der gleiche Vorgang — Überstrom + Richtung der Kurzschlußenergie nach dem Generator zu — auch beim Außertrittfallen auftritt, und diese Abschaltmöglichkeit nur durch eine Abschaltzeit, $> 1{,}5$ sek, überbrückt werden kann[1].

Den *einzig wirksamen Schnellschutz* stellt nur der Stromdifferential*schutz* dar, dessen Grundschaltung Abb. 146a zeigt. Da der Strom in einem Leiter vor und hinter dem Generator im Normalbetrieb absolut gleich ist und auch der Strom bei außenliegendem Kurzschluß nur dem begrenzten Kurzschlußstrom des Generators entspricht, kann man hier von der klassischen Anwendungsform sprechen. Die Wandler können vollkommen gleich ausgeführt werden. Nur die Verbindungsleitungen können z. T. recht lang sein und die Wandler stark und evtl. auch unsymmetrisch belasten.

Auf welche Empfindlichkeit soll nun ein Differentialrelais eingestellt werden, um mit Sicherheit ansprechen zu können ? Da entsprechend dem Kurzschlußverhältnis J_K/J_n — bei Turbogeneratoren 0,7, bei Schenkelpolmaschinen etwa 1,1 — schon bei Leerlauferregung und dreipoligem

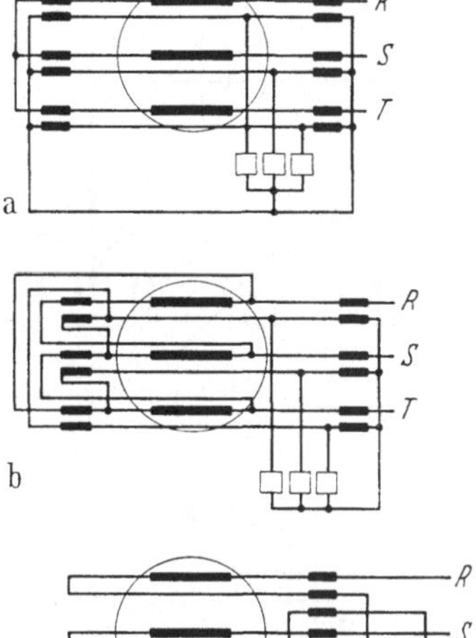

Abb. 146a–c. Differentialschutz für Generatoren. — a Differentialschutz für Generatoren mit Sternschaltung. — b Differentialschutz für Generatoren in Dreieckschaltung. — c Differentialschutz mit magnetischer Differenzbildung (Byrd-Wandler).

Dauerkurzschlußstrom bei Klemmenkurzschluß mindestens 70% bzw. 110% des Nennstromes vorhanden ist und dieser bei inneren Fehlern noch beträchtlich wächst, so ist eine besonders empfindliche Einstellung gar nicht notwendig. Eine Einstellung von 20% des Nennstromes würde z. B. bei Turbogeneratoren und Klemmenkurzschluß schon bei 30% der Leerlauferregung ansprechen[2].

---

[1] Weiterhin kann nur ein Abschalten erfolgen, wenn der fehlerbehaftete Generator noch mit anderen Generatoren parallel arbeitet, die einen genügenden Überstrom im Kurzschlußfall zu liefern vermögen, wobei es nicht unbedingt sicher ist, ob bei gewissen Fehlern nicht die ankommende Kurzschlußleistung die noch vom Generator abgegebene Leistung überwiegt.

[2] Diese Werte beziehen sich nur auf den Dauerkurzschlußstrom, der sich erst nach einigen Sekunden einstellt. Ein Differentialschutz spricht sehr schnell (unter 100 ms) an und muß auch diese Abschaltzeit besitzen, wenn er größere Schäden verhüten will und sich in die Zeitstaffelung der heutigen schnellschaltenden Leitungsrelais selektiv einordnen soll. In dieser Zeit ist aber der Kurzschlußstrom noch wesentlich höher als die angegebenen Werte.

Durch den Differentialschutz soll zweckmäßig die gesamte Strecke vom Generatorsternpunkt bis zum Leistungsschalter erfaßt werden, da auch bei Fehlern in den Zuführungskabeln der Generator sowieso abgeschaltet werden muß.

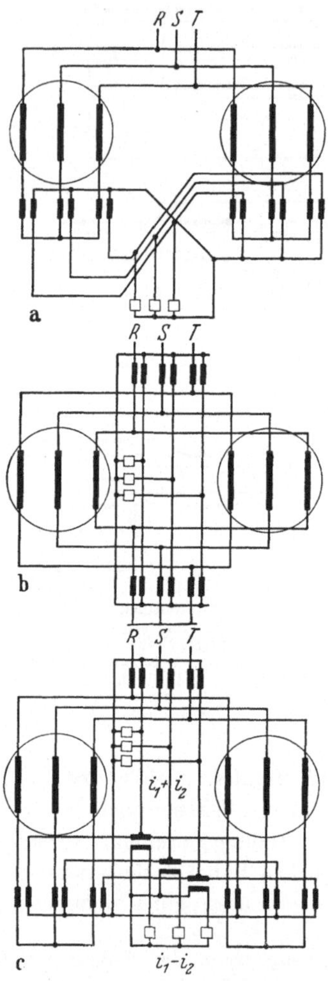

Abb. 147 a–c. Differentialschutz für Doppelgeneratoren (Ljungström). a Differenzbildung zwischen den Generatoren. — b Differenzbildung über beide parallelgeschaltete Wicklungen. — c Kombination von a u. b

Recht selten sind heute Generatoren mit in Dreieck geschalteten Wicklungen. Hierbei ist der Strom in den Zuführungen zur Sammelschiene um 30° gegenüber dem Strom in der Generatorwicklung verschoben und außerdem um den $\overline{V3}$fachen Wert größer. Würde man den Differentialschutz genau wie bei einem λ-Generator über jede Wicklung legen, so müßten die Ausgangswandler direkt am Generator liegen, da man nicht beide Enden bis zur Sammelschiene legen kann. Um nun den Schutzbereich bis zur Sammelschiene ausdehnen zu können, wählt man eine $\triangle/\lambda$-Schaltung der Wandler wie in Abb. 146b. Die Übersetzungsverhältnisse der Wandler müssen sich dann um den Faktor $\overline{V3}$ unterscheiden.

Es sind auch magnetische Differenzbildungen ausgeführt worden wie in Abb. 146c (Byrd). Die beiden Enden der Generatorwicklung werden gemeinsam durch einen Wandler geführt. Die Sekundärwicklung führt dann nur den Differenzstrom, d. h. sie ist normalerweise stromlos. Da man beide Enden ebenfalls nicht bis zur Sammelschiene führen kann, müssen diese Spezialwandler direkt beim Generator aufgestellt werden, so daß der Schutzbereich nur auf den Generator beschränkt bleibt. Da kein weiterer Vorteil damit verbunden ist, außerdem Spezialwandler erforderlich sind, trifft man heute kaum mehr eine solche Ausführung an.

Große Maschinen werden auch mit zwei oder mehreren parallelen Wicklungen in jedem Leiter ausgeführt, um die hohen Betriebsstromstärken thermisch beherrschen zu können. Die Ströme in den einzelnen Teilleitern sind im Normalbetrieb einander gleich. Im Kurzschlußfall eines der Leiter tritt ein Ausgleichstrom zwischen dem gesunden und dem fehlerbehafteten auf. Durch eine Differenzschaltung kann also ein solcher Kurzschlußfall festgestellt werden. Man führt diese Schaltung jedoch in erster Linie zum Erfassen von Windungsschlüssen oder Phasenunterbrechung aus (vgl. S. 126).

Etwas anders sehen die Differentialschaltungen für Doppelgeneratoren (Ljungström-Aggregate, Abb. 147) aus. Zunächst könnte man für jeden Generator getrennt einen Differentialschutz anwenden, wofür vier Wandlergruppen erforderlich wären. Bei einem Fehler jedoch in einem der beiden Generatoren — neben Kurzschluß auch mechanische Reibung oder ungleiche Erregung — liefert der andere Generator Strom hinein. Dieser Ausgleichsstrom ist aber ein gerade für diese Art von Generatoren charakteristisches Fehlerkriterium. Wählt man also eine Differenzschaltung nach Abb. 147a, so könnte jeder Kurzschluß in einem der beiden Generatoren erfaßt werden. Dieser Ausgleichstrom tritt jedoch auch bei Asynchronismus der beiden Generatoren auf, was beim Anfahren oder auch bei naheliegenden äußeren Kurzschlüssen der Fall ist. Um hierbei Fehlauslösungen zu vermeiden, ist eine Zeitverzögerung fast nur das einzige Mittel. Eine Schnellabschaltung ist damit auch nicht gegeben.

Die dritte Möglichkeit stellt Abb. 147b dar. Man schaltet beide Generatoren parallel und betrachtet sie als einen Generator. Der Differentialschutz besteht dann aus zwei Wandlergruppen, wie bei einem Normalgenerator. Die beiden Sternpunkte werden jedoch ungern in dieser Weise verbunden, und außerdem verzichtet man auf das Fehlerkriterium der Ausgleichströme.

Daher die vierte und heute allgemein übliche Ausführung nach Abb. 147c, die eine Kombination zwischen 147a und 147b darstellt. Jeder Generator hat eine Wandlergruppe im Sternpunkt, während die gemeinsamen Abgangsleiter die dritte Gruppe mit dem doppelten Übersetzungsverhältnis besitzt. Durch Zwischenwandler kann man die Differenz zwischen den Generatorströmen bilden und sie als besonderes Fehlerkriterium — z. B. ungleiche Erregung bei Windungsschluß in einer Erregerwicklung — verwerten. Der Differentialschutz über die Summe ist frei von Ausgleichströmen und kann daher sehr schnell abschalten.

Die Differentialrelais werden bei allen Differenzschaltungen entweder für jeden Leiter einzeln oder dreiphasig gemeinsam ausgeführt. Im letzten Fall nimmt man eine verschiedene Ansprechempfindlichkeit zwischen einpoligem (0,75) — wichtig für Doppelerdschlüsse —, zweipoligem (1,5) und drei-poligem (1,0) Kurzschluß in Kauf. Dies entspricht auch meistens der Wirklichkeit, da bei einem zweipoligen Kurzschluß ein um 50% höherer Kurzschlußstrom auftritt bei gleichem Erregerzustand als bei dreipoligem Kurzschluß.

II. Windungsschluß = Kurzschluß zwischen Windungen des gleichen Leiters

Einen Windungsschluß, Abb. 148, kann man sich auch als eine kurzgeschlossene Sekundärwicklung vorstellen, die transformatorisch mit dem

Hauptleiter verbunden ist. Der Strom im Kurzschlußkreis ist von der Höhe
der Erregung abhängig. Je weniger Windungen kurzgeschlossen sind, um so

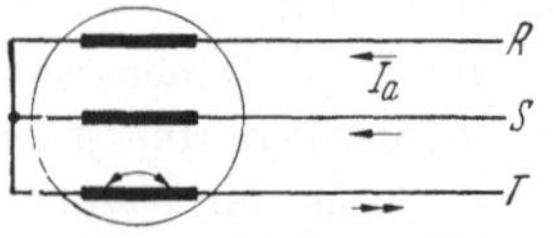

Abb. 148. Windungsschluß.
J_a = von außen kommender Strom

höher ist der Strom, bis auch hier die Übergangswiderstände und die Streuung eine Grenze
setzen. Die Ströme können also sehr beträchtliche Werte erreichen und große Zerstörungen
zur Folge haben. Im Gegensatz zum Wick-
lungsschutz ist hier im Sternpunkt kein innerer
Kurzschlußstrom festzustellen, da der Kurzschlußstrom direkt von der EMK
im Leiter transformatorisch erzeugt wird. Nur bei Parallellauf mit anderen
Stromerzeugern wird ein äußerer Strom J_a zugeführt, der in dem kurzgeschlossenen Leiter doppelt so hoch ist wie in den gesunden Leitern. Außer-

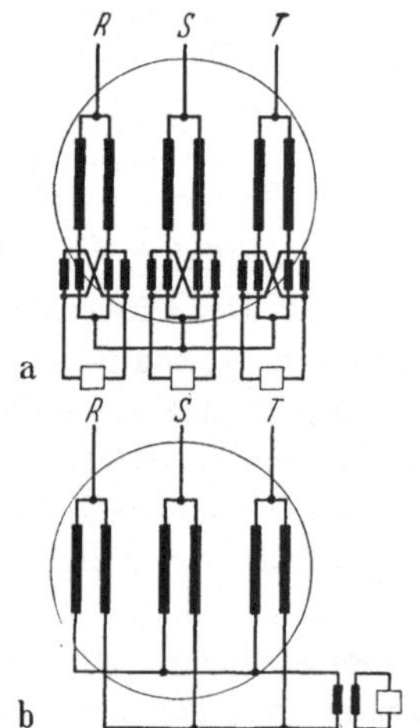
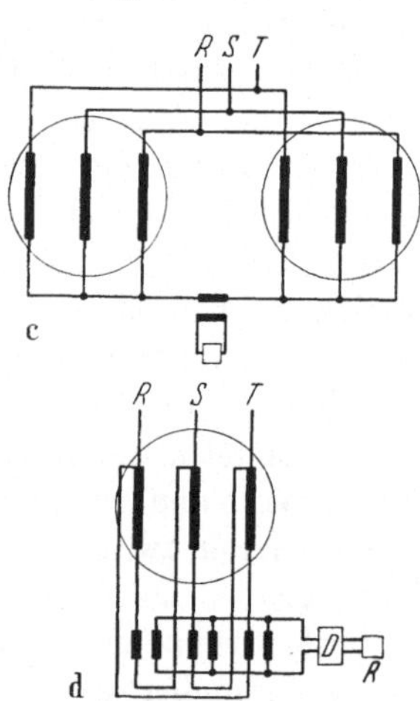

Abb. 149 a–d. Windungsschlußschutz mit Ausgleichsströmen.
a Windungsschlußschutz bei Generatoren mit Doppelwicklung. Differenzbildung
zwischen den Leitern. — b Ausgleichstrom oder Spannung zwischen beiden Sternpunkten. — c Windungsschlußschutz bei Doppelgeneratoren. — d Windungsschlußschutz bei Generatoren mit Dreieckschaltung.
D = Tiefpaß (Drosselkette), R = Relais

dem erreicht er nicht die Höhe wie bei einem Wicklungsschluß. Dieser äußere
Kurzschlußstrom ist außerdem vor und hinter der Generatorwicklung stets
gleich, so daß er von einem Differentialschutz nicht erfaßt werden kann.

Es gibt nun folgende Möglichkeiten, einen Windungsschluß festzustellen.

1. Durch Ausgleichströme bei parallelgeschalteten Leitern. Abb. 149a—d

Bei Generatoren mit Mehrfachwicklungen, Abb. 149a, fließt von dem
zweiten Leiter noch ein Ausgleichstrom zum kurzgeschlossenen. Dieser Strom
besitzt zwar nicht die Höhe eines Kurzschlußstromes, da der zweite Leiter
von dem gleichen Feld erregt ist. Trotzdem ist die magnetische Verkettung
nicht so vollständig, daß nicht ein Potentialunterschied vorhanden ist. Durch
eine Differenzschaltung kann dieser Ausgleichstrom wie in Abb. 149a fest-

gestellt werden. Das Differentialrelais muß jedoch empfindlich eingestellt werden.

Man kann auch die parallelgeschalteten Leiter wie in Abb. 149b zu getrennten Sternpunkten führen — was jedoch ungern gemacht wird — und den Ausgleichstrom oder den Potentialunterschied zwischen den beiden Sternpunkten messen.

Auch Doppelgeneratoren sind praktisch wie Generatoren mit parallelgeschalteten Leitern zu betrachten mit dem Unterschied, daß hierbei die Leiter magnetisch vollkommen getrennt und die Ausgleichströme wesentlich größer sind. Diese Ströme können durch die Differentialschaltung nach Abb. 147a oder 147c erfaßt werden. Im allgemeinen mißt man jedoch nur den Potentialunterschied zwischen den beiden Sternpunkten nach Abb. 149c. Durch den Kurzschluß auf dem einen Leiter bricht dessen Spannung zusammen und zwischen den Sternpunkten tritt der Spannungsunterschied zwischen ihm und dem gesunden Leiter des zweiten Generators auf. Man kann auch ebenso den dadurch bedingten Ausgleichstrom messen.

2. Nullstrom bei △-Generatoren. Abb. 149d

Schaltet man die Sekundärwicklungen von Wandlern in jedem Leiter parallel, so ist die Stromsumme im Normalbetrieb gleich Null und das Relais ist stromlos. Erhält ein Leiter einen Windungsschluß, so können die parallelgeschalteten beiden anderen Leiter einen Ausgleichstrom über ihn schicken. Dieser Ausgleichstrom hat in den drei Leitern die gleiche Richtung, so daß das Relais die Summe der Ströme erhält. Nun besitzt praktisch jeder Generator in den Leitern eine Spannung der dritten Harmonischen, die gleiche Richtung hat. Im Gegensatz zu ⋏-Generatoren kann sich bei △-Generatoren diese ausgleichen, d. h. in der △-Wicklung fließt stets ein Strom der dritten Harmonischen, den das Relais immer feststellen würde. Durch einen Tiefpaß muß dieser Strom vom Relais ferngehalten werden, d. .h er darf nur Ströme unter 100 Perioden durchlassen und höhere Frequenzen sperren.

3. Spannungsvergleich zwischen Generatorsternpunkt und einem künstlichen Sternpunkt. Abb. 150a u. b

Durch einen Windungsschluß bricht das Feld in einem Leiter zusammen und das Spannungsdreieck deformiert sich stark. Der Sternpunkt liegt jedoch nicht mehr im Schwerpunkt des Dreiecks. Vergleicht man seine Lage mit einem künstlichen Sternpunkt, der genau im Schwerpunkt des Spannungsdreieckes gehalten wird, so stellt der Spannungsunterschied oder der Ausgleichstrom ein Kriterium des Windungsschlusses dar. Der künstliche Sternpunkt wird durch drei Spannungswandler oder einen Drehstromtransformator gebildet, wobei durch eine Dreieckswicklung der Sternpunkt im Schwerpunkt gehalten wird. Arbeitet der Generator allein, so ist der Potentialunterschied nicht etwa proportional zu dem Prozentsatz der kurzgeschlossenen Windung von der gesamten Wicklung, da durch einen solchen Fehler stets das Feld des gesamten Leiters betroffen wird. Er müßte fast unabhängig davon sein, wenn die magnetische Verkettung des Kurzschlußkreises mit dem gesamten Feld sehr eng wäre, z. B. wie bei einem Transformator. Abb. 151 gibt einen Anhalt über den Zusammenhang zwischen Sternpunktsverlagerung und prozentualer kurzgeschlossener Windungszahl bei einer zweipoligen und einer achtpoligen Maschine. 100% Verlagerung ist auf die Verlagerung bei Windungsschluß über die

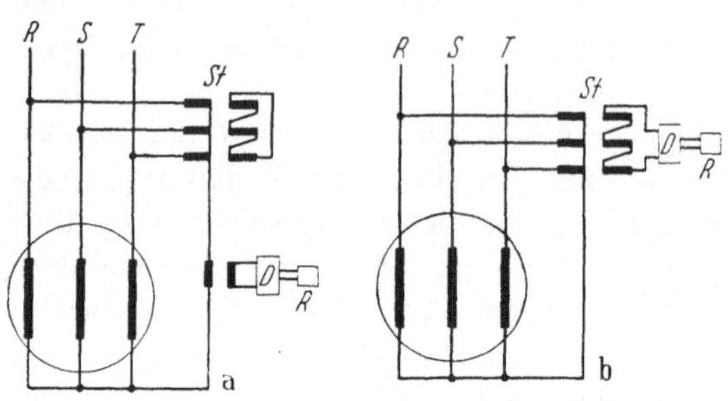

Abb. 150 a u. b. Windungsschlußschutz durch Feststellen einer Sternpunktverlagerung.
a Windungsschlußschutz durch Messen der Sternpunktsverlagerung zwischen Generatorsternpunkt und Sternpunkt der Stützdrossel *St.* D = Tiefpaß (Drosselkette). — b Desgl. Messung der Verlagerungsspannung auf der Sekundärseite der Stützdrossel *St.*

ganze Wicklung bezogen. Absolut beträgt diese bezogene 100%-Verlagerung etwa 25—30% der Generatorsternspannung. Sie ist auch von der Dämpferwicklung im Generator abhängig. Diese 100%-Verlagerung kann man durch einen Versuch an der Maschine bei der Inbetriebnahme des Schutzes feststellen und danach die Einstellung des Relais vornehmen. Würde man z. B. 20% hiervon einstellen, so würde das Relais gemäß der zweipoligen Kurve noch bei einem Windungsschluß von 5% der Wicklung ansprechen.

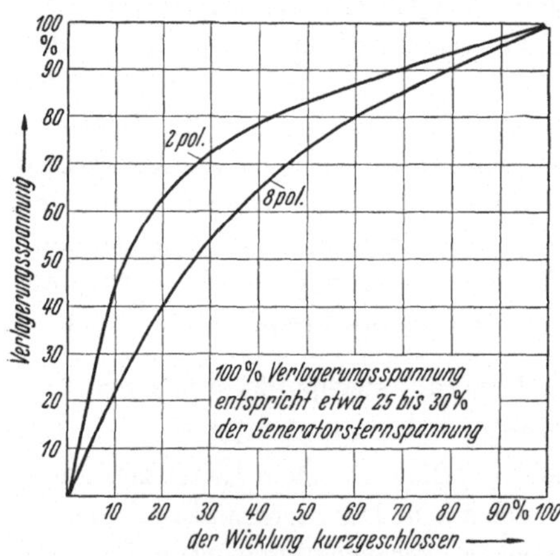

Abb. 151. Sternpunktsverlagerung bei Windungsschluß. 100% Verlagerungsspannung entspricht etwa 25 bis 30% der Generatorspannung

Jedoch spielt auch hier die dritte Harmonische eine erhebliche Rolle. Da die Spannung dieser Harmonischen in allen drei Leitern gleichgerichtet ist, steht zwischen den beiden Sternpunkten diese Spannung in voller Höhe dauernd an. Sie muß also auch hierbei durch einen Tiefpaß vom Relais ferngehalten werden. Das Relais darf nur auf Spannungsunterschiede der Grundharmonischen ansprechen. Der Transformator mit der Dreieckswicklung ist unter dem Namen „Stützdrossel" bekannt geworden.

4. Feststellung einer 100-periodigen Frequenz im Erregerkreis. Abb. 152.

Jeder Windungsschluß ist eine einphasige Belastung des Generators. Nach S. 51 hat eine solche ein inverses Drehfeld zur Folge, das im Dämpferkäfig und im Erregerkreis einen Strom von 100 Perioden hervorruft. Dieses Kriterium wäre zu verwenden, wenn nicht ein zweipoliger äußerer Kurzschluß das gleiche zur Folge hätte, wobei sich die Höhe dieser Spannung von der bei Windungsschluß zwar unterscheidet. Aus dieser Doppelbedeutung läßt sich diese an sich gute Methode nicht allein als Windungsschlußkriterium verwerten.

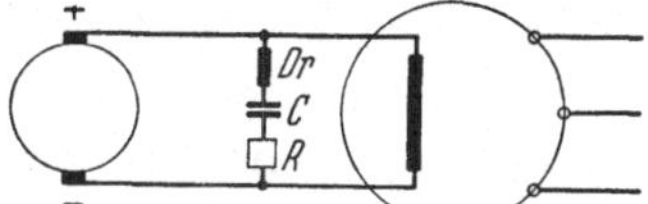

Abb. 152. Feststellen der 100periodigen Spannung im Erregerkreis.
Dr = Drossel } Resonanz bei
C = Condensator } 100 Perioden
R = Relais

Die Bedeutung eines Windungsschlußschutzes ist stark zurückgegangen, seit man die Generatoren fast sämtlich mit Stabwicklung ausführt, d. h. in jeder Nut von jedem Leiter nur eine Windung. Ein Windungsschluß ist damit so gut wie ausgeschlossen. Sollte einmal der überaus seltene Fall auftreten, daß zwei solche Stäbe in verschiedenen Nuten Berührung mit Gehäuse haben und hierüber einen Windungsschluß herstellen, dann ist aber auf jeden Fall ein Gestellschluß gleichzeitig vorhanden, der von dieser Apparatur erfaßt werden kann. Damit ist aber auch gesagt, daß ein Doppelerdschluß im Generator neben einem Wicklungsschluß auch gleichzeitig einen Windungsschluß und Gestellschluß darstellt. Nur an den Wickelköpfen können sich Windungen des gleichen Leiters kreuzen, so daß bei Generatoren mit hoher Spannung hier ein Windungsschluß auftreten kann.

III. Gestellschluß = Berührung eines Leiters mit Gehäuse (Erdschluß)
Abb. 153

Im Rahmen eines Generatorenschutzes wird dem Gestellschlußschutz (Ständererdschluß) eine große Bedeutung beigemessen, obwohl ein reiner Ständererdschluß noch keine Unterbrechung der Energielieferung zur Folge hat und ein Generator weiterhin an der Energielieferung teilnehmen kann. Da die Ursache eines solchen Erdschlusses entweder mechanischer Art ist oder in der Verminderung der Isolation durch Alterung liegt, ist die Gefahr der Ausweitung des einfachen Erdschlusses durch

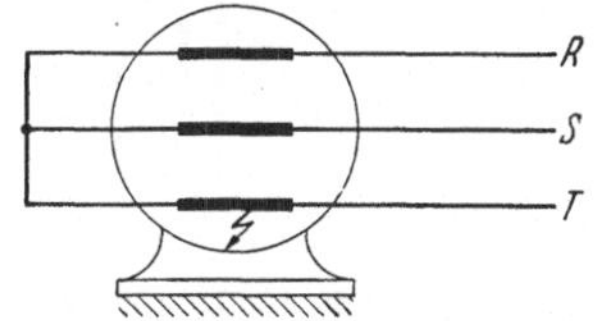

Abb. 153. Gestellschluß = Berührung eines Leiter mit Gehäuse (Erdschluß)

die Spannungserhöhung der noch gesunden Stränge in einen Doppelerdschluß, also Kurzschluß, sehr groß. Man zieht daher meistens eine sofortige Abschaltung vor.

Für die Erfassung eines solchen Gestellschlusses sind zwei Betriebsarten des Generators maßgebend:

1. Generator und Transformator als Einheit = Blockschaltung

Hierbei ist der Generator galvanisch durch den Transformator vom Netz getrennt. Ein Erdschluß kann also durch eine Spannungsverlagerung gegen Erde leicht festgestellt werden. Die Verlagerungsspannung U_{EM} kann nämlich nur bei einem Erdschluß im Generatorkreis — Generatorwicklung, Verbindungskabel zum Transformator, Unterspannungsseite des Transformators — gemessen und als Auslöse- bzw. Meldekriterium gewertet werden.

Die Nullspannung kann nun an einem Wandler im Sternpunkt des Generators gegen Erde oder an der offenen Dreieckswicklung eines Vierschenkelwandlers festgestellt werden, Abb. 154, siehe Seite 18.

Die Höhe der Verlagerungsspannung U_{EM} ist direkt abhängig von der Lage des Erdschlusses innerhalb der Generatorwicklung. An den Generatorklemmen ist sie 100% und nimmt linear zum Sternpunkt zu bis Null ab. Der *Schutzbereich* — der prozentuale Teil der Generatorwicklung von den Klemmen aus gerechnet, innerhalb welchen ein Erdschluß festgestellt wird — ist nun abhängig von der Empfindlichkeit und Überlastungsfähigkeit des Spannungsrelais, welches die Verlagerungsspannung messen soll. Spricht dieses Relais z. B. auf 10% der maximalen Verlagerungsspannung an, so beträgt der Schutzbereich 90% der Generatorwicklung. Gleichzeitig muß dieses Relais bei einem Klemmenerdschluß den 10fachen Ansprechwert thermisch aushalten können. Bei 95% Schutzbereich muß es in der Lage sein, den 20fachen Ansprechwert zu vertragen. Mit elektromagnetischen Relais, deren Leistungsaufnahme quadratisch zunimmt, sind diese Bereiche schwer zu erreichen. Wesentlich leichter kann man sie mit Gleichstromrelais und Trockengleichrichter verwirklichen, da deren Verbrauch sehr klein ist. Man hat auch Relais mit vorgeschalteten Eisenwasserstoffwiderständen oder Metallfadenlampen verwendet, um ein übermäßiges Ansteigen des Relaisstromes zu begrenzen.

Dieses überaus einfache Erfassen eines Gestellschlusses wird jedoch durch die Rückwirkung oberspannungsseitiger Erdschlüsse (Netzerdschlüsse) erschwert. Die Ober- und Unterspannungsseite des Transformators ist durch die gegenseitige Kapazität der Wicklung verbunden. Bei einem Netzerdschluß (Abb.154) ist die oberspannungsseitige Sternspannung die treibende Spannung. Es bildet sich daher ein Stromkreis über den Erdschlußpunkt E, über den Sternpunktstransformator bzw. Vierschenkelwandler und über die

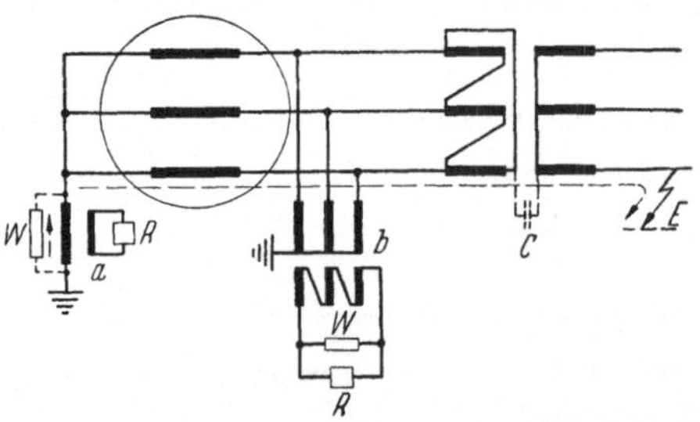

Abb. 154. Gestellschlußerfassung bei Generatoren in Blockschaltung. a = Nullpunkttransformator; b = Fünfschenkeltransformator; W = Absenkungswiderstand für oberspannungsseitigen Erdschluß; C = Kapazität zwischen Ober- und Unterspannungsseite des Leistungstrafo; R = Spannungsrelais

gegenseitige Kapazität C. Diese ist zwar klein — im Durchschnitt 0,01 μF fast unabhängig von der Leistung des Transformators —, aber der über C fließende Strom ruft an der Induktivität des Nullpunkttransformators bzw. Vierschenkelwandlers einen Spannungsabfall hervor, der das Potential der gesamten Generatorwicklung z. T. sehr gefährlich erhöht (Resonanzgefahr). An einem einfachen Spannungswandler könnte z. B. im Netzerdschlußfall eine Spannung größer als 100% Verlagerungsspannung gemessen werden. Glücklicherweise besitzt die Generatorwicklung einschließlich Zuführungskabel und Unterspannungsseite des Transformators auch eine Kapazität gegen Erde, die wesentlich größer ist als die gegenseitige Kapazität der Transformatorwicklungen. Die oberspannungsseitige Sternspannung teilt sich also im umgekehrten Verhältnis der Kapazitäten auf. Ist die Generatorkapazität ausnahmsweise klein, z. B. blanke Zuführungsschienen, kann es unter Umständen notwendig werden, durch zusätzliche Kapazitäten auf der Generatorseite eine gefährliche Potentialerhöhung gegen Erde bei Netzerdschluß zu verhindern. Ist der Sternpunkt oberspannungsseitig geerdet, ist jegliche Potentialerhöhung ausgeschlossen.

Will man nun 95% Schutzbereich erreichen, dann muß diese Spannungserhöhung weniger als 5% der Generatorsternspannung betragen. Zu diesem Zweck schaltet man primär- oder sekundärseitig einen ohmschen Widerstand zum Nullpunkttransformator oder Fünfschenkelwandler. Liegt er primärseitig, so muß er für Hochspannung ausgeführt werden. Liegt er sekundärseitig, dann müssen die Wandler leistungsfähig sein, da nunmehr bei Klemmenerdschluß die Generatorerdspannung über diesen Widerstand einen erheblichen Strom schickt. Da der Kapazitätsstrom über die Transformator-Wicklungskapazität der oberspannungsseitigen Sternspannung verhältnisgleich ist, $i = U_\lambda \cdot \omega \cdot 0{,}01 \cdot 10^{-6}$, wächst auch die notwendige Leistungsfähigkeit mit der Höhe der Netzspannung, desgleichen je höher der Schutzbereich gewählt wird.

Es muß also ein Mittelweg gesucht werden zwischen gewünschtem Schutzbereich und der Größe der Wandler und dem dadurch bedingten maximalen Erdschlußstrom bei Gestellschluß in der Nähe der Generatorklemmen. Im allgemeinen läßt sich ein 90%-Schutzbereich ohne Inkaufnahme wesentlichen Aufwandes erreichen.

Um den Strom auch bei Klemmenerdschluß klein zu halten, hat man die Absenkungswiderstände spannungsabhängig (Eisenwasserstofflampen) gemacht, deren Widerstand sich bei höherer Spannung stark erhöht.

100% Gestellschlußschutz. Es besteht oft der Wunsch, den Schutzbereich auf die ganze Generatorwicklung auszudehnen, was mit den eben geschilderten Maßnahmen nicht möglich ist, obgleich bei einem Gestellschluß unterhalb 10% vom Sternpunkt aus auch der Erdschlußstrom so gering ist, daß er kaum Zerstörungen anrichten kann. Aber es kommen manchmal doch Durchschläge in der Nähe des Sternpunktes vor — z. B. durch Wanderwellen

oder besonders durch mechanische Einwirkungen — die bei einem zweiten
Erdschluß einen Kurzschluß ergeben können. Es ist also immerhin für den
Betrieb wichtig, auch von einem Gehäuseschluß in Sternpunktsnähe Kennt-
nis zu erhalten.

Zu diesem Zweck hat man den Sternpunkt künstlich durch eine Fremd-
spannung verlagert (Abb. 155). Hier wird zwischen Generatorsternpunkt

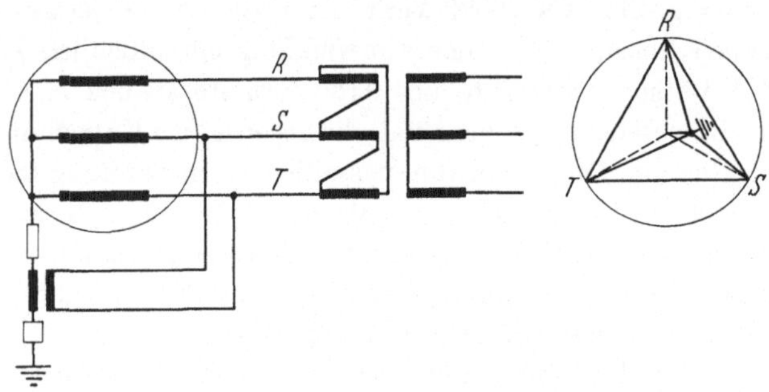

Abb. 155. 100% Gestellschlußschutz durch künstliche Spannungsverlagerung des Sternpunktes

und Erde über einen Wandler ein Teil der verketteten Generatorspannung
eingeführt und damit dauernd das Potential des Generators gegen Erde an-
gehoben. Im Normalbetrieb fließt nur ein kleiner Strom über die Generatorkapazität und Erde. Bei Erdschluß im Sternpunkt fließt nun ein Strom
entsprechend dieser Spannung und dem vorgeschalteten Widerstand, welcher
das Relais ansprechen läßt. Der verschobene Sternpunkt darf nicht in Rich-

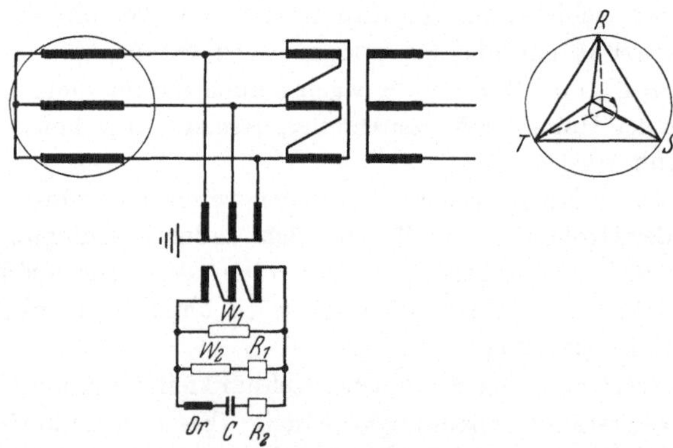

Abb. 156. 100% Gestellschluß durch Benutzen der natürlichen Sternpunktsverlagerung durch
die 3. Harmonische. W_1 = Absenkungswiderstand; W_2 = Vorwiderstand für das normale Gestellschlußrelais R_1; $Dr + C$ = Resonanzkreis für 150 ∿ für das 100%-Relais R_2

tung einer der Sternspannungen liegen, da dann bei Erdschluß an dieser
Stelle der Wicklung keine Anzeige erfolgen könnte.

Es gibt aber auch eine natürliche Verspannung des Generatorstern-
punktes gegen Erde und zwar durch die dritte Harmonische (Abb. 156). Der

Sternpunkt rotiert mit 150 $\sim$ um den Schwerpunkt. Besteht an den Generatorklemmen ein zweiter künstlicher Sternpunkt (Fünfschenkelwandler), so können sich bei Erdschluß in Sternpunktsnähe die dritten Harmonischen hierüber ausgleichen. Während man sie beim Windungsschlußschutz (Abb. 150) unterdrücken mußte, um die Grundwellenverlagerung herauszusieben, dienen sie hier zur Anzeige. Die drei gleichphasigen Spannungen — normalerweise zwischen 2 und 5% der Sternspannung — summieren sich in der offenen Dreieckswicklung. Durch einen Resonanzkreis für 150 $\sim$ (Dr und C in Abb. 156) kann diese Spannung für ein Relais besonders wirksam gemacht werden. Als Relais eignet sich am besten ein Gleichstromrelais mit Trockengleichrichter. Ein solches Relais zeigt Erdschlüsse in weniger als 10% vom Sternpunkt aus an und überbrückt somit die Lücke von 90% bis zum Sternpunkt (100%).

Im Normalbetrieb besteht an der Dreieckswicklung eine wenn auch schwache Oberwellenspannung, die außerdem mit der Belastung (Erregung) des Generators zunimmt. Sie ist durch einen Rückschluß über die Hälfte der Generatorkapazität bedingt. Dieser Störstrom läßt sich gerade bei einem Gleichstromrelais leicht eliminieren, indem man gleichstromseitig über das Relais einen Gegenstrom schickt, der entweder der Erregerspannung oder einem gleichgerichteten Leiterstrom verhältnisgleich ist.

2. Generator speist auf ein Netz oder auf eine Sammelschiene mit parallellaufenden Generatoren

Hierbei muß ein Erdschluß außerhalb des Generators von einem solchen im Generator unterschieden werden. Im Gegensatz zur Blockschaltung dient nicht mehr die Verlagerungsspannung, sondern der *Mittelpunktstrom zur Anzeige.* Dieser kann nur durch drei Stromwandler (vgl. S. 20) herausgesiebt werden. Dieser Erdschlußstrom kann entweder vom Generator selbst erzeugt oder von außen teils vom Kapazitätsstrom des angeschlossenen Netzes herrühren, teils bei zu geringer Netzkapazität durch eine besondere Hilfseinrichtung erzeugt werden.

In Amerika und England erdet man auch heute noch vielfach den Generatorsternpunkt über einen Widerstand, der bei Gehäuseschluß einen solchen Strom zur Folge hat, daß er durch den normalen Differentialschutz erfaßt werden kann. Man stellt dann die Ansprechempfindlichkeit des Differentialrelais z. T. auf 2% und darunter ein. Diese Anordnung trifft man sogar bei Blockschaltungen an. Der Erdstrom nimmt naturgemäß entsprechend der Lage des Erdschlusses in der Generatorwicklung, wie die Verlagerungsspannung, nach dem Sternpunkt zu bis zu Null ab. Will man hierbei einen großen Schutzbereich, so ergeben sich bei Klemmenerdschlüssen schon beträchtliche Ströme über die Erdschlußstelle.

In Deutschland ist man seit jeher bestrebt gewesen, diese Ströme so klein als möglich zu halten. Eingehende Versuche haben ergeben, daß man von einem

Leiter nach dem Eisenpaket bis zu 20 A auch längere Zeit fließen lassen kann, ohne daß sich an den Kanten der einzelnen voneinander isolierten Eisenbleche Schmelzperlen bilden. Über 50 A Strom dagegen bildet mit Sicherheit solche Verschmelzungen auch bei kürzester Abschaltzeit. Die Verschmelzungen stellen aber kleinere oder größere Kurzschlußkreise dar, die vom Magnetfeld durchsetzt werden. Die dadurch bedingten Kurzschlußströme haben weitere Verschmelzungen zur Folge, eine Erscheinung, die als *Eisenbrand* bekannt ist. Diesen will man so weit als möglich vermeiden, da eine solche Stelle schwer zu reparieren ist und z. T. Auswechseln des Eisenpaketes notwendig macht. Dieses Streben nach kleinen Erdschlußströmen und trotzdem großem Schutzbereich hat eine Vielfalt von Ausführungen in Deutschland zur Folge gehabt.

Als besonderes Erdschlußrelais verwendete man bis Ende der dreißiger Jahre ausschließlich ein dynamometrisches Wattmeter, das vom Summenstrom und der Nullspannung erregt wird. Als Vorteil gilt dabei, daß der Strom klein sein kann, da die Spannungserregung ein starkes Feld liefert und das Relais wie ein polarisiertes Relais wirkt. Kleiner Leistungsverbrauch im Strompfad ist aber unbedingt notwendig, wenn man Unsymmetrieströme von 0,5% und darunter noch erfassen will, ohne die Leistungsfähigkeit der Stromwandler zu überschreiten. Außerdem spricht ein Wattmeter nur auf die Grundharmonische im Strompfad an, wenn die Spannungsseite mit sinusförmigem Strom erregt wird. Schließlich gibt ein Wattmeter die Richtung des Unsymmetriestromes zur Verlagerungsspannung an und ermöglicht in gewissen Schaltungen eine Unterscheidung zwischen innen- und außenliegendem Erdschluß.

Demgegenüber stehen auch wieder gewisse Schwierigkeiten. Die Nullspannung nimmt mit der Lage des Erdschlusses in der Generatorwicklung ab, so daß die Ansprechleistung eines Wattmeters quadratisch abnimmt. Um diesen Mangel auszugleichen, nimmt man entweder drei Wattmeter, deren Spannungspfade fest an den verketteten Spannungen liegen. Dann bleibt die Erregung konstant hoch und eines der Wattmeter gibt je nach Lage des Fehlers einen positiven Ausschlag. Oder man nimmt ein Wattmeter (kleine Belastung im Strompfad) und schaltet dieses automatisch nacheinander an die drei verketteten Spannungen. Eine viel verbreitete Ausführung (Bütow) verwendet nicht nur für den strombestimmenden Widerstand im Sternpunkt, sondern auch für den Spannungspfad des Wattmeters spannungsabhängige Widerstände (Eisenwasserstofflampen), um sowohl den Erdschlußstrom zu begrenzen, als auch die Spannungserregung im Wattmeter möglichst weit nach unten konstant zu halten.

Seit etwa 10 Jahren wird mit gutem Erfolg an Stelle des Wattmeters ein reines Stromrelais verwendet und zwar ein polarisiertes Gleichstromrelais mit Trockengleichrichter. Es hat einen außerordentlich kleinen Eigenverbrauch (Stromwandlerbelastung) und gestattet, noch Unsymmetrieströme von 0,1 bis 0,2% des Wandlernennstromes zu erfassen. Außerdem lassen sich hierbei wirksame Stabilisierungsmaßnahmen verwirklichen, da durch die Gleichrichtung die Frequenz und die Phasenlage der Unsymmetrieströme keine Rolle mehr spielen. Um derart kleine Erdströme aus Wandlern herauszumessen, ist es notwendig, daß die Wandler absolut gleiche Sekundärwindungszahlen besitzen, vgl. S. 21).

Abb. 157a—e zeigt nun verschiedene Varianten, wie man einen künstlichen Erdstrom erzeugt, falls der Kapazitätsstrom des angeschlossenen Netzes zu gering ist. Als Beispiel ist ein Fünfschenkeltransformator an der Sammelschiene gewählt. Dasselbe kann auch durch einen Transformator im Generatorsternpunkt geschehen. 157a hat einen konstanten Widerstand. Der Strom steigt also bis 100%-Klemmenerdschluß linear an. In der Schaltung nach 157b wird der Widerstand durch spannungsabhängige Schaltglieder stufenförmig vergrößert. In Abb. 157c werden spannungsabhängige Widerstände (Eisenwasserstofflampen) verwendet (AEG Bütow), während in 157d ein Kohledruckregler den Strom konstant einregelt. Siemens

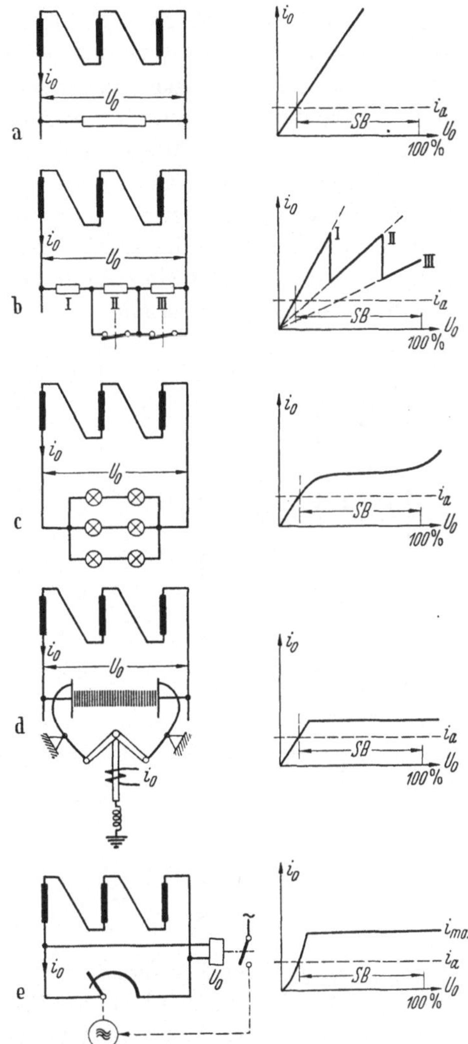

Abb. 157a—e. Abhängigkeit des Erdstromes i_0 von der Höhe der Verlagerungsspannung U_0; i_a Anregestrom des E-Relais.

a konstanter Begrenzungswiderstand. — b stufenförmiger Widerstand spannungsabhängig geschaltet (Siemens früher). — c spannungsabhängiger Widerstand (Eisenwasserstofflampen) AEG (Bütow). — d stromgeregelter Widerstand (Kohledruckregler) Konstantstrom (Siemens früher). — e zeitabhängig geregelter Strom mit maximaler Begrenzung (Siemens heute)

benutzt neuerdings eine zeitabhängige Stromregelung (Abb. 157e). Bei Auftreten einer Verlagerungsspannung U_{EM} (z. B. 10%) wird ein Motor in Gang gesetzt, der langsam den Widerstand verringert und damit den Strom

erhöht. Erreicht dieser Strom die Ansprechgrenze des Erdschlußrelais, so
schaltet dieses den Generator ab und der Erdschluß verschwindet. Der Motor dreht nunmehr den Widerstand wieder in die Ausgangsstellung zurück.
War der Kapazitätsstrom schon groß genug, um das Relais zum Ansprechen
zu bringen, so tritt dieser Widerstand nicht in Funktion. Lag dagegen der
Erdschluß nicht in einem Generator, sondern im Netz, so vergrößert der
Motor den Strom etwas über die notwendige Ansprechgrenze hinaus, bis im
Stromkreis des Widerstandes ein Automat anspricht und den Widerstand
abschaltet, der seinerseits vom Motor in seine Ausgangsstellung zurückge-
dreht wird. Der Generator erhält bei allen Lagen der Erdschlußstelle in der

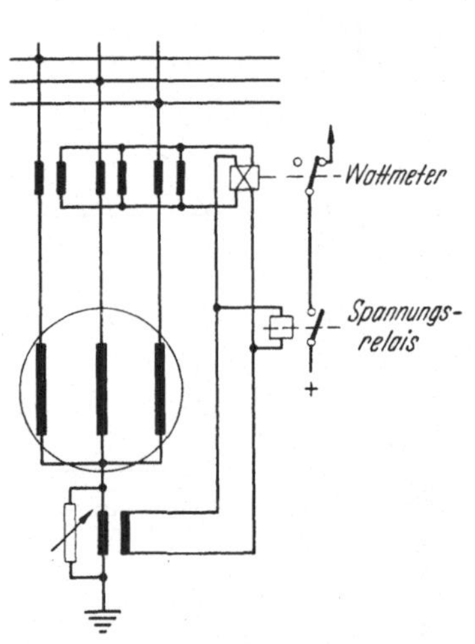

Abb. 158. Gestellschlußschutz mit Null-
punkttrafo und regulierbarem Erdschlußstrom. Verriegelung durch Wattmeter bei
außenliegendem Erdschluß

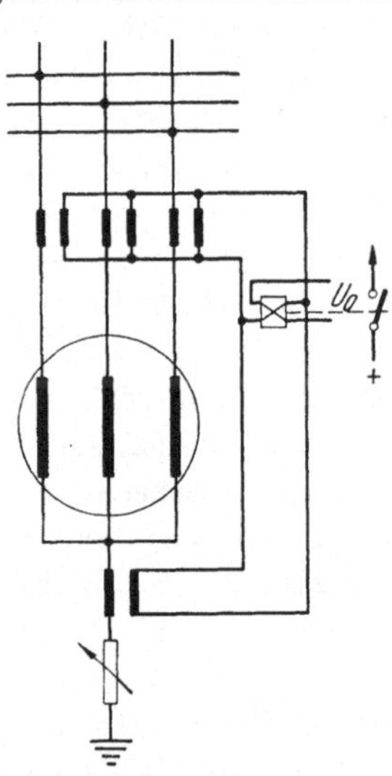

Abb. 159. Verriegelung durch
Differenzschaltung, Wattmeter
direkt auslösend

Wicklung stets nur soviel Strom, als gerade zum Ansprechen des Relais notwendig ist. Ist dieses außerdem ein Gleichstromrelais mit Trockengleichrichter, so braucht der Erdschlußstrom auch an allen Erdschlußstellen nur
die gleiche Größe, z. B. $2^0/_{00}$ des Wandlernennstromes zu besitzen, da die
Abhängigkeit von U_{EM} wegfällt.

Liegt ein Erdstromerzeuger im Generatorsternpunkt, dann liefert er
auch bei einem Netzerdschluß Erdstrom über den Generator und das
Relais. Dieses muß nun zwischen Netzerdschluß und Erdschluß im Generator unterscheiden. In Abb. 158 ist das Auslöserelais von der Verlagerungsspannung U_{EM} erregt. Seine Abschaltmöglichkeit wird kontaktseitig durch
ein Wattmeter, das ein cos-φ-Relais sein muß, bei nach außen gerichtetem
Erdstrom verriegelt. Es kann aber auch durch eine Differenzschaltung von
dem Summenstrom der Wandler der Strom im Sternpunktswiderstand sub-

trahiert werden, wodurch das Relais stromseitig bei Netzerdschluß stromlos wird. Abb. 159.

Alle Sternpunktswiderstände haben den Nachteil, daß sie alle bei parallel laufenden Generatoren Ströme nach der Erdschlußstelle schicken und damit bei Erdschluß in einem der Generatoren den Erdstrom unzulässig erhöhen. Demgegenüber kann ein Fünfschenkeltransformator für alle an der gleichen Sammelschiene liegenden Generatoren dienen, und der Erdstrom entspricht dem für den größten von ihnen notwendigen Strom. Bei der von Siemens verwendeten zeitabhängigen Stromregelung wird trotzdem jedem der einzelnen Generatoren nur soviel Strom zugeführt, als das Relais zum Ansprechen benötigt. Alle Generatoren mit freiem Sternpunkt stellen dann Stichleitungen dar, auf denen ein Unsymmetriestrom nur bei einem Erdschluß hinter dem Generatorschalter fließen kann. Damit ist die Selektivität zwischen verschiedenen Generatoren gewährleistet, wodurch auch ein einfaches Erdstromrelais (Gleichstromrelais) verwendet werden kann. Abb. 160 zeigt das Erdschlußrelais (hierbei noch ein Watt-

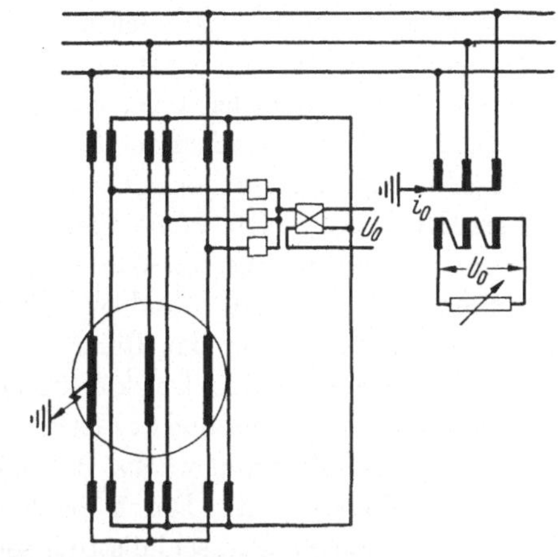

Abb. 160. Gestellschlußrelais verbunden mit Differentialschutz

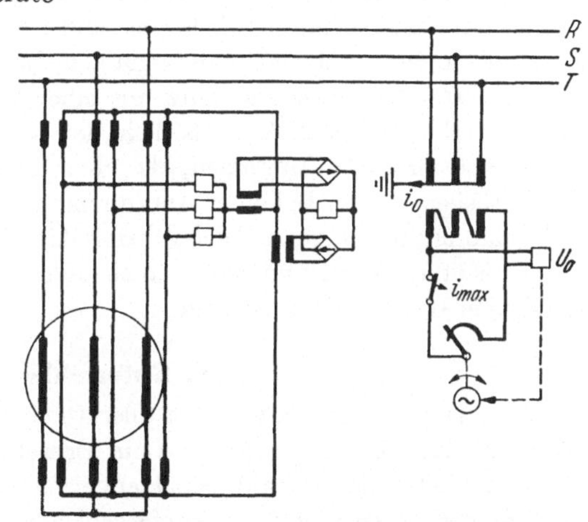

Abb. 161. Gestellschlußschutz mit Gleichstromdrehspulrelais (Siemens) in Verbindung mit Differentialschutz

meter) in den Differentialschutz eingegliedert. Das Relais ist hierbei das Differentialrelais für den Nullstrom. Man erspart dadurch besondere Wandler für den Erdschlußschutz, allerdings müssen die Differentialwandler alle sechs genau gleich sein (gleiche Windungszahl, gleiche Eisenqualität usw.).

Diese Anordnung hat besonderen Vorteil für ein empfindliches Gleichstromrelais mit Gleichrichter, Abb. 161. Auf S. 21 war erläutert, daß in der

Sternpunktsverbindung auch von genau abgeglichenen Wandlern je nach ihrer Belastung ein schwacher Strom fließt, der die Differenz der Leerlaufströme darstellt und aus einem Gemisch von höheren Harmonischen (besonders 3 und 5) besteht. Im Relais fließt nun wiederum die Differenz der beiden Sternströme, so daß auch bei Vollast praktisch kein Strom im Relais vorhanden ist, der ein Fehlansprechen bewirken könnte. Jedoch fließen auch zeitweise hier Ausgleichströme, die oft ein Vielfaches des Ansprechstromes betragen. Dies ist besonders der Fall, wenn Einschaltstöße von Transformatoren oder Motoren ein hohes Gleichstromglied im Primärstrom zur Folge haben. Diese Ausgleichströme fließen aber in noch höherem Maße in der Sternpunktsverbindung der Wandler. Richtet man diesen Sternstrom auf der Sternpunktseite gleich und schickt diesen gleichstromseitig in entgegengesetzter Richtung über das Relais, so wird es vollkommen immun gegen solche Ausgleichvorgänge. Der künstliche Erdstrom kommt dagegen von der Sammelschienenseite her und das Relais hat dafür seine volle Empfindlichkeit.

Der Sternpunktstrom wächst mit dem Primärstrom und steigt besonders stark mit Überstrom an. Durch die Kompensation wird das Relais gerade bei außenliegendem Kurzschlußstrom sehr stabil, ohne daß es, wie allgemein üblich, durch das Überstromrelais verriegelt werden muß. Die etwas größere Unempfindlichkeit bei höherem Laststrom wird dadurch ausgeglichen, daß hierbei der Wandler empfindlicher ist und für den Unsymmetriestrom weniger Leerlaufstrom benötigt, als wenn kein Laststrom vorhanden ist.

Ein 100% Gestellschlußschutz mit einer künstlichen Verspannung wie bei Blockschaltung nach Abb. 155 läßt sich bei einem auf ein Netz arbeitenden Generator nicht anwenden, da über die Netzkapazität dauernd ein Strom fließen würde. Bei einer Anordnung nach Abb. 161 würde bei einem Erdschluß in Sternpunktsnähe ein Strom der dritten Harmonischen über die Netzkapazität fließen und damit auch ohne besondere Zusatzmittel einen 100% igen Gestellschluß erfassen.

IV. Rotorfehler

Ein relativ hoher Prozentsatz aller Generatorschäden tritt im Rotorkreis auf. Zunächst ist es meistens ein Erdschluß, der an sich den Betrieb noch nicht gefährdet. Sobald jedoch ein zweiter Erdschluß hinzukommt und ein Teil der Erregerwicklung kurzgeschlossen wird, tritt eine unter Umständen gefährliche unsymmetrische mechanische Beanspruchung des Läufers auf.

Bei einem normalen Generator läßt sich ein Windungsschluß mit einfachen Mitteln sehr schwer feststellen. Dagegen ist es sehr leicht, einen Erdschluß zu erfassen. Da dieser auf jeden Fall eine Schadhaftigkeit des Rotors darstellt und damit die Wahrscheinlichkeit einer weiteren Schadensstelle erhöht, wird heute praktisch bei jedem Generatorschutz ein Erdschluß im Rotorkreis gemeldet.

Zu diesem Zweck kann man einmal einen Punkt des Erregerkreises über ein Spannungsrelais erden. Bei einem Erdschluß an einer anderen Stelle des Kreises mißt dieses Relais den Spannungsunterschied von seinem Punkt bis zur Fehlerstelle. Fehler in seiner nächsten Umgebung kann also ein solches Relais nicht feststellen.

Setzt man dagegen den ganzen Rotorkreis mittels Wechselstrom über einen Kondensator auf ein höheres Potential, z. B. 30—50 V, wie Abb. 162 zeigt, dann fließt zwar im schadensfreien Betrieb ein kleiner Strom über die Kapazität des Rotorkreises gegen Erde, aber bei einem Erdschluß an jeder Stelle ein bestimmter Erdstrom, der zur Anzeige dient.

Bei Doppelgeneratoren läßt sich auch ein Windungsschluß im Rotorkreis leicht feststellen. Ein solcher Fehler ergibt ungleiche Erregung in den Generatoren und damit Ausgleichsblindströme, die durch Blindleistungs-

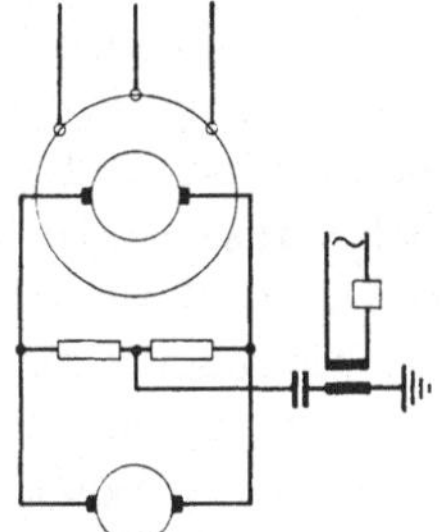

Abb. 162. Anzeige eines Erdschlusses im Rotorkreis

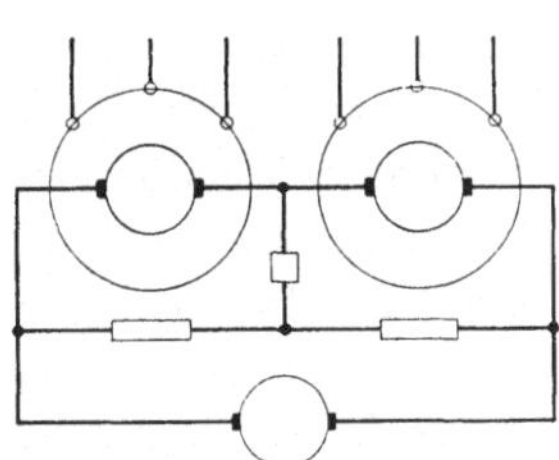

Abb. 163. Feststellen eines Windungsschlusses im Rotorkreis eines Doppelgenerators (Ljungström) durch eine Brückenschaltung

relais in einem Querdifferentialschutz nach Abb. 147a bzw. 147c erfaßt werden.

Die in Abb. 163 dargestellte Brückenschaltung, die auch auf der Erregerseite das Feststellen eines Windungsschlusses ermöglicht, wird praktisch kaum angewendet, da die Übergangswiderstände der Schleifbürsten die Messung sehr unsicher gestalten.

V. Gefahren, die dem Generator durch äußere Fehler erwachsen können

a) Überlastung. Eine wärmemäßige Überlastung eines Generators kann entweder durch eine zu hohe Wirklast, oder zu hohe Blindlast (induktiv oder kapazitiv) durch schlechte Spannungsregelung oder auch durch zu geringe Kühlung eintreten. Trotzdem wird selten ein besonderer Überlastschutz eingebaut, da ein Generator durch das Bedienungspersonal dauernd auf Stromhöhe und Temperatur überwacht wird. Der Überstromschutz, der als Grundschutz bei jedem Generator vorgesehen wird, kann kaum als Überlastschutz angesehen werden, da einmal seine Stromeinstellung meistens zu hoch (140—150% von J_n) ist und zweitens der Generator eine Überlastung wesentlich längere Zeit, als die Ablaufzeit der Überstromrelais beträgt, aushalten kann, bis eine Schädigung auftritt. Dieser Überstromzeitschutz ist vielmehr in erster Linie die letzte Abschaltmöglichkeit des Netzschutzes, falls im Netz aus irgendeinem Grund der Fehler nicht abgeschaltet werden kann. Ein erheblicher Teil der Generatoren besitzt heute an Stelle des Überstromschutzes einen Impedanzschutz, dessen Ablaufzeit sich mit der Fehlerortsentfernung vergrößert. Dadurch werden Kurzschlüsse auf den Generatorsammelschienen mit kurzer Zeit abgeschaltet und die Schäden wesentlich verringert, während die lange Reservezeit bei Netzfehlern beibehalten bleibt.

b) Spannungserhöhung. Im normalen Betrieb kann eine gefährliche Spannungserhöhung nicht auftreten, da z. B. ein Versagen des Spannungsreglers nur einen erhöhten Blindstromaustausch zur Folge haben würde, der unter Umständen durch den Überstromschutz zu einer Abschaltung führen könnte. Dagegen tritt eine solche auf, wenn ein Generator vor allem bei Vollast plötzlich vom Stromabnehmer (Netz) getrennt wird. Dann tritt aber zunächst nur der Sprung auf, der durch den Laststrom infolge der Ankerrückwirkung kompensiert wurde. Dieser Sprung beträgt kaum über 30% der Nennspannung und ist deshalb nicht als gefährlich anzusehen. Die entlastete Maschine hat jedoch dann das Bestreben, ihre Drehzahl zu erhöhen, was durch den Drehzahlregler ausreguliert wird. Ein Turboläufer, bei welchem außerdem die Drehzahlregelung schnell eingreifen kann, verträgt sowieso keine hohe Überdrehzahl. Der Schnellschluß sperrt bei maximal 10%iger Drehzahlerhöhung die Dampfzufuhr ab. Bei Wasserkraftmaschinen jedoch gestatten die in Bewegung befindlichen Wassermassen kein schnelles Abstellen der Antriebskraft. Die Maschinen sind daher stets so ausgelegt, daß sie eine erhebliche Drehzahlerhöhung, z. T. bis zur doppelten Nenndrehzahl, aushalten können.

Mit der Drehzahlerhöhung steigt auch linear die Generatorfrequenz. Die Spannung steigt infolge der ebenfalls erhöhten Drehzahl der Erregermaschine quadratisch an. In diesem Fall ist ein Spannungsrelais unbedingt notwendig, das bei einem Überschreiten der Spannung, z. B. 150% der Nennspannung, die Entregung einleitet. Dabei ist folgendes beachtenswert: Besitzt ein solches Spannungsrelais überwiegend induktiven Widerstand, so steigt dieser auch mit der höheren Frequenz. Der Relaisstrom bleibt also trotz höherer Spannung annähernd konstant und bringt das Relais nicht zum Ansprechen. Das Relais muß also vorwiegend ohmschen Widerstand besitzen, z. B. ein Gleichstromrelais mit Trockengleichrichter. Bei kapazitivem Vorwiderstand wird das Relais bei steigender Frequenz sogar empfindlicher.

c) Unsymmetrische Belastung. Auf S. 50 wurden solche Belastungen mit ihren Folgen und die Möglichkeiten, den inversen Strom zu messen, eingehend erörtert. Jeder zweipolige Kurzschluß stellt eine unsymmetrische Belastung dar, der aber längstens mit dem Überstromschutz des Generators abgeschaltet wird, wenn er nicht vorher in wesentlich kürzerer Zeit vom

Netzschutz herausgetrennt wurde. Normalerweise bedarf ein Generator solcher Fehler wegen keines Unsymetrieschutzes. Bei großen Generatoren allerdings, die mit Stoßerregungen ausgerüstet sind, erreichen bei ein- und zweipoligen Kurzschlüssen die inversen Ströme solche Höhe, daß der Generator schon nach kurzer Zeit (ab 1,5 s) abgeschaltet werden muß, um Schädigungen zu vermeiden. Die Unsymmetrierelais besitzen dann eine Abschaltzeit, die umgekehrt proportional dem Unsymmetriestrom ist. Es gibt auch eine Reihe von Generatoren, vor allem in Blockschaltung, die über eine z. T. erhebliche Freileitung, z. B. 10—15 km, direkt auf eine Höchstspannungssammelschiene arbeiten. Jede Unterbrechung eines Leiters auf dieser Zuführungsleitung verwandelt die symmetrische Belastung sofort in eine volle unsymmetrische. Eine Unterbrechung z. B. einer Mastverbindung kann durch den Netzschutz nicht festgestellt werden, falls nicht gleichzeitig ein Erdschluß damit verbunden ist. Eine solche unsymmetrische Belastung verträgt kein Generator auf längere Zeit. Hier ist zumindest eine Warnmeldung durch ein besonderes Unsymmetrierelais angebracht, denn Strommesser in den drei Generatorleitungen sind nicht ein völlig zuverlässiges Mittel, um Unsymmetrien rechtzeitig festzustellen.

d) Rückwattschutz. Dieser unter diesem Namen bekannte Schutz soll nur bei Schäden in der Antriebsmaschine in Tätigkeit treten. Er besteht aus einem Wirkleistungsrelais, fast ausschließlich nach dem Zählerprinzip gebaut, und hat den Generator vom Netz zu trennen, wenn er vom Netz aus als Motor angetrieben wird. Dieser Zustand kann nur eintreten, wenn die Antriebskraft wegfällt, z. B. Riß einer Dampfleitung, Schaufelschäden oder fehlerhaftes Ansprechen des Schnellschlusses. Man hat auch öfters vorgeschlagen, den Schnellschluß mit einem Kontakt zu versehen und dadurch den Generator abzuschalten. Diese Maßnahme birgt jedoch die Gefahr in sich, daß nach einem fehlerhaften Fallen des Schnellschlusses noch soviel Dampf einströmen kann, daß bei abgeschaltetem Generator die Turbine in gefährlicher Weise Überdrehzahl erreicht. Das Rückwattrelais gibt allein das sicherste Kriterium, ob die Antriebskraft fehlt und der Generator und damit die Turbine vom Netz her angetrieben wird. Man sollte daher den Kontakt am Schnellschluß (b) stets in Serie mit dem Kontakt des Rückwattrelais (a) schalten, Abb. 164. Die Abschaltzeit soll dann kurz sein. Parallel zu diesem Kreis kann das Rückwattrelais jedoch allein über eine einstellbare Zeit (c) abschalten.

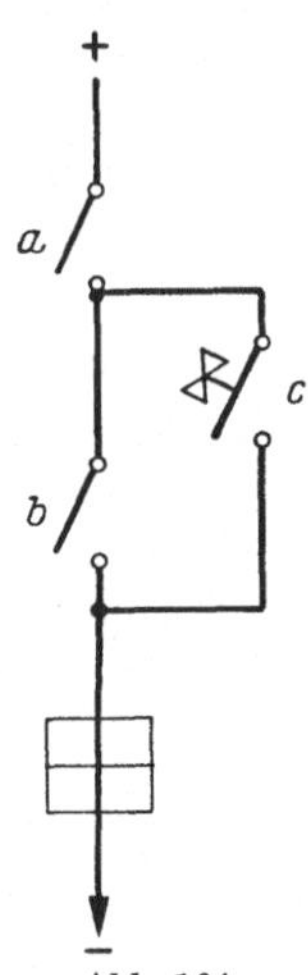

Abb. 164

Diese Zeit darf aber nicht unter 3 s sein, um mit Sicherheit ein Abschalten beim Außertrittfallen auszuschließen, da dabei ebenfalls Rückleistungen im Takte der Schwebung auftreten. Manchmal muß diese Zeit noch erheblich verlängert werden bei parallel arbeitenden

Generatoren mit stark verschiedenem Schwungmoment (Vor- und Nach-
schaltmaschine) da hierbei im Anschluß an einen außenliegenden Kurzschluß Ausgleichleistungen auftreten können.

e) Ausbleiben der Erregung. Hierfür wird in sehr wenigen Fällen eine
Apparatur gefordert. Sie läßt sich leicht durch ein Stromrelais mit großer
Überlastbarkeit im Erregerstrom verwirklichen. Man kann auch ein Verhältnisrelais verwenden, das das Verhältnis Generatorwechselspannung zur Erregerspannung oder zum Erregerstrom feststellt. Übersteigt dieses einen
festgesetzten Wert, so wird der Generator abgeschaltet. Wenn ein solches
Relais nicht vorhanden ist, dann nimmt der Generator einen hohen Blind-
strom auf, der meistens durch den Überstromschutz abgeschaltet wird. Der
Generator arbeitet dann mit seiner Dämpferwicklung wie ein fremdan-
getriebener Kurzschlußläufer, der seine Erregung aus dem Netz bezieht.

VI. Schutzmaßnahmen = Abschalten, Entregen, Brandlöschen

Mittels des Leistungsschalters wird der Generator durch den Schutz rasch
vom Netz getrennt und damit ein Teil — meistens der größte — der Kurzschlußenergie ausgeschaltet. Gleichzeitig wird das Netz von der Fehlerstelle
befreit.

Da der Generator selbst ein Erzeuger von Kurzschlußstrom ist, muß in
der technisch schnellstmöglichen Zeit auch diese Stromquelle zum Versiegen
gebracht werden, wenn die Zerstörung an der Kurzschlußstelle klein gehalten
werden soll. Mit dem Leistungsschalter muß also gleichzeitig die Entregungseinrichtung in Funktion treten.

Im Erregerkreis des Generators ist eine beträchtliche Feldenergie auf-
gespeichert. Diese muß möglichst rasch vernichtet werden, was nur durch
ohmsche Widerstände möglich ist. Würde man die Erregerwicklung von der
Erregermaschine trennen und direkt kurzschließen, dann muß der eigene,
relativ kleine Widerstand der Erregerwicklung als Energievernichter dienen
und die Abklingzeit muß ziemlich lang werden. Würde man den Erregerkreis
einfach aufreißen, so muß in der Erregerwicklung eine sehr hohe Spannung
auftreten, da diese eine sehr große gleichstrommagnetisierte Induktivität
darstellt. Es ist dann mit einem Durchschlagen der Wicklung zu rechnen,
wenn nicht die Energie in dem Lichtbogen beim Aufreißen genügend vernichtet wurde. Wegnahme der Gleichstromerregung, möglichst rasche Ver-
nichtung der Feldenergie und trotzdem Vermeiden jeglicher gefährlicher
Überspannung ist die Aufgabe einer guten Entregungseinrichtung.

Es sind nun folgende Entregungsschaltungen bekannt:

1. Feldschwächung im Nebenschluß der Erregermaschine. Abb. 165a

Die Gleichspannung der Erregermaschine wird durch den Spannungs-
regler normalerweise durch Verändern eines ohmschen Widerstandes im
Erregerkreis geregelt. Schaltet man also anstatt des Reglerwiderstandes
einen hohen Widerstand ein, so wird die Erregerspannung verkleinert.

Auch dieser Kreis stellt eine magnetisierte Induktivität dar, wenn auch wesentlich kleiner wie die des Generatorläufers. Jede solche Induktivität sucht den in ihr fließenden Strom im ersten Moment aufrechtzuerhalten.

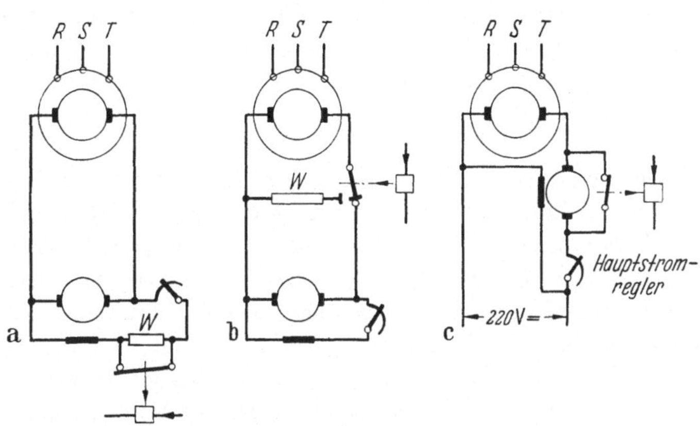

Abb. 165a—c. Entregungsschaltungen.
a Feldschwächung (W = Zusatzwiderstand). — b Aufreißen des Rotorkreises und Kurzschließen über Widerstand W. — c Ausschaltmotor

Schaltet man einen Widerstand in einen solchen Stromkreis, dann erhöht die Induktivität ihre Spannung um den Spannungsabfall, den der Strom an dem zusätzlichen Widerstand hervorruft. Bestehender Erregerstrom vor dem Einschalten mal dem Widerstandsbetrag ergibt die auftretende Spannung. Man darf also auch hierbei den Dämpfungswiderstand nicht extrem hoch wählen, um nicht die Spannungsfestigkeit der Erregerwicklung zu gefährden.

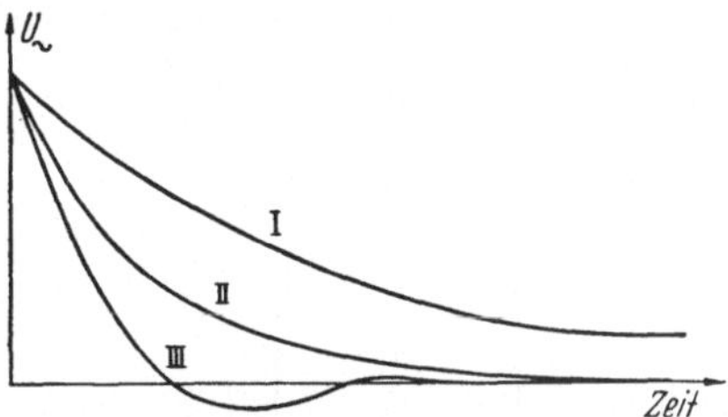

Abb. 166. Schematische Abklingkurven der Generatorspannung bei Entregung. I bei Feldschwächung; II bei Aufreißen und Kurzschließen über einen Widerstand des Rotorkreises; III bei Schwingungsentregung

Das Hauptfeld im Generator muß dann durch den gesamten — immer noch kleinen — Widerstand im Hauptstromkreis vernichtet werden. Dieses Abklingen erfolgt naturgemäß langsam etwa nach der Kurve I in Abb. 166. Die Abklingkurve muß einem endlichen Wert zustreben, der der Erregung durch den hohen Ersatzwiderstand entspricht. Diese Feldschwächung wendet man als einfachste Methode der Entregung nur noch bei kleineren Maschinen an.

2. Aufreißen des Rotorkreises und Kurzschließen über einen Widerstand
Abb. 165b

Diese Umschaltung muß entweder unterbrechungslos geschehen, um sehr hohe Spannungsspitzen zu vermeiden, oder man nimmt einen Lichtbogen in

Kauf, der dann ebenfalls gleichsam unterbrechungslos schaltet. Den Widerstand wählt man etwa 3—4mal größer als der Rotorwiderstand beträgt. Dann steigt auch die Läuferspannung im ersten Moment auf das 3—4fache der gerade bestehenden Erregerspannung. Die Entregungskurve sinkt zuerst wesentlich schneller ab, als bei der Feldschwächung, etwa nach Kurve II in Abb. 166, und läuft asymptotisch auf die Nullinie zu.

3. Ausschaltmotor Ab. 165c

Bei Maschinen mit Erregung aus einem Gleichstromnetz über einen Hauptstromregler kann man nach einem Vorschlag von *Rüdenberg* auch einen Gleichstrommotor verwenden, dessen Erregerwicklung dauernd an Spannung liegt und dessen Ankerkreis durch den Entregungsschalter normalerweise kurzgeschlossen ist. Öffnet man diesen Kurzschluß, dann muß der gesamte Läuferstrom über den Anker fließen und setzt den Motor in Bewegung. Dadurch entsteht eine Gegenspannung, bis der Ankerstrom praktisch nur den Leerlaufstrom des Motors erreicht. Der Motor ist also ein sich selbst vergrößernder Widerstand. Er ist jedoch kaum angewendet worden, da Generatoren eigene Erregermaschinen besitzen.

4. Schwingungsentregung

Als die wirksamste und dennoch in den Mitteln sehr einfache Entregungseinrichtung hat sich in der fast 30jährigen Anwendung die von *Rüdenberg* vorgeschlagene Schwingungsentregung erwiesen, Abb. 167a und b. Die vor-

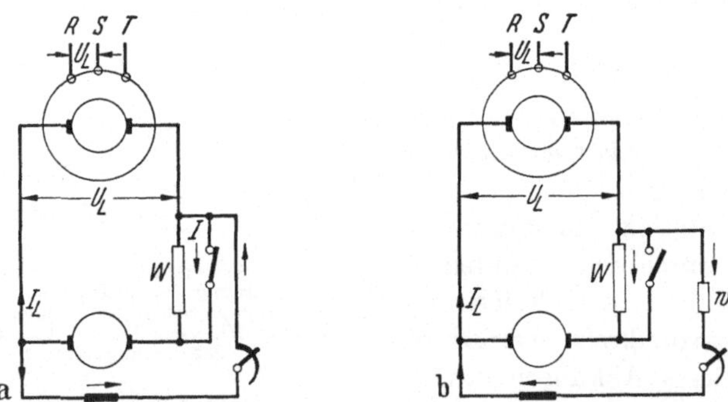

Abb. 167a u. b. Schwingungsentregung — a Normalbetrieb. b Beginn der Entregung

her erwähnten Methoden ergeben alle Abklingkurven, die asymptotisch Null oder einem endlichen Wert zustreben. Es ist aber sehr wertvoll, wenn die Generatorspannung oder der Kurzschlußstrom möglichst rasch abklingt und einmal durch Null hindurchschwingt, damit der Lichtbogen verlöschen kann. Selbst eine kleine wiederkehrende Spannung ist dann kaum mehr in der Lage, den Lichtbogen neu zu zünden. Diese wünschenswerte Eigenschaft besitzt die Schwingungsentregung etwa nach Kurve III in Abb.166. Abb.167a und b zeigt die Grundschaltung im Normalbetrieb bzw. beim Einsetzen der Entregung.

Beim Öffnen des Entregungsschalters, der den Schwingungswiderstand W normalerweise überbrückt, muß der Läuferstrom über diesen Widerstand fließen. Die aufgespeicherte Feldenergie sucht diesen Strom aufrecht zu erhalten. Der Läufer wird zum Generator und seine Spannung steigt jetzt auf den Wert $J_L \cdot W$ minus der Spannung der Erregermaschine, s. Oszillogramm 168. Der Erregerkreis der Erregermaschine bleibt über einen passenden Ersatzwiderstand w vor dem Schwingungswiderstand W angeschlossen. War die

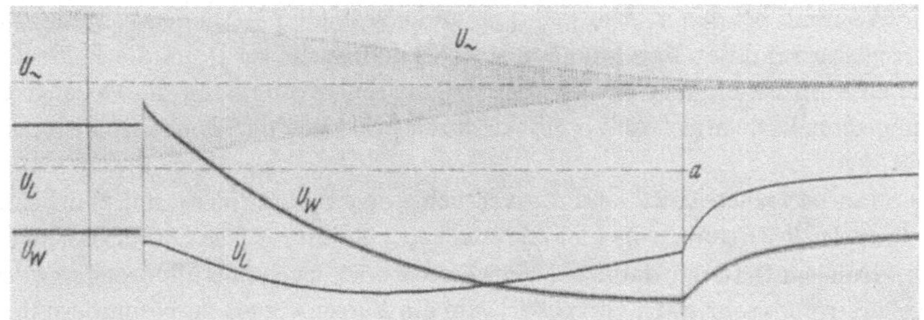

Abb. 168. Schwingungsentregung bei Leerlauf (Oszillogramm)

Stromrichtung in der Erregerwicklung im Normalbetrieb (Abb. 168) von links nach rechts, dann dreht sie sich bei geöffnetem Entregungsschalter um und liefert Gegenerregung. Die Erregermaschine erzeugt sofort eine Gegenspannung — etwa wie beim Ausschaltmotor — und vergrößert damit gleichsam den Widerstand im Läuferkreis. Im Oszillogramm 168 ist an Stelle des Läuferstromes J_L die Spannung am Schwingungswiderstand U_W dargestellt. Diese ist vor Öffnen des Entregungsschalters Null und steigt entsprechend dem Läuferstrom auf den Wert $J_L \cdot W$. Durch die Gegenerregung wird der Strom J_L bzw. die Spannung U_W verringert und geht durch Null hindurch. In diesem Moment ist der Widerstand scheinbar unendlich — die Erregerspannung ist gleich groß und entgegengesetzt der Läuferspannung U_L — und man könnte die Erregermaschine ohne Gefahr ganz abtrennen. Aber das Feld ist hierbei noch nicht verschwunden, der Anker ist noch z. T. magnetisiert und erzeugt auf der Wechselstromseite noch Spannung. Das Oszillogramm 168 zeigt, daß in diesem Moment noch mehr als 50% der Wechselspannung vorhanden ist. Um dieses Feld vollständig zum Verschwinden zu bringen, muß noch Erregerstrom in entgegengesetzter Richtung über den Läufer fließen. Das Oszillogramm 168 zeigt, daß die Wechselspannung erst dann verschwindet, wenn der Läuferstrom eine Zeitlang negative Richtung hatte. Die Läuferspannung U_L schlägt beim Einsetzen der Entregung schlagartig nach negativ um und steigt dann langsam, um schließlich nach Null wieder abzubiegen. Dieses weitere Ansteigen ist die Folge der einsetzenden

Gegenspannung von der Erregermaschine, die die Läuferspannung zu überwinden versucht.

Diese Gegenerregung ist um so stärker, je kleiner der Ersatzwiderstand w im Erregerkreis der Erregermaschine ist. Würde man ihn zu Null machen, so würde zwar der Vorgang viel rascher vor sich gehen, aber die Erregermaschine würde sich in umgekehrter Richtung wieder auferregen und die Wechselspannung würde wiederkehren. Man erhält dann unter Umständen sich aufschaukelnde Schwingungen. Ohne einen besonderen Zusatz muß er also so gewählt werden, daß sich bei Leerlauf gerade eine aperiodisch gedämpfte Kurve ergibt.

Während bei den in Abb. 165a, b und c gezeigten Methoden bei höherem Erregerzustand der Maschine längere Zeit gebraucht wird, um die Feldenergie zu vernichten, geht bei der Schwingungsentregung auch die Gegenerregung schneller vor sich und ergibt dadurch praktisch die gleiche Entregungszeit.

Man hat schon vor 20 Jahren versucht, den Ersatzwiderstand beim Einsetzen der Entregung sehr klein zu machen, um ein rasches Durchschwingen zu erreichen, hat ihn dann bei dem ersten oder zweiten Nulldurchgang des Ankerstromes sehr stark vergrößert, um ein Aufschwingen zu verhindern und die Restspannung klein zu halten. Der Moment, wann dieses Vergrößern zweckmäßig einsetzen muß, hängt jedoch von der Maschine ab, ob es sich um Leerlauf- oder Kurzschlußvorgang handelt. Allgemein wird heute dieser Vorgang nicht mehr nach einer konstanten Zeit oder beim Nulldurchgang des Ankerstromes gewählt, sondern wenn die Wechselspannung oder der Kurzschlußstrom unter einen bestimmten Wert, z. B. 10%, gesunken ist. Im Oszillogramm 168 und 169 geschieht dies bei dem Zeitpunkt a.

Der Entregungsvorgang verläuft wesentlich anders, wenn der Generator beim Entregen noch Strom liefern muß, z. B. bei innerem oder äußerem Kurzschluß. Dieser Strom wirkt stark entmagnetisierend bzw. verbraucht sehr rasch die aufgespeicherte Feldenergie. Oszillogramm 169 zeigt den Entregungsvorgang bei sattem Klemmenkurzschluß. Der Nulldurchgang des Läuferstromes J_L erfolgt nur wenige Perioden früher, bevor der Kurzschlußstrom unter 10% abgesunken ist. Auch hierbei ist bei dem Zeitpunkt a durch Abfallen eines Stromrelais der Ersatzwiderstand vergrößert worden. Es

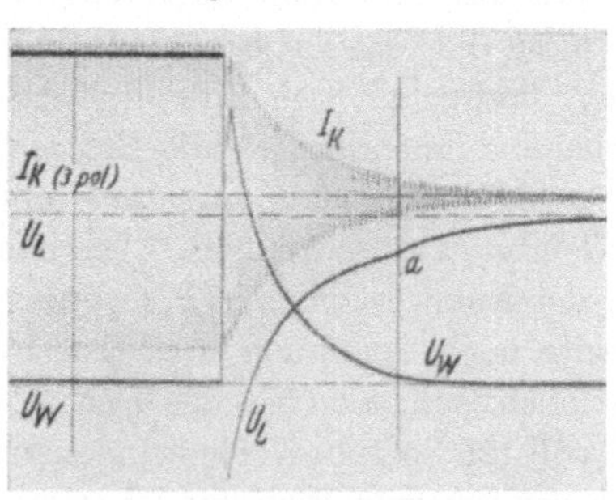

Abb. 169. Schwingungsentregung bei dreipoligem Kurzschluß (Oszillogramm)

zeigt sich, daß man hierbei praktisch kaum einen Unterschied zwischen einer normalen Schwingungsentregung und einer solchen mit einer besonderen Zusatzeinrichtung bemerken kann, vielleicht bei einer Gleichrichtererregung.

Zwischen dem reinen Leerlauf (Oszillogramm 168) und dem reinen Klemmenkurzschluß (Oszillogramm 169) können natürlich Zwischenwerte auftreten,
z. B. bei äußerem Kurzschluß über einen größeren Widerstand (Kurzschluß
im Transformator bei Blockschaltung). Dann hat die Vergrößerung des Zu-
satzwiderstandes immer stärkere Bedeutung, bis sie bei reinem Leerlauf die
Entregungszeit nahezu um 50% verkürzt. Neuerdings wird nach einer einstellbaren Zeit der Läuferkreis ganz aufgerissen, anstatt den Widerstand
im Erregerkreis der Erregermaschine zu vergrößern. Es gilt jedoch hier das
vorher Gesagte, daß die eingestellte Zeit nur für einen ganz bestimmten
Entregungsvorgang, z. B. Leerlauf gilt (Nennspannung), während es bei
Kurzschluß viel zu spät den Läuferkreis aufreißt.

5. Brandlöschung

Bei großen Maschinen wird häufig eine Kohlensäurebatterie aufgestellt,
um bei Brand des Generators die Kohlensäure in den Umlaufkühlraum ein-
zublasen und den Brand zu löschen. Es interessiert hier, wann diese Apparatur in Gang gesetzt werden soll. Es gibt heute schon empfindliche Rauch-
gasmelder, die in brandgefährdeten Räumen mit gutem Erfolg verwendet
werden. Leider eignen sie sich für vorliegende Zwecke schlecht, da der starke
Luftstrom im Kühlraum ein rechtzeitiges Ansprechen erschwert, wenn nicht
ganz verhindert.

Ein Wicklungsbrand kommt heute selten vor. Einmal sind die Abschaltzeiten der Schutzrelais und die Entregungszeiten sehr kurz. Zweitens werden
heute die großen Maschinen mit Wasserstoffkühlung versehen, wodurch ein
Brand praktisch verhindert wird und drittens werden die Maschinen mit
schlecht brennbarer Isolation versehen. Löscheinrichtungen werden daher
heute nur noch selten vorgesehen, keinesfalls wird eine solche mehr von der
Schutzeinrichtung betätigt, sondern vom Betriebspersonal durch Notdruck-
knopf bei wirklichem Brand.

Bei automatisierten Kraftwerken, z. B. Pumpspeicherwerke, tritt als
weitere Schutzmaßnahme noch das Einleiten des selbsttätigen Stillsetzens
des gesamten Apparates hinzu.

VII. Meldeeinrichtungen

Bei den verschiedenen Schutzeinrichtungen, die ein vollständiger Generatorschutz umfaßt, ist es unbedingt notwendig, bei einem Herausfallen
des Generators zu wissen, welches hierfür die Ursache war. Dadurch wird
sofort die Richtung einer weiteren Untersuchung gegeben. Die Generatorschutztafel mit den Relais ist selten in der Warte dem Bedienungspersonal
sichtbar aufgestellt. Es ist aber nicht notwendig, bei entferntem Aufstell-
lungsort sämtliche Einzelmeldungen nach der Warte zu legen. Es genügt,
dem Personal nur das Abschalten durch den Schutz zu melden, vielleicht mit

dem Unterschied, ob es sich um einen inneren Fehler, Differentialschutz, Erdschlußschutz, oder um eine Überlastung, Überstrom, gehandelt hat. Auch reine Anzeigen ohne Abschaltung — Rotorerdschluß — können gemeinsam nach der Warte gemeldet werden. Die Einzelmeldungen werden vielfach direkt mit den Relais verbunden und dienen zur näheren Kennzeichnung der Generalmeldung in der Warte. Die Meldungen an den Relais sind Schauzeichen oder Fallklappen, während die Generalmeldung durch Fallklappen oder Leuchttafeln mit akustischem Signal gegeben wird.

VIII. Montage, Inbetriebsetzung, Wartung und Prüfung

Ein Generatorschutz setzt sich aus einer Reihe von Einzelapparaten zusammen, die nicht als geschlossenes Ganzes aufgestellt werden können. Zum Beispiel wird man den Entregungsschalter in der Nähe der Maschinen aufstellen, um die Erregerleitungen nicht zu lang werden zu lassen usw. Wichtig ist zu erwähnen, daß dem Differentialschutz besondere Aufmerksamkeit geschenkt werden muß. Die Zuführungsleitungen zu den Stromwandlern müssen stets in einem gemeinsamen Kabel erfolgen — drei Leiterströme und Nulleiter —. Diese führt man unter tunlichster Vermeidung von Reihenklemmen bis zur Generatorschutztafel. In diesen Leitungen sollen möglichst nur Durchgangsklemmen verwendet werden, denn jede Lockerung einer Klemme bedeutet beim Differentialschutz mit empfindlichem Erdschlußschutz eine Unsymmetrie und kann zu fehlerhaftem Ansprechen führen. Es wäre zweckmäßig, die Klemmen, über welche Schutzleitungen führen, besonders zu kennzeichnen, um bei irgendwelchen Arbeiten Verwechslungen zu vermeiden. Die Stromwandlerleitungen bei $5\,\mathrm{A}\,I_{sek}$ sollten nicht unter $4\,\mathrm{mm}^2$ gewählt werden. Der Sternpunkt der Stromwandler beim Differentialschutz darf nur an einer Seite geerdet werden, um parasitäre Ströme über die Nulleitung zu vermeiden. Es ist also streng auf die Angaben der Schaltung zu achten.

Wo und wie die Relais montiert werden, ist meistens von den örtlichen Gegebenheiten und auch von den besonderen Wünschen des E. V. U. abhängig und hat für die Wirksamkeit des Schutzes keine Bedeutung.

Während eine Relaiskombination im Werk auf ihre Wirksamkeit genau geprüft werden kann, so daß sich die Inbetriebnahme an der Einbaustelle auf eine Nachkontrolle auf etwaige Transportschäden und auf die Einstellung der Meßwerte beschränkt, ist eine Generatorschutzanlage aus vielen Einzelapparaten mit verschiedenem Aufstellungsort zusammengesetzt.

Es ist also zunächst die Zusammenschaltung genau zu prüfen. Dann ist es gerade beim Generatorschutz leicht möglich, das richtige Arbeiten der Einrichtung durch Versuche festzustellen. Ein Differentialschutz muß unbedingt durch Hochfahren der Maschine auf einen außerhalb des Schutzkreises liegenden 3poligen Kurzschluß auf evtl. Ausgleichströme und mit einem innerhalb liegenden Kurzschluß auf das eingestellte Ansprechen hin geprüft werden. Ebenso kann der Schutzbereich des Erdschlußschutzes mit einem festen Klemmenerdschluß und langsamen Hochfahren auf Spannung ermittelt werden. Der Spannungssteigerungsschutz läßt sich bei niederer Einstellung des Relais und Hochfahren auf Spannung prüfen. Besondere Aufmerksamkeit muß der richtigen Einstellung der Schnellentregung geschenkt werden. Es würde hier zu weit führen, alle Prüfmöglichkeiten im einzelnen zu erläutern. Es ist jedenfalls dringend zu raten, die Inbetriebnahme durch einen mit der Apparatur eingehend vertrauten Fachspezialisten vornehmen zu lassen. Eine mangelhafte Inbetriebnahme kann sich bei einem auftretenden Fehler verhängnisvoll auswirken.

Es taucht hierbei sofort die Frage nach der laufenden Wartung und Prüfung auf. Wie bei allen Schutzrelais besteht auch hier die Tatsache, daß die Relais unter Umständen sehr lange Zeit keine Gelegenheit haben, wirklich in Funktion zu treten. Sie sollen aber dennoch im Schadensfall präzise und schnell arbeiten. Die heutigen Relais sind auf Grund vieler Erfahrungen so gebaut, daß Fehlermöglichkeiten in den Relais selbst schon sehr selten geworden sind. Nur die Zeitrelais erfordern eine stete Wartung, um Zeitverzögerungen oder gar Festsitzen der Hemmwerke durch Ölverharzungen auszuschließen. Wie jede Sicherheitseinrichtung — man denke an die Feuermelder — muß auch ein Schutz regelmäßig auf seine Bereitschaft geprüft werden. Einmal, um stets die Sicherheit bestätigt zu wissen, dann aber auch, um gerade durch öfteres Ansprechen irgendwelches Festsitzen zu vermeiden. Relais, die in regelmäßigen Abständen arbeiten müssen — ob durch eine Prüfung oder infolge eines wirklichen Fehlers — haben nachweislich auch den geringsten Prozentsatz an Versagern. Diese Regel gilt für alle Schutzrelais.

Bei der Prüfung selbst darf außer der Auslöseleitung keine andere Leitung unterbrochen werden. Auf keinen Fall durch Lösen irgendwelcher Klemmen, sondern höchstens durch feste Schalter. Die Gefahr des Vergessens birgt mehr Unsicherheit in sich, als die Prüfung zur Sicherheit beiträgt. Die Auslöseleitung muß über sichere Kontakte geführt sein, die möglichst selbsttätig sich nach der Beendigung der Prüfung schließen. Man schickt daher grundsätzlich bei solchen Prüfungen parallel zum Relais einen durch Widerstände bestimmten Strom und bringt das Relais zum Ansprechen. Dieser addiert sich zu einem etwa vorhandenen Betriebsstrom. Die Relaisapparatur läuft einschließlich irgendwelcher Zeitglieder, Hilfsrelais und Meldeeinrichtungen ab und gibt Signal. Man kann auch mit einem Zeitmesser die Ablaufzeit feststellen. Stimmt die längste Ablaufzeit z. B. beim Überstromzeitschutz mit der eingestellten Zeit überein, so ist das Zeitrelais in Ordnung. Auch die Wandlerkreise werden z. T. dadurch überwacht, da z. B. bei einem Windungsschluß im Wandler der zugeführte Strom größer sein muß, um das Relais zum Ansprechen zu bringen. Stellt man also irgendeine Abweichung fest, dann ist eine genauere Untersuchung durch eine Fachkraft erforderlich. Es gibt heute automatische Prüfeinrichtungen auf dem Markt, bei denen man nur durch einen Schalter das zu prüfende Relais auswählt und durch einen Anwurfknopf den automatischen Prüfvorgang in Gang setzt. Sobald er abgelaufen ist, ist der Schutz sofort wieder betriebsbereit. Die Prüfung selbst kann während des Betriebes der Maschine stattfinden.

Neben der rein sachlichen Wichtigkeit ist die psychologische Wirkung einer regelmäßigen Prüfung auf das Betriebspersonal nicht zu vergessen. Das Personal bekommt Vertrauen zu den Relais und betrachtet sie nicht mehr als geheimnisvolle Apparate, die man nicht anrührt, und welche nach seiner Meinung doch nicht funktionieren. Das Personal kann die Relais jederzeit arbeiten sehen und macht sich allmählich mit ihrer Wirkungsweise vertraut.

Eine solche Betriebsprüfung sollte bei laufender Maschine alle paar Wochen vorgenommen werden. Beim Überholen von Generatoren empfiehlt es sich jedoch, auch den gesamten Schutz wie bei einer Inbetriebsetzung durch Versuche zu kontrollieren.

B. Transformatorenschutz

Die Fehler in einem Transformator sind die gleichen wie in einem Generator: Kurzschluß zwischen den Leitern = Wicklungsschluß, Kurzschluß zwischen den Windungen desselben Leiters = Windungsschluß, Erdschluß, evtl. Eisenbrand, zu hohe Temperatur durch Überlastung. Auch bei ihm ist schnellstes Eingreifen eines Schutzes notwendig, wenn die Beschädigung klein gehalten werden soll.

Ein wesentlicher Unterschied besteht jedoch darin, daß im Transformator immer Windungen des gleichen Leiters benachbart sind, während im Generator in den weitaus meisten Fällen in einer Nut nur Windungen verschiedener Leiter nebeneinander liegen. Das bedeutet, daß im Transformator fast immer ein Windungsschluß zu erwarten ist, während im Generator der Wicklungsschluß die Regel darstellt. Ein Transformator ist außerdem den Wanderwellen stärker ausgesetzt als ein Generator. Es erfolgen daher häufiger Durchschläge nach dem Gehäuse, besonders von den Eingangsklemmen aus. Ein Windungsschluß stellt immer eine einphasige Last dar, wobei man die kurzgeschlossenen Windungen als eine sekundäre Kurzschlußwicklung auffassen muß. Der Kurzschlußstrom durchfließt die ganze Hauptwicklung und wird entsprechend dem Windungsverhältnis von Hauptwicklung zur Kurzschlußwicklung transformiert. Diese Auffassung einer kurzgeschlossenen Sekundärwicklung veranschaulicht auch am besten, wie durch einen Windungsschluß das Feld des gesamten Transformatorschenkels in Mitleidenschaft gezogen wird und nicht etwa, wie man sich manchmal irrtümlich vorstellt, nur die Spannung entsprechend der Zahl der kurzgeschlossenen Windungen verringert wird. Je weniger Windungen kurzgeschlossen sind, um so größer ist der Strom in dem Kurzschlußkreis. Er wird nur noch durch die Impedanz der Hauptwicklung und durch die Streuung zwischen Haupt- und Kurzschlußwicklung begrenzt.

Im Gegensatz zum Generator muß der Kurzschlußstrom von außen in den vom Windungsschluß betroffenen Leiter zu- und über die beiden gesunden Leiter zur Stromquelle zurückfließen. Es kann aber über eine Transformatorenwicklung nur dann ein Laststrom fließen, wenn ein entsprechender Strom in einer Sekundärwicklung das dem Strom entsprechende Feld kompensiert. Da die beiden anderen Wicklungen keinen kurzgeschlossenen Sekundärkreis besitzen, kann ein Kurzschlußstrom nur dann fließen, wenn sie entweder magnetisch oder über eine Dreieckswicklung auf den Kurzschlußkreis zurückarbeiten können. Mit anderen Worten: Ein Windungsschluß mit kurzschlußartigem Strom ist nur möglich bei Transformatoren mit elektrischer oder magnetischer Verkettung der drei Leiter. Hierzu gehören alle Transformatoren mit einer Dreieckswicklung oder $\curlyvee/\curlywedge$ mit Dreischenkelkern, dessen magnetische Verkettung annähernd wie eine Dreieckswicklung, jedoch infolge der Jochtrennung geringer wirkt. Bei drei Einzeltransformatoren oder bei einem Transformator mit Mantelkern hat jeder Leiter einen freien magnetischen Rückschluß. Bei solchen Transformatoren in $\curlywedge/\curlywedge$-Schaltung ohne zusätzliche $\triangle$-Wicklung bricht bei einem Windungsschluß in einem Leiter lediglich dessen Sternspannung zusammen und die der beiden anderen Leiter erhöht sich auf den $\sqrt{3}$fachen Betrag. Aus einer Sternschaltung wird praktisch eine V-Schaltung. Anstatt Kurzschlußstrom fließt nur ein erhöhter Leerlaufstrom, der allerdings bei Übersättigung die Ansprechgrenze eines Differentialrelais überschreiten kann.

Ein weiterer wichtiger Unterschied liegt in der Tatsache, daß fast alle Transformatoren, für die ein spezieller Schutz als wichtig erachtet wird, in einem geschlossenen Ölgefäß eingebaut sind. Jeder Lichtbogen oder schon jede Drahtverschmorung erzeugt durch Zersetzen Ölgase. Jede Erwärmung der Wicklungen kann an einer erhöhten Öltemperatur festgestellt werden. Diese mittelbaren Fehlerkriterien gestatten gerade beim Transformator noch andere Überwachungs- und Schutzmaßnahmen, als solche auf rein elektrischer Grundlage.

1. Differentialschutz

Würde man wie bei einem Generator einen Differentialschutz zwischen Anfang und Ende jeder Wicklung machen, so könnte er ebensowenig wie dort auf einen Windungsschluß ansprechen. Nur dadurch, daß man die Primärströme auf der Ober- und Unterspannungsseite miteinander vergleicht, also zwei an sich getrennte Stromkreise, deren Ströme durch das Übersetzungsverhältnis des Transformators im Normalbetrieb stets ein bestimmtes gegenseitiges Verhältnis besitzen, kann man einen Windungsschluß feststellen, da er eine Belastung nur des einen Kreises darstellt und dadurch eine Verschiebung des primären Stromverhältnisses zur Folge hat. Diese Art von Stromvergleich ergibt auch die charakteristischen Eigenschaften eines Transformatoren-Differentialschutzes. Erstens sind die Primärströme umgekehrt dem Transformatorenübersetzungsverhältnis verschieden. Zweitens besitzen die Stromwandler sowohl infolge der Verschiedenheit der Ströme, wie auch durch die verschiedenen Spannungen voneinander abweichende Bauformen; drittens sind die Ströme bei verschiedener Schaltung des Transformators, z. B. bei $\lambda/\triangle$-Transformatoren, auch noch phasenverschoben, was nur durch eine besondere sekundäre Schaltung der Stromwandler ausgeglichen werden kann. Schließlich besitzen viele Transformatoren Lastschalter, mit denen während des Betriebes das Übersetzungsverhältnis des Transformators und damit auch das Verhältnis der primären Ströme in gewissen Grenzen verändert werden kann. Trotz all dieser Besonderheiten müssen die Stromwandler auch bei höheren außenliegenden Kurzschlußströmen sekundär Stromgleichheit aufweisen, bzw. kleine Änderungen des Übersetzungsverhältnisses vertragen können.

Der höchste Kurzschlußstrom, der über einen Transformator fließen kann, ist durch seine Streureaktanz begrenzt. Ein Transformator z. B. mit 10% Streuung kann nur den 10fachen Sternstrom als höchsten Kurzschlußstrom bei äußeren Fehlern durchlassen. Trotzdem müssen infolge der erwähnten Verschiedenheiten gerade beim Transformator-Differentialschutz alle Stabilisierungsmaßnahmen für das Differentialrelais (vgl. S. 105) angewendet werden, um fehlerhaftes Ansprechen sicher zu vermeiden.

Die Transformatoren besitzen nun verschiedene, in Normen festgelegte Innenschaltungen, Abb. 170. Die Buchstaben A, B, C, D bezeichnen verschiedene Schaltgruppen. Die ober- und unterspannungsseitigen Wicklungen sind als gleichsinnig gewickelt anzusehen, d. h. die Ströme haben stets entgegengesetzte Richtung. Die internationalen Bezeichnungen — IEC Normalien — geben die Schaltungsart und die Phasenverschiebung der Ströme an. Die dritte Zahl ist dem Zifferblatt einer Uhr entnommen (1—12) und bezeichnet die Winkelverdrehung von 0—360° (pro Einheit 30°). Die IEC-Bezeichnung für einen Transformator nach der Schaltgruppe C_2 lautet z. B. $Y\,d\,5$, d. h. oberspannungsseitig $\lambda = Y$, unterspannungsseitig $\triangle = d$ und eine Winkelverdrehung des unterspannungsseitigen Stromes von $5 \cdot 30°$ $= 150°$.

Eine Stromwandlerschaltung muß sich nun den verschiedenen Schaltgruppen anpassen. Es würde aber zu weit führen, alle Variationen aufzuzeichnen. Es erscheint wichtiger, die Regeln und Methoden aufzuzeigen, wie man eine solche Schaltung aufbaut bzw. prüft, ob sie den gegebenen Verhältnissen tatsächlich entspricht. Für einen Nichtfachmann bietet gerade der Aufbau einer solchen Stromwandlerschaltung große Schwierigkeiten, da man mit einer vektoriellen Darstellung nur mit Mühe die Stromverhältnisse

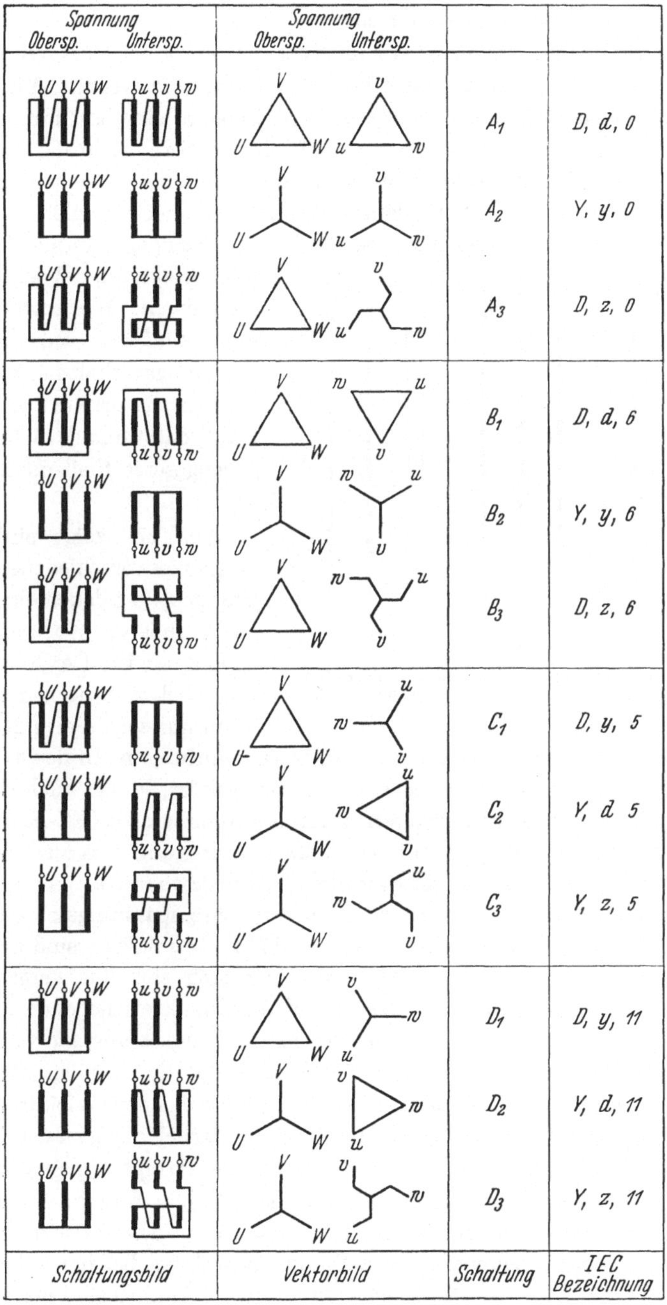

Spannung Obersp. Untersp.	Spannung Obersp. Untersp.		IEC
		A_1	D, d, 0
		A_2	Y, y, 0
		A_3	D, z, 0
		B_1	D, d, 6
		B_2	Y, y, 6
		B_3	D, z, 6
		C_1	D, y, 5
		C_2	Y, d 5
		C_3	Y, z, 5
		D_1	D, y, 11
		D_2	Y, d, 11
		D_3	Y, z, 11
Schaltungsbild	Vektorbild	Schaltung	IEC Bezeichnung

Abb. 170. Schaltgruppen und Schaltungen von Transformatoren

klären kann. Es sei daher eine andere Methode gezeigt, die wesentlich leichter und irrtumsfreier zum Ziele führt.

Zuerst muß der Stromverlauf im Transformator bei einem Kurzschluß — am besten ein außenliegender Fehler — festgestellt werden. Man nimmt also z. B. einen zweipoligen Kurzschluß und ebenso eine bestimmte Speiserichtung an. Dann zeichnet man mit Pfeilen die Stromrichtung eines Zeitmomentes ein. Damit erhält man die Darstellung eines Gleichstromkreises. Der Stromverlauf muß ja in jedem anderen Zeitmoment die gleiche Symmetrie aufweisen. Die Pfeile geben also ein Maß für das gegenseitige Verhältnis der effektiven Wechselstromgrößen an. Weiterhin nimmt man zunächst an, daß das Wicklungsverhältnis auf einem Transformatorschenkel 1:1 beträgt, dann sind die in ihnen entgegengesetzt fließenden Ströme auch gleich.

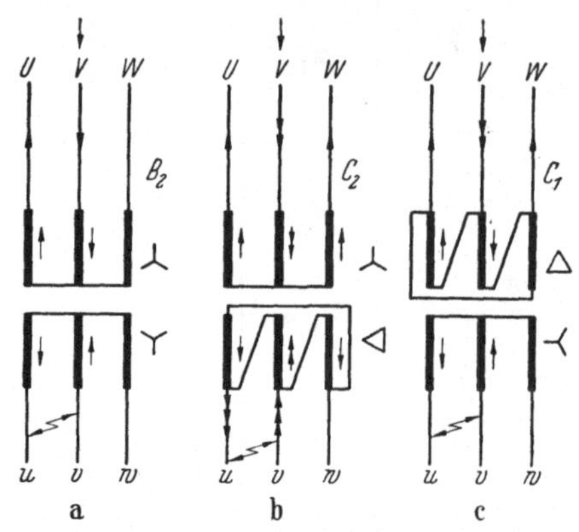

Abb. 171a–c. Stromverlauf bei einem außenliegenden zweipoligen Kurzschluß bei verschiedenen Schaltgruppen

Abb. 171 zeigt einige Beispiele von verschiedenen Schaltgruppen, bei denen ein zweipoliger äußerer Kurzschluß angenommen ist. Der Kurzschlußkreis bei a, zwischen u und v, kann nur zwei gleich große und in den beiden Leitern entgegengesetzte Ströme aufweisen. In den Oberspannungswicklungen sind diese wiederum entgegengesetzt, so daß auch die Richtung der Ströme in den Primärleitern damit bestimmt ist. Die IEC-Bezeichnung für B_2 lautet $Y\,y\,6$, also λ/λ mit 180° Winkelverdrehung, was auch die Probe bestätigt. In Abb. 171b ist ein Sterndreiecktransformator angenommen und wiederum ein zweipoliger Kurzschluß auf der Unterspannungsseite mit oberspannungsseitiger Speiserichtung (wie bei 171a). Die Ströme sind zwar auch gleich groß und entgegengesetzt, aber sie setzen sich aus verschiedenen Wicklungsströmen zusammen. Die am Kurzschlußkreis liegende Dreieckswicklung liefert stets doppelt soviel Strom zur Kurzschlußstelle wie die beiden anderen. Der Kurzschlußstrom ist daher mit drei Pfeilen dargestellt. Auf der Sternseite erhält man dann die entsprechenden Wicklungsströme mit entgegengesetzter Richtung. Man erhält hierbei die genauen Größenverhältnisse, aber nur die Winkelverdrehung bei zweiphasigem Strom. Bei dreiphasigem Kurzschluß setzt sich der Kurzschlußstrom in einem Leiter aus Strömen verschiedener Phasenlage zusammen. Die Zahl in der IEC-Bezeichnung kennzeichnet nur die Winkelverdrehung bei normalem Drehstrom, also bei $C_2 = Y\,d\,5$ gleich $5 \cdot 30° = 150°$. Ähnlich sind bei Abb. 171c für die Schaltgruppe C_1 die Ströme eingezeichnet.

In Abb. 172a, b, c sind für die gleichen Schaltgruppen die Ströme bei einpoligem Kurzschluß — Windungsschluß oder einpoliger Kurzschluß bei geerdetem Sternpunkt — und Energiezufuhr von der Oberspannungseite dargestellt. Ein Kurzschlußstrom kann bei B_2 (Abb. 172a) nur dann zustande kommen, wenn man eine zusätzliche Dreieckwicklung annimmt. Auch wenn sie bei Dreischenkeltransformatoren in $\curlywedge/\curlywedge$-Schaltung nicht vorhanden ist, würden sich die Ströme infolge der magnetischen Verkettung annähernd gleich verhalten. Aber jede Erdung des Sternpunktes — sei es direkt oder über eine Löschdrossel — setzt immer eine Dreieckwicklung voraus, um eine einphasige Belastbarkeit des Transformators sicherzustellen.

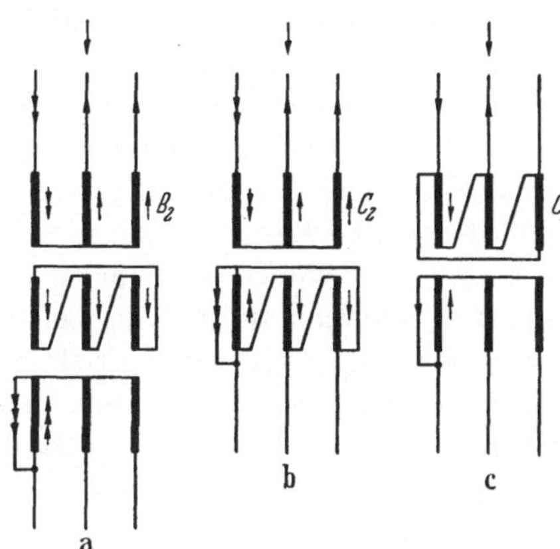

Abb. 172a–c. Stromverlauf bei einpoligem Kurzschluß-Windungsschluß bei den gleichen Schaltgruppen wie in Abb. 171

a) Differentialschaltungen für Zweiwickeltransformatoren. Die Stromwandlerschaltung muß nun die Ströme der Ober- und Unterspannungsseite sekundär gleich groß und gleichphasig machen, da nur auf diese Weise ein direkter Stromvergleich möglich ist. Vom Transformator ist normalerweise das Spannungsverhältnis bekannt $U_1 : U_2$. Für die Stromwandler hat man jedoch die Primärströme und das Übersetzungsverhältnis genormt. Da die wirklichen Nennströme meistens entsprechend $U_1 : U_2$ von den Normen abweichende Größen ergeben, müßten die Wandler fast stets anomale Über-

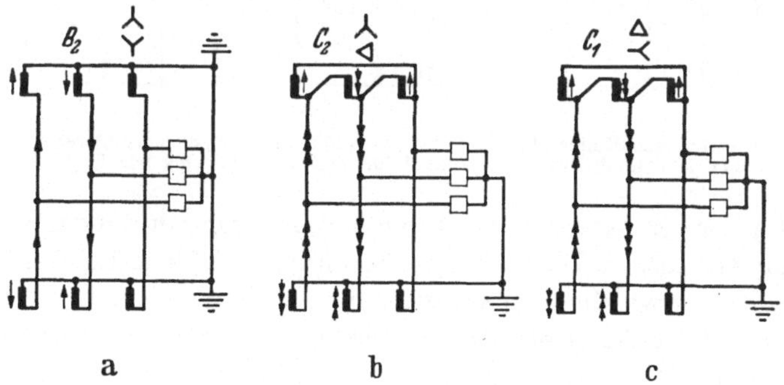

Abb. 173a–c. Stromwandlerschaltung für den Differentialschutz für die Trafos nach Abb. 171. Stromverlauf bei zweipoligem außenliegenden Kurzschluß. Nur die sekundären Leitungen gezeichnet

setzungen besitzen. Man kann dann eine einwandfreie Differenzschaltung erreichen, wie Abb. 173a, b, c zeigt. Hierbei sind zwecks Klarheit nur die sekundären Stromwandlerleitungen gezeichnet. Die Primärströme muß man aus Abb. 171 entnehmen, da die gleichen Schaltgruppen und Kurzschluß vorausgesetzt sind. Abweichend sind hier, um die Übereinstimmung zu sehen, sekundär die gleichen Stromrichtungspfeile eingezeichnet. Das ist zulässig, wenn man nicht die Ströme in zwei Wicklungen zeichnen muß.

Bei außenliegendem Kurzschluß müssen die Ströme vor und hinter der Relaisabzweigung gleich, d. h. die Relais müssen stromlos sein. Dann ist die Schaltung richtig. Zur Kontrolle kann man noch einen Kurzschluß zwischen zwei anderen Leitern annehmen. Er muß das gleiche Resultat ergeben. Bei den $\lambda/\triangle$-Transformatoren in Abb. 173b sind die Sekundärwicklungen der Stromwandler auf der Sternseite angeordnet, während sie in 173c gleichsinnig mit dem Haupttransformator geschaltet sind. Beide ergeben richtige Schaltungen. Ist der Sternpunkt der Sternseite etwa geerdet, dann kann man nur eine Schaltung nach Abb. 173b wählen, da die Schaltung nach 173c dabei Fehlschaltungen ergeben würde. Außerdem muß bei 173c der Stromwandler auf der Sternseite sekundär dreimal größeren Strom besitzen als normal.

Aber es sprechen noch andere wichtige Gründe gegen solche Anordnungen. Erstens vermeidet man gern anomale Übersetzungsverhältnisse der Hauptstromwandler und paßt lieber den Strom durch Zwischenwandler an. Zwei-

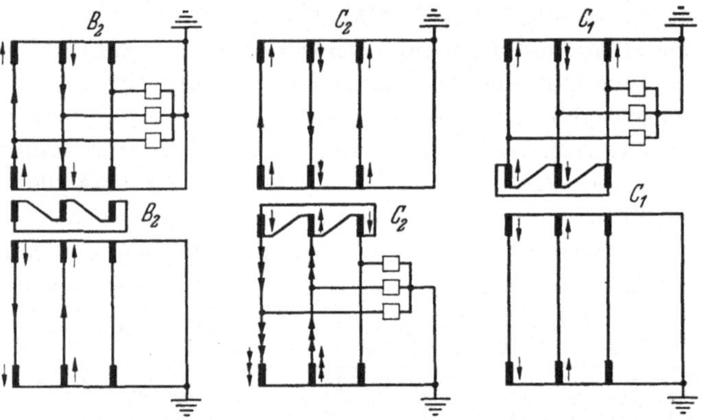

Abb. 174. Differentialschaltungen bei den gleichen Trafos und zweipoligem äußeren Kurzschluß wie in Abb. 171, jedoch mit Zwischenwandler in der gleichen Schaltung wie der Haupttrafo.

tens soll jeder Stromwandler aus Sicherheitsgründen mit seinem Sternpunkt direkt an Erde liegen. Das ist in den Schaltungen 173b und c nicht möglich, da eine Dreieckswicklung keinen gemeinsamen Punkt zum Erden aufweist. Man vermeidet daher jede Dreieckswicklung von Sekundärwicklungen bei Stromwandlern.

Wenn aber schon Zwischenwandler zum Anpassen der Ströme verwendet werden müssen, dann kann man gleichzeitig mit diesen den Haupttransformator in seiner Schaltung getreu nachbilden, dann können nämlich die Hauptwandler stets gleichmäßig in Stern geschaltet bleiben und ordnungsgemäß geerdet werden. Abb. 174 zeigt nun die gleichen Differenzschaltungen mit dieser Transformatorennachbildung mittels Zwischenwandler. Auf beiden Seiten des Zwischenwandlers besteht Gleichgewicht mit dem jeweiligen Hauptwandler und die Relais können auf die eine oder andere Seite angeschlossen werden, obgleich es aus später noch erläuterten Gründen zweckmäßig ist, sie auf die Dreieckseite zu legen.

Abb. 175a, b, c zeigt eine Wandlerschaltung ohne Zwischenwandler für einen λ/λ-Transformator mit einem geerdeten Sternpunkt und einpoligem

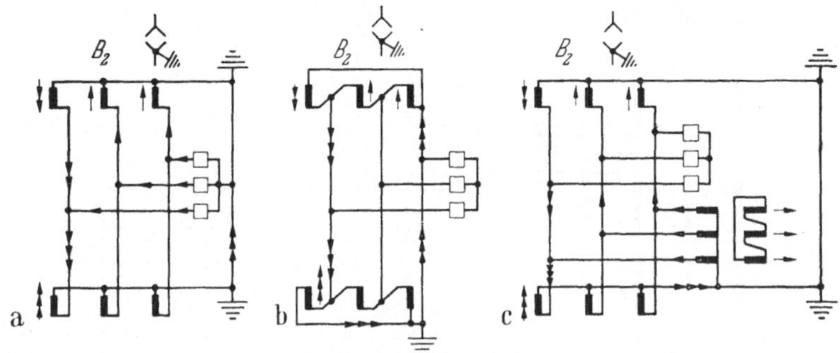

Abb. 175a–c. Differentialschaltung bei geerdetem B_2-Transformator bei äußerem Erdschluß (einpoliger Kurzschluß)

a λ/λ-Schaltung der Stromwandler = falsch, da Ansprechen der Relais. — b $\triangle/\triangle$-Schaltung der Wandler = Relais stromlos. — c λ/λ-Schaltung mit zusätzlichem Hilfswandler zum Ausgleich = Relais stromlos.

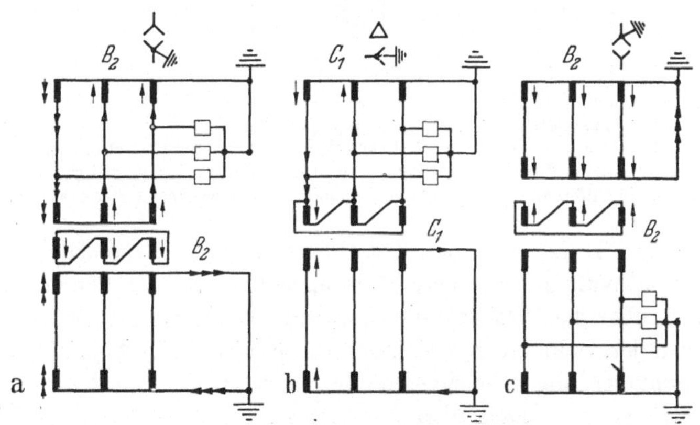

Abb. 176a–c. Differentialschaltungen für Trafos mit geerdetem Sternpunkt und Hilfswandler in Trafonachbildung.

a für λ/λ-Trafos mit $\triangle$-Ausgleichswicklung;
b für $\lambda/\triangle$-Trafos
c für λ/λ-Trafos mit $\triangle$-Ausgleichswicklung; } Hauptwandler in λ

Kurzschluß. 175a zeigt, daß eine λ/λ-Schaltung der Wandler hierbei fehlanspricht. Es sei denn, man gibt durch einen $\lambda/\triangle$-Zwischenwandler dem Nullstrom eine Ausgleichsmöglichkeit wie in Abb. 175c. Nur eine $\triangle/\triangle$-Schaltung ergibt ohne Zwischenwandler richtiges Gleichgewicht. Eine Transformatornachbildung durch Zwischenwandler nach Abb. 176 löst ohne

Schwierigkeiten die Aufgabe. Hierbei beachte man Abb. 176c, bei welcher
der geerdete Sternpunkt und der einpolige Kurzschluß umgekehrt wie in
Abb. 176a auf der Speiseseite liegt. Den primären Verlauf der Ströme sieht
man auch in Abb. 177a. Über die drei Wicklungen des Transformators fließen
hiermit drei gleich große und gleich phasige Ströme, deren Summe über den

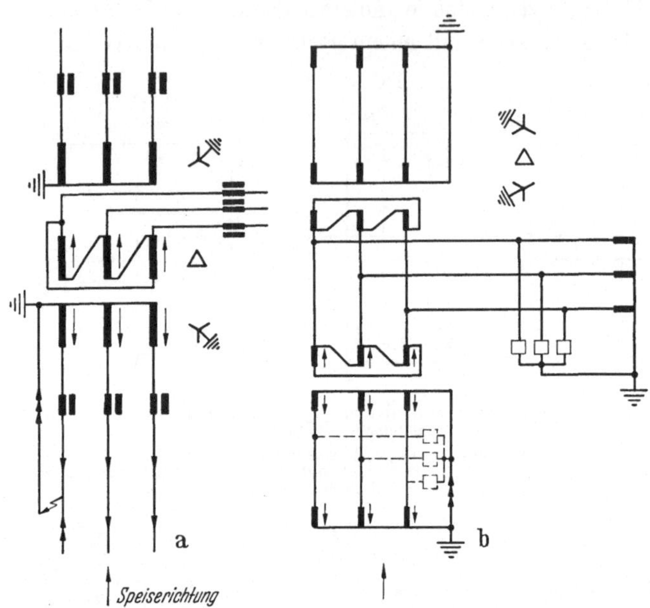

Abb. 177a u. b. Dreiwickeltrafo ⸺人/△/人⸺ mit zwei geerdeten Sternpunkten und Erdschluß im
Netz. Speiserichtung nur vom Netz her. 2 Hilfswandler und ein Relaissatz.

a Stromverlauf im Transformator.　　b Stromverlauf in den Wandlern.

Als Sperrstrom für die Differentialrelais dient die arithmetische Summe der Leiterströme jeder Wicklung

Sternpunkt und Erde nach der Erdschlußstelle fließen. Würde man nun
die Differentialrelais an die obere Seite anschließen, dann können sich die
Ströme auch über die Relais ausgleichen, anstatt über die $\triangle$-Wicklung der
Zwischenwandler. Schließt man dagegen die Relais wie in Abb. 177b auf der
der Sternpunktserdung entgegengesetzten Seite an, so werden die gleichphasigen Ströme gezwungen, über den Wandler zu fließen, wo sie sich in der
$\triangle$-Wicklung kurzschließen.

b) Differentialschutz für Mehrwickeltransformatoren. Man kann grundsätzlich eine Differentialschaltung über n Abzweige legen und ein einziges
Differentialrelais verwenden. Die Besonderheit solcher Schaltung für Mehrwickler liegt in der Schaltung der Zwischenwandler und der Stabilisierung für die Relais. In Abb. 177 ist eine Schaltung eines Dreiwicklers
人⸺/人⸺/$\triangle$ gewählt worden, bei denen die beiden Sternpunkte starr geerdet
sind. In Abb. 177a sind die Primärströme bei außenliegendem Erdschluß
= einpoliger Kurzschluß eingezeichnet. Auf der Sekundärseite müssen nun

die Ströme nach Größe und Phasenlage gleich gemacht werden. Man braucht hier zwei ($n - 1$) Nachbildungen, d. h. von zwei Ausgängen nach dem dritten. In Abb. 177b werden die beiden Sternseiten an die Dreieckseite angepaßt und die Relais auf der Dreieckseite angeschlossen. Würde man sie, wie gestrichelt angedeutet, auf der unteren Dreieckseite anschließen, so könnten gerade bei diesem Kurzschlußfall Teilströme über die Relais fließen und zu einem Fehlansprechen führen. Auf der Dreieckseite ist dies nicht mehr möglich.

Man kann sich auch einmal den Anschluß von der Dreieckseite wegdenken, dann erhält man einen Transformator in ∃⅄/⅄⋸-Schaltung mit Dreiecksausgleichswicklung und als Besonderheit: beide Sternpunkte starr geerdet. Würde man die Schaltung nach dem Schema eines Zweiwicklers aufbauen, z. B. nach Abb. 176a, dann würden die Relais an einer Sternseite liegen und die eben erwähent Fehlschaltmöglichkeit besitzen. In diesem Fall sind die Relais direkt an die Dreieckswicklung der Transformatorennachbildung anzuschließen.

Bei Vierwickeltransformatoren müßten dann sinngemäß drei Transformatornachbildungen angewendet werden.

Bei allen Mehrwickeltransformatoren ist die Aufgabe einer sicheren Stabilisierung wesentlich schwerer zu lösen, als beim normalen Zweiwickler. Bei

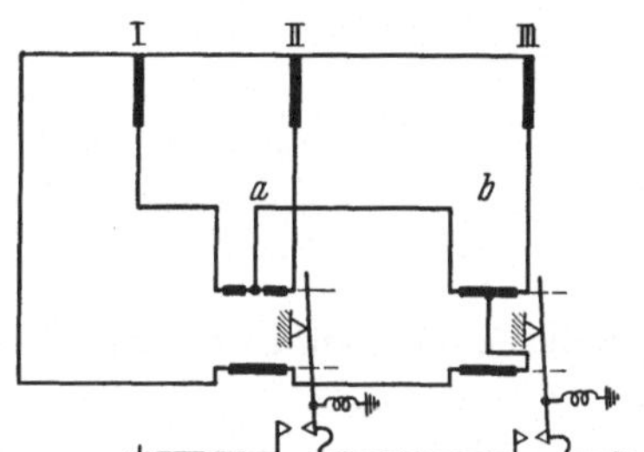

Abb. 178. Schaltung von Prozentrelais (Waagebalkenprinzip) nach Abb. 130 bei Dreiwicklern. *a* und *b* Waagebalkenrelais

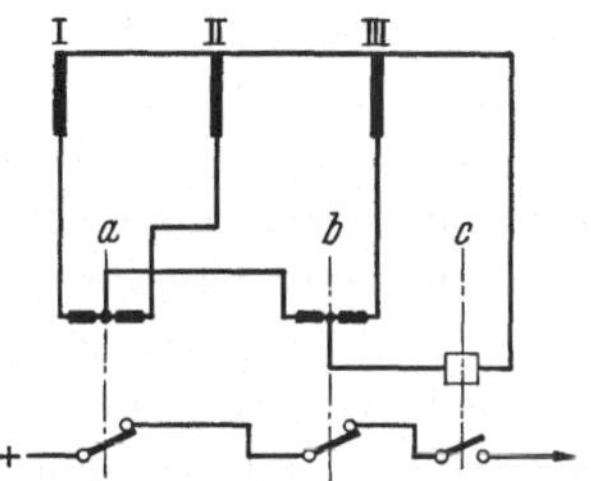

Abb. 179. Schaltung von Sperrelais. Differentialrelais nach Abb. 133 bei Dreiwicklern. *a*, *b* = Sperrelais; *c* = Differentialrelais

dem letzten konnte leicht die geometrische Summe als stabilisierendes Glied gebildet werden (vgl. S. 107). Bei drei und mehr Abzweigen kann man auf einem Kern niemals eine geometrische Summe nach allen Durchgangsrichtungen bilden, d. h. ein Waagebalkenrelais nach Abb. 130 allein läßt sich nur für einen Zweiwickler verwenden.

Bei Dreiwicklern muß man daher zwei Relais nach Schaltung 178 verwenden. Im Relais *a* wird die geometrische Summe zwischen I und II gebildet, während Relais *b* die Summe zwischen III und den beiden andern mißt. Die Auslösespulen müssen in Reihe liegen und vom Differenzstrom durchflossen sein. Die Kontakte beider Relais liegen ebenfalls in Reihe, d. h. es müssen immer beide ansprechen. Liegt z. B. ein Kurzschluß in III und der

Strom wird von I und II gleich groß geliefert, dann ist in a die Summe = Null und in b ist der Zustand einer einseitigen Speisung. Beide Relais müssen also ansprechen.

Hat man ein Stromrelais als Differentialrelais plus Sperrelais nach der Waagebalkenform, dann müßten die Sperrelais genau so geschaltet werden, die Kontakte ebenfalls in Reihe, aber normal geschlossen und in der Nulleitung (Differentialkreis) noch ein Stromrelais mit Arbeitskontakt liegen, siehe auch Abb. 179. Werden Sperrelais nach Abb. 133 verwendet, so müssen diese nach Abb. 179 geschaltet werden.

Besteht der Schutz aus Gleichstromrelais mit Gleichrichter (nach Abb. 131), so gibt es zwei Möglichkeiten nach Abb. 180a und b. Entweder bildet man die arithmetische Summe nach Abb. 180a oder die geometrische nach Abb. 180b und vergleicht diese mit dem Differenzstrom. Die arithmetische Summe wird wegen ihrer leichten Anwendbarkeit bevorzugt. Sie stellt stets den Durchgangsstrom durch den Transformator dar, gleichgültig nach welcher Richtung er fließt, denn die Ströme sind auf gleichem Niveau und die maximale Durchgangsleistung ist immer durch die stärkste Wicklung bestimmt. Hinsichtlich der Stabilisierung besteht praktisch kein Unterschied zwischen beiden Methoden.

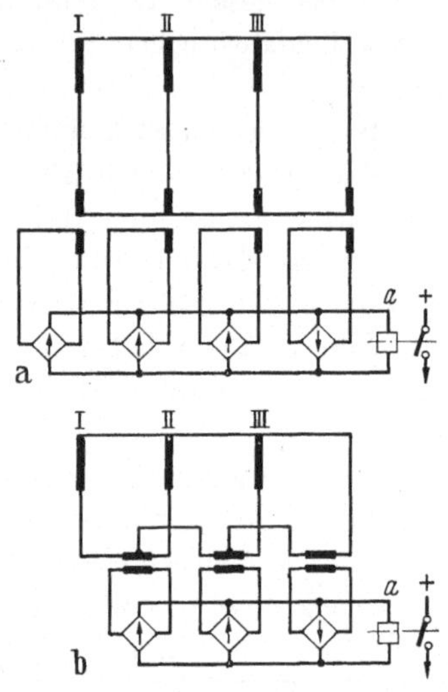

Abb. 180a u. b. Schaltung von Gleichstromdifferentialrelais nach Abb. 131 für Dreiwickler, arithmetische Summierung. — a Drehspulrelais; — b desgl. für geometrische Summierung

c) Leerlauf- und Einschaltströme. Der Leerlaufstrom eines Transformators macht sich genau wie ein Fehlerstrom für einen Differentialschutz bemerkbar, da er im Innern des Transformators verbraucht wird. Nun ist er normalerweise kaum höher als 5% des Nennstromes. Es gibt aber Betriebsfälle, bei denen er wesentlich über diesen Wert steigen kann, z. B. bei einem Transformator am Ende einer langen Höchstspannungsleitung. Bei schwacher Last kann, bedingt durch die Leitungskapazitäten, die Spannung an diesem Ende erhöht sein. War außerdem der Transformator mit seiner Induktion schon hoch ausgelegt, dann steigt der Leerlaufstrom weit schneller an als proportional der Spannungserhöhung. Die Empfindlichkeit des Differentialrelais muß daher stets höher liegen, wenn ein Fehlansprechen vermieden werden soll. Eine solch empfindliche Einstellung wie beim Generatorschutz ist daher unmöglich. Man sollte ein Differentialrelais sicherheitshalber nicht unter 30% des Nennstromes einstellen. Es sind auch Kompensationen hierfür ausgeführt worden, indem man den Strom einer Drossel mit einer ähnlichen Magnetisierungskurve und Induktion wie beim Transformator vom Strom im Differentialrelais subtrahiert und dadurch den Leerlaufstrom des Transformators eliminiert.

Viel wichtiger ist die Unempfindlichkeit des Differentialrelais gegen Einschaltströme, die ebenfalls Leerlaufströme sind und über das Relais fließen müssen. Schaltet man einen Transformator an Spannung und der Einschaltmoment in einem Leiter erfolgt in der Nähe des Nulldurchganges der Spannungskurve, dann tritt eine hohe Einschaltspitze auf. Die Stromkurve wird einseitig durch das Gleichstromglied verlagert und klingt erst langsam auf den Normalwert ein, s. Oszillogramm Abb. 181. Die Anfangsspitze kann das Vielfache des Nennstromes betragen und bringt ein normales Differentialrelais mit Sicherheit zum Ansprechen, welches den Transformator wieder abschaltet. Dieses Abschalten ist aber für den Transformator nicht ungefährlich, da beim Abschalten ein Gleichstrom einer großen Induktivität unterbrochen wird. Es entstehen sehr hohe Spannungsspitzen, die zu Überschlägen

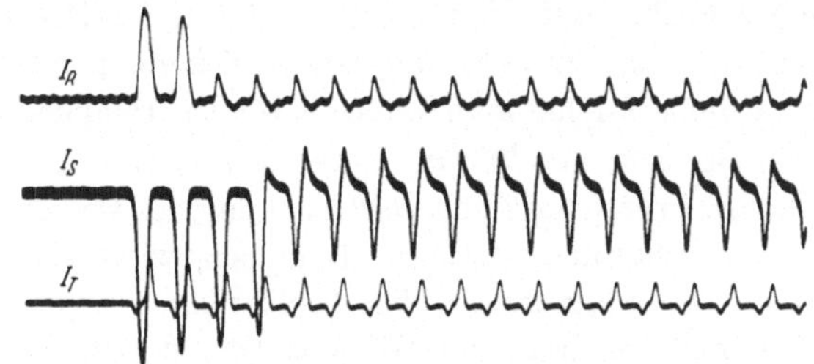

Abb. 181. Oszillogramm eines Einschaltstromes

führen können. Es wurden beim Abschalten nach 2 Sekunden sogar noch Überschläge über die Hochspannungsisolatoren beobachtet.

Hierfür wurden verschieden Abhilfemaßnahmen angewendet:

α) *Überbrückung der Zeitdauer des Einschaltstoßes.* Man schaltet ein Zeitrelais dem Differentialrelais nach, dessen Zeitablauf größer eingestellt wird, als das Differentialrelais durch den höchsten Einschaltstoß angezogen bleibt. Diese notwendige Zeit schwankt je nach Bauart des Transformators zwischen 0,3 bis 2 sek. Jeder Fehler im Transformator wird nun ebenfalls nach dieser Zeit erst abgeschaltet, so daß man nicht mehr von einem Schnellschutz sprechen kann.

Um diesem Nachteil abzuhelfen, setzt man diese Zeit nur beim Einschalten, also in Abhängigkeit der Schalterbetätigung in Funktion. Es kommen jedoch auch dann solche Einschaltströme vor, wenn die Spannung von einer entfernten Stelle eingeschaltet wird, von der man diese Pufferzeit nicht mit einsetzen kann.

β) *Ausnützung des Gleichstromanteiles.* Das Differentialrelais wird über einen kleinen Hilfswandler besonderer magnetischer Eigenschaften angeschlossen (Siemens). Das Gleichstromglied sättigt diesen Wandler, so daß er den Wechselstrom nicht mehr oder wenigstens sehr geschwächt übertragen kann. Ein wirklicher Fehlerstrom besitzt diese Gleichstromkomponente nicht, so daß das Differentialrelais seinen Ansprechstrom erhält und schnell anspricht. Da der Wandler auch bei großem Fehlerstrom ins Sättigungsgebiet gelangt, ist der Strom im Relais bei höheren Strömen nicht mehr proportional, d. .h diese Maßnahme wirkt nicht bei dem Verhältnisrelais, während bei einem Stromrelais mit Sperrelais Ströme über seinen Ansprechstrom nicht mehr proportional zu sein brauchen. Ein Sperrelais hat bei Einschaltströmen naturgemäß keinen Einfluß, da kein Durchgangsstrom hierbei vorhanden ist. Man erhält bei wirklichem Fehler schnelle Abschaltzeit.

γ) Veränderung der Frequenz bei einseitiger Verlagerung (BBC). In einem elektromagnetischen Relais erfolgen bei einem Erregerstrom von 50 Perioden Anzugskräfte mit 100 Perioden. Wird aber der Strom wie beim Einschalten einseitig verlagert, pulsieren die Anzugskräfte nunmehr mit 50 Perioden. Erst wenn der Einschaltstrom unter die Nullinie sinkt, tritt wieder die doppelte Frequenz beim Ansprechen auf. Man bildet nun die Kontaktfeder so aus, daß sie bei 50 Perioden in Resonanz gerät und keinen sicheren Kontakt mehr herstellen kann. Beim Fehlerfall hat man selten ein Gleichstromglied zu erwarten.

δ) Höhere Harmonische als Rückzugskraft. Die spitzen Einschaltströme besitzen einen hohen Prozentsatz höherer Harmonische. Der Differenzstrom wird über eine Serienschaltung von Drossel und Kapazität, die bei 50 Hz in Resonanz ist, dem Differentialrelais über Gleichrichter zugeführt. Parallel zu dieser Serienschaltung liegt ein Hilfswandler, dessen Sekundärstrom wieder über Gleichrichter in entgegengesetzter Polarität über das Relais fließt. Bei der Grundwelle entsteht nur eine kleine Spannung an der Serienschaltung. Sie ist dagegen wesentlich höher für die höheren Harmonischen. Der gleichgerichtete Strom dieser Oberwellen sperrt das Differentialrelais.

ε) Gleichstrommittelwert plus stromabhängige Ansprechzeit (Siemens). Der Gleichstrommittelwert einer Sinuskurve verhält sich zum quadratischen wie 0,66:0,71. Wird diese Kurve einseitig zur Nullinie verschoben und artet sie wie der Einschaltstrom in scharfe Stromspitzen aus, so wird dieses Verhältnis wesentlich kleiner. Bei normalen Transformatoren erhält man Verhältnisse von 1:2 und kleiner. Ein Gleichstromdifferentialrelais ist also durch seine Art des Messens schon wesentlich unempfindlicher gegen diese Art von Strömen. Außerdem läßt sich bei einem Drehspulrelais durch eine Kurzschlußwindung eine umgekehrt stromabhängige Ansprechzeit erzielen. Bei höherem Strom erhält man schnelleres Ansprechen. Man erhält dann einen wirklich schnell arbeitenden Differentialschutz.

2. Andere elektrische Schutzschaltungen

a) Man kann genau wie bei in Dreieck geschalteten Generatoren auch beim Transformator mit einer **Summenschaltung** der Stromwandler innerhalb der Dreieckswicklung einen Windungsschluß erfassen, sofern die sechs

Enden der Dreieckswicklung durch Isolatoren aus dem Gehäuse herausgeführt sind. Dies bedeutet eine Sonderausführung und wird selten ausgeführt. Außerdem beschränkt sich der Schutzbereich nur auf Fehler im Transformatorgehäuse, Abb. 182.

b) Ein **Windungsschluß** im ⅄/⅄ geschalteten Transformator mit Mantelkern und ohne △-Ausgleichswicklung, bei denen ein normaler Differential-

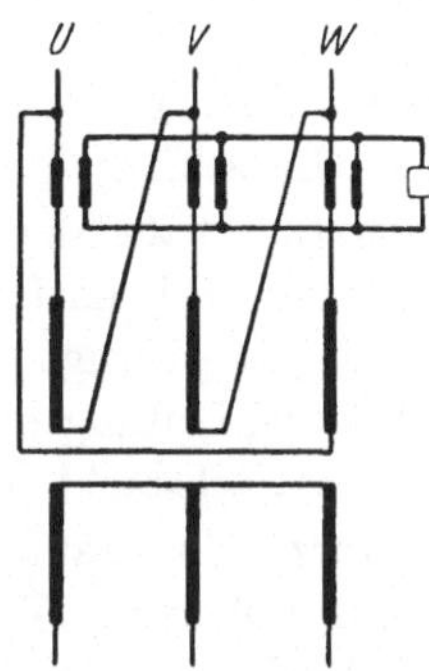

Abb. 182. Windungsschluß-schutz für ⅄ / △-Trafos durch Summenschaltung der Stromwandler (ASEA).

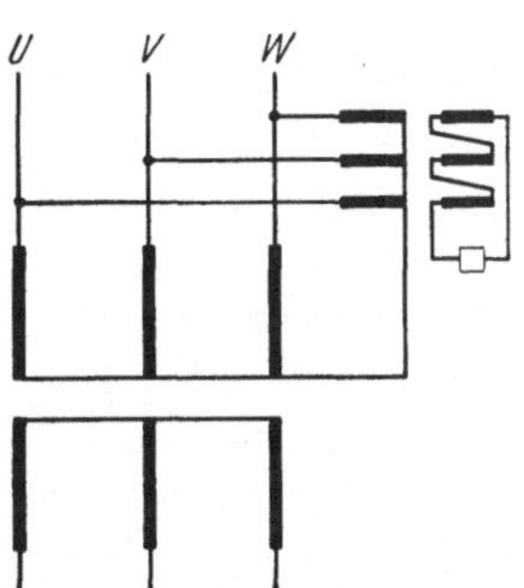

Abb. 183. Feststellen einer Nullpunktverlagerung bei ⅄/⅄-Trafo mit Mantelkern, jedoch ohne Ausgleichswicklung (Stützdrossel).

schutz nicht anwendbar ist (vgl. S. 127), läßt sich wie bei einem Generator durch Messen der Nullpunktsverlagerung gegenüber einem künstlichen feststellen, Abb. 183. Da solche Transformatoren heute kaum ausgeführt werden, ist auch diese Schaltung wenig angewendet worden.

c) Messen der **Gehäusespannung gegen Erde** (EdF Frankreich), Abb. 184. Ein Transformatorgehäuse ist über sein Fahrgestell relativ schlecht mit Erde verbunden. Darum wird das Gehäuse noch besonders über eine gute Leitung mit der Stationserde verbunden. Entsteht nun im Transformator oder von den Durchführungen aus ein Überschlag gegen Gehäuse, so fließt über die Erdverbindung ein Erdstrom bzw. das Gehäuse erhält Spannung gegen Erde. Erhöht man noch etwas die Isolation über das Fahrgestell gegen Erde, so lassen sich schon relativ kleine Spannungsunterschiede durch Wandler in der Erdverbindung feststellen und als Fehlerkriterien verwerten. Der Schutzumfang ist auf das Gehäuse beschränkt und der Schutz spricht nur auf Erdschluß, nicht auf Windungs-

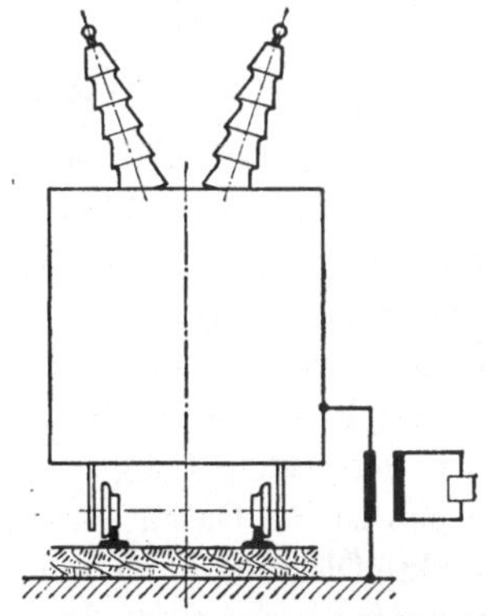

Abb.184. Messung der Gehäusespannung gegen Erde (EdF Frankreich) bei Erdschluß im Trafo.

oder Wicklungsschluß ohne Erdberührung an. Das Gehäuse führt außerdem bei Erdschluß Spannung, die allerdings klein gehalten werden kann.

d) Richtungsvergleich zwischen Ein- und Ausgangsleistung. Man kann auch den Transformator als ein Stück Leitung betrachten und einen Vergleich der Richtung von zu- und abgehender Energie durchführen. Dabei müssten jedoch die Richtungsrelais mit Überstromrelais kombiniert werden, da bei einem inneren Kurzschluß durchaus noch Leistung aus dem Transformator hinausfließen kann. Daher ist nur eine sehr grobe Einstellung möglich.

e) Impedanzschutz. Lange Zeit war man in weiten Kreisen der Ansicht, daß man mit widerstandsabhängigen Zeitrelais (Impedanzschutz mit Schnellstufe) einen einwandfreien Transformatorschutz erhält, der außerdem noch den Vorzug habe, daß die Impedanzrelais bei entfernteren Fehlern den Überstromschutz ersetzen könnten. Es ist richtig, daß ein Transformator mit seiner Impedanz eine ziemlich lange Leitung darstellt. Leider ist die Strecke vom Transformator bis zu den nächsten Leistungsrelais (nur die Sammelschiene) außerordentlich kurz. Man muß daher, um Überschneidungen zu vermeiden, die Schnellstufe schon im Transformator abbrechen lassen. Schwieriger noch wird die Sachlage, wenn es sich um $\lambda/\triangle$-Transformatoren handelt. Durch die Zuordnung von Strom und Spannung wird die Messung nur für die eine Seite annähernd richtig, während für die andere Seite diese Zuordnung nicht mehr stimmt (s. später S. 180). Ein wirklicher Schnellschutz, der Beschädigungen verkleinern hilft, läßt sich hiermit nur sehr beschränkt erreichen. Man sollte vielmehr solche Relais mit ihrer Richtungseinstellung nach der Sammelschiene zu anordnen und die erste Stufe um eine Staffelzeit höher als die Relais in den Abgangsleitungen einstellen. Dann erhält man einen wirksamen Sammelschienenschutz (s. Ausführliches S. 252).

3. Gasschutz (Buchholzschutz)

Die Tatsache, daß jeder zu schützende Transformator in einem ölgefüllten Gehäuse eingebaut ist, hat man bei dem weitverbreiteten Gasschutz (Buchholzschutz) zu nützen gewußt. Jede Funkenbildung, selbst jede stärkere Schädigung der Drahtisolation durch Wärme zersetzt das Öl und erzeugt Ölgase. In die Zuführung zum Ölkonservator legt man ein Gehäuse, das zwei Schwimmer enthält. Der eine ist direkt in die Ölstromrichtung angeordnet, der andere hängt darüber in einem höheren Raum. Bei großen Lichtbögen ist die Gasentwicklung sehr stark und bewegt durch die dadurch bewirkte Ölströmung den unteren Schwimmer, dessen Kontaktgabe den Transformator abschaltet. Das Abschaltkommando erfolgt etwa nach 0,1 bis 0,5 sek. Wird nur wenig Gas erzeugt, bei kleinen Durchschlägen nach Gehäuse, versucht das Gas nach oben nach dem Ölkonservator zu steigen und wird unterwegs in dem Raum des zweiten Schwimmers aufgefangen, dessen Ölspiegel dadurch sinkt und der Schwimmer seinen Alarmkontakt schließen kann.

Der Schutzumfang ist zwar nur auf den Gehäuseraum begrenzt, aber gerade dieser Schutz füllt die Lücke aus, in welcher Fehler von einem Differentialschutz niemals erfaßt werden können, da die Fehlerströme zu klein sind, die aber trotzdem ernste Schäden bedeuten können. Bei größeren Fehlerströmen können beide ansprechen, wobei jedoch der Differentialschutz bald der schneller arbeitende wird. Bei schweren Kurzschlüssen im Gehäuse kann es vorkommen, daß der Gehäusemantel schneller aufreißt, als die Ölströmung den Schwimmer betätigen kann. Hier hat der Differentialschutz seine volle Wirksamkeit. Außerdem erfaßt er alle Kurzschlüsse zwischen Ober- und Unterspannungsschalter und kann dadurch eine wichtige Strecke im Netzgebilde selektiv heraustrennen. Der heutige Transformatorschutz besteht daher in den meisten Fällen aus Differentialschutz plus Buchholzschutz.

4. Überlastungsschutz

Es gehen die Meinungen darüber auseinander, ob ein Transformator mit einem besonderen Überlastungsschutz ausgerüstet werden soll oder ob der mit Rücksicht auf den Leitungsschutz sowieso notwendige Überstrom- oder Impedanzschutz hierfür ausreicht.

Ein Transformator hat stets eine Kühlvorrichtung, sei es Luftkühlung oder eine besondere Ölumlaufkühlung. Wie bei allen Apparaten, die einer Erwärmung unterliegen, nimmt die Zeit der von ihm auszuhaltenden Überlastung umgekehrt mit deren Höhe ab, bis die zulässige Temperatur erreicht ist. Immer ist sie jedoch beträchtlich länger als die längste bei einem Überstromschutz eingestellte Ablaufzeit (z. B. 4 sek). Außerdem werden Überstromrelais kaum unter 150% Nennstrom, vielfach sogar auf 200% eingestellt, um beim Herausfallen eines parallelen Transformators noch dessen Last kurzzeitig übernehmen zu können. Diese Gegenüberstellung spricht für einen zusätzlichen Überlastungsschutz.

Andererseits werden die Ströme vom Bedienungspersonal überwacht und eine Überlastung bald bemerkt.

Für einen Überlastungsschutz muß die zulässige Temperatur der Wicklung die Grundlage bilden. Sie kommt einmal in der Öltemperatur zum Ausdruck. Je kühler das Öl ist, um so länger hält der Transformator eine Überlastung aus. Die Transformatoren sind daher meistens mindestens mit einem Thermometer mit Meldekontakt versehen. Diese Messung ist nur dann richtig, wenn die Überlastung langsam steigt, denn die Wicklung muß seine Wärme erst an das Öl abgeben. Sie besitzt daher stets höhere Temperatur, und es vergeht eine lange Zeit, bis das Öl folgt. Bei sehr raschen und hohen Überlastungen können schon Wicklungsschäden eingetreten sein, bevor das Thermometer ein Warnsignal geben kann.

Man hat dann das Thermometer in einem besonderen Gefäß im Ölkessel untergebracht und diesen kleinen Ölraum noch zusätzlich von einem Wand-

lerstrom geheizt. Dadurch folgt das Thermometer auch sehr rasch einer
großen Überlastung. Man kann auch einen temperaturabhängigen Widerstand, der eine ähnliche Isolation wie die Transformatorenwicklung besitzt
und im Öl untergebracht ist, vom Wandlerstrom durchfließen lassen und vergleicht ihn mit einem außenliegend unabhängigen. Der im Ölraum befindliche Widerstand ist daher der Stromwärme selbst, wie auch der Ölkühlung
ausgesetzt, so daß er ein getreues Abbild der in der Wicklung bestehenden
Verhältnisse ergibt.

Eine andere Methode sucht ein thermisches Abbild des Transformators
zu bilden, indem man Bimetall vom Strom aus heizt, dessen Zeitkonstante
der des Transformators nachgebildet wird. Man erreicht dieses Abbild jedoch
nie, da es die Kühlungsverhältnisse im Transformator nicht berücksichtigen
kann. Es kann z. B. auch zu Schädigungen der Wicklung kommen, wenn die
Umlaufkühlung an heißen Tagen nicht richtig arbeitet. Es braucht daher
keine elektrische Überlastung vorzuliegen.

Lange Zeit war ein Überlastrelais auf dem Markt, dessen Zeitablauf
genau umgekehrt J^2 war. Eine J^2-Zählerscheibe, deren Umdrehungszahl dem
Quadrat proportional war, dreht über ein Planetengetriebe gegen die Umdrehungszahl eines Synchronmotors. Dieses Relais konnte genau auf eine
Zeitkonstante eingestellt werden, da die Wärmeentwicklung dem Quadrat
des Stromes entspricht, beachtete aber naturgemäß ebensowenig die Abkühlverhältnisse, so daß nach vorstehender Überlegung eine vom Strom
korrigierte Temperaturmessung als Überlastungsschutz bzw. -Anzeige den
tatsächlichen Verhältnissen wohl am nächsten kommt.

5. Eisenbrand

Er kann entstehen, wie bei einem Generator, wenn die Isolation zwischen
den Eisenblechen aus irgendeinem Grunde zerstört wurde und größere Wir-
belströme dadurch entstehen. Das gleiche ist der Fall, wenn die Isolation
zweier Bolzen zum Eisenpaket defekt ist und dadurch eine große Kurzschlußwindung zustande kommt. Dieser Fehler erhöht die Eisenverluste der Transformatoren und äußert sich in erhöhter Temperatur, vielleicht auch sogar
stellenweise in Ölzersetzung. Beides kann durch die vorstehend beschriebenen Maßnahmen festgestellt werden: Temperaturanzeige bzw. Buchholzschutz. Eine Zeitlang hat man hierfür einen besonderen Differential-Watt-
Schutz gebaut. Im Differentialrelais fließt, wie oben ausgeführt, stets der
Leerlaufstrom des Transformators. Kombiniert man diesen Strom in einem
Wattmeter mit der Transformatorspannung, so erhält man tatsächlich die
Leistung, die den Eisenverlusten entspricht. Die Spannung wurde aus dem
Mittelwert von Ober- und Unterspannung gewonnen und entsprach dadurch
der EMK im Transformator. Der Spannungsabfall, der den Kupferverlusten
entsprach, kam daher im Relais nicht zur Wirkung. Das Wattmeter zeigte
nun bei gutem Abgleich der Wandler überraschend genau die Eisenverluste

im Transformator an und gestattet damit eine evtl. Erhöhung festzustellen. Da der Abgleich jedoch sehr schwierig war, ist sie später nicht mehr ausgeführt worden.

6. Inbetriebnahme, Wartung und Prüfung

Hierbei gilt dasselbe, was hierüber beim Generatorschutz gesagt wurde. Auch hier kann und soll der Schutz möglichst durch Hochfahrversuch auf äußeren oder innerhalb der Wandler liegenden dreipoligen Kurzschluß, auf richtige Schaltung und richtige Einstellung geprüft werden. Man mißt stets die Ströme in den drei Differenzzweigen. Sie sollen bei äußerem Fehler keinen oder sehr kleinen Strom aufweisen — Leerlaufstrom ist dabei nicht festzustellen —. Da dies auch bei einer Unterbrechung der Fall sein kann, nimmt man noch künstlich eine Vertauschung der Wandlerleitungen vor, bei welcher dann ein bestimmter Ausgleichstrom fließen muß. Dann hat man einen sicheren Beweis, ob die erste Schaltung richtig war. Der innere Kurzschluß ergibt dann die Prüfung der eingestellten Ansprechgrenze, aber erst *nach* der Prüfung bei äußerem Kurzschluß.

Für die Wartung und Prüfung gilt das gleiche wie beim Generatorschutz.

C. Leitungsschutz

Bei dem Leitungsschutz steht die Frage der Selektivität, des Aufrechterhaltens des Betriebes im Vordergrunde, nicht nur das Vermeiden von materiellen Zerstörungen. Die Fehler — Kurzschluß, Doppelerdschluß, einfacher Erdschluß, Außertrittfallen von Kraftwerken — wechseln in ihrer Form, ihrem Verlauf, ihrer Häufigkeit und ihrer Bedeutung für die einzelnen Betriebe recht erheblich. Man kann nicht mehr, wie z. B. beim Generatorschutz sagen, für diesen oder jenen Fehler ist eine bestimmte Schutzschaltung gegeben. Wo man in einem Netz ein bestimmtes System mit Erfolg anwenden kann, können andere Gegebenheiten dies für ein anderes Netz vielleicht verneinen. Schließlich spricht die wirtschaftliche Frage ebenfalls bei der Wahl eine gewichtige Rolle.

Man muß daher vom Standpunkte der Schutztechnik aus die Verschiedenheiten der Netze und ihren Einfluß auf den Verlauf und die Bewertung der Fehler in Betracht ziehen. Umgekehrt soll man aber auch beim Bau, ja auch beim Weiterausbau eines Netzes daran denken, welche Folgerungen sich daraus für einen wirksamen Schutz ergeben, denn nicht alle Bedingungen kann ein Schutzsystem so lösen, wie es für den Betrieb vorteilhaft ist. Meistens sind es Sparsamkeitsrücksichten, die Netzgebilde entstehen lassen, die nicht nur Schwierigkeiten hinsichtlich der Selektivität des Schutzes ergeben, sondern auch meistens ebensoviel Unbequemlichkeiten für die Betriebsführung in sich bergen.

Die Schutztechnik hat sich aus vielen Erfahrungen bemüht, Lösungen zu finden, die möglichst universell verwendbar sind. Wenn auch die folgenden Ausführungen eine fast verwirrende Vielzahl von verschiedenen Systemen behandeln, so hat die Praxis doch nur relativ wenige als allgemein verwendbar und wertvoll anerkannt. Man kann daher heute schon durchaus von Standardlösungen für diesen oder jenen Fehler sprechen.

Es ist aber dennoch interessant und für eine allgemeine Übersicht wertvoll, auch diejenigen Schutzschaltungen zu erläutern, die heute aus verschiedenen Gründen nicht mehr angewendet werden.

I. Netzeigenschaften und Netzfehler

1. Verschiedenheiten der Netze

Entsprechend der *Art der Leitungen* kennen wir Freileitungs- und Kabelnetze. *Freileitungsnetze* sind räumlich ausgedehnt mit zum Teil sehr langen Leitungen. Der Leitungswiderstand ist stark induktiv und relativ hoch. *Kabelnetze* sind auf engem Raum zusammengedrängt mit meist kurzen Leitungen außer den wenigen Ausnahmen, wo Überlandnetze verkabelt sind. Der Leitungswiderstand ist meist klein und mehr ohmscher Natur.

Die *Gestalt der Netze* wechselt von der einfachsten Strahlenform bis zum dicht vermaschten Gebilde. Im ersten Fall gehen von einem Speisepunkt die Leitungen *strahlenförmig* aus und versorgen jeweils allein ein Gebiet. In *ringförmigen* und *vermaschten* Netzen werden die einzelnen Versorgungspunkte von mindestens zwei Seiten aus gespeist. Auch Doppel- und Mehrfach-Leitungen sind als ringförmige Netzgebilde zu betrachten.

Die *Speisung eines Netzes* erfolgt entweder nur von einer Stelle oder von verschiedenen Seiten aus. *Einfach- und Mehrfachspeisung.* Unter Mehrfachspeisung versteht man auch die verschiedenen Versorgungsmöglichkeiten einer Abnahmestelle in einem vermaschten Netz.

Ihrem *Versorgungsgebiet* nach unterscheidet man Überlandnetze, Stadtnetze und Industrienetze. *Überlandnetze* versorgen große Landgebiete und sind fast ausschließlich Freileitungsnetze. An jeder Leitung zweigen vielfach Teilleitungen nach den einzelnen Ortschaften ab, so daß die Leitung selbst wieder ein kleines Versorgungsgebiet umfaßt. *Stadtnetze* sind fast immer Kabelnetze. *Industrienetze* ähneln in ihrer Form den Stadtnetzen, sind jedoch meistens noch gedrängter aufgebaut.

Schließlich gliedern sich die Netze auch nach ihrer *Betriebsspannung.* Das *Niederspannungsnetz*, das die elektrische Energie bis zum letzten Haushalt verteilt, wird von einem Netz *kleinerer* oder *mittlerer Hochspannung* gespeist. Diese Netze haben fast immer noch den Charakter von *Verteilungs*netzen (6—20 kV). Diesen übergeordnet sind ausgesprochene *Speisenetze* (30—70 kV). Ihre Form ist meistens schon recht einfach, dagegen ist die Wichtigkeit der einzelnen Leitung stark gestiegen. Darüber gelagert sind entweder nochmals

Speisenetze hoher Spannung (100—150 kV) oder reine *Ausgleich-* bzw. *Sammelschienennetze höchster Spannung* (200—400 kV). Diese dienen dem Ausgleich oder Transport großer Energien über weite Entfernungen. Von ihrer Sicherheit sind oft sehr große Gebiete abhängig.

Alle diese Netze sind also in irgendeiner Form voneinander abhängig, und Störungen in dem einen Netz wirken sich auch mehr oder weniger im Nachbarnetz aus.

2. Fehlerhäufigkeit und Fehlerarten

Die *Fehlerhäufigkeit* ist zweifellos in Freileitungsnetzen wesentlich größer als in Kabelnetzen. Einmal, weil die Gesamtlänge der Leitungen und damit die „Angriffsfläche" größer ist als im Kabelnetz. Für jedes Freileitungsnetz ist die Gewitterperiode *die* Zeit der Hauptstörungen. Es gibt Zonen, die besonders darunter zu leiden haben, wie es auch in ein- und demselben Gebiet Leitungen gibt, die Blitzeinschlägen besonders ausgesetzt sind. Kurzschlüsse infolge Blitzeinschlägen sind besonders in den Mittelspannungsnetzen wesentlich häufiger als in Höchstspannungsanlagen. Dafür wirken sich hier im Herbst und Frühjahr die sogenannten „Nebelüberschläge" in Industriegebieten oft bis zum totalen Zusammenbruch der Energieversorgung aus. Nach längerer Trockenheit setzt sich nämlich Staub und Ruß auf den Isolatoren ab. Bei einsetzendem feuchten Nebel sinkt die Isolation und es erfolgen Überschläge, die wiederum andere an anderen Stellen zur Folge haben. Vögel, Sturm, Rauhreif bilden in Freileitungen andere Fehlerursachen.

Diese Störungsmöglichkeiten sind auch nach den örtlichen Verhältnissen verschieden. Es ist nicht unwesentlich, ob ein Netz in der Tiefebene oder im Gebirge liegt, ob eine Leitung über freie Flächen oder durch stark bewaldetes Gebiet läuft. Auch wird die Fehlerhäufigkeit von dem elektrischen Sicherheitsgrad abhängen, mit welchem ein Netz gebaut wurde oder den es z. B. durch Alterung der Isolatoren gegenwärtig besitzt. Ist er gering, dann werden einfache Erdschlüsse leicht zu gleichzeitigen oder sehr bald folgenden Überschlägen an einem anderen Leiter und anderem Ort führen = Doppelerdschlüsse.

Man kann aber mit noch tragbaren wirtschaftlichen Mitteln nicht die Isolationsfestigkeit so hoch treiben, um praktisch alle Fehler zu vermeiden. Man wird daher an einen Schutz die höchsten Anforderungen stellen, um schnell und sicher selektiv die fehlerhafte Leitung herauszutrennen und die Auswirkungen eines Fehlers auf das übrige Netz auf ein Kleinstmaß beschränken.

Von den Fehlerarten überwiegen in den Freileitungen die einfachen Erdschlüsse gegenüber den zwei- und dreipoligen Kurzschlüssen. Überraschend ist jedoch auch die relativ hohe Zahl von Doppelerdschlüssen. Der kurzschlußartige Charakter der Doppelerdschlüsse richtet sich auch nach den geologischen Bodenverhältnissen. Es gibt Netze, wo der Erdwiderstand durch dazwischenliegende Felsbildungen so hoch ist, daß man von einem Kurzschluß kaum mehr sprechen kann.

In Kabelnetzen ist die Fehlerhäufigkeit wesentlich geringer als in Freileitungen, da atmosphärische Störungen praktisch wegfallen. Hier sind Muffenverbindungen, Beschädigung durch Bauarbeiten und die in einem elektrischen Betrieb kaum ganz vermeidbaren Schaltfehler die Störungsursachen. Es erweist sich außerdem, daß auch hier von den Kurzschlüssen doch ein überraschend hoher Prozentsatz Doppelerdschlüsse sind.

Durch *Auseinanderfallen der Kraftwerke* sind naturgemäß Netze gefährdet, bei denen die Kraftwerke über lange Leitungen mit großer Dämpfung gekuppelt sind. Außerdem entkuppeln dreipolige Kurzschlüsse in der Nähe eines Kraftwerkes die parallellaufenden Zentralen. Auf diesen Fehler braucht ein Schutzsystem nur in denjenigen Leitungen Rücksicht zu nehmen, die tatsächlich von den Ausgleichströmen durchflossen werden.

3. Fehlerverlauf

Auch der *Verlauf* eines Fehlers ist in Freileitungen grundsätzlich anders als in Kabeln. Durch den größeren Abstand der Leiter voneinander erfolgen Kurzschlüsse mit wenigen Ausnahmen über Lichtbögen. Blitzschläge verursachen Kurzschlüsse hauptsächlich durch rückwärtige Überschläge, die von einem oder mehreren Leitern zur Traverse erfolgen. Sie können sich von der Einschlagstelle aus nach beiden Seiten über eine ganze Reihe von Masten verteilen. Schlägt nur ein Leiter über, dann verschwindet in gelöschten Netzen der Erdschluß wieder. Bei geerdeten Netzen ergibt er einen einpoligen Kurzschluß. Überschläge in verschiedenen Leitern ergeben zwei- und dreipolige Kurzschlüsse. Auf den Verlauf eines Lichtbogens und seine Wirkung auf die Widerstandsmessung wurde schon auf S. 74 ausführlich eingegangen. Er hat aber noch eine andere Wirkung; durch sein Ausflattern erfaßt er vielfach in kurzer Zeit noch gesunde Leiter, löst sich manchmal von dem ersten ab, so daß das Kurzschlußbild zwischen den Leitern wechselt. Bei Doppelleitungen wird die zweite Leitung mit erfaßt, falls nicht durch den Blitzschlag schon von ihr der eine oder andere Leiter in Mitleidenschaft gezogen wurde. Es besteht z. B. ein dreipoliger Kurzschluß zwischen einem Leiter der einen Leitung und zwei der anderen. Es ist bekannt, daß nahezu 50% aller Blitzschläge in eine Doppelleitung auf dem gleichen Gestänge ein solches Bild ergeben. Für den Betrieb wäre es erwünscht, wenn nur diejenige Leitung abgeschaltet würde, bei welcher zwei Leiter betroffen wurden, während die andere mit dem einen am Kurzschluß beteiligten Leiter in Betrieb bliebe. Es gibt Schaltungen, mit denen man prozentual mehr solcher Fälle in diesem Sinne erfassen könnte. Vollen Erfolg können auch diese nicht garantieren und erfordern mehr Aufwand. Die heutigen Systeme schalten etwa 30% von solchen Fehlern in betrieblich erwünschtem Sinne ab.

Im Kabel ist ein solches Übergreifen durch Lichtbogen zwar nicht möglich, aber es tritt manchmal etwas ähnliches auf. Bei einem zweipoligen Kurzschluß wird durch die Wärmeentwicklung sehr bald der dritte miterfaßt. Bei einem Erdschluß beobachtet man häufig, daß er in immer kürzeren Abständen wiederkehrt. Durch den Erdschlußstrom hat die örtlich erhitzte Isoliermasse durch Druck den Lichtbogen ausgelöscht und es schlägt nach einer Weile wieder durch. Diesen Effekt hat man an Hand von Registrierstreifen sogar bei zweipoligen Kurzschlüssen festgestellt.

Bei Doppelerdschlüssen, die, wie eben schon erwähnt, in Kabelnetzen durchaus nicht selten sind, kann es leicht geschehen, daß beide Stellen in örtliche zwei- oder dreipolige Kurzschlüsse übergehen. Diese Doppelkurzschlüsse ergeben dann eine nicht mehr im voraus bestimmbare Stromverteilung, so daß die Relais sich dann nach den gegebenen elektrischen Größen verhalten und Abschaltungen zur Folge haben, die dem Betrieb nicht immer genehm sind, obwohl die Relais vollkommen ihrem festgelegten Gesetz nach richtig gearbeitet haben.

Wirklich große Netzstörungen entstehen fast immer aus einem Zusammentreffen verschiedenster Ereignisse, die man oft als unwahrscheinlich anzusehen geneigt ist. Aber alle diese außergewöhnlichen Möglichkeiten von vornherein bei einem Relaisaufbau in Betracht zu ziehen, ist praktisch unmöglich.

Wenn man die eine oder andere berücksichtigt, dann wird der Relaisaufbau komplizierter oder es werden andere viel häufiger vorkommende Fälle weniger gut erfaßt. In einer Relaisschaltung ist immer eine genau abgewogene Auslese aller Möglichkeiten in Betracht gezogen, bei welchen es einwandfrei arbeiten soll und auch nur kann. Zuviele, vor allem außergewöhnliche Bedingungen verschlechtern eher ein Schutzrelais, als es zu verbessern.

4. Fehlerwichtigkeit

Wenn man die Häufigkeit der Fehler in Freileitungsnetzen dem weit geringeren Fehlervorkommen in den Kabelnetzen der Städte gegenüberstellt, so hat es den Anschein, als ob in Freileitungsnetzen mehr Wert auf ein gutes Schutzsystem gelegt werden müßte. Aber die Praxis beweist, daß gerade Kabelnetze besonders in Großstädten die umfangreichsten Schutzsysteme in Betrieb haben, während ausgedehnte Überlandnetze sich vielfach mit einfachen Überstromauslösern begnügen. Die Ursache für diese zunächst überraschende Tatsache kann nur in dem Maß der Wichtigkeit zu suchen sein, das der Betrieb einer Störung und auch einer evtl. außergewöhnlichen Störungsmöglichkeit beimißt. Gewiß spielt auch der *Leistungswert* des Kabels dabei eine bestimmte Rolle, aber in dem *Betriebswert* einer Leitung ist auch der *Sicherheitswert*, den der Abnehmer verlangt, miteingeschlossen. Technisch begründet ist der Sicherheitsanspruch z. B. bei Industrien, die schon durch kurzdauernde Unterbrechungen materiellen Schaden erleiden können. Solche Industriezweige sichern sich vielfach noch zusätzlich durch

Schadenersatzverträge. Ganz ähnlich liegt der Fall bei großen Geschäftshäusern, bei denen z. B. in der Geschäftszeit durch Ausbleiben der Beleuchtung Unsicherheit entstehen kann. Öfteres Ausbleiben der Versorgung wird solche Abnehmer veranlassen, eigene Hauszentralen als Reserve aufzustellen. Subjektiv mißt besonders der Privatabnehmer den Störungen besondere Bedeutung zu. In einer Großstadt, in welcher das industrielle, wie auch private Leben sehr stark von der elektrischen Energieversorgung abhängt, wird daher eine Störung viel schwerer empfunden als auf dem Lande. In dem Maße, wie auch auf dem Lande die elektrische Energie verwendet wird — Kleinindustrie, Kochen, Rundfunk usw. — steigt einmal der Leistungswert der Leitungen, aber auch gleichzeitig der Sicherheitsanspruch der Abnehmer. Daß die Höchstspannungsleitungen, von denen große Gebiete versorgt werden, ein Höchstmaß an Sicherheit verlangen, ist selbstverständlich. Da man aber ihre Zahl aus wirtschaftlichen Gründen nicht beliebig vermehren kann, ist es richtig, wenn man an ihr Schutzsystem das Höchstmaß an Forderung stellt, welches technisch überhaupt möglich ist zu erfüllen, zumal gerade hierbei die Kosten für den Schutz bei dem hohen geldlichen Wert der Leitung keine Rolle mehr spielen bzw. spielen sollten.

II. Überstromzeitschutz = entfernungsunabhängige Zeitstaffelung

Wie der Name besagt, soll dieser Schutz bei Überstrom, also bei Überschreiten eines über dem maximalen Betriebsstrom liegenden Stromwertes, in Funktion treten und nach einer eingestellten Zeit den Schalter auslösen. Die Auslösezeit ist nicht von einer Entfernung der Fehlerstelle von dem Relaisort abhängig. Der kleinste Kurzschlußstrom muß also stets über dem maximalen Betriebsstrom am Relaisort liegen, so daß dabei das hierfür auf S. 33 Gesagte beachtet werden muß. Außerdem sei hier darauf aufmerksam gemacht, daß man den Überstromschutz nicht als Überlastungsschutz ansehen soll. Hierfür gilt das gleiche, was beim Generator- und Transformatorschutz über Überlastung gesagt wurde. Wollte man die Leitung oder das Kabel gegen Überlastung schützen, dann müßte der Ansprechstrom auf den für das Kabel zutreffenden Stromwert eingestellt werden und die Ablaufzeit müßte wesentlich länger und umgekehrt proportional dem Strom sein. Vielfach liegen z. B. in Industrie- oder Stadtnetzen die kleinsten Kurzschlußströme weit über dem Nennstrom des betreffenden Leitungsabschnittes, so daß eine Stromeinstellung dicht über dem Nennstrom eine starke Einschränkung in der Anwendung oft darstellt. Alle Leitungsschutzsysteme sollen nur Kurzschlüsse aus dem Netz sicher und schnell heraustrennen.

1. Aufgebaute Primärauslöser

Der Primärauslöser liegt direkt im Zuge der Hochspannungsleitung und besitzt deren Potential. Die Isolation gegenüber dem Auslösemechanismus des Schalters, der praktisch Erdpotential besitzt, wird durch eine Isolierstange bewerkstelligt, mit der der Auslöser den Schalter entklinkt. Der Hauptvorteil liegt darin, daß keine besonderen Stromwandler benötigt werden, die bei jedem Schutzsystem einen erheblichen Teil des Preises ausmachen. Dafür müssen allerdings einige technische Nachteile in Kauf genommen werden. Die für die Betätigung des Auslösemechanismus erforderliche und u. U. recht erhebliche Arbeitsleistung beschränkt die Genauigkeit. So gestatten z. B. die Regeln für Wechselstrom-Hochspannungsgeräte (R.E.H. 1933) einen maximalen Auslösefehler — Abweichung des Auslösestromes vom Einstellstrom — für Primärauslöser $\pm$ 7,5% gegenüber 5% für Sekundärrelais. Ebenso ist für Primärauslöser eine Zeitstreuung von $\pm$ 0,5 sek bzw. $\pm$ 1 sek bei Auslösezeiten von mehr als 8 sek zulässig gegenüber $\pm$ 0,4 sek für Sekundärrelais. Die heutigen Auslöser allerdings weisen Einstell- und Zeitgenauigkeiten auf, die nur wenig von denen der Sekundärrelais abweichen. Ein weiterer Nachteil ist, daß Primärauslöser unter Hochspannung stehen, also nur im spannungsfreien Zustand eingestellt und auch nicht während des Betriebes geprüft werden können. Die Prüfung selbst muß außerdem mit hoher Stromstärke erfolgen, was besondere Prüfgeräte erfordert.

Durch den Fortfall der Stromwandler wäre eine Beschränkung des Eigenverbrauches nicht erforderlich, da er direkt aus dem Netz gedeckt wird. Dafür muß die Wicklung des Auslösers unter Umständen sehr hohe Ströme thermisch aushalten können, was beim Sekundärrelais Aufgabe des Wandlers ist. Man sucht daher seine AW-Zahl möglichst klein zu halten, um hohe thermische Festigkeit zu erreichen, da man auch räumlich den Auslöser nicht beliebig groß machen kann. Die Wicklung ist außerdem den Wanderwellen des Netzes ausgesetzt, gegen die er ebenso wie ein Stromwandler durch spannungsabhängige Parallelwiderstände geschützt werden muß.

Selbstverständlich ist man bestrebt, die einzelnen Teile konstruktiv möglichst gedrängt anzuordnen, sie gegen äußere Einflüsse gut abzukapseln und die Einstellungen für Strom, Zeit und Schnellauslösung möglichst übersichtlich und zugänglich zu machen. Außerdem müssen sie auf den Schalter zugeschnitten sein, so daß es nicht immer möglich ist, auf jeden Schalter Primärauslöser anderen Fabrikates anzubringen. So hat praktisch jede schalterbauende Firma auch meistens einen eigenen Primärauslöser entwickelt, der für ihre Schalter paßt, was wiederum eine Vielfalt von Konstruktionen von Primärauslösern bedeutet. Die immer höheren Ansprüche an Genauigkeit und Zuverlässigkeit erforderten im Laufe der Jahre manche Neukonstruktion, so daß heute Auslöser auf dem Markt sind, die mit jedem Sekundärüberstromzeitrelais an Güte konkurrieren können.

Eine abhängige Kennlinie wird durch eine elastische Koppelung erreicht, indem die Zugkraft des Ankers durch eine Feder auf das Hemmwerk übertragen wird. Mit steigendem Überstrom wird die Feder stärker gespannt, so daß der Anker nur einen Teil des Weges unter der Einwirkung des Hemm-

werkes zurückzulegen braucht, das außerdem bei größerer Zugkraft schneller
abläuft. Etwa vom 3- bis 5fachen Ansprechstrom ab ist die Zugkraft so stark,
daß die Federkraft über den ganzen Hub überwunden und praktisch ohne
Zeitverzögerung ausgelöst wird.

Verbindet man den Anker starr mit dem Hemmwerk, dann kann nur eine
Grenzgeschwindigkeit erreicht werden und man erhält eine begrenzt abhängige
Auslösezeit. Das Zeitwerk muß dann die hohen Zugkräfte bei sehr hohen Über-
strömen zumindest bis zur Sättigungsgrenze des Ankereisens aushalten können.
Um dies zu vermeiden, trennt man die Betätigungsstange vom Anker. Er hat
nur den Kraftspeicher zu entklinken, der die Kraft für die Betätigung des Aus-
lösemechanismusses liefert. Er braucht also wesentlich kleinere Kräfte für das
Entklinken zu liefern. Eine andere Anordnung teilt den Ankerhub in zwei
Etappen auf. Zuerst spannt er die Felder zum Hemmwerk und legt sich gegen
eine Klinke, die erst nach Ablauf des Hemmwerkes freigegeben wird. Jetzt
erst wird die Kraft des Ankers an die Auslösestange übertragen.

Um gute Zeitgenauigkeit zu erhalten, ist der größte Teil der auf dem
Markt befindlichen Auslöser anstatt mit einem mechanischen Hemmwerk
mit einem kleinen Induktionsmotor, der praktisch als Synchronmotor läuft,
ausgerüstet. Die Auslösezeiten sind entweder begrenzt stromabhängig (Asynchronmotor) oder überwiegend fast völlig unabhängig (Synchronmotor).
Durch einen Streuanker wird eine einstellbare Schnellauslösung erreicht.
Die Ansprechstromstärke ist meistens zwischen 1,2 bis 2mal Nennstrom,
die Zeiten von 0—5 sek bzw. 0—10 sek und die Schnellauslösung etwa von
3—6fachen Nennstrom bzw. ∞ einstellbar. Die Nennströme für Primärauslöser sind gemäß R.E.H. zwischen 6—1000 A genormt.

2. Sekundäre Überstromzeitrelais

Hierbei sind im Gegensatz zu den im nächsten Abschnitt zu behandeln-
den nur solche gemeint, die ihren Zeitablauf durch den Strom ohne ein getrenntes Zeitglied bewerkstelligen. Sie ähneln also konstruktiv, wie wir-
kungsmäßig vollkommen den Primärauslösern, nur daß sie stromseitig an
einen Stromwandler angeschlossen werden.

Bei einigen auf dem Markt befindlichen Relais ist der Strom- und Zeit-
meßteil direkt dem entsprechenden Primärauslöser entnommen. An Stelle
der direkten Betätigungsstange tritt nunmehr der Kontakt, der mit einer
Hilfsspannung den Spannungsauslöser des Schalters betätigt. Solche Überstromzeitrelais waren überhaupt die ersten Sekundärrelais und werden seit
rund 50 Jahren auch heute noch in großer Anzahl verwendet. Es ist daher
verständlich, daß eine große Vielzahl von Konstruktionen existieren, die
aufzuzählen zu weit führen würde.

Das Grundsätzliche über stromabhängige Überstromzeitrelais ist schon
auf S. 71 erläutert worden. Es wurde schon dort darauf hingewiesen, daß
die Stromabhängigkeit bei großen Kurzschlußströmen keinen Sinn mehr

hat und daß man vor allem in Deutschland zu den stromunabhängigen Überstromzeitrelais übergegangen ist.

Abb. 185 zeigt noch einmal Kennlinien eines begrenzt stromabhängigen Zeitrelais mit Schnellauslösung. Ansprechstrom, Ablaufzeit und Einsatz der Schnellzeit ist einstellbar.

3. Überstrom-plus getrenntem Zeitrelais als Überstromzeitschutz

Primärauslöser und die im Abschnitt 2 behandelten Überstromzeitrelais bestimmen ihren Zeitablauf von ihrem Strom, d. h. jeder Leiter hat sein eigenes Zeitwerk. Das kann man einmal als eine Reserve ansehen. Zweitens können sich jedoch die Zeiten verlängern, wenn in ungünstigen Fällen der Kurzschluß innerhalb der Leiter wechselt. Drittens lassen sich bei den

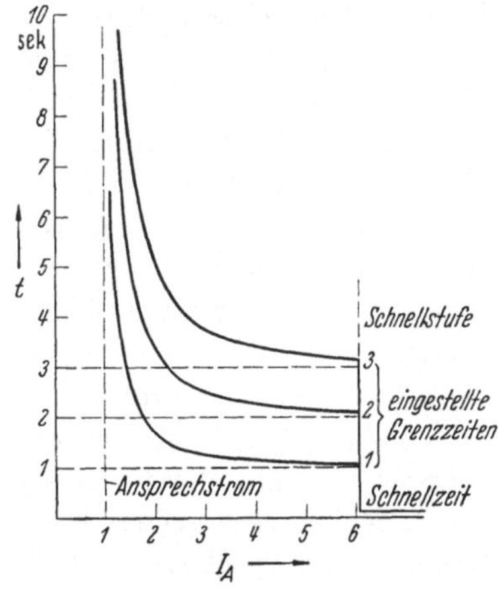

Abb. 185. Begrenzt abhängiges Überstrom-zeitrelais mit Schnellstufe

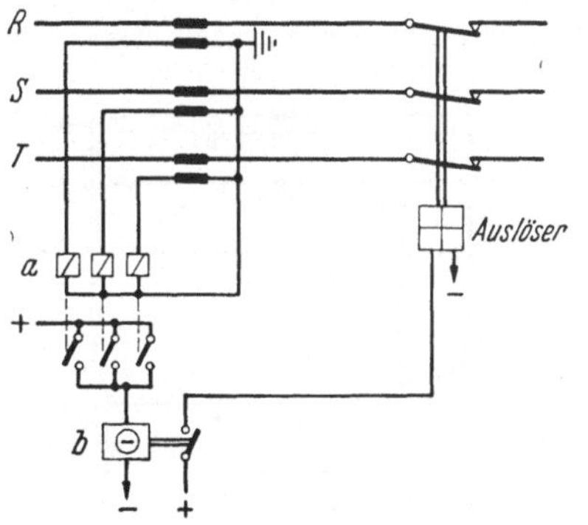

Abb. 186. Überstromzeitschutz, dreipolig, 3 Überstromrelais *a* + 1 Gleichstromrelais *b* mit Hemmwerk

stromabhängigen Relais und bei den Primärauslösern keine Schleppzeiger anbringen. Einmal, weil die Zeit von der am Relaisort herrschenden Strom-stärke abhängt, andererseits weil man bei einem Primärauslöser einen solchen Schleppzeiger nicht zurückstellen kann. Schleppzeiger bieten nur bei unab-hängigen Sekundärrelais einen praktischen Vorteil.

In Deutschland bevorzugt man schon seit langer Zeit anstatt einer me-chanischen Abhängigkeit der einzelnen Relaiselemente die völlige Trennung und Steuerung durch Kontakte. Auf diese Weise kann man Relaiskombina-tionen bauen, die den Schutz eines Leitungsendes in einem gemeinsamen Gehäuse zusammenfassen. Man vermeidet damit das Zusammenschalten an Ort und Stelle und erhält eine gedrängte raumsparende Bauweise, deren Vorteil sich bei großen Anlagen am deutlichsten zeigt. Mechanische Ab-hängigkeiten lassen sich nachträglich nicht mehr oder sehr schwer ändern, da sie durch die Konstruktion festgelegt sind. Gerade bei den hochwertigen komplizierten Widerstandsschutzrelais treten die Vorteile dieser Bauweise besonders zu Tage.

Die Anordnung von Überstromrelais mit getrenntem Zeitwerk war die erste Ausführung solcher Relaiskombinationen mit Kontaktsteuerung. Abb. 186 zeigt die Schaltung einer Kombination von zwei oder drei Überstromrelais mit einem Gleichstromzeitrelais, die in einem Gehäuse zusammengefaßt sind. Die Überstromrelais können klein ausgeführt werden, da sie nur mit ihrem Kontakt die Leistung für das Zeitwerk (10—20) W zu schalten brauchen. Das Zeitwerk beginnt zu laufen, sobald eines der Stromrelais seinen Kontakt schließt; es ist also vollkommen von einem Kurzschlußwechsel unabhängig, und sein Zeitablauf dauert so lange, als Kurzschluß besteht. Ein Schleppzeiger kann jetzt die Kurzschlußdauer genau angeben. Versieht man die Stromrelais noch zusätzlich mit Schauzeichen, so ist auch die Art des Kurzschlusses, ob zwei- oder dreipolig, bzw. der vom Kurzschluß betroffenen Leiter R, S oder T festgehalten. Gerade die nachträgliche Kenntnis von der Art des Kurzschlusses, der betroffenen Leiter und der Laufzeit hat

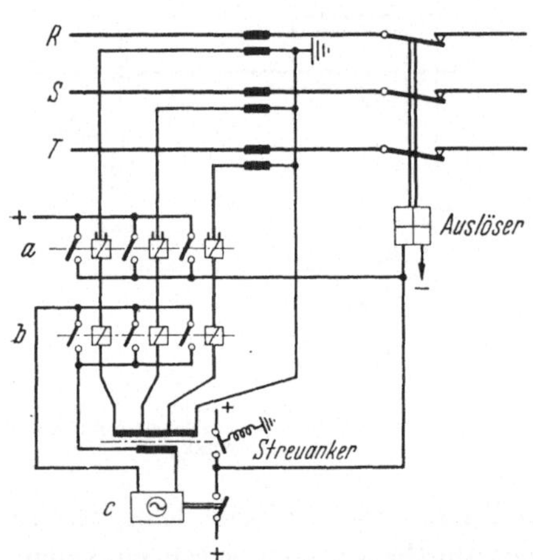

Abb. 187. Dreipoliger Überstromzeitschutz mit getrenntem Wechselstromzeitrelais (Synchronmotor) und Schnellauslöser. *a* getrennte Stromrelais als Schnellauslöser mit Anzapfungen der Wicklung; *b* Überstromrelais einstellbar; *c* Synchronmotorzeitrelais; *d* Mischwandler mit Streuanker, entweder *a* oder *d*

sich für das Aufklären der Fehler sehr wertvoll erwiesen. Man sieht durch das Vergleichen der einzelnen Angaben, wie die Kurzschlußströme sich im Netz verteilten und, was schließlich sehr wichtig ist, ob alle Relais in den vom Kurzschlußstrom durchflossenen Leitungen angesprochen haben und ob sie die gleiche Zeit wie das vor ihnen liegende Relais, das den Kurzschluß abschaltete, anzeigen. Weicht eine Relaiskombination in ihren Angaben ab, so gibt dies entweder einen Fingerzeig auf einen anderen Fehlerverlauf, z. B. Doppelerdschluß oder nur kurzzeitiger Stromstoß, oder das Relais selbst besitzt eine Unregelmäßigkeit. Jeder Kurzschluß ermöglicht daher eine Kontrolle der Einsatzbereitschaft wenigstens eines Teiles der Relais.

Um eine Schnellauslösung zu erhalten, können zusätzliche hocheingestellte Stromrelais hinzugenommen werden, die den Schalter direkt betätigen. Für solche Relais nimmt man vielfach Hilfsrelais für Wechselstrom mit Anzapfungen, um verschiedene Ansprechstromstärken einstellen zu können. Diese haben zwar ein kleines Rückfallverhältnis $< 0{,}5$, d. h. sie fallen erst ab, wenn die Ansprechstromstärke auf kleiner als die Hälfte gesunken ist. Daher können sie nicht als Stromrelais für Ströme dicht über dem Nennstrom verwendet werden, aber als Schnellrelais spielt das Rückfallverhältnis keine Rolle mehr, da der Abfallstrom stets weit höher ist, als der maximale Betriebsstrom.

Um anstatt des Gleichstromzeitrelais ein Synchronrelais zu verwenden, muß bei einer solchen Kombination eine Wechselspannung als Betätigungsspannung erzeugt werden. Das kann, wie in Abb. 187, durch einen gesättigten Mischwandler geschehen (vgl. S. 24). Sobald ein Überstromrelais b anspricht, ist auch der zugehörige Teil des Mischwandlers d von dem gleichen Strom durchflossen und befindet sich dabei schon in seinem Sättigungsbereich. Auf der Sekundärseite herrscht dann eine annähernd konstante effektive Wechsel-

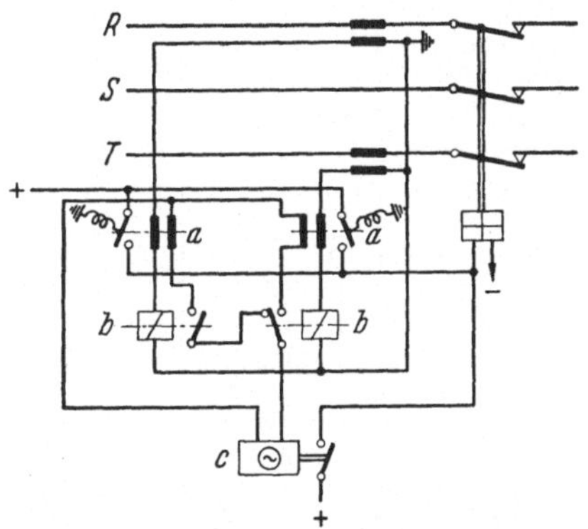

Abb. 188. Zweipoliger Überstromzeitschutz mit Synchronmotor und getrennten Sättigungswandlern mit Streuanker. a Sättigungswandler mit Streuanker; b einstellbare Überstromrelais; c Synchronzeitrelais

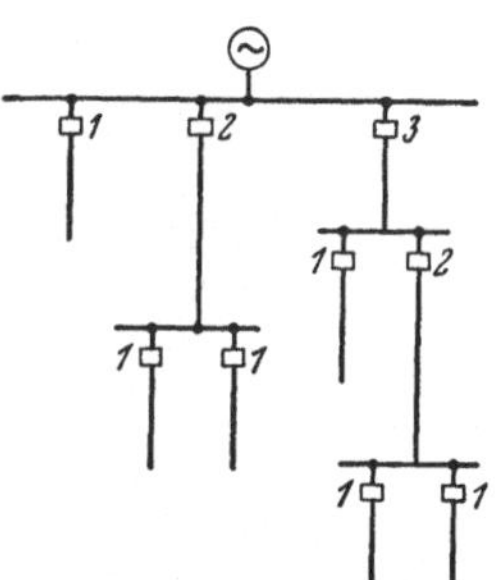

Abb. 189. Staffelplan eines strahlenförmigen Netzes mit unabhängiger Zeitstaffelung, volle Selektivität

spannung, z. B. von ca. 24 V. Mit dieser Spannung setzt das Stromrelais das Synchronmotorzeitrelais c in Gang, das seinerseits den Schalter auslöst.

Für eine Schnellauslösung kann man die eben erwähnten zusätzlichen hocheingestellten Stromrelais a einbauen oder den Mischwandler selbst als Relaiskern verwenden. Sobald der Wandler ins Sättigungsgebiet kommt, schließen sich seine Kraftlinien über die Luft. In diesen Streukreis legt man einen Eisenanker, der je nach der Höhe der Streulinienzahl vom Wandlerkern angezogen wird. Durch eine Rückzugsfeder kann seine Ansprechstromstärke eingestellt werden. Im Gegensatz zu den Einzelstromrelais a variiert seine Ansprechstromstärke je nach der Art des Kurzschlusses. Dieser Streuanker ist jedenfalls eine sehr einfache Anordnung.

Der Mischwandler muß mit seinen Wicklungen so ausgeführt werden, daß er bei allen Kurzschlüssen, Doppelerdschlüssen, Kurzschlüssen hinter $\lambda/\triangle$-Trafos eine ausreichende Spannung für den Zeitmotor liefert. Man kann jedoch mit demselben Erfolg zwei kleinere Wandler a in zwei Leiterströmen verwenden, wie Abb. 188 zeigt. Dann müssen die Stromrelais b

eine Auswahl treffen, welcher Wandler den Motor treiben soll. Ein Stromrelais erhält daher einen Umschaltekontakt. Über den Ruhekontakt kann
das andere Relais die Spannung seines Wandlers an den Motor schalten,
während der Arbeitskontakt stets den eigenen Wandler benutzt und die
andere Spannung abschaltet. Selbstverständlich können die beiden Wandler
ebenfalls Streuanker erhalten, womit man Schnellauslösung mit gleichen
Ansprechstromstärken erhält.

Diese Relaiskombinationen sind nunmehr genau wie die Primärauslöser
und die mechanischen Überstromzeitrelais von einer Gleichspannung völlig

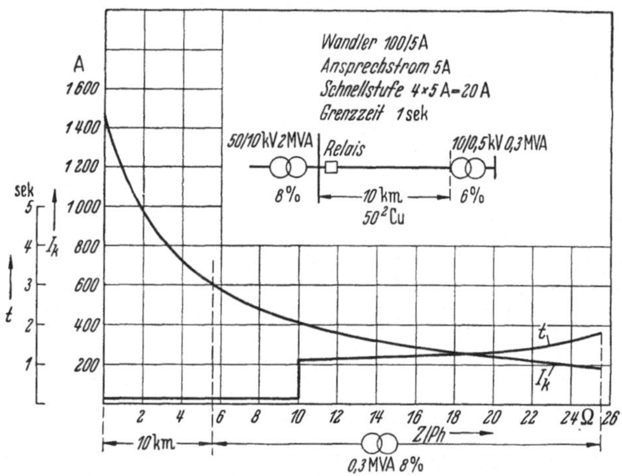

Abb. 190. Stromabhängiges Relais nach Kurve Abb. 185 an einer 10 km langen Freileitung mit
nachfolgendem Trafo

unabhängig, gestatten aber darüber hinaus Schauzeichen für die Stromrelais
und Schleppzeiger für das Zeitrelais. Nur eine abhängige Zeitkurve ist nicht
möglich.

Abb. 189 zeigt die Zeitstaffelung eines strahlenförmigen Netzes mit unabhängigen Überstromzeitrelais. Die Zahlen sollen nur die Staffelstufen angeben. Die absoluten Zeiten sind meistens kleiner, da man den Zeitabstand
heute praktisch zu 0,5 sek wählt. Sollte es notwendig sein, was kaum vorkommt, auch Kurzschlußströme kleiner als maximaler Betriebsstrom zu
erfassen, so lassen sich bei den Relaiskombinationen auch leicht Quotien-
tenanregungen kontaktmäßig zu den Stromrelais parallel schalten, was bei
reinen Überstromzeitrelais nicht möglich ist.

In Mittelspannungsnetzen sind die Leiterquerschnitte meist klein und
der Impedanzwert pro Leiter relativ hoch. Der Widerstand der Leitung hat
daher auf die Höhe des Kurzschlusses je nach der Entfernung des Fehlers
von der Speisestelle erheblichen Einfluß. In Abb. 190 wird über eine 10 km
lange Freileitung von 10 kV ein Abnehmertransformator von 0,3 MVA ge-

speist. Der Speisetransformator hat 2 MVA und eine Streuspannung von
8%. Die Oberspannung von 50 kV wird als starr angenommen. Der Abnehmertransformator stellt ebenfalls eine hohe Impedanz dar. Trägt man
den an jeder Stelle sich ergebenden Kurzschlußstrom über der Impedanz
auf, so erhält man die in Abb. 190 abfallende Kurve. Je nach der Entfernung
der Kurzschlußstelle erhält das Relais einen anderen Strom. Als Relais ist
ein abhängiges Überstromzeitrelais mit Arbeitskurven nach Abb. 185 gewählt: Ansprechstrom gleich Nennstrom, Grenzzeit 1 sek und Schnellauslösung bei 4fachem Nennstrom, Wandlerübersetzung 100/5 A. Bei jedem
Kurzschluß vor dem Abnehmertransformator spricht die Schnellauslösung
an. Erst wenn der Kurzschluß in oder hinter dem Transformator liegt,

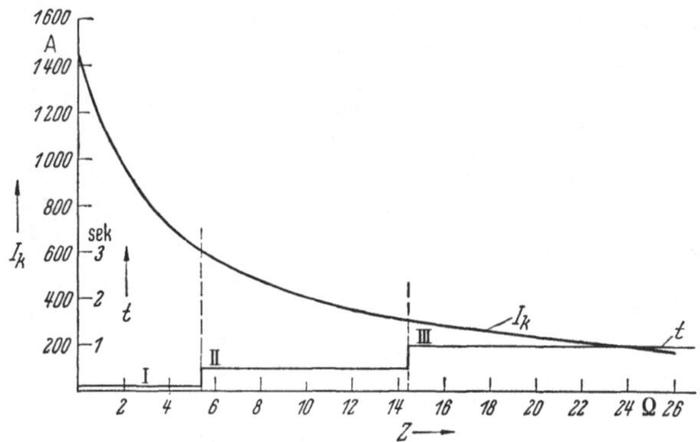

Abb. 191. Stufenförmige Strom-Zeitkurve entfernungsabhängig

kommt die abhängige Zeit zur Wirkung, so daß hinter dem Transformator
noch Zeitrelais mit kleinerem Zeitablauf vorhanden sein können. Die Schnellauslöser müssen nun strommäßig über den Kurzschlußstrom auf der Nieder-
spannungsseite eingestellt sein. Das Überstromzeitrelais wirkt infolge des
mit der Entfernung abfallenden Stromes wie ein entfernungsabhängiges
(Impedanz) Zeitrelais. Bemerkenswert ist jedoch, daß der abfallende Strom
die abfallende Zeitlinie praktisch kompensiert und die Zeit sich kaum von
der eines unabhängigen Zeitrelais unterscheidet. Ein solches Relais mit
Schnellauslöser und 2 sek Zeiteinstellung würde von $Z_L = 10\ \Omega$ ab nur eine
Waagerechte ergeben.

Die Abhängigkeit der Kurzschlußstromstärke von der Fehlerentfernung
ist verschiedentlich für eine entfernungsabhängige Zeitstaffelung mit unabhängigen Zeitrelais ausgenützt worden. Abb. 191 zeigt als Beispiel den Schutz
für eine $16^2/_3 \sim$ -Fahrdrahtleitung. Drei Stromrelais sind auf verschiedene
Stromstärken eingestellt. *I* betätigt sofort den Schalter (Schnellzeit ca.
0,01 sek), *II* spricht auf einen tieferen Strom an, ist aber mit einer Zeit verbunden, während *III* auf den kleinsten Stromwert eingestellt ist und den
längsten Zeitablauf besitzt. Die Zeit über die Strecke aufgetragen ergibt

eine Stufenform wie ein Widerstandszeitschutz (vgl. S. 96). Der einzige Unterschied ist, daß je nach der Zahl der einspeisenden Transformatoren die Kurzschlußstromstärke in ihrer Höhe variieren kann und damit die Stufen sich örtlich verschieben.

4. Gerichteter Überstromzeitschutz

Richtungsrelais lassen sich nur als Sekundärrelais bauen, so daß für Staffelungen in Leitungen mit verschiedener Energierichtung Primärauslöser ausscheiden. Im Anfang hatte man zu den abhängigen Überstromzeitrelais je ein einpoliges Richtungsrelais (einphasiger Zähler mit Kontakt) nachgeschaltet, das bei richtiger Richtung die Zuführung zum Schalterauslöser freigab. Man mußte aber bald erfahren, daß einpolige Richtungsrelais bei zweipoligen Kurzschlüssen auch falsche Richtung angeben können (vgl. S. 65). Man baute dann mehrpolige Richtungsrelais, um stets richtige Richtung zu erhalten.

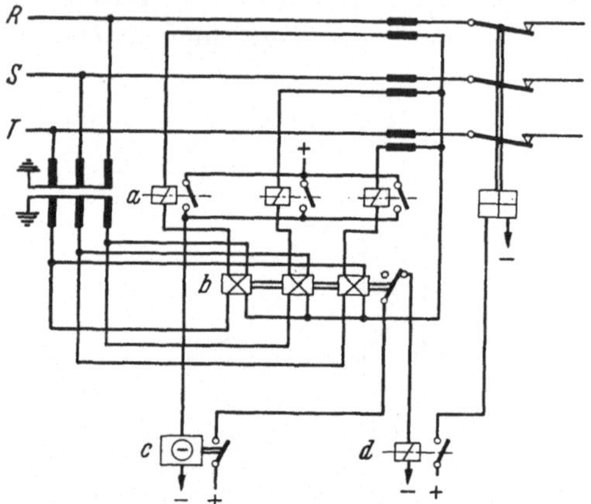

Abb. 192. Überstromzeitschutz mit dreipoligem Richtungsrelais in 30°-Schaltung. *a* drei Überstromrelais; *b* dreipoliges Richtungsrelais; *c* Gleichstromzeitrelais; *d* Hilfsrelais zur Kontaktverstärkung

Abb. 192 zeigt eine solche Schaltung. Hierbei ist schon eine 30°-Schaltung verwendet. Da Richtungsrelais empfindliche Meßinstrumente darstellen, können sie besonders bei kleinen Spannungen (tote Zone) nur kleine Kontaktleistungen aufbringen. Man verstärkte daher die Kontaktleistung meistens mit einem Zwischenrelais *d*. Um die bei mehrpoligen Relais bestehende Abhängigkeit vom Laststrom auszuschließen, wurden auch Auswahlschaltungen angewendet, indem z. B. jedes Stromrelais die Spannung erst an sein Richtungssystem legte. Die einsystemigen Widerstandsschutzschaltungen (vgl. S. 204) benutzen auch ein einpoliges Richtungselement, dem nunmehr Strom- und Spannungswerte so zugeführt werden müssen, daß sich stets die richtige Richtung ergibt. Das kann man auch beim gerichteten Überstromschutz verwenden. Welche Ströme und Spannungen müssen nun bei den einzelnen Kurzschlußfällen kombiniert werden, wobei Kurzschlüsse hinter $\curlywedge/\triangle$-Trafos besondere Aufmerksamkeit erfordern? In Abb. 193 ist ein solcher Transformator mit Speisung von der $\curlywedge$-Seite angenommen. Die Diagramme zeigen die vektorielle Lage der Ströme und Spannungen auf der Sternseite bei den verschiedenen zweipoligen Kurzschlüssen auf der △-Seite. Dasselbe Bild würde sich für die Ströme auf der △-Seite ergeben bei Kurzschlüssen auf der 人-Seite und bei Speisung von der △-Seite.

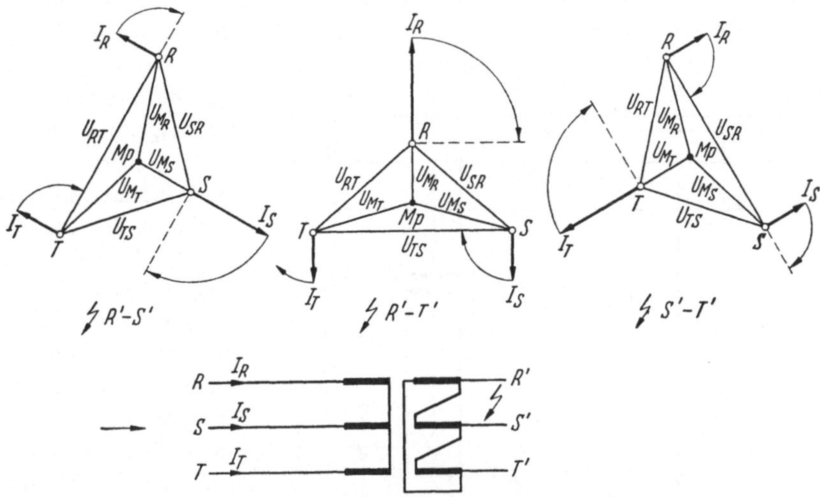

Abb. 193. Ströme und Spannungen auf der speisenden Seite eines 人 / △-Trafos bei zweipoligen Kurzschlüssen auf der anderen Seite

Bemerkenswert ist dabei, daß einmal alle Leiter Strom führen, wobei einer doppelt so groß ist als die beiden anderen. Außerdem ist dieser Strom genau entgegengesetzt gerichtet als die beiden anderen. Abb. 194 zeigt im

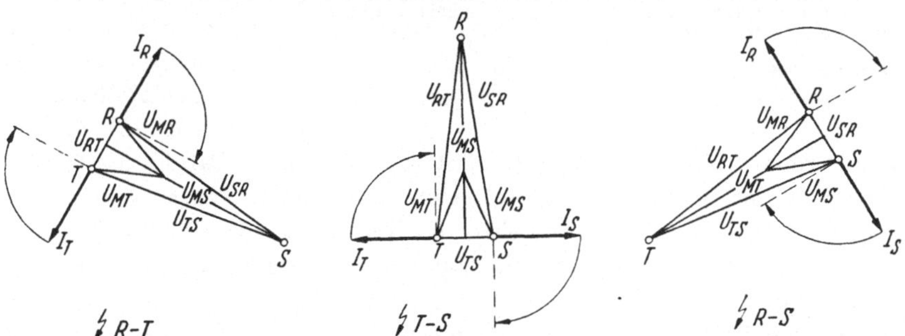

Abb. 194. Ströme und Spannungen bei zweipoligen Kurzschlüssen auf der Sternseite des Trafos nach Abb. 193

Gegensatz hierzu die Strom- und Spannungsverhältnisse für die entsprechenden Kurzschlüsse auf der 人-Seite. Die Verzerrung des Spannungsdreiecks ist in beiden Fällen grundverschieden.

Abb. 195 zeigt als Beispiel eine Schaltung, durch welche trotzdem für alle Kurzschlußfälle eine richtige Auswahl bzw. richtige Richtung ermöglicht wird. Es ist eine Zweiwandlerschaltung vorgesehen mit zwei normalen Überstromrelais a und c in den Leitern R und T. Das Richtungsrelais d ist über zwei kleine Hilfswandler Tr_1 und Tr_2 angeschlossen, damit der Stromkreis über kleine Relaiskontakte umgeschaltet werden kann. Es soll nun bei allen Kurzschlüssen, bei denen der R-Leiter beteiligt ist, also RST, RS und RT, der Strom des R-Leiters mit der nachfolgenden Spannung U_{TR} kombiniert werden. Nur wenn J_R fehlt, also bei Kurzschluß TS, soll J_T mit U_{TS} ver-glichen werden. Abb. 195 zeigt, daß dies bei allen Kurzschlüssen und induktiven Pha-senlagen des Stromes auf der Sternseite zum Ziele führt (vgl. S. 64).

Bei den Kurz-schlüssen auf der $\triangle$-Seite, Abb. 193, ist dies nur bei $R'—T'$ und $R'—S'$ der Fall, wäh-rend bei $S'—T'$ der R-Leiter ebenfalls Strom führt und dieser bei der durch den Trafo be-dingten, stark induk-tiven Phasenlage ein negatives Drehmo-ment ergeben würde. In diesem Fall muß also das R-Relais an der Auswahl verhin-

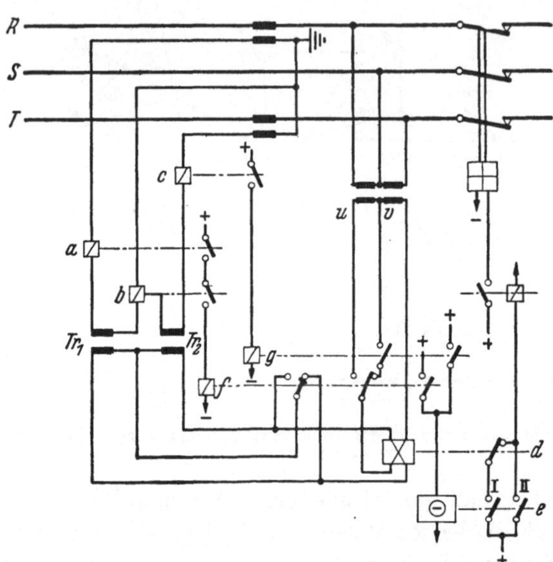

Abb. 195. Überstromzeitschutz zweipolig mit einpoligem Richtungs-relais und Auswahlschaltung auch über Trafos. I Schnellzeit; II ungerichtete Endzeit; Tr_1 und Tr_2 kleine Hilfswandler. — a Stromrelais J_R. — b Stromrelais $\dfrac{J_R - J_S}{2}$. — c Strom-relais J_T. — d einpoliges Richtungsrelais. — e Gleichstromzeitrelais

dert werden. Als bemerkenswertes Kriterium für diesen Fall ist die Gleich-phasigkeit der Ströme J_R und J_S. Um diese Tatsache zu verwenden, ist ein drittes Stromrelais b vorgesehen. Es besitze die gleiche Wicklung wie a und c, jedoch mit einer Mittelanzapfung, die zum Strom J_T führt. Auf diese Weise wird das Relais von einem Strom $|\,J_R - J_S\,|/2$ erregt und sei mit J_{RS} bezeichnet. Die Kontakte von a und b sind in Reihe geschaltet und betätigen das eine Hilfsrelais f für die Auswahl, während das zweite g von c erregt wird. In der Tabelle 2 sind nun für die einzelnen Kurzschlüsse die erfolgten Anregungen und Meßergebnisse zusammengestellt. Das Richtungs-relais ist dauernd vom Strom J_T durchflossen, während der Hilfswandler Tr_1 m R-Leiter durch einen Kontakt des Hilfsrelais f kurzgeschlossen ist. Bei einem Kurzschluß $R—S$ z. B. werden a und b vom gleichen Strom durch-flossen und sprechen beide an. Das Hilfsrelais f wird erregt, öffnet Tr_1 und schließt Tr_2 kurz. Dadurch erhält das Richtungsrelais d den Strom J_R.

Die Spannungsseite von d liegt einseitig an w und wird nunmehr durch f mit dem anderen Ende an u gelegt. Bei einem Kurzschluß $R — T$ wird b nur in einer Hälfte vom Strom durchflossen. War der Strom hoch, so sprechen a und b an und es erfolgt die gleiche Schaltung wie eben. Kann jedoch bei kleinem Strom b nicht mit ansprechen, so kann auch f nicht ansprechen. Es wird also nur g von c aus in Tätigkeit gesetzt. Das Richtungsrelais d besaß schon den Strom J_T und erhält durch g die Spannung $v — w$, was ebenfalls richtige Richtung ergibt. Bei dem kritischen Fall Kurzschluß $S' — T'$ in Abb. 193 führt b den verketteten Strom $| J_R — J_S | / 2$, der nunmehr Null ist. Die Umschaltung kann nur durch c bzw. g erfolgen, also J_T / U_{ST}, was jetzt richtiges Arbeiten ergibt. Auch für alle Doppelerdschlüsse gibt es richtige Richtung und Auswahl der Erdschlußstelle (hier R-Bevorzugung).

Die Abb. 196 und 197 geben Beispiele von Staffelplänen für Ringe und vermaschte Netze mit einer und mehreren Einspeisestellen. Mit einer Einspeisestelle erhält man immer volle Selektivität. Bei mehreren Zentralen ergeben sich bei bestimmten Fehlerarten zusätzliche Auslösemöglichkeiten auch an anderen Schalterstellen. Bei einer Doppelleitung, die von zwei Seiten gespeist wird, erhält man hierbei niemals

Tabelle 2. *Meßergebnisse nach Schaltung Abb. 195 bei Kurzschlüssen auf der ⅄- und der Δ-Seite des Trafos in Abb. 193.*

⚡	Anregungen			Messung	
	J_R	J_{RS}	J_T		
R, S, T	$+$	$+$	$+$	J_R / U_{TR}	⅄
S, T	$—$	$+$ oder $—$	$+$	J_T / U_{TS}	
R, S	$+$	$+$	$—$	J_R / U_{TR}	
R, T	$+$	$+$ oder $—$	$+$	J_R / U_{TR} J_T / U_{TS}	
R', S', T'	$+$	$+$	$+$	J_R / U_{TR}	Δ
S', T'	$+$	$—$	$+$	J_T / U_{TS}	
R', S'	$+$	$+$	$+$	J_R / U_{TR}	
R', T'	$+$	$+$	$+$	J_R / U_{TR}	

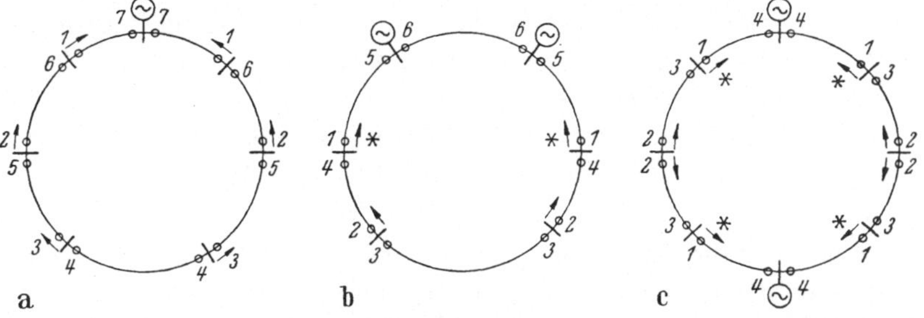

Abb. 196a–c. Staffelung mit gerichtetem Überstromzeitschutz im Ring mit a einer Zentrale; b zwei nahe beieinanderliegenden; c mit entgegengesetzt liegenden Kraftwerken. * mögliche zusätzliche Auslösungen.

Selektivität. Es werden dabei jedoch keine Stationen spannungslos. Die zusätzlichen Auslösestellen kann man durch andere Wahl der Staffelung an Netzstellen legen, wo sie betrieblich am wenigsten Nachteile bringen. Diese Art der Staffelung wird zwar selten allein, jedoch stets für die Endzeitstaffelung beim Widerstandsschutz angewendet.

Von den Relais an einer Sammelschiene kann für das Relais mit der längsten Auslösezeit stets auf die Richtungsangabe verzichtet werden. Darum

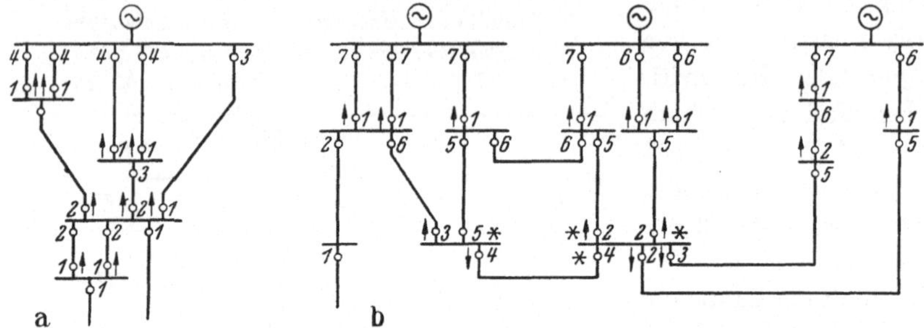

Abb. 197a u. b. Staffelung mit gerichtetem Überstromzeitschutz in vermaschten Netzen. a mit einer Zentrale; b mit drei Zentralen. * mögliche zusätzliche Auslösungen.

sind in den Beispielen nur dort Richtungspfeile eingezeichnet, wo Richtungsrelais unbedingt erforderlich sind. Die übrigen Schalter können nur mit ungerichtetem Überstromzeitschutz ausgerüstet sein. Die Selektivität bleibt die gleiche.

III. Entfernungsabhängiger Staffelschutz = Distanzschutz

Der wichtige Unterschied gegenüber der entfernungsunabhängigen = starren Zeitstaffelung besteht in der Abhängigkeit des Zeitablaufes von der gemessenen Entfernung des Kurzschlußortes vom Relaisort. Das Grundsätzliche der Entfernungsmessung wurde schon S. 73 eingehend erläutert. Dabei muß aber bekannt sein, welche Widerstände die Leitungen und Kabel in Ω/km besitzen.

1. Widerstände der Leiter in Hochspannungsnetzen

Hierüber sind schon viele Angaben in Lehr- und Handbüchern vorhanden. Hier interessiert nur noch, welche Werte sollen bei dem Selektivschutz zugrunde gelegt werden.

Der induktive Widerstand eines Leiters X in Ω/km, wobei der Strom in einem zweiten Leiter zurückfließt, errechnet sich nach der Formel

$$X = 0{,}0628\ (0{,}25 + \ln d/r),$$

worin d der Abstand der Leiter in cm und r der Seilradius in cm bedeutet.

Eine Drehstromleitung besteht aus drei solchen Kurzschlußkreisen, nämlich den Schleifen $R - S$, $S - T$ und $T - R$. Je nach der Anordnung der Leiter am Mast sind die Abstände verschieden groß, so daß man Unterschiede in der Größe der Widerstände und damit in der Entfernungsmessung erhält. Durch die Verdrillung der Leiter werden bei unsymmetrischen Anordnungen die Unterschiede schon zum größten Teil ausgeglichen. Dadurch kann man einen mittleren Abstand errechnen aus

$$d = \sqrt[3]{d_{12} \cdot d_{23} \cdot d_{31}},$$

der im folgenden immer verwendet wurde. Da diese Abstände in einem ursächlichen Zusammenhang mit der Nennspannung des Netzes stehen, kann man einen mittleren Seilabstand für jede Betriebsspannung errechnen (Dorsch).

Tabelle 3.

Mittlerer Seilabstand d in cm bei verschiedenen Nennspannungen KV (nach Dorsch)

KV	10	15	20	30	60	110	220
d_{mittel} cm	110	130	145	175	275	400	650

$$d_{\mathrm{mittel}} = \sqrt[3]{d_{12} \cdot d_{23} \cdot d_{31}}$$

Der Seilradius r für die verschiedenen Leitersorten ist aus der Tabelle 4 zu entnehmen. Die Nennquerschnitte der Leiter sind genormt. Hierbei haben Leiter mit Cu, Al und Ald den gleichen Radius, während StAl einen größeren aufweist.

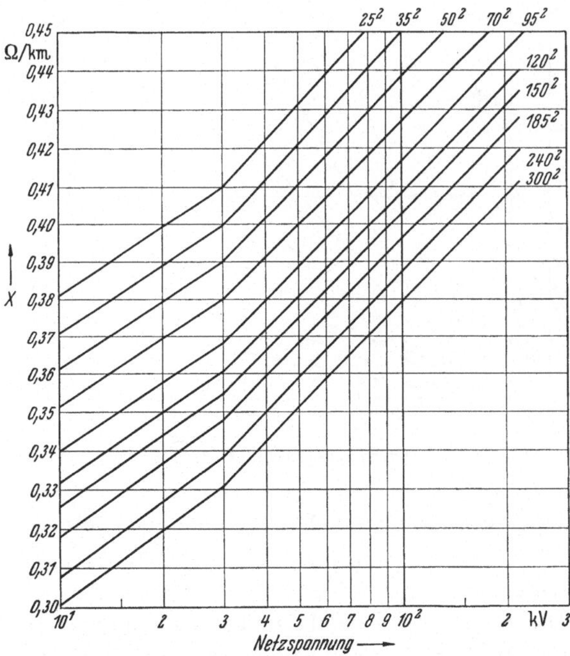

Abb. 198. Induktiver Leiterwiderstand Ω/km bei verschiedenen Querschnitten der Leiter der Betriebsspannung für Cu, Al, Ald. Mittlerer Leiterabstand nach Tabelle 3.

Verwendet man diese Größen von d und r, so erhält man für den Selektivschutz genügend genaue Werte. Auf diese Weise sind die Werte für Freileitungen in Abb. 198 für verschiedene Leitersorten errechnet worden. Leiter mit StAl ergeben Werte, die etwa 1 bis 1,5% tiefer liegen.

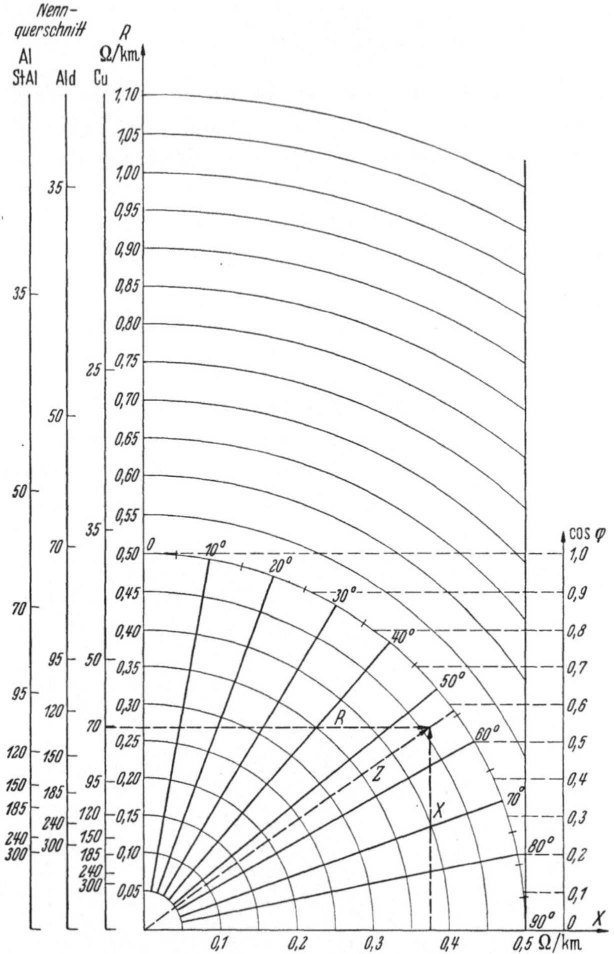

Abb. 199. Beziehungen zwischen R, X, Z, $\sphericalangle$ und cos φ.

Für die Entfernungsmessung wird fast stets der Scheinwiderstand = Impedanz $Z = \sqrt{R^2 + X^2}$ Ω/km verwendet. Der Wirkwiderstand R für die verschiedenen Leitersorten und -querschnitte ist ebenfalls aus der Tab. 4 zu entnehmen. Da auch oft der Winkel φ und sein cos interessiert, den die errechnete Impedanz aufweist, ist es vorteilhaft, sich für die Praxis ein Nomogramm wie in Abb. 199 anzufertigen. In der Ordinate ist der Wirkwiderstand

R und in der Abszisse der induktive Widerstand X aufgetragen. Links von der Ordinate sind für die verschiedenen Leitersorten die Nennquerschnitte angegeben, für die man den Wirkwiderstand ablesen kann. Mit dem aus Abb. 198 entnommenen X kann man nun sofort Z, φ und $\cos \varphi$ ablesen,

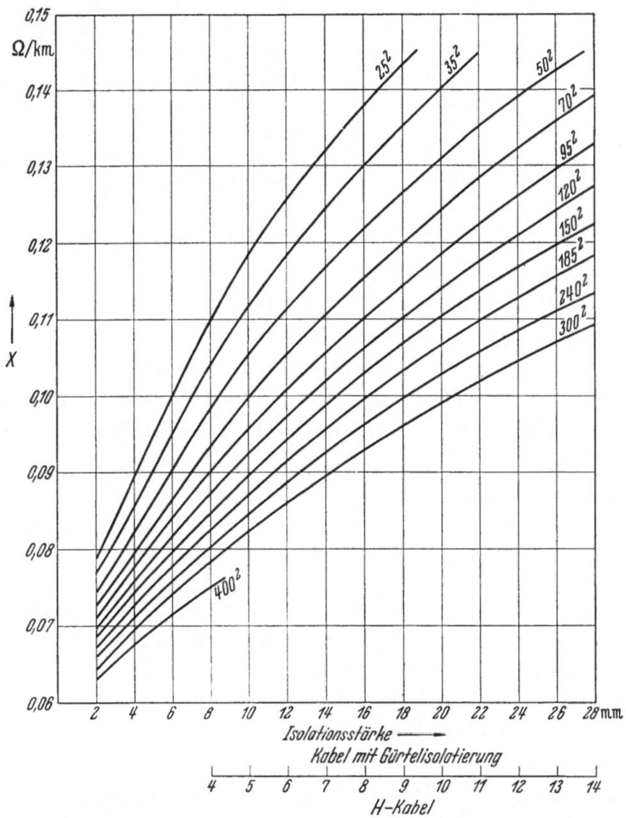

Abb. 200. Reaktanz Ω/km für Kabel üblichen Aufbaues über der Isolationsstärke bei verschiedenem Leiterquerschnitt

z. B. für einen Cu-Querschnitt $70^2 : R_L = 0{,}27\ \Omega/\mathrm{km}$. Bei einem $X_L = 0{,}375\ \Omega/\mathrm{km}$ liest man $Z_L = 0{,}46\ \Omega/\mathrm{km}$, $\varphi = $ ca. $53°$ und $\cos \varphi = $ ca. $0{,}58$ ab. Größere Genauigkeit ist für den beabsichtigten Zweck nicht erforderlich.

Für Kabel gilt die gleiche Formel für X wie für Freileitungen, nur ist jetzt d durch die Isolationsstärke zwischen den Leitern gegeben und damit durch den Kabelaufbau bedingt. In Abb. 199 sind für die verschiedenen Cu-Querschnitte die induktiven Widerstände in Abhängigkeit der Isolationsstärke jedes Leiters errechnet. X ist naturgemäß wesentlich kleiner als bei Freileitungen und bewegt sich meist in der Größenordnung von $0{,}1\ \Omega/\mathrm{km}$,

Tabelle 4. *Seilradius (cm) und Wirkwiderstand Ω/km für Freileitungen.*

Nennquerschnitt mm²	Seilradius cm				Wirkwiderstand Ω/km (20°)			
	Cu	Al	Ald.	StAl.	Cu	Al	Ald.	StAl.
16		0,255		0,27	1,12	1,80	2,10	1,90
25		0,315		0,34	0,74	1,18	1,38	1,2
35		0,375		0,405	0,53	0,84	0,98	0,84
50		0,450		0,480	0,36	0,58	0,68	0,59
70		0,525		0,580	0,27	0,43	0,51	0,43
95		0,625		0,670	0,19	0,31	0,36	0,32
120		0,70		0,785	0,15	0,24	0,29	0,23
150		0,79		0,865	0,12	0,19	0,23	0,19
185		0,875		0,960	0,098	0,16	0,18	0,16
240		1,015		1,080	0,074	0,12	0,14	0,12
300		1,125		1,21	0,06	0,10	0,11	0,10

während bei Freileitungen im allgemeinen etwa 0,4 Ω/km vorherrscht. Dadurch ist auch der Winkel φ wesentlich kleiner, da der Wirkwiderstand im Verhältnis zu X größer ist. φ übersteigt nur bei großen Kupferquerschnitten den Wert von 45°. So ergibt z. B. nach Abb. 200 ein *Cu*-Querschnitt von 120 mm² bei einem X von 0,1 Ω/km ein $Z_L = 0,18 \ \Omega/km$, $\varphi = $ ca. 38° und $\cos \varphi = $ ca. 0,84.

Für die Konduktanzrelais ergibt sich hieraus ein

$$Z_K = \frac{Z}{\cos \varphi} = \frac{0,18}{0,84} = 0,214 \ \Omega/km \ .$$

Ein besonderer Widerstandswert ist für die Entfernungsmessung bei Kurzschlüssen über Erde bei starr geerdeten Netzen und bei Doppelerdschlüssen wichtig, nämlich der Widerstand in der Erde Z_E. Bei einem zweipoligen Kurzschluß zwischen zwei Leitern ist $U = J \cdot 2 \cdot Z_L$, d. h. man erhält $U/J = 2 \ Z_L$ zweimal den Impedanzwert eines Leiters. Bei Erdkurzschluß ist dagegen $U = J \cdot Z_L + J \cdot Z_E = J \ (Z_L + Z_E)$, worin Z_E den zunächst unbekannten Erdwiderstand darstellt. Nach Pollaczek ist die Reaktanz X eines Leiters mit Rückleitung über Erde ohne Erdseil

$$X_{LE} = 0,0628 \ (0,25 + \ln \delta/r),$$

worin δ die wirksame Eintauchtiefe des Wechselstromes in den Erdboden darstellt. Für δ wird die Beziehung angegeben:

$$\delta = \frac{1,85}{\sqrt{\varkappa \cdot \mu_0 \cdot \omega}} \ .$$

Hierin bedeutet:

μ_0 Induktionskonstante 1,26 $\cdot$ mH/km
$\varkappa$ elektrische Leitfähigkeit des Erdbodens
ω Kreisfrequenz.

Für $f = 50 \ \text{Hz}$ und $\varkappa = 200 \ \mu \ S/cm$ (mittlere Leitfähigkeit) erhält man $\delta = 65\,500 \ \text{cm}$ für $\varkappa = 2 \ \mu \ S/cm$ (trockener Boden) $\delta = 207\,000 \ \text{cm}$.

Der Abstand zwischen Leiter und Erdrückleitung ist also nicht mehr durch die Höhe des Leiters über Erde gegeben, sondern ist wesentlich größer. Je schlechter der Boden leitet, um so größer wird dieser Abstand. Der Wirkwiderstand verändert sich dabei praktisch nicht, sondern bleibt konstant $\approx 0{,}05\ \Omega/\text{km}$, da sich automatisch der Querschnitt des Erdrückleiters vergrößert. Nun kann man von dem nunmehr gefundenen Reaktanzwert der Schleife Leiter — Erde den Blindwiderstand des Leiters abziehen, um X_E zu erhalten, also

$$0{,}0628\,(0{,}25 + \ln \delta/r) - 0{,}0628\,(0{,}25 + \ln d/r) = X_E = 0{,}0628 \cdot \ln \cdot \delta/d\,.$$

Man erhält z. B. für eine 110 kV-Leitung Cu 120 mm² und ein $\delta = 65500$ cm

$$X_E = 0{,}0628 \cdot \ln 65\,500/400 = 0{,}335\ \Omega/\text{km}.$$

Die Leitungsreaktanz betrug

$$X_L = 0{,}0628\,(0{,}25 + \ln d/r) = 0{,}0628\,(0{,}25 + \ln 400/0{,}7) = 0{,}398\ \Omega/\text{km}\,.$$

Das Verhältnis q beträgt also

$$q = X_E/X_L = 0{,}335/0{,}398 = 0{,}84\,.$$

Bei Doppelerdschluß führt ein zweiter Leiter manchmal einen gleichphasigen Strom, der ebenfalls über die Erde zurückfließt (s. Abb. 34). Die Entfernung wird aber mit dem ersten Strom und der Spannung dieses Leiters gegen Erde gemessen und soll dabei den gleichen Wert ergeben, wie bei einem Kurzschluß Leiter — Leiter an der gleichen Stelle. Die dabei gemessene Spannung beträgt

$$U = J_1 \cdot X_L + (J_1 + J_2) \cdot X_E = J_1 \cdot X_L + J_E \cdot X_E\,,$$

worin J_2 der Strom im anderen Leiter und J_E der Summenstrom einer Dreiwandlerschaltung bedeutet. Nimmt man an, daß das Verhältnis $q = X_E/X_L$ konstant ist, dann läßt sich die Gleichung auch schreiben

$$U = (J_1 + q\,J_E) \cdot X_L \quad \text{oder} \quad \frac{U}{J_1 + q \cdot J_E} = X_L\,.$$

Der Summenstrom J_E muß entsprechend dem Verhältniswert q zum Leiterstrom hinzugenommen werden, um den gleichen Wert X_L zu messen.

Kann nun X_E als konstant angenommen werden, zumal die Spannungserhöhung durch magnetische Induktion (Gegeninduktivität M) hervorgerufen wird und nicht durch den Spannungsabfall an einem tatsächlichen Widerstand durch J_E erfolgt?

Für Kurzschlußberechnungen in starr geerdeten Netzen hat man den Begriff Nullreaktanz bzw. Nullimpedanz geprägt. Die drei Leiter werden zusammengeschlossen und über die Erde von drei gleich großen und gleichphasigen Strömen durchflossen (Abb. 201d). Der Wert, der sich aus dem Verhältnis der angelegten Spannung und eines der drei Leiterströme ergibt, wird als Nullreaktanz X_E bzw. Nullimpedanz Z_0 definiert. Hieraus ergibt sich

$$X_E = \frac{X_0 - X_L}{3} \, .$$

Nach Dorsch läßt sich X_0 berechnen aus der Beziehung

$$X_0 = 0,0628 \, (0,25 + 3 \ln \delta/\bar{r}) \,, \qquad \text{wobei} \qquad \bar{r} = \sqrt[3]{r \cdot d^2}$$

einen Ersatzradius darstellt. Die drei Leiter werden als ein gemeinsamer Leiter mit einem entsprechend größeren Radius betrachtet.

Der aus X_0 errechnete Wert von X_E weicht etwas von dem vorher ermittelten Wert ab. Man erhält z. B. für die gleichen Verhältnisse — 110 kV-Leitung Cu 120 mm² — für $X_E = 0,325$ statt vorher $X_E = 0,335$. Der Unterschied beträgt also nur etwa 3%. Bei Doppelerdschluß führt nur ein zweiter Leiter Strom gegenüber zwei, so daß der Wert X_E noch näher an dem vorhergehenden Wert liegt. Man kann also X_E wie einen tatsächlich konstanten Widerstand annehmen, der bei dem kleinen Wirkwiderstand von 0,05 Ω/km fast eine reine Reaktanz darstellt.

Um die Rechnung zu vereinfachen, kann man den gesuchten Verhältniswert mit genügender Genauigkeit schreiben

$$q = \frac{X_E}{X_L} = \frac{\ln \delta/d}{\ln d/r} = \frac{\lg \delta/d}{\lg d/r} \,,$$

wobei im Nenner die Konstante von 0,25 weggelassen wird, die bei den üblichen Werten von X_L nur eine Erhöhung von 3—4% bedeutet.

Nicht berücksichtigt ist bisher der Übergangswiderstand an der Erdschlußstelle, der meistens den Wert von mehreren Ω besitzt und zu X_E hinzuzuzählen ist. Die geringe Erhöhung von q durch obige einfache Näherungsformel berücksichtigt also etwa diesen Übergangswiderstand.

Die Rechnung zeigt jedoch, daß alle Werte auf gewissen Annahmen fußen, vor allem auf der Leitfähigkeit des Bodens. Diese kann längs einer Leitung durchaus stark schwanken, z. B. wenn die Leitung über Gebirge führt. Es ist also dringend anzuraten, bei wichtigen Leitungen den Wert für q durch einfache Messungen an der Leitung festzustellen (Abb. 201a—d).

Man schickt einen Strom über zwei am Ende kurzgeschlossene Leiter (Abb. 201a) und erhält $U/J = 2 Z_L$. Dann wird die gleiche Messung über einen Leiter und Erde durchgeführt (Abb. 201b) und man erhält $U/J = Z_L + Z_E$. Schließlich kann man drei Leiter gemeinsam über Erde als Schleife bilden und erhält die Nullimpedanz Z_0 (Abb. 201d). Hieraus ergibt sich mit genügender Genauigkeit der Wert für q, wobei auch gleichzeitig die Impedanzen der Leiter selbst ermittelt werden. Diese Messung kann, was sehr wichtig ist, auch gleichzeitig den Einfluß eines Erdseiles oder mehrerer feststellen (Abb. 201b, c, d), da die bisherigen Rechnungen für Leitungen ohne Erdseil galten. Dorsch berechnet diesen Einfluß, wobei z. B. StAl-Seile eine merkliche Verringerung von X_E und damit von q ergeben. Diese Rechnung ist für die Praxis etwas umständlich, wogegen obige Messung den Wert für q unter Berücksichtigung aller Einflüsse ergibt, vorausgesetzt natürlich, daß das Erdseil mit der Erde bei der Messung verbunden ist. Diese Messungen sind gerade für Höchstspannungsleitungen wichtig.

Bei Kabeln ist der Rückleiter bei Doppelerdschluß vor allem durch den Bleimantel gegeben, besonders dann, wenn das Kabel eine Eisenbandarmierung besitzt. Ein Erdstrom, der außerhalb der Armierung zurückfließt, würde eine Schleife über Eisen bilden und eine hohe Induktivität ergeben. Die Armierung wirkt also wie eine Saugdrossel, die den Strom auf den Bleimantel zurückdrängt. Der Widerstand des Bleimantels ist meist höher als der eines Leiters, so daß bei Kabeln $q = 1$ oder sogar größer ist.

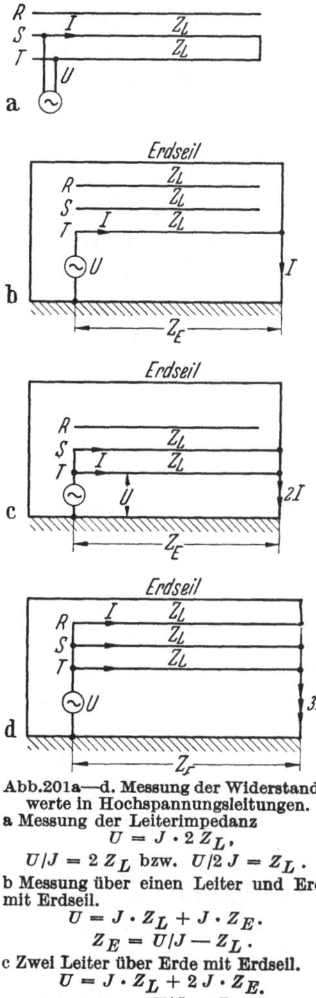

2. Stromverteilung bei Erdkurzschluß im starr geerdeten Drehstromnetz

Ein starr geerdetes Drehstromnetz ist ein Vierleitersystem. Neben den reinen zwei- und dreipoligen Kurzschlüssen ist jeder Erdschluß ein Kurzschluß. Als Sonderfall kommt noch der zweipolige Kurzschluß mit Erdberührung hinzu. Die Phasenlage der einzelnen Kurzschlußströme ist durch die jeweils treibende Kurzschlußspannung bestimmt. Bei dreipoligem Kurzschluß mit oder ohne Erdberührung sind es die drei Sternspannungen. Bei jedem zweipoligen Kurzschluß ohne Erdberührung treibt nur die verkette Spannung zwischen den kurzschlußbehafteten Leitern, während bei zusätzlicher Erdberührung noch ein Erdstrom überlagert wird, für den die Richtung der Sternspannung des dritten am Kurzschluß nicht beteiligten

Abb.201a—d. Messung der Widerstandswerte in Hochspannungsleitungen.

a Messung der Leiterimpedanz
$$U = J \cdot 2\,Z_L,$$
$$U/J = 2\,Z_L \quad \text{bzw.} \quad U/2\,J = Z_L.$$

b Messung über einen Leiter und Erde mit Erdseil.
$$U = J \cdot Z_L + J \cdot Z_E.$$
$$Z_E = U/J - Z_L.$$

c Zwei Leiter über Erde mit Erdseil.
$$U = J \cdot Z_L + 2\,J \cdot Z_E.$$
$$Z_E = \frac{U/J - Z_L}{2}.$$

d Messung der Nullimpedanz mit Erdseil
$$U/J = Z_0 = Z_L + 3 \cdot Z_E.$$
$$Z_E = \frac{Z_0 - Z_L}{3} = \frac{U/J - Z_L}{3}.$$

Leiters maßgebend ist. Jeder einpolige Kurzschluß wird durch die Stern-spannung des kurzschlußbehafteten Leiters bestimmt.

In starr geerdeten Drehstromnetzen ergeben sich, besonders wenn nur ein Teil der Transformatoren geerdet ist, Stromverteilungen, die bei der Einstellung des Selektivschutzes beachtet werden müssen. Es entstehen Fragen wie: Welche Höhe des Erdstromes kann man erwarten, in welcher Form beteiligen sich nicht geerdete Transformatoren im Erdkurzschlußfall an der Lieferung von Kurzschlußstrom, wie verhalten sich die Leiterströme zueinander bei zweipoligem Kurzschluß mit Erdberührung? Im folgenden soll nur eine qualitative Beantwortung dieser Fragen gegeben werden, um ein Gefühl für die Zusammenhänge hervorzurufen. Eine exakte Berechnung hätte nur für die untersten Grenzwerte vielleicht einen Sinn, von denen man aus Sicherheitsgründen jedoch schon sowieso einen gewissen Abstand bei der Einstellung des Relais hält.

Um die Kurzschlußströme und damit die Abschaltleistungen an ver-schiedenen Netzstellen zu bestimmen, bedient man sich mit Vorteil der Rechenmethode mit symmetrischen Komponenten nach Fortescue. Auf Seite 51 ff. war schon gezeigt worden, daß man einen unsymmetrischen Stromstern mit der Stromsumme = Null in einen symmetrischen rechts-läufigen und in einen symmetrischen linksläufigen Stern zerlegen kann. Ist außerdem ein Strom über Erde vorhanden, dann kommt noch eine so-genannte Nullkomponente hinzu, die als gleichphasiger Vektor an jedem Phasenstrom erscheint. Jeder Vektor eines solchen unsymmetrischen Sternes setzt sich also jeweils aus drei Einzelvektoren — rechtsläufig, linksläufig und Nullkomponente — zusammen. Da nun die Vektoren jedes symmetrischen Sternes um $120°$ und $240°$ konstant verdreht sind, lassen sie sich mit Hilfe eines Operators a bzw. a^2, der die Phasenverschiebung kennzeichnet, durch einen einzigen Vektor ausdrücken.

Der große Vorteil besteht also darin, daß man die Impedanzwerte nur einer Phase bzw. eines Vektors berücksichtigt und damit nur ein einphasiger Stromkreis in der Rechnung bzw. in der Messung in einem Netzmodell vor-handen ist. Für diese Rechenmethode sind nun drei Impedanzgrößen ge-prägt worden: die Mitimpedanz $\mathfrak{Z}_1$ die Gegenimpedanz $\mathfrak{Z}_2$ und die Null-impedanz $\mathfrak{Z}_0$. $\mathfrak{Z}_1$ und $\mathfrak{Z}_2$ sind im Drehstromnetz praktisch gleich groß, also $\mathfrak{Z}_1 = \mathfrak{Z}_2$. Sie entsprechen den Phasenimpedanzen für Generatoren, Trans-formatoren und Leitungen, wie sie auf Seite 32ff. definiert sind und be-stimmt werden können und die beim Selektivschutz in gleicher Größe ein-gesetzt werden. Nur die Nullimpedanz $\mathfrak{Z}_0$ unterscheidet sich von dem fiktiven Wert Z_E für die Erdimpedanz und von deren Verhältnis zur Phasen-impedanz $q = \dfrac{Z_E}{Z_L}$ bzw. $Z_E = q \cdot Z_L$. Auf diesen Zusammenhang soll im folgenden noch etwas näher eingegangen werden.

Die Abb. 201d zeigt, wie die Nullimpedanz von Leitungen bestimmt wird und aus der gleichen Messung sich der Wert Z_E errechnet. In analoger Form wird die Nullimpedanz von Transformatoren bestimmt, Abb. 202a. Auch hierbei ist der Wert $\mathfrak{Z}_0$ auf den Strom einer Phase bezogen. Das Verhältnis der Nullimpedanz $\mathfrak{Z}_{0T}$ zu der Phasenimpedanz $\mathfrak{Z}_T$ ist je nach Schaltung des Transformators verschieden. R. ROEPER* gibt folgende Richtwerte für dieses Verhältnis an:

$$\text{Stern-Dreieck} \quad \mathfrak{Z}_{0T/\mathfrak{Z}T} = 0{,}8\text{—}1$$

$$\text{Stern-Dreieck-Stern} \quad \mathfrak{Z}_{0T/\mathfrak{Z}T} = 2{,}4\text{—}3$$

$$\text{(Dreieck für } {}^1/_3 \text{ Nennlast)}$$

$$\text{Stern-Zickzack} \quad \mathfrak{Z}_{0T/\mathfrak{Z}T} = \text{bis } 0{,}1 \text{ herunter.}$$

In Abb. 202b ist die Nullimpedanz durch die fiktive Erdimpedanz ausgedrückt. Der Wert $\dfrac{U}{J}$ ist dann gleich $Z_T\,(1 + 3\,q_T)$, wobei q_T das Verhältnis von $\dfrac{Z_E}{Z_T}$ darstellt. Es ergeben sich also folgende Beziehungen zwischen $\mathfrak{Z}_0$, Z_E und q:

$$\frac{U}{J} = \mathfrak{Z}_{0T} = Z_T + 3\,Z_E$$

$$Z_E = \frac{\mathfrak{Z}_{0T} - Z_T}{3} = q_T \cdot Z_T$$

$$q_T = \frac{\mathfrak{Z}_{0T} - Z_T}{3 \cdot Z_T}$$

$$\mathfrak{Z}_{0T} = Z_T\,(1 + 3\,q_T)$$

$$\frac{\mathfrak{Z}_{0T}}{\mathfrak{Z}_T} = 1 + 3\,q_T .$$

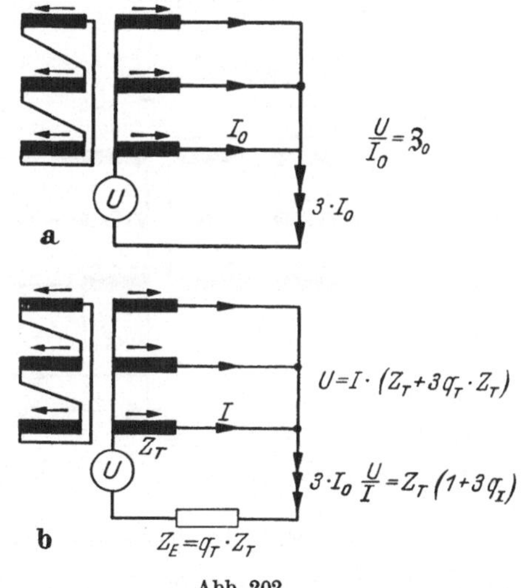

Abb. 202

Der Ausdruck $\mathfrak{Z}_0$ für die Nullimpedanz bei der Methode der symmetrischen Komponenten läßt sich also stets in der Vorstellungsweise beim Selektivschutz durch $Z\,(1 + 3\,q)$ ausdrücken, wobei Z die Phasenimpedanz darstellt und mit $\mathfrak{Z}_1$ bzw. $\mathfrak{Z}_2$ identisch ist. Für Leitungen besteht natürlich der gleiche Zusammenhang $\mathfrak{Z}_{0L} = Z_L\,(1 + 3\,q_L)$.

---

* R. Roeper, Kurzschlußströme in Drehstromnetzen.

Betrachtet man den Verhältniswert $\mathfrak{Z}_{0/3} = 1 + 3\,q$, dann ist bei

$\mathfrak{Z}_{0/3} = 1$ $q = 0$ $Z_E = 0$

$\mathfrak{Z}_{0/3} < 1$ q negativ Z_E negativ

                                 (wirkt wie eine zusätzliche *EMK* zwischen Sternpunkt und Erde)

$\mathfrak{Z}_{0/3} > 1$ q positiv Z_E positiv

                                 (entspricht einer Impedanz zwischen Sternpunkt und Erde)

Bei Leitungen ist q stets positiv.

Im folgenden sollen nun einige charakteristische Fälle prinzipiell diskutiert und die beiden Vorstellungsweisen nebeneinander angewendet werden. Die beiden Methoden sollen dabei der Einfachheit halber mit Methode I (symmetrische Komponenten) und Methode II bezeichnet werden, wobei zur deutlichen Unterscheidung die Schreibweise bei I mit $\mathfrak{Z}_1$, $\mathfrak{Z}_2$ und $\mathfrak{Z}_0$ und bei II mit Z, Z_E und q beibehalten werden soll. In den folgenden Beispielen wird das Netz am Trafo als unendlich groß angenommen. Die Stromverteilung ergibt sich zwangsläufig nach der auf Seite 153 angegebenen Methode der Strompfeile für Transformatoren.

a) Einpoliger Erdkurzschluß   Abb. 203

Methode I:

$$3 \cdot J_0 = \frac{3 \cdot U_\lambda}{2 \cdot (\mathfrak{Z}_T + \mathfrak{Z}_L) + \mathfrak{Z}_{0T} + \mathfrak{Z}_{0L}} \, .$$

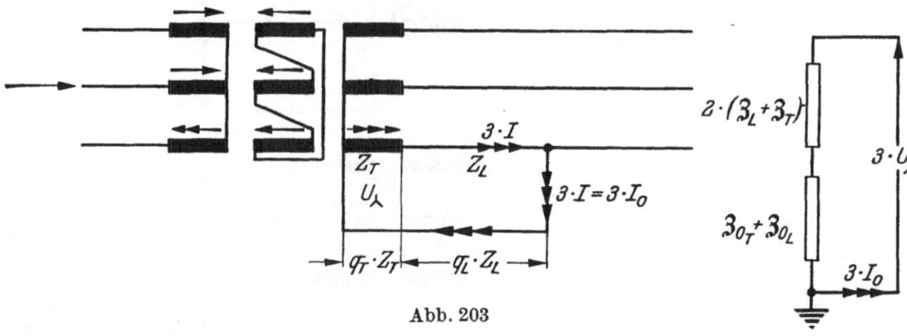

Abb. 203

Der gesamte Erdschlußstrom an der Erdschlußstelle $= 3 \cdot J_0$ ergibt sich aus der dreifachen Sternspannung dividiert durch die Summe der Mit- und Gegenimpedanzen $\mathfrak{Z}_1$ und $\mathfrak{Z}_2$, wobei $\mathfrak{Z}_1 = \mathfrak{Z}_2$ gesetzt werden kann, bis zur Erdschlußstelle plus der Summe der Nullimpedanzen zwischen geerdetem Trafosternpunkt und Erdschlußstelle. In einem vermaschten Netz werden für $\mathfrak{Z}_1$ und $\mathfrak{Z}_2$ naturgemäß die resultierenden Werte eingesetzt.

Setzt man nun für $\mathfrak{Z}_0$ den oben angegebenen Wert $Z\,(1 + 3\,q)$ ein, so erhält man

$$3 \cdot J_0 = \frac{U_\lambda}{Z_T\,(1 + q_T) + Z_L\,(1 + q_L)} \, .$$

Methode II:

Die Sternspannung $U\lambda$ setzt sich zusammen aus:

$U\lambda = 3 \cdot J \cdot (Z_T + Z_L) + 3 \cdot J \cdot (q_T \cdot Z_T + q_L \cdot Z_L)$,   woraus sich, da $3\,J = 3 \cdot J_0$ ist, wie oben

$$3 \cdot J = 3 \cdot J_0 = \frac{U\lambda}{Z_T\,(1 + q_T) + Z_L\,(1 + q_L)}$$

ergibt.

Hierbei werden die resultierenden Phasenimpedanzen bis zur Erdschlußstelle zusammengezählt plus der Summe der Erdimpedanzen zwischen Erdschlußstelle und Trafosternpunkt. Die letzteren werden durch die mit dem jeweiligen Verhältniswert q korrigierten, zur Erdstrecke zugehörenden Phasenimpedanzen ausgedrückt.

b) Geerdeter Trafo ohne Speisung mit einem nicht geerdeten Trafo mit Speisung   Abb. 204

Die Impedanzen links und rechts der Erdschlußstelle sollen der Einheit halber mit $\mathfrak{Z}_I$ und $\mathfrak{Z}_{II}$, bzw. Z_I und Z_{II} zusammengefaßt sein.

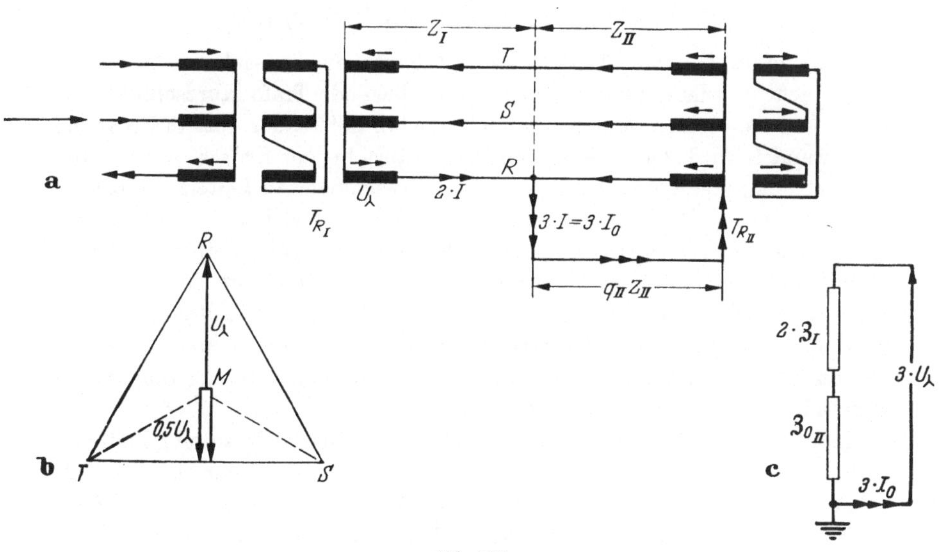

Abb. 204

Methode I:

$$3 \cdot J_0 = \frac{3 \cdot U\lambda}{2 \cdot \mathfrak{Z}_I + \mathfrak{Z}_{0\,II}}$$

Setzt man wiederum $\mathfrak{Z}_{0II} = Z_{II}\,(1 + 3\,q_{II})$ und $\mathfrak{Z}_I = Z_I$, so erhält man

$$3 \cdot J_0 = \frac{3 \cdot U\lambda}{2 \cdot Z_I + Z_{II}\,(1 + 3\,q_{II})}$$

13*

Methode II:

Die treibende Spannung ist die Sternspannung U_R plus der Spannung zwischen Sternpunkt und dem Mittelpunkt zwischen T und S (siehe Diagramm Abb. 204b). Sie beträgt daher $1{,}5 \cdot U_\lambda$. Diese Spannung teilt sich wie folgt auf:

$$1{,}5\, U_\lambda = J \cdot [2 \cdot Z_I + 3\, q_{II} \cdot Z_{II} + Z_{II} + Z_I + 0{,}5\, (Z_{II} + 3\, q_{II}\, Z_{II})].$$

Der Strom fließt also über die Erdschlußstelle zum Sternpunkt vom Trafo II und über die beiden anderen Leiter wieder zum Trafo I zurück. Beim Durchlaufen der Phasen S und T vom Trafo II muß er noch über die Dreieckswicklung den Strom über die Phase R treiben. Da sich hierbei die Spannung durch die Dreieckswicklung für T und S addieren läßt, kommt als Spannungsabfall für jede Phase nur die Hälfte, daher $0{,}5 \cdot (Z_{II} + 3\, q_{II} \cdot Z_{II})$, in Betracht. Der Spannungsabfall der ersten drei Glieder in der Klammer wird von der Phasenspannung U_R und die letzten beiden von jeweils der halben Phasenspannung gedeckt. Die gesamte Formel für $1{,}5 \cdot U_\lambda$ oder die erste Hälfte für U_λ oder die zweite Hälfte für $0{,}5 \cdot U_\lambda$ ergeben das gleiche Ergebnis, nämlich

$$3 \cdot J = 3 \cdot J_0 = \frac{3 \cdot U_\lambda}{2 \cdot Z_I + Z_{II}\,(1 + 3\, q_{II})}.$$

An diesem Fall ist für den Selektivschutz die Tatsache wichtig, daß jeder nicht geerdete, an einer Speisequelle liegende Trafo Kurzschlußstrom (ohne Erdstrom) nach dem geerdeten Trafo hin liefert, der dort in Erdstrom umgewandelt wird. Die Drehstromleitung führt bis zur Erdschlußstelle drei Leiterströme, von denen der Strom des erdgeschlossenen Leiters doppelt so groß ist wie die Ströme der beiden gesunden Leiter. Das Strombild entspricht also auf der Speiseseite etwa dem Bild bei einem zweipoligen Kurzschluß hinter einem Stern-Dreieck-Transformator. Hat man einen Schutz, bei welchem die Anregeglieder den kurzschlußbehafteten Leiter feststellen müssen, so ist es mit einer Überstromanregung nicht ohne weiteres möglich. Die Stromrelais in den gesunden Leitern müssen höher, als der dort zu erwartende Strom beträgt, eingestellt werden.

Lediglich Unterimpedanzrelais, die das Verhältnis der Spannung Leiter — Erde zum Leiterstrom überwachen, sind in der Lage, den kurzschlußbehafteten Leiter festzustellen, da nur an diesem die Spannung gegen Erde zusammenbricht und der Leiterstrom gleichzeitig die doppelte Höhe der Ströme in den gesunden Leitern besitzt. Auf der Seite zwischen Erdpunkt und geerdetem Trafo ohne Speisung führen die drei Leiter gleich große und gleichphasige Ströme, wobei ebenfalls nur ein Unterimpedanzrelais den kurzschlußbehafteten Leiter feststellen kann. Der maximale Erdstrom ist bei unendlich großem Netz nur durch die Nullimpedanz des geerdeten Trafos bzw. der Leitungen bestimmt. Der maximale Strom in den gesunden Leitern ist ein Drittel davon.

c) Beide Trafo geerdet, jedoch nur Speisung von einer Seite Abb. 205

Methode I:

$$3 \cdot J_0 = \frac{3 \cdot U_\lambda}{2 \cdot \mathfrak{Z}_I + \dfrac{\mathfrak{Z}_{0I} \cdot \mathfrak{Z}_{0II}}{\mathfrak{Z}_{0I} + \mathfrak{Z}_{0II}}} \cdot$$

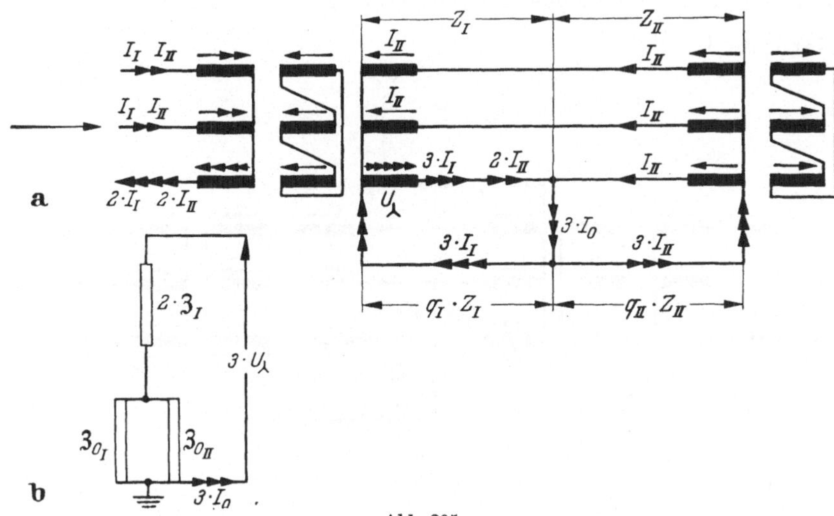

Abb. 205

Die von den beiden Trafo gelieferten Erdströme $3 \cdot J_I$ und $3 \cdot J_{II}$ verhalten sich umgekehrt wie ihre Nullimpedanzen, da diese parallel geschaltet sind. Weiterhin ist der Strom an der Erdschlußstelle $3 \cdot J_0$ die Summe der beiden Erdströme der Trafos

$$\frac{3 \cdot J_I}{3 \cdot J_{II}} = \frac{\mathfrak{Z}_{0II}}{\mathfrak{Z}_{0I}} \quad \text{und} \quad 3 \cdot J_0 = 3 \cdot J_I + 3 \cdot J_{II} \, .$$

Hieraus errechnet sich

$$3 \cdot J_I = \frac{3 \cdot U_\lambda \cdot \mathfrak{Z}_{0II}}{2 \cdot \mathfrak{Z}_I \cdot \mathfrak{Z}_{0I} + 2 \cdot \mathfrak{Z}_I \cdot \mathfrak{Z}_{0II} + \mathfrak{Z}_{0I} \cdot \mathfrak{Z}_{0II}} \cdot$$

Setzt man $\mathfrak{Z}_{0I} = Z_I \, (1 + 3 \, q_I)$ und $\mathfrak{Z}_{0II} = Z_{II} \, (1 + 3 \, q_{II})$, so erhält man

$$J_I = \frac{U_\lambda}{Z_I \cdot \left[2 \cdot \dfrac{Z_I \, (1 + 3 \, q_I)}{Z_{II} \, (1 + 3 \, q_{II})} + 3 \, (1 + q_I) \right]} \cdot$$

Methode II:

U_λ setzt sich zusammen aus

$$U_\lambda = Z_I \, (3 \cdot J_I + 2 \cdot J_{II}) + 3 \cdot J_I \cdot q_I \cdot Z_I \, .$$

Da sich $\dfrac{3 \cdot J_I}{3 \cdot J_{II}} = \dfrac{Z_{II}\,(1 + 3\,q_{II})}{Z_I\,(1 + 3\,q_I)}$ verhält, erhält man wie oben

$$J_I = \cfrac{U\lambda}{Z_I \cdot \left[2 \cdot \cfrac{Z_I \cdot (1 + 3\,q_I)}{Z_{II}\,(1 + 3\,q_{II})} + 3\,(1 + q_I) \right]}.$$

d) Beide Trafo gespeist und nur einer geerdet   Abb. 206

Methode I:

$$3 \cdot J_0 = \cfrac{3 \cdot U\lambda}{2 \cdot \cfrac{\mathfrak{Z}_I \cdot \mathfrak{Z}_{II}}{\mathfrak{Z}_I + \mathfrak{Z}_{II}} + \mathfrak{Z}_{0II}}.$$

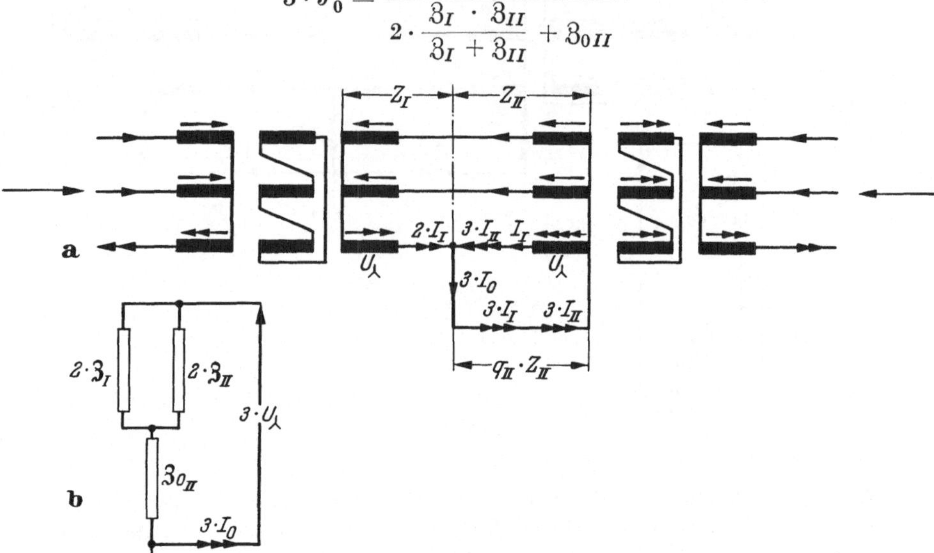

Abb. 206

In diesem Fall sind die Mit- und Gegenimpedanzen je parallel geschaltet, daher

$$\frac{3 \cdot J_I}{3 \cdot J_{II}} = \frac{\mathfrak{Z}_{II}}{\mathfrak{Z}_I} \quad \text{und} \quad 3 \cdot J_0 = 3 \cdot J_I + 3 \cdot J_{II}\,.$$

Setzt man wiederum $\mathfrak{Z}_{0\,II} = Z_{II}\,(1 + 3\,q_{II})$, so erhält man

$$J_I = \frac{U\lambda}{3 \cdot Z_I\,(1 + q_{II}) + Z_{II}\,(1 + 3q_{II})}.$$

Methode II:

$U\lambda$ setzt sich zusammen aus

$$U\lambda = Z_{II}\,(3 \cdot J_{II} + J_I) + q_{II} \cdot Z_{II}\,(3 \cdot J_{II} + 3 \cdot J_I)\,.$$

Setzt man wiederum $\dfrac{3 \cdot J_I}{3 \cdot J_{II}} = \dfrac{Z_{II}}{Z_I}$, so erhält man ebenfalls das obige Ergebnis.

e) Beide Trafo gespeist und geerdet Abb. 207

Hierbei verhalten sich $\dfrac{3 \cdot J_I}{3 \cdot J_{II}} = \dfrac{\mathfrak{Z}_{II} + \mathfrak{Z}_{0\,II}}{\mathfrak{Z}_I + \mathfrak{Z}_{0\,I}}$,

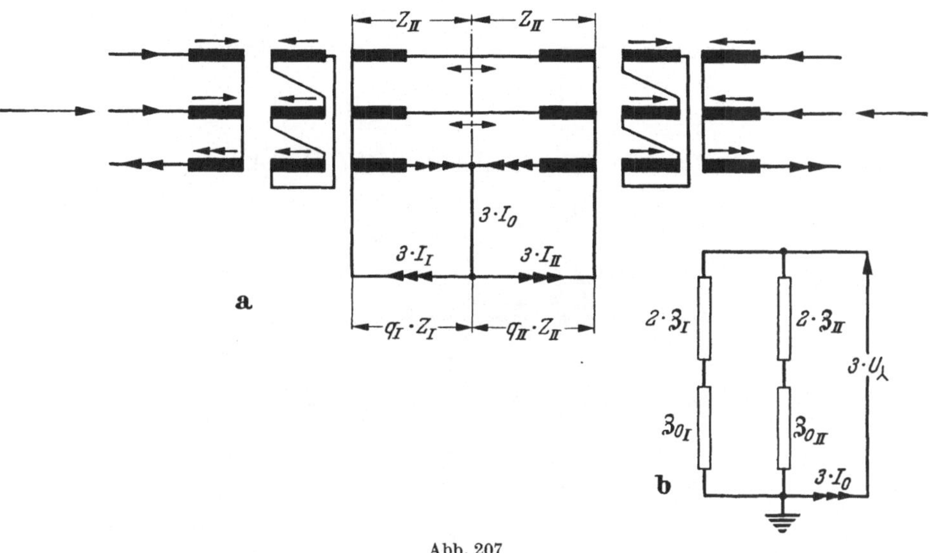

Abb. 207

da sowohl Mitimpedanzen und Nullimpedanzen parallel geschaltet sind. Man erhält nach beiden Methoden ebenfalls das gleiche Ergebnis. Die Ausgleichströme in den gesunden Leitern können je nach dem obigen Verhältnis nach links oder nach rechts fließen. Auf jeden Fall sind sie klein und haben für den Schutz keine Bedeutung mehr.

f) Zweipoliger Kurzschluß mit Erdberührung Abb. 208

Will man die Größe und Phasenlage der Ströme in den Leitern S und T ausrechnen, so bietet nur die Methode I dazu die Möglichkeit durch Einsetzen der Operatoren. Die Größe und Phasenlage läßt sich aber auch bestimmen, wenn man die Tatsache berücksichtigt, daß dieser Kurzschluß aus zwei übereinandergelagerten Stromkreisen besteht, die senkrecht aufeinander stehen. Der eine Kreis ist ein zweipoliger Kurzschluß, der von der Dreieckspannung $T{-}S$ gespeist wird. Die Erdschlußstelle E liegt nun genau in der Mitte der Spannung $T = S$ und von diesem Punkt zum Sternpunkt M_p besteht die halbe Sternspannung des dritten gesunden Leiters $\dfrac{U_{MR}}{2}$. Man kann also jeden Kreis für sich berechnen und die Ströme geometrisch (in diesem Fall senkrecht) zusammensetzen. Hier interessiert vor allem die Größe des Erdstromes.

Methode I:

Aus dem Ersatzschema ergibt sich

$$3 \cdot J_0 = \frac{3 \cdot U_\lambda}{\mathfrak{Z}_1 + \mathfrak{Z}_0 \cdot \dfrac{\mathfrak{Z}_1 + \mathfrak{Z}_2}{\mathfrak{Z}_2}} \cdot$$

Wenn man, wie stets vorher, $\mathfrak{Z}_1 = \mathfrak{Z}_2 = \mathfrak{Z}$ setzt, erhält man

$$3 \cdot J_0 = \frac{3\,U_\lambda}{\mathfrak{Z} + 2 \cdot \mathfrak{Z}_0},$$

bzw. durch Einsetzen von $\mathfrak{Z} = Z$ und $\mathfrak{Z}_0 = Z\,(1 + 3q)$

$$3 \cdot J_0 = \frac{U_\lambda}{Z\,(1 + 2q)} \cdot$$

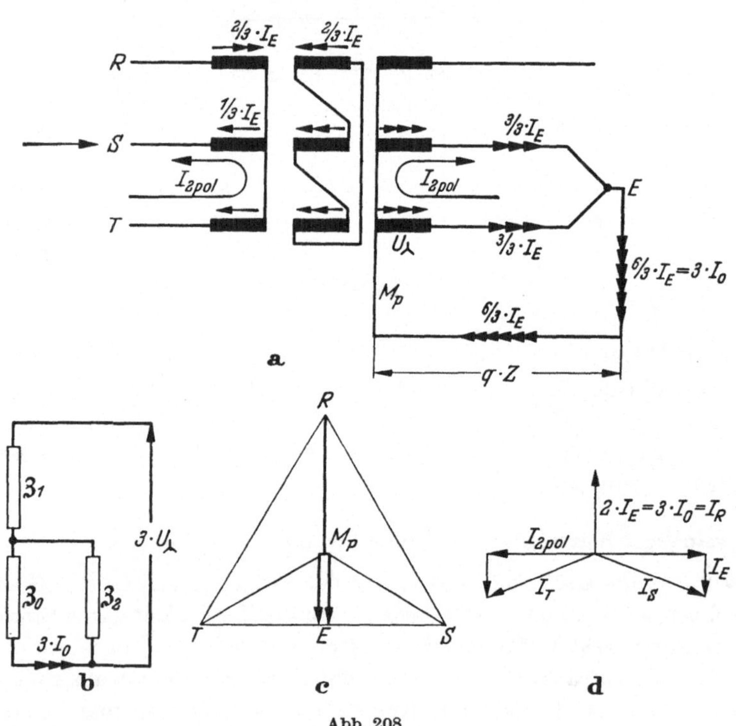

Abb. 208

Methode II:

Hierbei ist die treibende Spannung für den Erdstrom $6/3 \cdot J = 3 \cdot J_0$ nur $0,5\ U_\lambda$. Sie setzt sich zusammen aus

$$0,5 \cdot U_\lambda = 3/3 \cdot J \cdot Z + 6/3 \cdot J \cdot q \cdot Z = 3/3\,J \cdot Z\,(1 + 2q)$$

oder

$$U_\lambda = 6/3 \cdot J \cdot Z\,(1 + 2q).$$

Da $6/3 \cdot J = 3 \cdot J_0$ ist, erhält man wie oben

$$6/3 \cdot J = 3 \cdot J_0 = \frac{U_\curlywedge}{Z\,(1 + 2\,q)}\,.$$

Dieser Strom $3/3\,J$ setzt sich mit dem zweipoligen Kurzschlußstrom, wie im Diagramm gezeigt, zusammen.

Man beachte, daß man dort, wo der Erdstrom nur in einem Leiter fließt (Abb. 203), den Wert $Z \cdot (1 + q)$ erhält. In Abb. 208 fließt er in zwei Leitern, so daß der Wert $Z\,(1 + 2\,q)$ sich ergibt. Wenn der Erdstrom sich auf drei Leiter verteilt, erscheint $Z \cdot (1 + 3\,q)$. Wenn also beim Distanzschutz der Wert Leiterspannung gegen Erde durch Leiterstrom gemessen wird, erscheint auch in diesen drei Fällen der Wert für den Spannungsabfall an der fiktiven Erdimpedanz Z_E verschieden groß.

3. Widerstandsmessung in Drehstromnetzen

Welche Ströme und Spannungen müssen in einer Drehstromleitung miteinander verglichen werden, um in allen Kurzschlußfällen die gleiche Entfernung zu messen?

Bei einem zweipoligen Kurzschluß sind die Ströme in den beiden Leitern gleich groß und entgegengesetzt. Die Spannung ist also

$$U_\triangle = J \cdot 2\,Z_L \qquad \text{oder} \qquad U_\triangle/J = 2\,Z_L\,.$$

Man mißt auf diese Weise die *Schleifenimpedanz*. Man kann auch den verketteten Strom bilden $|\,J_1 - J_2\,|$, der in diesem Fall gleich $J_1 + J_2 = 2\,J$ ist. Dann erhält man $U/2\,J = Z_L$ oder die *Phasenimpedanz bzw. Leiterimpedanz*. Beide ergeben ein genaues Maß der Entfernung. Da der verkettete Strom im Relais stets größer ist als der normale Leiterstrom, kann man ihn durch Halbieren wieder auf den Wert des Leiterstromes bringen, also $\dfrac{|\,J_1 - J_2\,|}{2}$. Dann erhält man wiederum die Schleifenimpedanz, daher bei zweipoligem Kurzschluß $U/2\,J/2 = 2\,Z_L$. Man kann auch die Gleichung wie folgt schreiben: $U/2 \cdot 1/J = Z_L$ und erhält mit der halben Spannung und dem Strom die Leiterimpedanz.

Bei einem dreipoligen Kurzschluß ist der Leiterstrom um den Betrag der Kurzschlußströme in den anderen Leiterschleifen vergrößert. Da jetzt die zur Meßschleife gehörigen Ströme nicht mehr um $180°$, sondern nur noch um $120°$ versetzt sind, ist die Spannung dieser Schleife

$$U = \sqrt{3}\,J \cdot Z_L \text{ anstatt } = 2\,J \cdot Z_L\,.$$

Der Meßwert ändert sich also im Verhältnis $\sqrt{3}:2$. Nimmt man den verketteten Strom $|\,J_1 - J_2\,|$, so ändert dieser sich im gleichen Verhältnis und man erhält

$$\frac{U}{\sqrt{3}\,J} = Z_L \text{ die gleiche Leiterimpedanz}$$

oder bei halbem verketteten Strom $\dfrac{|J_1 - J_2|}{2}$

$$\frac{U}{\sqrt{3}\,J/2} = 2\,Z_L \text{ die gleiche Schleifenimpedanz.}$$

Mit dem verketteten Strom wird auch zugleich der Laststromeinfluß praktisch ausgeschaltet. *Dreieckspannung dividiert durch den Dreieckstrom ergibt also in allen Fällen richtig die Leiterimpedanz bzw. durch den halben Dreieckstrom die Schleifenimpedanz.* Das gleiche ergibt Leiterstrom und Sternspannung.

Bei einer reinen Impedanzmessung macht der Unterschied $\sqrt{3}/2$ nur 13% in der Messung aus. Hat man jedoch eine winkelabhängige Widerstandsmessung, z. B. Reaktanz, Konduktanz, Mho-Kreis, verschobener Kreis, so ist der Fehler z. T. sehr groß, da bei dreipoligem Kurzschluß nicht nur die Größe, sondern auch die Winkellage von Strom und Spannung verändert wird. Für diese Messungen ist also stets $U_\triangle$ und $J_\triangle$ bzw. $U_\triangle$ und $J_\triangle/2$ zu verwenden. Da diese Größen auch für die Richtungsmessung einwandfrei sind, sei diese daher mit *kurzschlußgetreuer Messung* bezeichnet. Zumindest muß diese bei winkelabhängigen Widerstandsmessungen bei dreipoligem Kurzschluß vorhanden sein.

Erdkurzschluß oder Doppelerdschluß kann ebenfalls nur richtig gemessen werden, wenn der verkettete Strom von Leiterstrom und Erdstrom (entsprechend dem Faktor q) verwendet wird. Also

$$U_{\pi} = J_L \cdot Z_L + J_0 \cdot q \cdot Z \text{ oder } \frac{U_{\pi}}{J + q \cdot J_0} = Z_L \text{ oder } \frac{U_{\pi}}{\dfrac{J + q \cdot J_0}{2}} = 2\,Z_L.$$

4. Schaltungen mit Widerstandszeitrelais

a) Dreirelaisschaltungen. Während im Ursprungsland des Widerstandsschutzes (Amerika) zuerst nur Kipprelais zur Messung verwendet wurden, baute man in Europa zuerst nur Widerstandszeitrelais, in denen der Zeitablauf direkt von der Messung abhängig gemacht war. Sie entsprechen etwa der alten Form der Überstromzeitrelais, Näheres s. S. 72. Da man die drei möglichen Kurzschlußkreise überwachen muß, setzte man in jeden Leiter ein Relais, das jedes seinen eigenen Zeitablauf besaß. Man verwendete also zuerst die *Dreirelaisschaltung*, deren Grundschaltung Abb. 209 zeigt. Jedes Widerstandszeitrelais wird von einem Leiterstrom durchflossen, und ein im Relais eingebautes Stromrelais gibt die Anregung, wodurch eine anliegende Dreieckspannung angelegt wird. Es wird also $U_\triangle$ mit Leiterstrom verglichen. Dies ergibt bei jedem zweipoligen Kurzschluß $2\,Z_L$ und bei dreipoligem $\sqrt{3}\,Z_L$. Bei zweipoligem Kurzschluß regen zwei Relais an, davon besitzt nur eines die Spannung der Kurzschlußschleife, z. B. J_R mit U_{TR}, das zweite J_T dagegen noch fast die volle Spannung U_{ST}. Das Relais in R

löst richtig aus, während das Relais in T sehr lange Auslösezeit, also keinen Einfluß besitzt. Im Doppelerdschlußfall legt ein Stromrelais J_E die drei Spannungen einseitig an Erde. Jedes Relais mißt nunmehr mit seinem Leiterstrom und der Spannung seines Leiters gegen Erde. Führt nun ein Leiter Strom, so mißt dieses Relais $U/J = Z_L + Z_E$. Ist $Z_E = Z_L$, also $q = 1$, entspricht diese Messung der beim zweipoligen Kurzschluß. Ist $q < 1$, so mißt es einen kleineren Wert und ergibt kürzere Ablaufzeit. Führt dagegen ein zweiter Leiter noch einen Strom über die Erde, so ergibt die Messung einen höheren Wert und der Zeitablauf wird verlängert.

Abb. 210 zeigt eine andere, im Anfang viel verwendete Schaltung. Die drei Spannungsspulen der drei Relais, die gleichen Widerstand besitzen, sind in Stern geschaltet. Durch Überstromrelais wird die freie Seite an Spannung gelegt. Man setzt dabei voraus, daß bei zweipoligem Kurzschluß stets zwei- und bei dreipoligem Kurzschluß alle drei Stromrelais sicher

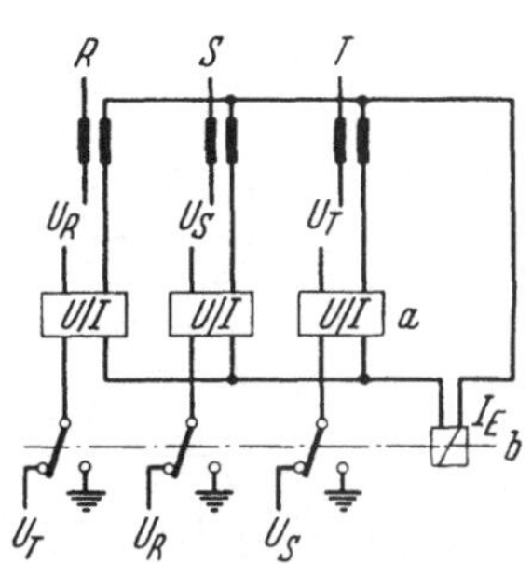

Abb. 209. Normalschaltung, Leiterstrom mit Dreieckspannung (*Biermann*) mit Doppelerdschlußumschaltung. — *a* Drei Widerstandszeitrelais mit eigenem Stromanwurf. — *b* Stromrelais für J_E

ansprechen. Bei einem Kurzschluß R—S z. B. werden die beiden Stromspulen vom gleichen Strom durchflossen und die Spannungsspulen liegen in Reihe an der Dreieckspannung U_{RS}. Jedes Relais erhält also $U_{RS}/2$. Das Relais in R mißt also $U/2 \cdot 1/J = Z_L$ und ebenso das Relais in S, also beide richtig die Leiterimpedanz. Bei dreipoligem Kurzschluß liegen die drei Spannungsspulen an den Sternspannungen, da sie selbst einen symmetrischen Stern bilden. Jedes Relais vergleicht seinen Leiterstrom mit seiner Sternspannung. Da bei metallischem Kurzschluß die drei Leiterimpedanzen ebenfalls einen symmetrischen Stern bilden, messen die drei Relais wiederum genau die Leiterimpedanz Z_L. Im Doppelerdschlußfall wird durch ein Stromrelais J_E der Mittelpunkt des Spulensternes an Erde gelegt, so daß jedes Re-

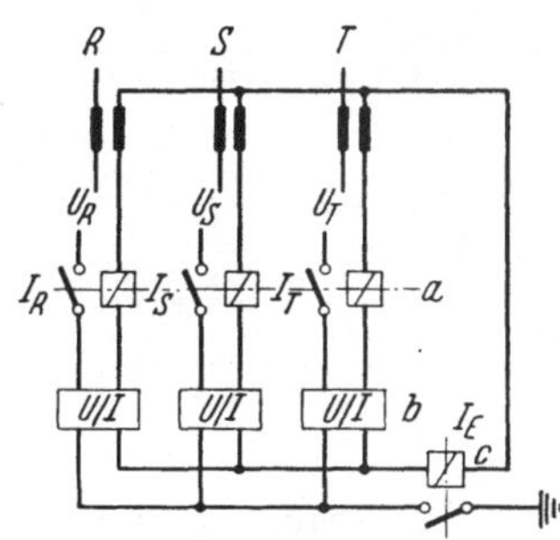

Abb. 210. Sternschaltung (AEG) mit Doppelerdschlußumschaltung. — *a* Drei Überstromanregerelais.— *b* Drei Widerstandszeitrelais. — *c* Stromrelais für J_E

lais den Leiterstrom mit der Spannung seines Leiters gegen Erde vergleicht. Da aber hierbei die Impedanz um Z_E größer geworden ist, messen alle Relais einen zu hohen Widerstand und ihre Laufzeit wird länger, z. B. Leiter R:

$$U = J_R \cdot Z_L + J_E \cdot Z_E$$

bzw.

$$U/J_R = Z_L + J_E/J_R \cdot Z_E.$$

Um diese Messung ebenfalls richtig zu machen, muß der Summenstrom J_E mit dem Faktor q in die Messung eingeführt werden, wie auch Abb. 211 zeigt. Dann wäre diese Schaltung in allen Kurzschlußfällen einwandfrei. Wenn allerdings nur ein Stromrelais anspricht, was in Grenzfällen in der Nähe der Anregestromstärke vorkommen kann, dann erhält dieses Relais keine Spannung und löst mit seiner kürzesten Zeit aus.

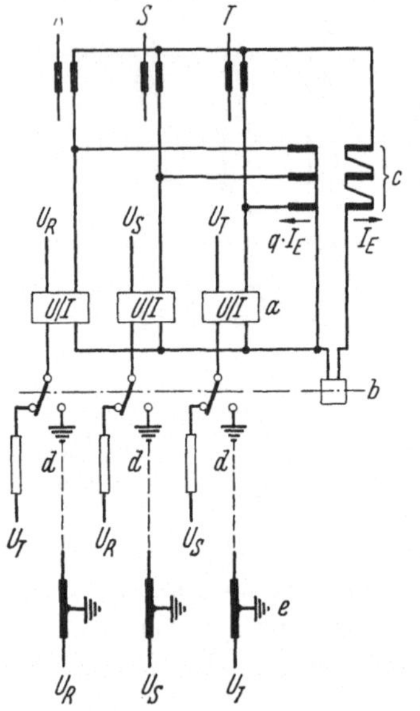

Abb. 211 zeigt stromseitig die gleiche Anordnung wie Abb. 210, jedoch mit Erdstromkorrektur. Der Summenstrom J_E fließt über die in Serie geschalteten Wicklungen dreier Hilfswandler, deren Sekundärseite den Strom entsprechend dem Faktor q über jedes Relais zusätzlich schicken. Sobald also J_E vorhanden ist, fließt im Relais die Summe von Leiterstrom und $q \cdot J_E$. Ohne J_E liegen die Relais an den Dreieckspannungen, jedoch je mit einem Vorwiderstand d, der die Spannung für das Relais halbiert. Jedes Relais mißt also bei zweipoligem Kurzschluß $U_\triangle/2 \cdot 1/J = Z_L$ und bei dreipoligem Kurzschluß $\sqrt{3}/2 \cdot Z_L$. Im Doppelerdschlußfall werden die Spulen durch das Stromrelais J_E direkt an die Spannung Leiter gegen Erde gelegt und die Relais messen $\dfrac{U}{J + q \cdot J_E} = Z_L$ richtig.

Abb. 211. Sternschaltung wie Abb. 210, jedoch mit Erdstromkorrektur. — a drei Widerstandszeitrelais mit eigenem Stromanwurf. — b Stromrelais für J_E. — c drei kleine Hilfsstromwandler für Erdstromkorrektur $J_E/q \cdot J_E$. — d drei Vorschaltwiderstände (auch Drosseln), die gleich den Widerständen im Relais sind und die Spannung halbieren. — e anstatt d drei Sparwandler zur Verdoppelung der Spannung im Doppelerdschlußfall

Die Spulen können auch normalerweise ohne Vorwiderstand an der Dreieckspannung liegen, dann messen die Relais die Kurzschlüsse zwischen den Leitern $2 Z_L$ bzw. $\sqrt{3}\, Z_L$. Im Doppelerdschlußfall muß dann die Spannung durch Hilfswandler e verdoppelt werden, damit man

$$\frac{2 U}{J + q \cdot J_E} = 2 Z_L$$

in jedem Fall erhält.

Die Spannungen in Abb. 209 und 211 sind bewußt in dieser Reihenfolge mit den Strömen J_R mit U_{TR}, J_S mit U_{RS}, J_T mit U_{ST} verglichen, obgleich z. B. der Strom J_R auch mit U_{RS} bei einem Kurzschluß R—S richtig messen würde. Im dreipoligen Kurzschluß aber eilt der Strom J_R schon um $30°$ der Spannung U_{RS} nach und würde im Richtungsrelais, das an derselben Spannung liegt, bei einem $\varphi_K > 60°$ schon negative Richtungsangabe zur Folge haben, während J_R der Spannung U_{TR} um $30°$ voreilt und das Richtungsrelais richtig anzeigen kann. In diesem Kurzschlußfall sind also die

Richtungsglieder in der 30°-Schaltung geschaltet. *Diese Schaltungsregel ist also stets zu beachten.*

Es wurde auch die Dreieckschaltung der Stromwandler verwendet, wobei die Relais den verketteten Strom führen. Sie messen daher bei zwei- und dreipoligen Kurzschlüssen stets richtig die Leiterimpedanz Z_L. Einmal vermeidet man heute die Dreieckschaltung der Stromwandler, da man keine gemeinsame Schutzerde anbringen kann (s. Trafodiff.-Schutz S. 155). Dann aber muß die Dreieckschaltung bei Doppelerdschluß aufgelöst werden, um richtig messen zu können. Drittens kann das Kriterium für Doppelerdschluß J_E nicht gemessen werden. Diese Schaltung wird daher nicht mehr angewandt.

b) Zweirelaisschaltungen. Um den Aufwand an Relais preislich wie räumlich zu verringern, ging man vor allem in Deutschland bald zu Sparschaltungen über. Nachdem man bei Doppelerdschluß schon sowieso Umschaltungen im Spannungskreis, um eine Sechsrelaisschaltung zu vermeiden, anwendete, so war der Schritt zu weiteren Umschaltungen auch bei zwei- und dreipoligen Kurzschlüssen nur folgerichtig. Um nun Umschaltungen im Strompfad zu vermeiden, die man zuerst noch nicht wagte, verwendete man nur in zwei Leitern Relais, wie man ja in nicht sternpunktgeerdeten Netzen auch nur zwei Überstromrelais verwenden kann. *Eine wichtige Voraussetzung* muß auch hierbei erfüllt sein, nämlich, *daß im ganzen Netz die Relais in den gleichen Leitern liegen.* Ein Leiter besitzt kein Relais.

Bei der Dreirelaisschaltung schaltet stets das Relais mit der kleinsten Spannung, d. h. mit dem kleinsten Widerstandswert ab. Bei der Zweirelaisschaltung wird den Anregegliedern zusätzlich die Aufgabe der Auswahl, um welchen Kurzschlußfall es sich handelt und welche Umschaltung vorgenommen werden soll, übertragen.

Diese Schaltungen wurden nur kurze Zeit verwendet, da sie sehr bald durch die Einrelaisschaltung abgelöst wurden. Diese stellt die konsequente Weiterverfolgung des Umschalt- und Auswahlgedankens dar. Da hier alle Überlegungen, die für eine Zweirelaisschaltung galten, in erweiterter Form zur Wirkung kommen, soll auf die Zweirelaisschaltung nicht weiter eingegangen werden.

c) Einrelaisschaltungen. Der Grundgedanke besteht darin, daß nur ein einziges Widerstandszeitrelais verwendet wird, welchem durch Umschaltglieder Strom und Spannung der fehlerbehafteten Leiterschleife zugeführt werden. Bei einem zwei- oder dreipoligen Überstromschutz (Abb. 186) wird auch nur ein Zeitwerk verwendet, das von einem der Stromrelais in Tätigkeit gesetzt wird. Dort wurde auf die vom Kurzschlußwechsel unabhängige Zeit schon hingewiesen. Bei den vorliegenden Einrelaisschaltungen müssen die Anregeglieder mit Sicherheit den oder die fehlerbehafteten Leiter feststellen und danach die erforderliche Umschaltung vornehmen und das Widerstandszeitrelais in Gang setzen.

Bevor auf die verschiedenen Schaltungsmöglichkeiten eingegangen wird, sei eine bei allen Auswahlschaltungen vorkommende Aufgabe, nämlich die *Doppelerdschlußauswahl* behandelt. Daß man bei Doppelerdschluß auf den Kreis Leiter — Erde umschalten muß, wurde schon bei den Dreirelaisschaltungen vorausgesetzt. Da aber im Doppelerdschlußfall auch zwei Leiter Strom führen können, muß bei den Einrelaisschaltungen entschieden werden, welche von den beiden Erdschlußstellen als Fehlerstelle angesehen und abgeschaltet werden soll. Bei der Dreirelaisschaltung wurden beide in diesem Fall herausgetrennt. Da in Deutschland praktisch alle Netze isolierten Sternpunkt besitzen und fast alle mit Erdschlußspulen gelöscht sind, hatte man größtes Interesse daran, daß, soweit es möglich ist, nur eine Erdschlußstelle abgetrennt wird. Die andere Erdschlußstelle bleibt dann entweder bei metallischem Erdschluß als betrieblich wenig gefährlicher Erdschluß bestehen oder wird bei Lichtbogenerdschluß gelöscht und verschwindet damit von selbst.

Je nach der Auswahlschaltung unterscheidet man *zyklische* und *azyklische Doppelerdschlußauswahl*. Bei der zyklischen Auswahl wird von den Erdschlußstellen entweder immer die im Drehsinn voreilende oder nacheilende ausgewählt. Man erhält dann die rechts- oder linksläufige Auswahl, z. B. R vor S vor T vor R oder R vor T vor S vor R. Eine azyklische Auswahl würde z. B. wie folgt aussehen, R vor S vor T oder T vor S vor R usw. Hierbei wird der am Anfang der Reihe stehende Leiter bevorzugt. Man spricht dann von einer R- oder T-Bevorzugung. Arbeiten in einem Netz Relais mit verschiedener Auswahl zusammen, dann muß die Bevorzugung auf den Drehsinn der zyklischen Auswahl Rücksicht nehmen, um Überschneidungen zu vermeiden. Eine azyklische Auswahl ergibt sich von selbst, wenn in nur zwei Leitern Anregerelais, z. B. Stromrelais vorhanden sind. Dann scheidet der Leiter ohne Stromrelais von selbst aus, und es braucht nur noch eine Auswahl zwischen den beiden anderen Leitern stattzufinden. In Deutschland benutzt man immer die Leiter R und T und läßt bei Zweifachanregung die S-Leiter ohne Anregerelais, daher R- oder T-Bevorzugung. Eine Notwendigkeit zu dieser Art der Ausrüstung bestand nicht. Nachdem aber diese Praxis vorhanden ist, müssen alle neu einzubauenden Relais hierauf Rücksicht nehmen.

Von den in den 30er Jahren entstandenen Einrelaisschaltungen sind im folgenden drei charakteristische ausgewählt worden, die zugleich die Entwicklung dieser Schaltungsart kennzeichnen, Abb. 212, 213, 214. Alle drei stellen asymmetrische Schaltungen dar, bei denen nur zwei Leiter mit Anregegliedern ausgerüstet sind. Als Doppelerdschlußkriterium wird der Summenstrom (Erdstrom) J_E verwendet. Daß diese Art von Einrelaisschaltungen fast ausschließlich nur in Deutschland entwickelt und angewendet wurden, ist dadurch begründet, daß in Deutschland bis 1952 kein Netz mit geerdetem Sternpunkt gefahren wurde und fast alle mit Erdschlußspulen gelöscht waren.

Abb. 212 zeigt die erste Einrelaisschaltung aus dem Jahre 1930. Hier hat man, um Stromumschalter zu vermeiden, die Kreuzschaltung der Stromwandler benutzt, die ein Teil einer Dreieckschaltung darstellt. Die Leiter R und T haben Anregestromrelais, die Hilfsrelais zum Umschalten im Spannungskreis steuern. Die Kontakte, die das Zeitwerk in Gang setzen, sind hier wie auch in den folgenden weggelassen. Das Impedanzzeitrelais U/J besitzt natürlich noch ein einpoliges Richtungsglied, das von den gleichen Strömen und Spannungen beaufschlagt wird. Je nachdem, ob ein Stromrelais oder beide ansprechen, werden die fehlerbehafteten Leiter gekennzeichnet und durch die von dem Stromrelais gesteuerten Hilfsrelais die entsprechende Umschaltung im Spannungskreis vorgenommen.

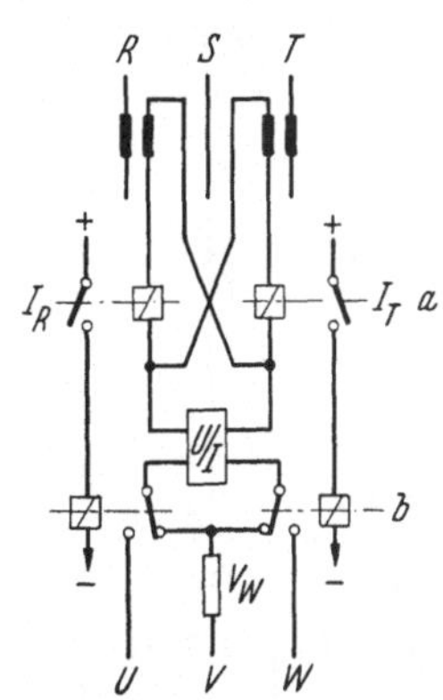

Abb. 212. Einrelaisschaltung mit Kreuzschaltung der Stromwandler (früher Siemens). — a Überstromrelais J_R und J_T. — b Hilfsrelais.

Abb. 213 zeigt den weiteren Fortschritt. Die Dreieckschaltung, die man aus schon gesagten Gründen vermeidet, wird durch eine normale Sternschaltung ersetzt. Hier müssen nun Stromumschalter eingesetzt werden. Dabei zeigte die Praxis, daß solche Stromumschalter trotz der anfangs bestehenden Bedenken außerordentlich sicher arbeiteten. Bei der Schaltung nach Abb. 213 wird das Impedanz- und Richtungsrelais stromseitig vom Leiterstrom J_T durchflossen, was aber erst dann zu arbeiten beginnt, wenn eines der Stromanregerelais das Kommando hierzu gibt. In diesem Moment erhält das Relais auch die entsprechenden Strom- und Spannungswerte zugeführt. Bei allen Kurzschlüssen, an denen der Leiter R beteiligt ist, schaltet der Stromumschalter das Relais in den Leiterstrom J_R. Nur bei Kurzschluß $S—T$ und Doppelerdschluß $S_{\mathrm{m}}—T_{\mathrm{m}}$ wird mit dem Strom J_T gemessen. Bei Auftreten von J_E, also bei Doppelerdschluß, werden

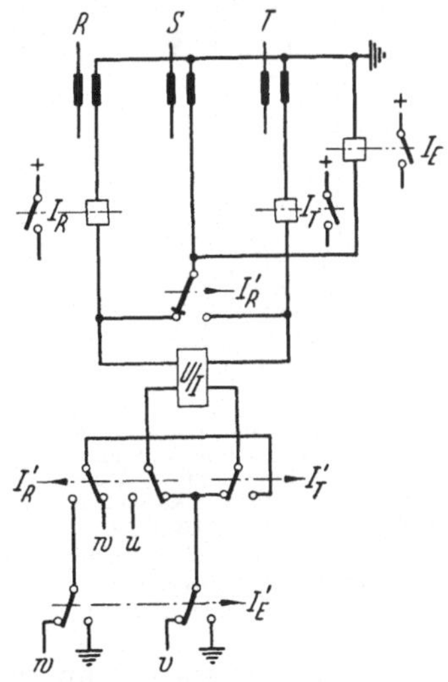

Abb. 213. Einrelaisschaltung (früher Siemens) mit einem Stromumschalter und Doppelerdschlußumschaltung (ohne Erdstromkorrektur). — J_R, J_T, J_E Stromrelais. J_R', J_T', J_E' von den Stromrelais gesteuerte Hilfsrelais.

die verwendeten Spannungen gegen Erde umgeschaltet. Zwischen zwei- und dreipoligem Kurzschluß besteht noch der Unterschied von $2:\sqrt{3}$ in der Messung. Bei einfachem Doppelerdschluß wird der Erdrückleiter wie ein

Drahtleiter betrachtet, also $q = 1$. Führt allerdings ein anderer Leiter noch
Strom über Erde, dann mißt das Relais einen höheren Widerstand und
verlängert seine Ablaufzeit.

Die Schaltungen 212 und 213 wurden damals zum erstenmal je in einem
Gehäuse als Relaiskombinationen zusammengefaßt und stellten ein kom-
plettes Schutzrelais für ein Leitungsende dar.
Dadurch fielen die Zusammenschaltungen an
Ort und Stelle weg, wodurch sich eine merkliche Raumersparnis ergab. Seitdem hat sich
diese Bauweise in Europa durchweg eingeführt.
Nur die Doppelerdschlußumschaltung ließ man
als Zusatzgerät noch getrennt, da die Notwendigkeit einer solchen Umschaltung zuerst noch
nicht allgemein bejaht wurde. Da man hierfür
außerdem drei Stromwandler und drei Spannungswandler braucht, wurde sie anfangs aus
Ersparnisgründen vor allem in Mittelspannungsnetzen noch fortgelassen. In Abb. 213 braucht
dazu nur der mittlere Stromwandler und das
J_E-Relais mit seinem Umschalterelais wegfallen.

Bald wurde die Notwendigkeit einer Doppelerdschlußumschaltung eingesehen und auch genauere Messung in diesem Kurzschlußfall gefordert. So entstanden bald entsprechende
Schaltungen, für die Abb. 214 ein charakteristisches Beispiel zeigt. Bemerkenswert ist bei
dieser Schaltung der Hilfswandler, der einmal
die Messung bei zwei- und dreipoligem Kurzschluß gleich macht, dann aber gleichzeitig die
Erdstromkorrektur mit dem Faktor q durch-
führt. Bei dreipoligem Kurzschluß sprechen
beide Stromrelais J_R und J_T an. Durch die
entsprechenden Stromumschalter liegen zwei
Leiterströme an beiden Enden des Wandlers,

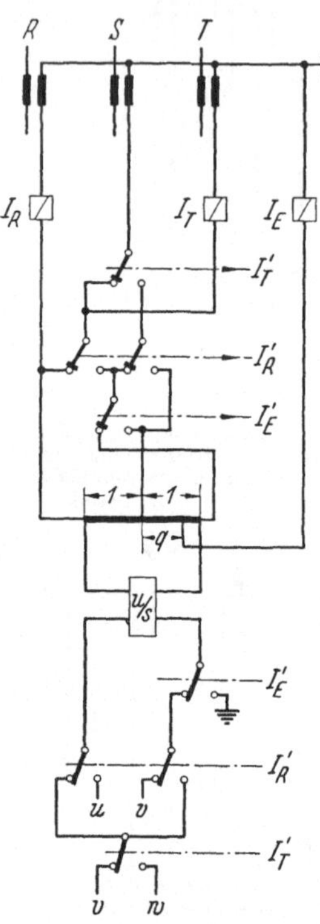

Abb. 214. Einrelaisschaltung (früher Siemens) mit drei Stromum-
schaltern, Doppelerdschlußumschaltung mit Erdstromkorrektur.
— J_R, J_T, J_E Stromrelais. J_R',
J_T', J_E' von den Stromrelais
gesteuerte Hilfsrelais

während der Leiter S an die Mittelanzapfung geführt ist. Parallel zum
Wandler liegt der Strompfad des Relais. Liegt ein zweipoliger Kurzschluß
$R - T$ vor, dann fließt der Strom J_R bzw. J_T am Wandler vorbei durch
das Relais, das dadurch $\dfrac{J_R - J_T}{2} = J_R$ oder $= J_T$ erhält. Bei dreipoligem
Kurzschluß ist der Strom im Relais = Null, wenn der Strom J_S sich in
zwei gleichgroße und entgegengesetzt gerichtete Hälften aufteilt. Das ist nur
dann der Fall, wenn der Strom J_S sein Maximum besitzt. Ist $J_S =$ Null,
dann hat das Relais sein Strommaximum, was nur dann der Fall ist, wenn

der Strom nur zwischen R und T fließt. Das Relais erhält also nach Größe und Richtung den halben verketteten Strom $\dfrac{|J_R - J_T|}{2}$, was bei dreipoligem Kurzschluß und der Spannung U_{RT} die gleiche Messung wie bei Kurzschluß $R - T$ ergibt, nämlich $2 \cdot Z_R$ bzw. $2 \cdot Z_T$. Im Doppelerdschlußfall wird durch J_E die gleiche Umschaltung anstatt an das Ende des Wandlers in die Mitte verlegt. Dadurch halbieren sich im Relais die Ströme. Dafür geht von einer Anzapfung in der rechten Hälfte des Wandlers die Verbindung zum Wandlersternpunkt ab. Es sei die Wicklung beider Hälften mit 1, also die ganze Wicklung mit 2 bezeichnet. Die Anzapfung für den Nullstrom liegt um q $(q<1)$ vom Mittelpunkt entfernt. Es sei zunächst ein einfacher Erdkurzschluß $R - 0$ (der andere Leiter führt keinen Strom) vorhanden. Dann ist $J_E = J_R$. Die beiden RelaisJ_R und J_E haben die entsprechenden Umschaltungen vorgenommen. Der Strom J_R teilt sich in einen Strom über das Relais auf, der über einen Teil der rechten Wicklung $1 - q$ zum Sternpunkt fließt. Durch diese Wicklung wird entsprechend der Übersetzung von $1 - q/2$ ein Teil des Stromes von J_R über den Wandler gesaugt. Der Strom im Relais ist also

$$J_{\mathrm{Rel}} = J_R - J_R \cdot \frac{1-q}{2} = \frac{J_R + q \cdot J_E}{2}.$$

Mit der Spannung U_{RE} ergibt dies die richtige Messung $2 \cdot Z_R$.

Führt z. B. der Leiter S ebenfalls einen Strom in gleicher Richtung nach Erde, d. h. nach dem Wandlersternpunkt, so fließt dieser von der Mittelanzapfung über q nach dem Sternpunkt. Entsprechend dem Übersetzungsverhältnis $q:2$, fließt davon ein Teil nach links und dann in gleicher Richtung wie J_R über das Relais. Der Relaisstrom setzt sich also zusammen

$$J_{\mathrm{Rel}} = \frac{J_R + q \cdot J_R + q \cdot J_S}{2}.$$

Da $J_R + J_S = J_E$ ist, beträgt also der Relaisstrom

$$J_{\mathrm{Rel}} = \frac{J_R + q \cdot J_E}{2}.$$

In der Tab. 5 sind die Meßergebnisse der drei Schaltungen zusammengestellt, wobei Schaltung 214 in jedem Fall den gleichen Meßwert ergibt.

Es sind noch erweiterte Schaltungen mit zyklischer Doppelerdschlußauswahl für Impedanz-, Reaktanz- oder Impedanz- und Reaktanzmessungen usw. mit Erfolg ausgeführt worden, die durch die verwendeten Einzelglieder allerdings recht umfangreich ausfielen. Diese Schaltungen wurden erst wieder elegant, als es gelang, Meßglieder mit kleinem Eigenverbrauch zu bauen, bei denen man an Stelle des Wandlerstromes nur den Spannungsabfall eines ohmschen oder induktiven Widerstandes, der vom Strom durchflossen wird, verwendet. Dann brauchen nur kleine Ströme genau wie die Spannungen

Tabelle 5. *Meßergebnisse der Schaltungen in den Abb. 212, 213, 214.*

Kurzschluß	Anregung 212, 213, 214	Messung			Meßergebnis		
		212	213	214	212	213	214
$R-S$	J_R	$\dfrac{U_{RS}}{2}/J_R$	U_{RS}/J_R	U_{RS}/J_R	Z_R	$2\,Z_R$	$2\,Z_R$
$S-T$	J_T	$\dfrac{U_{TS}}{2}/J_T$	U_{ST}/J_T	U_{ST}/J_T	Z_T	$2\,Z_T$	$2\,Z_T$
$T-R$	J_R, J_T	$U_{TR}/2\,J_R$	U_{TR}/J_R	U_{TR}/J_R	Z_R	$2\,Z_R$	$2\,Z_R$
$R-S-T$	J_R, J_T	$U_{TR}/\sqrt{3}\,J_R$	U_{TR}/J_R	$U_{TR}/\dfrac{\sqrt{3}}{2}\,J_R$	Z_R	$\sqrt{3}\,Z_R$	$2\,Z_R$
$R_\perp-S_\perp$	J_R, J_E	$\dfrac{U_{RS}}{2}/J_R$	U_{RE}/J_R	$U_{RE}/\dfrac{J_R+q\cdot J_E}{2}$	$*Z_R$	$Z_R+\dfrac{J_E}{J_R}Z_E$	$2\,Z_R$
$S_\perp-T_\perp$	J_T, J_E	$\dfrac{U_{TS}}{2}/J_T$	U_{TE}/J_T	$U_{TE}/\dfrac{J_T+q\cdot J_E}{2}$	$*Z_T$	$Z_T+\dfrac{J_E}{J_T}Z_E$	$2\,Z_T$
$T_\perp-R_\perp$	J_R, J_T, J_E	$U_{TR}/2\,J_R$	U_{RE}/J_R	$U_{RE}/\dfrac{J_R+q\cdot J_E}{2}$	$*Z_R$	$Z_R+\dfrac{J_E}{J_R}Z_E$	$2\,Z_R$

* Bei Doppelerdschluß u. U. sehr hohe Widerstände der ganzen Erdschlußschleife.

mit Unterbrechung geschaltet werden. Dadurch verkleinern sich die Geräte beträchtlich. Hierzu kam noch, daß der Bau von Widerstandszeitrelais ganz zugunsten von Widerstandskipprelais mit getrenntem Zeitwerk aufgegeben wurde. Darum sei auf weitere Schaltungen der ersten Art nicht mehr eingegangen, da die nachfolgend beschriebenen heutigen Einrelaisschaltungen mit Widerstandskipprelais die gleichen Gedankengänge aufweisen.

Soweit die Einrelaisschaltungen getrennte einpolige Richtungsglieder besaßen, wurde für diese vielfach noch eine besondere Spannungsauswahl vorgesehen, um eine 30°- oder 60°-Schaltung zu erreichen und somit wenigstens bei zweipoligem Kurzschluß die tote Zone zu vermeiden. Erst die Richtungsrelais mit Gleichrichter besitzen eine solche Empfindlichkeit, daß die kurzschlußgetreue Spannung, also 0°-Schaltung, verwendet werden konnte.

5. Schaltungen mit Widerstandskipprelais und getrenntem Zeitrelais

a) Besonderheiten der Widerstandskipprelais gegenüber dem Widerstandszeitrelais. Ein Widerstandszeitrelais mißt entsprechend seiner Bauweise den Widerstand der Kurzschlußschleife wie ein Meßinstrument und verändert dadurch seine Ablaufzeit. Es hat also einen großen Einstellweg und kann mit seiner kürzesten Ablaufzeit nicht unter 0,5 sek kommen. Ein Widerstandskipprelais dagegen mißt nur einen einzigen Widerstandswert und entscheidet damit, ob die Fehlerstelle vor oder hinter einem durch die Konstanten des Relais festgelegten Leitungspunkt = Kontrollpunkt liegt. Das Zeitrelais bestimmt starr die Zeit, mit welcher je nach der einen oder anderen Entscheidung des Kipprelais abgeschaltet werden soll. Ist nur ein Kipprelais vorhanden, so verändert das Zeitrelais bei negativer Entscheidung nach einer weiteren Staffelzeit die Konstanten des Relais, prüft also einen entfernteren Leitungspunkt und wartet die Entscheidung ab usw. Auf diese Weise entsteht die Stufenkennlinie, die heute allgemein angewendet wird. Der Grund hierfür liegt nicht allein in der einfachen Meßmethode und der leichten Veränderbarkeit der Kennlinie, sondern vor allem in der Tatsache, daß ein Kipprelais nur einen kleinen Kontaktweg zurückzulegen hat und damit seine Entscheidung außerordentlich schnell treffen kann. Da heute auf schnellste Abschaltzeit größter Wert gelegt wird, kann dieses nur durch Kipprelais erfüllt werden.

Sowohl die ersten Kipprelais von Ackermann als auch heute noch die extrem schnellen Relais sind dauernd von Strom und Spannung beaufschlagt. Durch die Spannung wird der Kontakt geöffnet gehalten. Liegt ein Kurzschluß innerhalb der Leitungsstrecke zwischen Relaisort und Kontrollpunkt, dann bricht die Spannung zusammen und der Kurzschlußstrom überwiegt. Das Relais schließt seinen Kontakt und schaltet ab. Trotz des geringen Kontaktweges ist dennoch die Geschwindigkeit, mit der der Kontakt schließt, von der Fehlerortsentfernung abhängig. Bei einem Impedanzkreis besteht an den beiden Punkten, an denen die Leitungslinie (Abb. 89) den Kreis schneidet, Gleichgewicht. Am Relaisort ist das größte Drehmoment vorhanden, so daß ein solches Relais hier am schnellsten abschaltet. Je näher der Fehlerort an dem Kontrollpunkt liegt, umso kleiner wird es, d. h. das Relais braucht längere Zeit, auch wenn es sich um 10 bis 20 Millisekunden handelt, zur Kontaktgabe. Andererseits je größer die Absolutwerte von Strom und Spannung sind, umso stärker steigt das Drehmoment an. Ein solches direkt arbeitendes Kipprelais hat eine eigene Zeitkennlinie, etwa wie in Abb. 215.

Weiterhin ist der Eigenverbrauch auf der Spannungsseite begrenzt, damit ist auch die kürzeste Entfernung des Kontrollpunktes durch die Bauform des Relais gegeben. Man kommt selten unter 40—50 km bei 220 kV-Leitungen, d. h. solche Kipprelais sind praktisch nur für lange Leitungen verwendbar. Es gibt aber heute häufig auch bei den Höchstspannungsleitungen wesentlich kürzere Leitungsstrecken. In diesem Fall muß durch besondere Anregerelais den Kipprelais erst im Kurzschlußfall zumindest die Spannung zugeschaltet werden. Dabei kann es natürlich thermisch wesentlich überlastet werden.

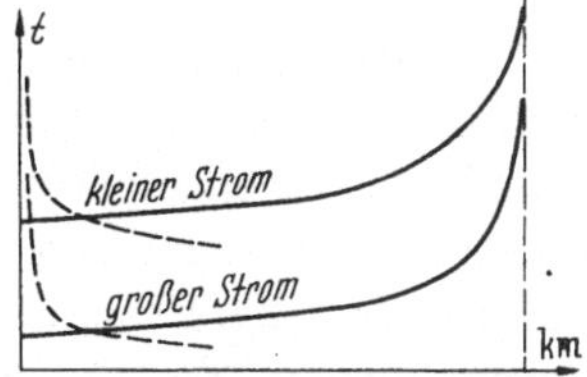

Abb. 215. Eigenzeit eines direkt arbeitenden Kipprelais bei verschiedenem Kurzschlußstrom über der Leitungslänge; gestrichelt - - - Zeit des Richtungsrelais

Jedes Widerstandskipprelais braucht als Leitungsschutz einen Richtungsentscheid, den es entweder selbst bewirkt oder durch ein getrenntes Richtungskipprelais erhält. Die Ortskurve jedes Richtungsrelais muß durch den Relaisort gehen, d. h. es hat gerade dort sein Drehmoment = Null, sofern nicht an dieser Stelle ein Lichtbogen besteht. Die Geschwindigkeit der Kontaktgabe ist also hier wieder gering. Diese zusätzliche Zeit ist in Abb. 215 gestrichelt angedeutet. Erst bei einer gewissen Fehlerentfernung ist die Zeit des Richtungsgliedes gleich der des Widerstandskipprelais. Am Kontrollpunkt ist sie wesentlich kürzer. Die gesamte Kennlinie setzt sich also aus zwei Zeiten zusammen, von denen die des Richtungsgliedes am Relaisort groß und von da ab sinkt, während die des Widerstandskipprelais am Relaisort klein und am Kontrollpunkt unendlich wird. Ein Kipprelais, das beide Funktionen erfüllt, z. B. Mho-Relais, Konduktanzrelais oder bei dreipoligem Kurzschluß auch das Drehfeldrelais hat von selbst diese Zeitkurve.

Wenn ein Kipprelais oder Richtungsrelais zum Auslösen seinen Kontakt schließen muß, dann sei dies als *Direkt-Methode* bezeichnet. Diese Methode ergibt zwar schnellste, aber auch eine von der Lage des Fehlerortes abhängige Zeit. Man kann im Gegensatz hierzu die Kontakte normal auf Auslösung stehen lassen und fragt diese Stellung nach einer kurzen Wartezeit ab = *Abfrage-Methode*. Zum ersten Mal wurde die letztere von Siemens vor 20 Jahren beim Eilkontakt am Impedanzzeitrelais angewandt, wodurch eine erhebliche Zeitverkürzung in der ersten Stufe eintrat. Heute verwendet Siemens diese Methode für die kürzeste Zeit ganz allgemein. Es müssen dabei aber folgende Bedingungen erfüllt sein: Erstens, es müssen Anregerelais vorhanden sein. Zweitens dürfen die Kipprelais von den Betriebsströmen in ihrer Lage nicht verändert werden, damit sie sich in vollkommenem Ruhezustand befinden und schließlich muß nach dem Zuschalten der Meßgrößen eine kleine Wartezeit eingeschaltet werden, um dem Relais Gelegenheit zur Entscheidung zu geben. Da der Kontakt bei Fehlern zwischen Relaisort und Kontrollpunkt stets geschlossen bleibt, ist die Zeit auf der ganzen Strecke konstant und der Sprung erfolgt unmittelbar am Kontrollpunkt. Auch Fehler am Relaisort ergeben trotz Richtungsangabe gleich kurze Zeit.

Hat das Relais bei Fehlern jenseits des Kontrollpunktes seinen Kontakt geöffnet, so arbeitet es in weiteren Stufen nach der Direkt-Methode mit der charakteristischen Eigenzeit. Da Kipprelais mit Arbeitskontakt sehr schnell arbeiten sollen, vertragen sie sehr schwer irgendwelche Umschaltungen im Strom- oder Spannungskreis, da leicht unbeabsichtigte Kontaktgaben entstehen können. Bei der Abfragemethode könnte höchstens eine Zeitverlängerung entstehen, aber keine Fehlschaltung. Schließlich kann ein solches Relais in seiner übrigen Kontaktbewegung wesentlich träger sein, so daß es, wenn es einmal seinen Kontakt bei weiter entfernten Fehlern geöffnet hat, irgendwelche Umschaltung vertragen kann. Man kann sogar den Kontaktweg besonders lang einstellen, wodurch sich eine natürliche Pendelsperre ergibt, ohne daß das Relais an seiner schnellen Zeit Einbuße erleidet. So daß sich ein Paradoxon ergibt: ein träges Relais und trotzdem erstaunlich kurze Schnellzeit.

b) Sechsrelaisschaltungen. Werden direkt arbeitende Kipprelais verwendet, so kann für jeden Kurzschlußfall je ein Relais vorgesehen werden, also für die Kurzschlüsse $R-S$, $S-T$ und $T-R$ und $R-0$, $S-0$, $T-0$ im ganzen 6 Kipprelais, wobei jedes einzelne an dem betreffenden Strom- und Spannungskreis dauernd liegt. Sofern die Relais nicht selbst die Richtung bestimmen wie beim Mho-Relais, müssen hierzu noch 6 Richtungsglieder kommen. Dadurch erhält man für alle Kurzschlüsse die kürzest mögliche Ausschaltzeit. Um jede Umschaltung zu vermeiden, hat man für die zweite Stufe neue, fest angeschlossene Kipprelais vorgesehen, zumindest für die Entfernungsmessung, die mit einem getrennten Zeitrelais verbunden sind und die zweite Zeitstufe ergeben. Dasselbe hat man sogar für die dritte Zeitstufe wiederholt. Man erhält dann allerdings eine große Anzahl Einzelglieder für den Schutz eines Leitungsendes.

Da eigentlich nur die erste Stufe = schnellste Abschaltzeit solche direkt angeschlossenen Kipprelais rechtfertigt, können für die weiteren Zeitstufen die gleichen Relais verwendet werden, da dann Zeit für das Verändern der Konstanten z. B. Einschalten eines Widerstandes im Spannungskreis zur Verfügung steht. Das bedeutet allerdings, daß besondere Anregerelais vorhanden sein müssen, die das Zeitrelais bei allen Fehlern in viel weiterem Umkreis als dem ersten Kontrollpunkt anwerfen. Diese können ein Überstromrelais oder andere Kipprelais, Quotienten- oder Unterimpedanzrelais sein, die auf weit entfernt liegende Fehler schon ansprechen. In der oben erwähnten Anordnung mit Kipprelais für jede Stufe kann das Relais der dritten Stufe praktisch diese Aufgabe übernehmen, da es die weiteste Entfernung feststellt. Bei allen Fehlern in diesem Umkreis spricht dieses Relais immer an, bei näheren Fehlern spricht auch das Relais der zweiten Stufe mit an und bei Fehlern bis zum ersten Kontrollpunkt kommt das Relais der ersten Stufe noch hinzu. Es sprechen dabei also alle drei an, wobei die zweite oder dritte Stufe nur durch die dazwischengeschaltete Zeit am Auslösen verhindert wird.

Das Kipprelais der zweiten Stufe kann also gespart werden, wenn die Konstanten des Relais der ersten Stufe, falls es in einer bestimmten Zeit nicht Kontakt gemacht hat, durch das Zeitrelais verändert werden. Auf diese Weise können noch mehr Zeitstufen erreicht werden.

Ein weiterer Schritt zur Verringerung des Relaisaufwandes besteht darin, Kurzschlüsse zwischen den Leitern ohne Erdberührung von solchen über Erde zu unterscheiden. Bei starr geerdeten Netzen, wo die obige Anordnung überwiegend Anwendung findet, ist die Mehrzahl aller Kurzschlüsse solche über Erde. Man kann also die gesamte Anordnung zunächst für diese Fehlerfälle starr vorsehen, nur wenn es sich um Kurzschlüsse ohne Erdberührung handelt, alle Relais auf diese Fehlerfälle umschalten. Man verlängert dadurch die kürzeste Abschaltzeit um etwa 20—30 Millisekunden. spart aber die Hälfte aller Meßrelais. Man kann auch den umgekehrten Weg gehen und die

Relais erst bei Erdfehlern, z. B. Doppelerdschlüssen in sternpunktisolierten Netzen, umschalten, da diese hierbei in der Minderzahl sind.

Dieser Weg wurde in Deutschland beschritten, als die Höchstspannungsnetze hier begannen, den Sternpunkt starr zu erden und einpolige Kurzunterbrechung gefordert wurde. Man erhält dann eine Dreirelaisschaltung mit Kipprelais, auf die im nächsten Abschnitt kurz eingegangen wird.

Schließlich kann man zu einer normalen Einrelaisschaltung (s. S. 209) drei fest an Strom und Spannung liegende Kipprelais (BBC, Siemens) als erste Schnellstufe hinzufügen, während der normale Einrelaisschutz die weiteren Stufen übernimmt. Dieser Zusatzschnellschutz ist entweder nur auf Fehler zwischen den Leitungen (BBC) oder nur auf Erdfehler (Siemens) eingestellt.

c) Dreirelaisschaltungen. Eine Anregung (Überstrom oder Unterimpedanz oder beides) schaltet drei Kipprelais, die fest am Strom liegen, an Spannung, fragt nach einer kurzen Relaiszeit ihre Stellung ab (Abfrage-Methode) und setzt gleichzeitig ein gemeinsames Zeitwerk in Gang (Siemens). Bei geerdeten Netzen werden die Relais sofort auf Erdfehler eingestellt. Nur wenn kein Erdstrom vorhanden ist, erfolgt eine Umschaltung auf reine Leitungsfehler, wodurch eine Verlängerung der Kurzzeit um etwa 20 Millisekunden entsteht. Die Anregung ergibt keine Auswahl des Leiters, sondern dasjenige Kipprelais, das am fehlerbehafteten Leiter liegt, schaltet schnell ab. Jedes Kipprelais hat sein zugehöriges Richtungsglied. Auf diese Weise kann jeder Leiter bei Erdfehlern getrennt abgeschaltet und bei Kurzunterbrechung auch wieder zugeschaltet werden. Erfolgt in der ersten Stufe keine Auslösung, dann verändert das weiterlaufende Zeitwerk nach einstellbaren starren Zeiten, also in Stufen, die Konstanten der drei Widerstandskipprelais. Kann der Fehler auch in der zweiten und dritten Stufe nicht in einem der drei Meßrelais festgestellt werden, so wird in der vierten Stufe nur noch die Richtung abgefragt (gerichteter Überstromzeitschutz) oder in einer fünften Stufe endgültig abgeschaltet (ungerichteter Überstromzeitschutz). Die Kipprelais können auch in der ersten Stufe fest an Strom und Spannung liegen und werden durch die Anregung auf Auslösen geschaltet (Direkt-Methode AEG). Man erhält etwas kürzere Zeit (um etwa 10 msek), es gelten dann aber alle Überlegungen, die auf Seite 211 hierfür angestellt wurden.

Die schnellsten Auslösezeiten schwanken hierbei zwischen 40—60 msek und sind nur wenig länger als bei der Sechsrelaisschaltung. Man erhält dafür wesentlich geringeren Relaisaufwand und gedrängtere Bauweise.

d) Einrelaisschaltungen. Gestattet man noch eine kleine weitere Verzögerung für eine Auswahl, dann erhält man eine Einrelaisschaltung, die sowohl für isolierte wie für starr geerdete Netze mit kleinstem Relaisaufwand und Raumbedarf ein einwandfreies Schutzrelais darstellt. Ihre schnellste Abschaltzeit liegt zwischen 50 und 100 msek. Solche Relais sind heute in Europa und besonders in Deutschland Standardausführungen geworden.

Sie entstanden in Weiterentwicklung der Einrelaisschaltungen mit Widerstandszeitrelais, die ihre Brauchbarkeit in der Praxis jahrelang bewiesen hatten. Die Einführung von Kipprelais mit getrenntem Zeitwerk gegenüber den mechanischen Widerstandszeitrelais brachte eine starke Verkürzung der Schnellzeit und eine große Anpassungsfähigkeit.

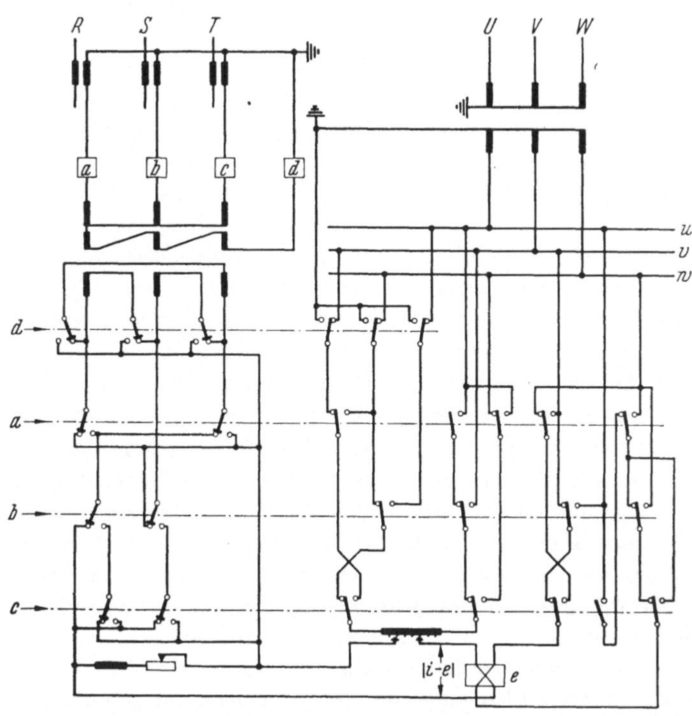

Abb. 216. Strom- und Spannungsauswahl beim Drehfeldrelais $L3K$ von $BBC.$ — a Quotientenanregung $U_{RT}/J_R.$ — b Quotientenanregung $U_{SR}/J_S.$ — c Quotientenanregung $U_{TS}/J_T.$ — d Stromrelais $J_E.$ — e Drehfeldkipprelais

Kurz vor dem zweiten Weltkrieg kamen zwei derartige Relaiskombinationen auf den Markt.

BBC wählte als Kipprelais ein wattmetrisches Relais (Drehfeldrelais), dessen Meßmethode schon auf S. 94 erläutert wurde. In Abb. 216 ist die Strom- und Spannungsauswahl einer Ausführung herausgezeichnet. Alle anderen Kontakte, die das Zeitwerk in Tätigkeit setzen, die stufenmäßigen Veränderungen der Relaiskonstanten, Auslöse- und Meldekreise sind fortgelassen. Es soll hier wie auch bei den nächsten Einrelaisschaltungen nur gezeigt werden, daß solche Schaltungen tatsächlich alle Kurzschlußfehler richtig erfassen und hierbei immer die gleiche Entfernung messen. Alles andere in solchen Relais ist eine Automatik des Ablaufes, die man verschieden ausführen kann und die je nach den verwendeten Relaisbausteinen auch oft verschieden sein muß.

Es werden bei der BBC-Schaltung wie bei den vorher beschriebenen Einrelaisschaltungen noch Stromumschalter verwendet. Damit aber kleine Ströme geschaltet werden, sind die Wandlerströme durch Zwischenwandler herabgesetzt. Über eine zweite Primärwicklung wird durch alle drei Wandler der Summenstrom J_E im Verhältnis q für die Erdstromkorrektur geführt. Die eigentliche Meßwicklung ist für alle reinen Leitungsfehler in Dreieck geschaltet und wird für alle Erdfehler in Stern umgeschaltet. Es wird also stets Dreieckstrom und Schleifenspannung verglichen, was für alle Fehler, ob reine Leitungs- oder Erdfehler, die gleiche Messung $= Z_L$ ergibt. Die Auswahl erfolgt symmetrisch, wobei bei dreipoligem Kurzschluß eine bestimmte Kurzschlußschleife gemessen wird. Die Doppelerdschlußauswahl erfolgt zyklisch und zwar T vor S vor R vor T. Da das Drehfeldrelais, das Entfernung und Richtung zugleich feststellt, noch eine zweite Vergleichsspannung braucht, sind zwei Auswahlschaltungen notwendig. Die Anregung erfolgt durch drei Unterimpedanzrelais, von denen jedes einen Leiterstrom mit einer anliegenden Dreiecksspannung vergleicht. Ein Summenstromrelais J_E schaltet sowohl für die Anregung wie auch für die Messung die Spannung auf Erde um. Das Relais eignet sich für isolierte wie für starr geerdete Netze.

Kurz vorher brachte die AEG eine Einrelaisschaltung auf den Markt (SD 4), deren Strom- und Spannungswahl Abb. 217 zeigt. Als Impedanzkipprelais wurde hier zum ersten Mal ein Gleichstromrelais (Tauchanker) verwendet, das über Trockengleichrichter gleichgerichtete Ströme magnetisch vergleicht. Das Richtungsrelais ist noch ein mechanisches Wattmeter. Als weiteres Novum wurden die Ströme in Spannungen umgewandelt, so daß nicht mehr unterbrechungslose Kontakte wie bei Stromumschaltern verwendet werden müssen. Die drei Leiterströme und der Summenstrom werden je über einen ohmschen Widerstand geführt. Der Spannungsabfall an einem Widerstand ist dem Leiterstrom und zwischen den Widerständen dem verketteten Strom proportional. Wird der Widerstand im Nullkreis entsprechend dem Wert q im Verhältnis zu den drei anderen gemacht, so ist die Spannung zwischen einem Widerstand im Leiterstrom und dem Nullwiderstand proportional dem verketteten Strom $| J_L - J_E |$.

Die Auswahlschaltung für die Ströme erfolgt also in der gleichen Form wie für die Spannungen. Die vier Stromwiderstände stellen gleichsam eine Nachbildung der Leitung dar $=$ drei gleiche Leiterwiderstände und einem Erdwiderstand, dessen Verhältnis zu einem Leiterwiderstand gleich q ist. Bei ohmschen Widerständen sind die abgegriffenen Spannungen phasengleich den Strömen. Will man phasenverschobene Ströme im Relais haben, so können solche über Drosseln oder Kondensatoren aus diesen Spannungen gebildet werden oder die Widerstände selbst werden durch Drosseln evtl.

mit Widerständen ausgeführt, so daß die abgegriffenen Spannungen selbst
schon phasenverschoben gegen die Wandlerströme sind. Bei der BBC-Schaltung wird diese Methode für das Drehfeldrelais angewandt, nur daß dort
der induktive Widerstand selbst umgeschaltet wird. Man hätte ebenso gut
für jeden Leiter eine solche Widerstandskombination einbauen und die ab
gegriffenen Spannungen erst umschalten können.

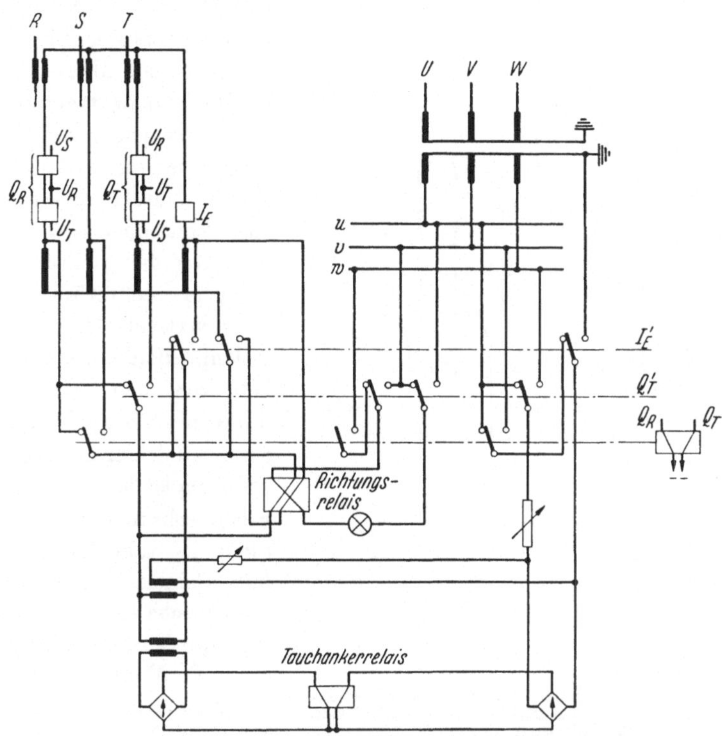

Abb. 217. Strom- und Spannungsauswahl beim AEG-Impedanzrelais *SD 4* für nicht starr geerdete
Netze

Bei der SD 4-Schaltung werden also ebenfalls Dreieckströme mit Schlei-
fenspannungen verglichen und in allen Fällen das gleiche Meßresultat erhalten.

Als Anregung wird eine Vierfach-Quotientenanregung (s. S. 41) verwendet, die in den Leitern R und T eingebaut sind. Für die Doppelerdschlußumschaltung sorgt ein J_E-Stromrelais. Die Anregung ist also unsymmetrisch und ist daher nur für Netze mit isoliertem Sternpunkt oder Erd-
schlußlöschung geeignet. Die Doppelerdschlußauswahl ist infolgedessen azyklisch, wobei R- oder T-Bevorzugung gewählt werden kann. In Abb. 217 ist
die Anregung eines Leiters mit Q_R oder Q_T bezeichnet worden. Ein Um-
schaltrelais erhält von beiden Impuls, so daß es bei Q_R oder Q_T allein stets

mit anspricht, während bei $Q_R + Q_T$ die Ströme im Relais entgegengesetzt sind und das Relais hierbei keine Umschaltung vornimmt.

Da noch ein wattmetrisches Richtungsrelais verwendet wird, muß hierfür eine besondere Strom- und Spannungsauswahl vorgesehen werden, um eine 30°- oder 60°-Schaltung zu ermöglichen. Von dem Spannungskreis ist ein einstellbarer Strom abgezweigt und wird über einen kleinen Zwischenwandler dem Stromkreis im Impedanzrelais zwecks einer Lichtbogenkompensation überlagert.

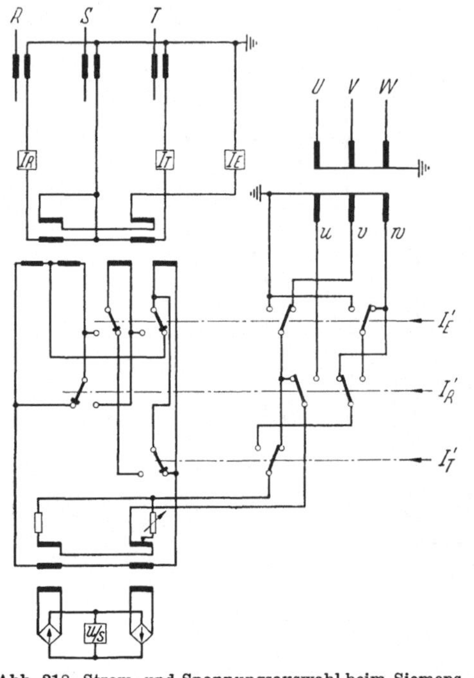

Nach dem zweiten Weltkrieg erschienen von Siemens zwei neue Standardausführungen in Einrelaisschaltung, die eine konsequente Weiterentwicklung dieser Bauform sowohl in meßtechnischer wie konstruktiver Hinsicht darstellen. Beide Ausführungen benutzen ein Gleichstromdrehspulrelais als Meßglied an einer Gleichstrombrücke mit Trockengleichrichtern. Der Eigenverbrauch solcher Meßrelais ist sehr klein, so daß mit kleinen Relaiskontakten alle Umschaltungen vorgenommen werden können. Dadurch kann die Montage der gesamten Relais in einem räumlich kleinen Gehäuse nach der Methode der Schwachstromtechnik erfolgen. Schließlich wird für die Steuerung aller Hilfsrelais und des Zeitwerkes (Synchronmotor) Wechselstrom aus kleinen gesättigten Wandlern benutzt, so daß solche Relais von den Verschiedenheiten der Gleichstromhilfsspannungen unabhängig und dadurch beliebig austauschbar sind.

Abb. 218. Strom- und Spannungsauswahl beim Siemens Konduktanzrelais *RK 4* für nicht starr geerdete Netze und Mittelspannungen

Ein Relais (Type RK 4) ist für Mittelspannungsnetze vorgesehen und nur mit einer Zweifach-Überstromanregung ausgerüstet. Die Strom- und Spannungsauswahl zeigt Abb. 218. Die Wandlerströme werden durch zwei kleine Wandler auf sehr kleine Werte (0,1 A) herabgesetzt. Der Nullstrom wird durch eine zweite Primärwicklung entsprechend $q = 1$ ebenfalls über die Wandler geführt. Der Mittelleiter S hat kein Überstromrelais. Bei den zweipoligen Kurzschlüssen $R-S$ und $S-T$ wird jeweils der Leiterstrom mit der zugehörigen Spannung U_{RS} bzw. U_{ST} verglichen. Bei Kurzschluß

$R-T$ und $R-S-T$ bilden die Umschalterelais über eine zweite gleich-
große Wicklung eine zusätzliche Kreuzschaltung. Dadurch erhält das Relais
den Strom entsprechend $\dfrac{|J_R-J_T|}{2}$, d. h. den halben verketteten Strom.
Es mißt also in allen Fällen $2\,Z_L$. Bei Doppelerdschluß schaltet ein J_E-
Stromrelais die beiden sekundären Wicklungen auf jedem Hilfswandler in
Reihe und halbiert damit den
Strom. Das Relais erhält also bei
Doppelerdschlüssen den Strom
$\dfrac{J_R+J_E}{2}$ bzw. $\dfrac{J_T+J_E}{2}$, was
in beiden Fällen wiederum $2\,Z_L$
ergibt. Bei Mittelspannung ist q
praktisch gleich eins. Als Meßrelais wird nur ein einziges Drehspulrelais sowohl für die Ent-
fernungs- wie für die Richtungsmessung in der Schaltung als
Konduktanzmeßwerk (s. S. 82)
verwendet. Pendelsperre ist nicht
vorgesehen, ebensowenig Unterimpedanzanregung. Beides ist in
Mittelspannungsnetzen (Kabel
oder Freileitung) praktisch niemals notwendig. Die Doppelerdschlußauswahl ist naturgemäß
azyklisch, wobei R- oder T-Bevor-
zugung gewählt werden kann.

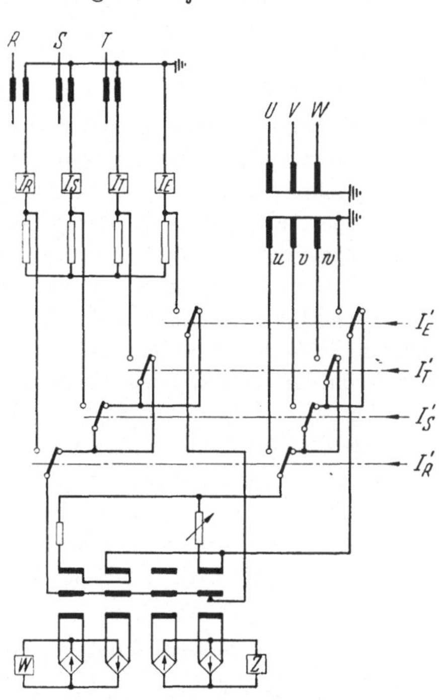

Abb. 219. Strom- und Spannungsauswahl beim
Siemens Impedanzschutz $R\,1\,Z\,25$ für isolierte und
starr geerdete Netze jeder Spannung

Das zweite Standardrelais
(Type $R\,1\,Z\,25$) ist für alle Spannungen vorgesehen und sowohl
für isolierte wie auch starr geerdete Netze geeignet. Die Strom- und Spannungsauswahl ist aus Abb. 219 zu ersehen. Hierbei sind ebenfalls wie beim
AEG-Relais ohmsche Widerstände in den Stromleitungen vorgesehen, deren
Spannungsabfall für Messung verwendet wird. Als Anregung dienen Stromrelais in jedem Leiter und in der Sternpunktsverbindung (J_E). Parallel zu
den Stromrelais können bei Bedarf Unterimpedanzrelais kontaktmäßig geschaltet werden, die jedoch in Sternschaltung nach Abb. 43 geschaltet sind
und Anregekurven nach Abb. 45 ergeben. Man kann auch eine 6fach-An-
regung verwenden. Die Anregung muß nämlich exakt wie drei Stromrelais
arbeiten, da als Besonderheit jeder Kurzschluß, ob zwischen den Leitern
oder Leiter-Erde, durch zwei Anregerelais gekennzeichnet sein muß, ehe das
Relais zu laufen beginnt. Man erhält dadurch vollkommen sichere Messung,

da das Meßrelais durch keine Zeitungenauigkeit der Anregerelais beunruhigt
werden kann. Dann aber läßt sich auch die Auswahlschaltung durch ver-
blüffend wenige Umschaltkontakte durchführen. Die schnellste Zeit beginnt
beim Anregestrom mit 100 msek und sinkt rasch bei höherem Strom auf
70 msek herunter, da die Wechselhilfsspannung von den gesättigten Wandlern mit höherem Strom noch etwas ansteigt und den ganzen Umschalte-
vorgang stark beschleunigt.

Trotzdem das Relais in allen Leitern Anregerelais besitzt, ist die Doppelerdschlußauswahl azyklisch, nämlich R vor S vor T bzw. nach Wahl T vor
S vor R. Eine zyklische Auswahl erfordert fast die doppelte Anzahl Um-
schaltekontakte, ohne daß ein besonderer Vorteil damit verbunden ist. Sofern
nur ein Leiter bei Doppelerdschluß Strom führt, wird stets diese Erdschlußstelle abgeschaltet, da auch der S-Leiter ein Anregerelais besitzt, das zusammen mit dem J_E-Relais das Anregekriterium liefert.

Als Meßrelais sind zwei Drehspulrelais mit je einer Brückenschaltung
verwendet: für Impedanzmessung und zur Richtungsbestimmung. Die hohe
Empfindlichkeit des Gleichstromrichtungsrelais gestattet die 0°-Schaltung,
d. h. auch die Richtung wird kurzschlußgetreu gemessen. Als neu ist eine
einstellbare Lichtbogenkompensation von der Stromseite her eingebaut.

Beide Standardrelais arbeiten nach der Abfrage-Methode.

Das BBC-Relais besitzt eine eingebaute Pendelsperre nach dem Prinzip S. 118, Absatz α), während das Siemens Relais R 1 Z 25 eine solche
nach β) enthält. Dem AEG-Relais fügte man nach Bedarf eine äußere
Pendelsperre nach δ zu. Das Konduktanzrelais besitzt keine Pendelsperre.

6. Der Staffelplan und seine Grenzfälle

Die Auslösezeiten, die sich bei den Kurzschlüssen auf jedem Punkt der
Leitung ergeben, über der Leitungslänge aufgetragen, ergeben den *Staffelplan*.
Als Maßstab für die Leitungslänge wird der Impedanz- oder manchmal auch
der Reaktanzwert der Leitung anstatt km verwendet, da z. B. Leitungen
mit kleinerem Leiterquerschnitt oder Transformatoren andere Impedanzen
ergeben als ihrer kilometrischen Länge entspricht. Für die Messung sind
lediglich die Widerstandswerte für die Zeiteinstellung maßgebend. Man
rechnet also zuerst diese Widerstandswerte aus, die man aus der Tab. 4
bzw. aus den Abb. 198—200 zusammenstellen kann. Widerstandsrelais
der verschiedenen Hersteller geben stets eine Formel an, womit aus den
primären Widerstandswerten die Einstellwerte am Relais errechnet werden
können. Man ist übereingekommen, daß diese primären Werte sich stets auf
den Leiter — nicht auf die Schleife — beziehen sollen. Diese Primärwerte
müssen in Sekundärwerte umgerechnet werden.

$$Z_\text{sek} = Z_\text{prim} \cdot \frac{\ddot{U}_\text{Str}}{\ddot{U}_\text{Sp}},$$

worin U_{Str} das Übersetzungsverhältnis der Stromwandler und U_{Sp} das der Spannungswandler bedeutet. Gewöhnlich wird bei den heutigen Relais ein Einstellwiderstandswert r im Relais gesucht, der dem Primärwiderstand entspricht. Die Formel hat dann folgende Form

$$r = C \cdot \frac{U_{\text{Str}}}{U_{\text{Sp}}} \cdot Z_{\text{prim}} \,,$$

wobei C eine oder auch mehrere Konstanten ausdrückt, die durch das Relais selbst gegeben sind. Z_{prim} in Ω/Leiter.

Bei Relais mit stetiger oder gebrochener Kennlinie muß noch die Steilheit berücksichtigt werden, die man für die einzelnen Fälle braucht.

In Abb. 220 sind Beispiele von Staffelungen aufgestellt, die zugleich die Relaisentwicklung widerspiegeln. Abb. 220a zeigt stetige Kennlinien ohne Endzeiteinstellung. Die Strecke B—C ist etwas kürzer (widerstandsmäßig) als A—B. Damit sich die beiden Kennlinien in ihrem weiteren Verlauf nicht schneiden, muß die von A etwa die gleiche Steilheit aufweisen. Am Ende der Leitung muß stets ein bestimmter Zeitabstand zu der Anfangszeit des nächsten Relais bestehen, *Staffelstufe*. Die

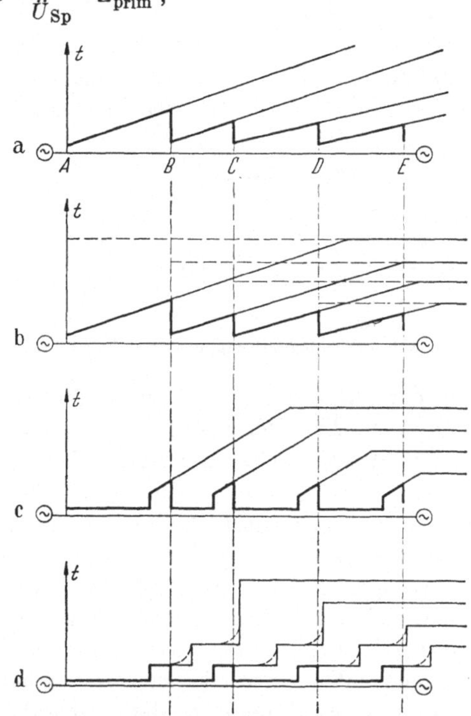

Abb. 220a–d. Zeitstaffelung von Widerstandszeitrelais. — a stetige Kennlinien ohne Endzeitstaffelung. — b stetige Kennlinien mit Endzeitstaffelung. — c gebrochene Kennlinien mit Endzeitstaffelung. — d Stufenkennlinien mit Kipprelais

Anfangszeit wird als *Grund- oder Schnellzeit* bezeichnet. Es ist in Abb. 220 immer nur eine Speiserichtung eingezeichnet. Selbstverständlich muß eine entsprechende Staffelung in der anderen Richtung aufgestellt werden, die man üblicherweise an der gleichen Strecke, aber die Zeiten nach unten von rechts nach links einzeichnet.

Abb. 220b zeigt die gleichen Kennlinien, jedoch mit Endzeit. Abb. 220c macht die wesentliche Verbesserung in Richtung Zeitverkürzung deutlich, die mit der gebrochenen Kennlinie (Eilkontakt) erreicht wurde. Schließlich gibt Abb. 220d die heute allgemein übliche Stufenkennlinie wieder, die nicht nur die kürzesten Zeiten auf der eigenen Leitung ergibt, sondern sich auch den verschiedenen Leitungslängen leicht anpassen läßt. Die Zeiten über der

eigenen Leitung sind stark ausgezogen, die darüber hinausgehenden Zeiten
dienen zur Reserve. Abb. 220c und d zeigt besonders auffällig, wie jeder
Kurzschluß entweder mit Grundzeit oder mit der ersten Staffelstufe abgeschaltet wird, sofern Relais und Schalter richtig funktionieren, und keine
von außen herrührende Komplikationen für die Messung bestehen.

In Abb. 221 ist noch einmal die Staffelung mit Stufenkennlinien dargestellt. Um die notwendige Sicherheit gegenüber dem nächsten Relais zu
erhalten, muß der erste Kontrollpunkt vor der nächsten Station liegen. Eine
oft gestellte Frage lautet: wie weit darf oder muß man den Kontrollpunkt
vorverlegen? Das Meßwerk im Relais besitzt wie jedes Meßinstrument eine Fehler-
toleranz. Hinzu kommen Toleranzen der Hilfswandler, Einstellwiderstände usw. Diese Fehler verschieben lediglich den Kontrollpunkt, nicht die

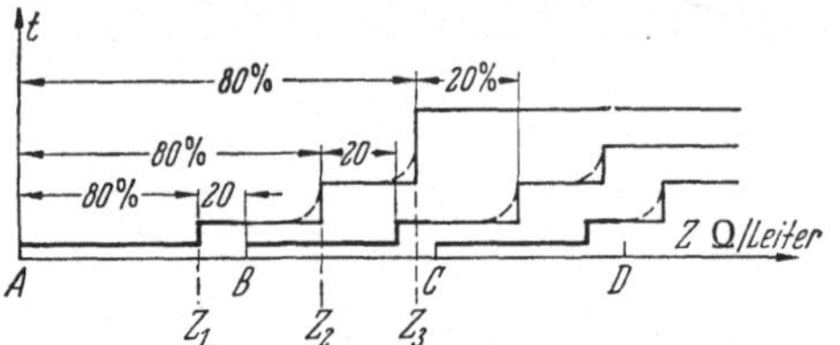

Abb. 221. Staffelung mit Kipprelais und Zeitstufen

Zeit der einzelnen Stufe. Bei guten Relais kann man eine Streuung von 5%
annehmen. Bei Lichtbogenkompensation wird bei Lichtbogeneinfluß der
Kippunkt sogar weiter hinausgeschoben, normalerweise ebenfalls bis zu 5%.
Hinzu kommt aber als größte Unsicherheit die in die Rechnung eingesetzte
Primärimpedanz selbst, die oft nur ungenau angegeben wird. So wird also
unter Berücksichtigung aller Streuwerte gewöhnlich eine Vorverlegung des
Kontrollpunktes auf 80—85% der Leitungslänge empfohlen. Das besagt
nicht, daß er unbedingt dorthin gelegt werden muß. Es sind Netze bekannt,
die den Kontrollpunkt direkt in die nächste Station verlegten und welche
ein Zuvielfallen eines oder mehrerer Schalter bei Fehlern dicht hinter der
Station in Kauf nehmen, dafür aber bei allen Fehlern auf der eigenen
Leitungsstrecke Schnellzeit erhalten. Der Prozentsatz solcher Zusatzaus-
lösungen hat sich dabei als außerordentlich gering herausgestellt.

Die weitere Zeitstufung muß nun auf die Staffelung der davor liegenden
Leitungen Rücksicht nehmen. Die Leitungen B—C und C—D haben ebenfalls zunächst ihre Schnellzeitstufung. Das Relais in A muß dann als
weiteren Punkt den Zeitsprung vom Relais B beachten. Hatte man eine
Vorverlegung von 80% gewählt, so muß der nächste Sprung wiederum
um 20% vor der ersten Staffelstufe von B liegen, gerechnet von A bis
zu diesem Punkt (Abb. 221) usw. Für diese Stufe muß die Impedanz Z_2
(von A aus gerechnet) in die Rechnung für den Einstellwert eingesetzt
werden. Das ist notwendig, da nur die Konstanten des Relais geändert
wurden und dieses für Z_2 den gleichen prozentualen Fehler besitzt, wie für
Z_1. Die manchmal aufgestellte Regel, daß der zweite Kontrollpunkt etwa
bei $^2/_3$ der nächsten Leitung liegen soll, ist daher nicht zutreffend. Folgt
auf die erste Leitung eine lange und parallel eine kurze, so muß A stets auf die

Kennlinie der kürzeren Leitung eingestellt werden (Beispiel Abb. 222). Für die längere Leitung ergibt dies dann unvermeidlich eine längere Reservezeit.

Ungewohnt war in der Praxis anfangs die Einstellung für Relais mit eigener Richtungswirkung, z. B. Konduktanzrelais, da der Winkel eine Rolle spielte: $Z/\cos\varphi$ anstatt Z. Jedoch ist einmal die Rechnung fast gleich $Z/\cos\varphi = R + X^2/R$ gegenüber $Z = \sqrt{R^2 + X^2}$, zweitens gibt es eine einfache graphische Methode, Abb. 223. Man trägt in einem RX-Koordinatensystem die Werte von R und X ein und erhält Z mit seinem Winkel, das die ganze Leitung nach Größe und Richtung darstellt. Wählt man den ersten Punkt 20% vor B, so liegt A und Punkt 1 auf einem Halbkreis mit dem Durchmesser in Richtung der R-Achse. Diesen Halbkreis kann man entweder mit dem Zirkel empirisch konstruieren, oder man errichtet eine Senkrechte in Punkt 1. Der Wert für $Z/\cos\varphi$ ist dann an der R-Achse sofort abzulesen. Der Halbkreis für Punkt 2 ist in der gleichen Weise zu konstruieren, wenn man von B aus die zweite Leitung nach Größe und Richtung eingetragen hat. Dieses Diagramm zeigt einmal, daß die arithmetische Addition von Impedanzen bei Leitungen mit verschiedenem Querschnitt und Winkel nicht ganz einwandfrei ist, wenn auch der Fehler für reine Impedanzmessungen vernachlässigbar ist. Bei winkelabhängigen Relais ist er jedoch zu beachten, vor allem, wenn stark induktive Größen (Drosseln oder Transformatoren) auf Leitungen mit kleinerem Winkel folgen und umgekehrt. Dabei zeigte gerade die graphische Methode schnell, wo der Auslösebereich des Relais in der nächsten Leitung

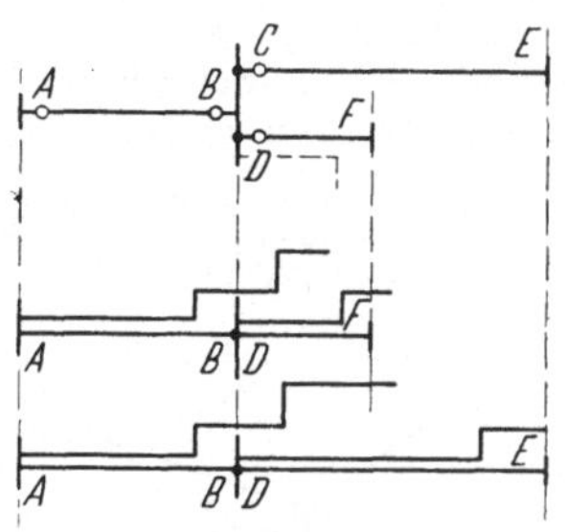

Abb. 222. Rücksichtnahme der Staffelung stets auf die kürzeste anschließende Leitung

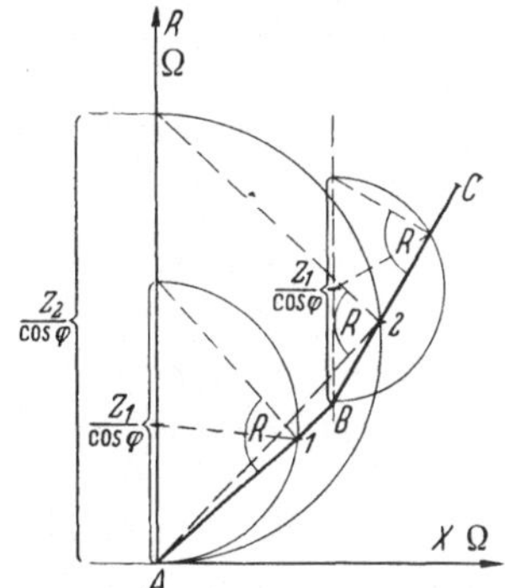

Abb. 223. Graphische Ermittlung der Einstellgrößen bei winkelabhängigen Kipprelais, besonders bei Konduktanz- oder Mho-Relais

liegt. Hat man einen Mho-Kreis, der um einen Winkel ψ geneigt ist, dann liegt der Durchmesser des Kreises auf einer Linie, die um ψ gegenüber der R-Achse geneigt ist.

Um eine widerstandsabhängige Zeitstaffelung zu ermöglichen, muß erstens ein noch meßbarer Widerstand vorhanden sein. Die kürzeste Leitungsstrecke ist also durch die größte Empfindlichkeit des Relais gegeben. Da der Kippunkt um 20% vor dem nächsten Relais liegen soll, ist vielmehr die kürzeste noch mit einem solchen Relais schützbare Leitungsstrecke gleich

$$\frac{Z_{\text{sek (min)}}}{0,8} \cdot \frac{U_{\text{Sp}}}{U_{\text{Str}}} = Z_{\text{min}}\,.$$

Beispiel: kleinster Meßwert eines Relais für 5 A $= Z = 0,1$ Ω/Schleife

$$\text{Netzspannung 20 kV also } U_{\mathrm{Sp}} = \frac{20\,000}{100} = 200$$

$$\text{Übersetzungsverhältnis der Stromwandler } \ddot{U}_{\mathrm{Str}} = \frac{100}{5} = 20$$

$$\text{Primäre Impedanz } = 0,1 \cdot \frac{200}{20} = 1,00 \ \Omega/\text{Schleife}$$

Die Leitung muß also $\frac{1}{0,8} = 1,25$ Ω/Schleife besitzen, wenn eine einwandfreie Staffelung erreicht werden soll.

Bei Leiterquerschnitt Cu 50^2 und $X = 0,4$ Ω/Leiter erhält man $Z_L = 0,56$ Ω/Leiter oder $1,12$ Ω/Schleife pro km.

Die kürzeste noch schützbare Leitungslänge beträgt also 1,12 km.

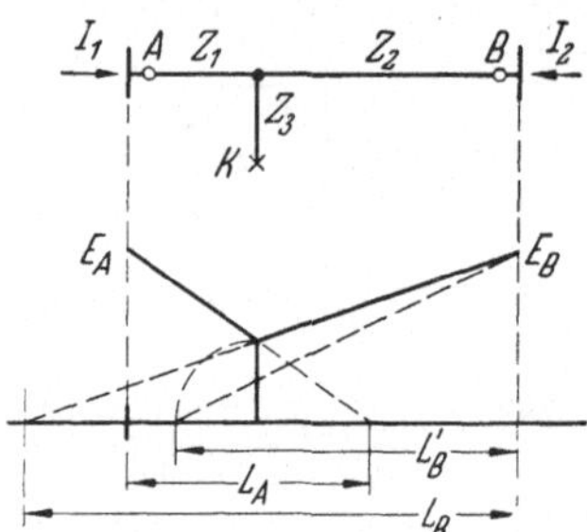
Abb. 224. Widerstandserhöhung bei Kurzschlüssen in Abzweigen

Ist stets genügend Kurzschlußstrom vorhanden, so kann, falls die Leitung noch kürzer sein sollte, ein höheres Stromwandlerübersetzungsverhältnis gewählt werden, was durch Zwischenwandler leicht erreicht werden kann. Dann verringert sich die kleinste Länge umgekehrt proportional mit der Erhöhung von $\ddot{U}_{\mathrm{Str}}$.

Ein zweiter Grenzfall besteht bei einer Abzweigung von der Leitung, die keinen eigenen Schalter besitzt, Abb. 224. Bei einseitiger Speisung würde das Relais A $U/J = Z_1 + Z_3$, und in B $U/J = Z_2 + Z_3$ messen. Bei zweiseitiger Speisung jedoch mißt das Relais in

$$A \ U/J = Z_1 + Z_3 \frac{J_1 + J_2}{J_1} \text{ und in } B \ U/J = Z_2 + Z_3 \frac{J_1 + J_2}{J_2}.$$

Nimmt man in A und B die gleiche treibende Spannung $E_A = E_B$ an, so messen beide bei zweiseitiger Speisung die scheinbaren Kurzschlußentfernungen L_A und L_B. Erst wenn das Relais in A ausgelöst hat, verringert sich die Entfernung für B von L_A auf L_B'.

Dieser Fall ist auch ein Beispiel dafür, daß sich die Meßwerte durch Fallen eines Schalters für die anderen Leitungsenden oft ändern. Hier verringert

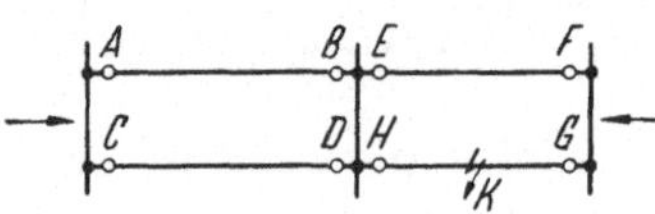
Abb. 225. Widerstandserhöhung und ev. Richtungsänderung bei Abschalten eines Leitungsendes

sich der anfängliche Meßwert für B. Abb. 225 bringt ein anderes Beispiel. Bei einem Fehler in K auf der Strecke $H{-}G$ messen die anderen Relais Entfernungen, die größer sind als ihre numerische Entfernung in km. Die Strecke $H{-}K$ entspricht dem Abzweig im vorhergehenden

Beispiel, der von größerem Strom durchflossen ist, als die einzelnen Leitungsrelais. Schaltet H ab, so erhöht sich die Entfernung, z. B. für A und C noch beträchtlich. *Nur die Relais an der fehlerbehafteten Strecke messen stets richtig.* Die Reservezeiten können sich oft um eine oder sogar zwei Stufen erhöhen. Die Relais selbst müssen also stets jeder Veränderung des Meßwertes folgen können. Ein Festhalten eines Meßwertes — Impedanz oder Richtung —, was man im Anfang manchmal für angebracht hielt, muß daher zu Fehlauslösungen führen.

Einen dritten Grenzfall zeigt Abb. 226a und b. Aus Ersparnisgründen schaltet man manchmal zwei parallele Kabel mit einem gemeinsamen Schalter, der ein Relais besitzt. Die Länge jedes Kabels betrage 100%. Das Relais mißt aber die Parallelschaltung der Kabelwiderstände. Trägt man den an jedem Punkt des einen Kabel gemessenen Wert über der Kabellänge auf, so

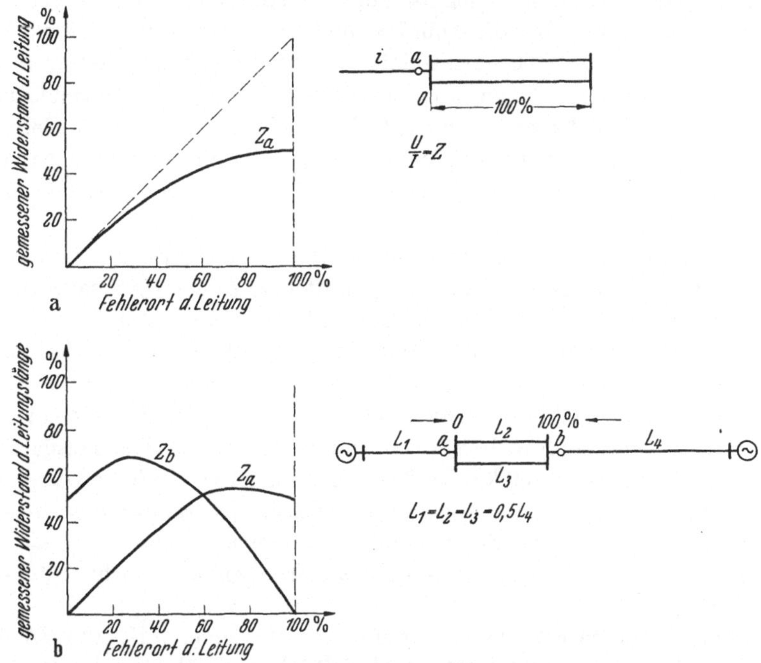

Abb. 226a u. b. Messung des Widerstandes an einer Doppelleitung mit gemeinsamem Schalter. — a bei einseitiger Speisung. — b bei doppelseitiger Speisung und ungleichen Zuleitungen

erhält man bei einseitiger Speisung die in Abb. 226a dargestellte Kurve. Nimmt man eine widerstandsmäßige Vorverlegung von 20% vom Endwert an, so liegt dieser Punkt schon bei 60% der Leitungslänge. Außerdem beträgt der Endwert nur die Hälfte des Widerstandes einer Leitung. Wird das Doppelkabel von zwei Seiten aus gespeist, dann wird die Messung noch ungünstiger. In Abb. 226b sind außerdem noch zwei ungleich lange Zuleitungen angenommen, $L_1 = L_2 = L_3 = 0,5 L_4$. Bei einem Kurzschluß auf einem Kabel kann das Gebilde als ein Dreieck mit den Seiten α, β und γ angesehen werden. Ersetzt man es durch einen äquivalenten Stern, z. B. nach der Formel $\dfrac{\beta \cdot \gamma}{\alpha + \beta + \gamma}$ usw., so läßt sich die Stromverteilung leicht ausrechnen. Die durch die Relais a und b gemessenen Widerstandswerte bei allen Kurzschlüssen längs der Leitung sind in Abb. 226b über Leitung aufgetragen. Die Kipppunkte von 80% des Endwertes liegen für a bei 45% und für b sogar nur bei 30% der kilometrischen Leitungslänge. Hätte jedes Kabel sein eigenes Relais, auch wenn beide denselben gemeinsamen Schalter betätigen, dann ist in diesem Fall die Messung richtig und die Selektivität gewahrt. Andererseits macht dieses Beispiel auch darauf aufmerksam, daß parallele Leitungen für eine davor liegende Einfachleitung stets einen geringeren Widerstandswert darstellen.

Eine besondere Überlegung ist für die Endzeitstaffelung anzustellen. Dafür gilt alles, was über die Abb. 196 und 197 gesagt wurde. Da die Endzeitstaffelung keine volle Selektivität gewährleisten kann, muß vom Betrieb aus entschieden werden, wo zusätzliche Auftrennstellen betrieblich den geringsten Einfluß haben. Wenn jedoch die Endzeit von einem Relais in Anspruch genommen wird, handelt es sich sowieso um eine Störung, z. B. Schalterzerstörung, die Abschaltungen in weiterem Umkreis nach sich ziehen muß.

Da die Netze verschiedener Spannung über Transformatoren zusammenhängen, ist auch Rücksicht auf die Zeitstaffelung in den Nachbarnetzen zu nehmen. Jeder Leitungswiderstand des anderen Netzes verändert sich für das eigene mit dem Quadrat des Transformatorenübersetzungsverhältnisses, z. B. ein 100 kV-Netz speist ein 20 kV-Netz. Jeder Kilometer im 20 kV-Netz, gleicher Leiterquerschnitt vorausgesetzt, bedeutet für das 100 kV-Netz 25 km. Ein Kurzschluß in 10 km Entfernung hinter dem Transformator ist der gleiche wie einer in 250 km Entfernung auf der 100 kV-Seite. Daher wird immer wieder angeraten, die Abgänge der Speisetransformatoren mit schnellschaltenden Relais auszurüsten, damit die Endzeiten des übergelagerten Netzes auf die Staffelung im Netz niederer Spannung nicht Rücksicht zu nehmen brauchen.

Der umgekehrte Fall tritt ein, wenn eine Maschine, z. B. 50 MVA über einen gleich großen Transformator und vielleicht noch über eine Leitung von 15 km direkt auf die 220 kV-Sammelschiene speist. 15 km 220 kV-Leitung hat einen Schleifenwiderstand von rund 12 Ω, das bedeutet auf der 10 kV-Seite $12/22^2 = 0,025\ \Omega$. Nun besitzt das Maschinenrelais ein höheres $\ddot{U}_{Str} = 3000/5 = 600$ und $\ddot{U}_{Sp} = 10\,000/100 = 100$. Das Relais mißt also einen sekundären Widerstand von $6 \cdot 0,025 = 0,15\ \Omega$. Befände sich das Relais mit Strom- und Spannungswandler auf der Oberspannungsseite, dann wäre $\ddot{U}_{Str} = 150/5 = 30$ und $\ddot{U}_{Sp} = 220\,000/100 = 2200$. Das Relais würde also $12/7,35 = 0,16\ \Omega$ messen. Der Unterschied liegt nur noch in der Wahl der genormten Stromwandler = Übersetzung von 150/5, das etwas zu hoch ist. Das Relais mißt sekundär also in beiden Fällen das gleiche. Gegenüber den abgehenden 220 kV-Leitungen mit noch höherer Stromübersetzung, jedoch bei kleinerer Maschinenleistung verringern sich die Meßwerte, d. h. das Maschinenrelais mißt viel weitere Entfernungen wie das Hochspannungsrelais.

7. Inbetriebnahme, Wartung und Prüfung

Über die allgemeine Prüfung der Strom- und Spannungsanschlüsse, Untersuchung des Relais auf etwaige Transportschäden usw. ist das gleiche zu sagen, wie beim Maschinen- und Transformatorenschutz. Besonders ist jedoch auf richtiges Drehfeld der Anschlüsse zu achten und daß im ganzen Netz die Leiterbezeichnungen übereinstimmen. Bei Relais mit Anregungen in nur zwei Leitern müssen diese stets in den gleichen Leitern liegen.

Das Wichtigste für die Einstellung ist ein ausgearbeiteter Staffelplan, da von einer sorgfältigen Staffelung die Selektivität maßgeblich abhängt. Dann kommt mit der gleichen Wichtigkeit die Richtungseinstellung, wodurch sowohl unrichtige Wandleranschlüsse, falsches Drehfeld wie auch evtl. Fehler im Relais noch zum Vorschein kommen können. Zur Richtungseinstellung wird der Laststrom verwendet, wozu meistens schon 10—15% von J_n genügen, bei Kunstschaltungen wie 30°- oder 60°-Schaltung reicht oft sogar der kapazitive Ladestrom schon aus. *Die Leistungsrichtung muß bei der Prüfung eindeutig festliegen.* Bei abgeklemmter Auslöseleitung wird von Hand ein Anregerelais oder die entsprechenden Auswahlrelais betätigt, und dabei die Ausschlagsrichtung des Richtungsgliedes beobachtet. Bei Beurteilung der Ausschlagsrichtung ist nicht zu vergessen, daß bei Last- oder Ladestrom die Leiterströme symmetrisch sind, also einem dreipoligen Kurzschluß entsprechen.

Wird durch die Auswahlrelais einem Richtungsmeßglied, das 0°-Schaltung ohne inneren Verschiebungswinkel besitzt, $\triangle$-Strom und $\triangle$-Spannung zugeführt, dann entspricht der Richtungsausschlag stets der Leistungsrichtung. Besitzt es aber z. B. einen inneren Winkel von 45° induktiv, d. h. es hat seinen größten Ausschlag bei 45° induktiver Phasenverschiebung, dann ist der Verschiebungswinkel des Last- oder Ladestromes zu berücksichtigen. Z. B. dem Richtungsrelais wurde der verkettete Strom J_{R-T} und die Dreieckspannung U_{R-T} zugeführt. War der Laststrom induktiv, dann wird die Richtungsangabe im richtigen Sinne verstärkt. Wurde aber der Ladestrom zur Messung verwendet, dann erhält man negativen Ausschlag, da schon bei 45° kapazitiver Verschiebung die Richtungsumkehr eintritt. In diesem Fall ist also der negative Ausschlag als richtig zu werten. Ein anderer Fall tritt z. B. bei einer Schaltung nach Abb. 213 ein. Es sei induktive Last in Vorwärtsrichtung vorhanden. Betätigt man das Auswahlrelais J'_R, dann erhält das Relais den Leiterstrom J_R und die Spannung U_{R-S}. Bei cos $\varphi = 1$ des Laststromes würde J_R schon um 30° der Spannung nacheilen. Bei cos $\varphi = 0{,}5$, d. h. bei 60°-Nacheilung des Laststromes würde daher Richtungsumkehr eintreten. Bei weniger als 60° des Laststromes würde man deutlich eine Verlangsamung der Kontaktbewegung beobachten. Betätigt man zur Kontrolle das Auswahlrelais J'_T, dann erhält das Relais den Leiterstrom J_T mit U_{TS} zugeführt. J_T eilt bei cos $\varphi = 1$ des Laststromes schon

15*

um 30° vor. Das Drehmoment wird also bei induktivem Laststrom verstärkt. Es schlägt also stets in richtigem Sinn kräftig aus. Aus der Kontaktgeschwindigkeit der beiden Messungen kann man oft den Phasenwinkel des Laststromes schätzen. Bei Ladestrom — kapazitiv — würde das Umgekehrte eintreten.

Es ist also immer genau zu beachten, welche Wirkung beim Betätigen der einzelnen Auswahlrelais der Laststrom in genauer Kenntnis seiner Richtung und seines ungefähren Phasenwinkels im Richtungsmeßwerk hervorruft. *Das Resultat aller Auswahlrelais*, ob einzeln oder mehrere gemeinsam betätigt, *muß mit der Theorie der Auswahlschaltung auf jeden Fall übereinstimmen*. Läßt sich eine solche Übereinstimmung auch nur in einem Punkt nicht erzielen, dann muß die Strom- und Spannungswandlerschaltung oder auch das Relais auf einen Schaltfehler hin kontrolliert werden, bis sie erreicht wird. Liegen bei der Abfrageschaltung die Richtungskontakte schon auf Auslösung, dann empfiehlt es sich, am Relais zunächst auf verkehrte Richtung zu schalten und damit zu messen. Eine solche Umschaltlasche ist bei modernen Relais fast stets vorhanden. Nach der Prüfung stellt man die Lasche zurück und kontrolliert noch einmal. Es sei darum noch einmal auf die Wichtigkeit einer einwandfreien Richtungskontrolle hingewiesen.

Zum Schluß löse man, wenn möglich, mit dem Relais noch einmal den Schalter aus, um auch hier die Sicherheit des richtigen Arbeitens zu haben.

Über *Wartung und Prüfung* ist ebenfalls das gleiche zu sagen, wie schon beim Generator- und Transformatorenschutz. Da beim Leitungsschutz eine Vielzahl von Relais an den verschiedensten Orten eingebaut ist, empfiehlt es sich, für die vorbeugende, in kürzeren Zeitabständen vorzunehmende Betätigung eine kleine tragbare Einrichtung zu benutzen. Hierbei soll eigentlich nur das Zeitwerk wieder einmal laufen. Die richtige Endzeit gibt dann schon Auskunft über die Betriebsfähigkeit. Eine gründliche Nachkontrolle aller Relais ist in einem Turnus von 2—3 Jahren anzuraten. Die wichtigste Kontrolle jedoch stellen die Kurzschlüsse selbst dar. Die heutigen Relais sind mit Schauzeichen für die Anrege-, Auswahl- und Auslöserelais sowie mit Schleppzeiger am Zeitwerk ausgerüstet. Es kann nur dringend geraten werden, *nach jedem Kurzschluß alle Relaisangaben sorgfältig zu notieren und dann die Schauzeichen zurückzustellen*. Diese Relaisangaben sind nicht nur für die Aufklärung des Kurzschlußfalles selbst wichtig, sondern geben ein klares Bild über die Betriebsbereitschaft aller am Kurzschluß beteiligten Relais. Jede Unstimmigkeit in den Angaben ist eingehend zu klären, ob sie durch primäre Kurzschlußverhältnisse bedingt war oder ob ein fehlerhaftes Arbeiten des Relais vorliegt. Es braucht sich dabei durchaus nicht um eine Fehlschaltung handeln. Lag es am Relais, so würde dies vielleicht erst bei einem anderen Kurzschlußfall als Fehlschalten oder als Versagen zum Vorschein kommen. Die Schauzeichen der Anregerelais geben in dichtvermaschten Netzen, z. B. Stadtkabelnetze, auch ein Bild über die jeweilige Verteilung der Kurzschlußströme bei den einzelnen Fehlerfällen.

IV. Vergleichssysteme

1. Direkte Vergleichssysteme

Der Stromdifferentialschutz für Übertragungsleitungen weist zwei charakteristische Formen auf: Man vergleicht entweder den Strom am Anfang und Ende einer Leitung = *Längsdifferentialschutz*, oder den Strom zweier oder mehrerer Leitungen, die betrieblich parallel geschaltet sind = *Querdifferentialschutz*.

a) Längsdifferentialschutz. Die Schwierigkeiten beim Längsdifferentialschutz liegen in den häufig weiten Entfernungen zwischen den beiden Vergleichspunkten. An jedem Vergleichspunkt ist ein Leistungsschalter, der betätigt werden muß. Entweder müssen diese beiden Schalter durch eine besondere Auslöseleitung gekuppelt werden, oder es muß an jedem Leitungsende ein Differentialrelais vorhanden sein, welches das Ausschaltkommando an den Schalter dieses Endes gibt. Die für die Verbindung notwendigen Leitungen besitzen bei großen Entfernungen z. T. erhebliche Widerstände bzw. Kapazitäten zwischen den Adern. Schließlich spielt die Länge der Verbindungsleitung, der Querschnitt der Leiter und die Anzahl der notwendigen Adern auch preislich eine erhebliche Rolle.

α) *Stromvergleich*. Bei einer Differentialschaltung, wie sie z. B. beim Generatorschutz verwendet wird, kann das Differentialrelais genau in der Mitte zwischen den beiden Stromwandlern angeschlossen werden. Dies ist beim Längsdifferentialschutz nicht möglich. Der Anschluß des Relais an einem Ende würde eine zu unsymmetrische Belastung der Stromwandler darstellen. Außerdem müßten in einem solchen Fall die Schalter der beiden Enden durch eine besondere Hilfsleitung miteinander gekuppelt werden, damit beim Ansprechen des Differentialrelais, das ja das Anregeorgan darstellt, die Leitung auch an beiden Enden abgetrennt wird. Um nun eine gleichmäßige Belastung der Stromwandlergruppen zu erreichen, und gleichzeitig an beiden Enden ein Differentialrelais zu besitzen, wird grundsätzlich eine Schaltung wie in Abb. 227 gewählt. Die beiden Differentialrelais liegen in Serie über eine besondere Leitung, die schräg an die beiden Endpunkte der Differentialschaltung angeschlossen wird. Dadurch wird jedem Stromwandler je eine Verbindungsader als Belastung zugeordnet. Der *Ausgleichstrom*, welcher bei einer Störung auftritt, kann nur über die Dia-

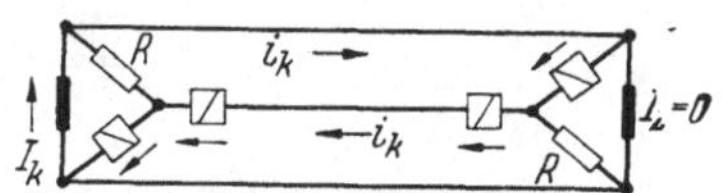

Abb. 227. Längsdifferentialschutz mit Schutzwiderstand R, Fehlerfall bei einseitiger Speisung

gonalleitung und *beide Differentialrelais* fließen. Um nun zu vermeiden, daß bei einem Bruch der Hilfsleitung die Stromwandler sekundär geöffnet sind, schaltet man noch jedem Stromwandler einen Schutzwiderstand (evtl. eine Glimmlampe) parallel, der wesentlich größer ist, als der Widerstand der beiden Differentialrelais $+$ Leitungswiderstand. Auf diese Weise erhält man außerdem noch die Möglichkeit, das Öffnen der Hilfsleitung mit dem Betriebsstrom melden zu können, da dieser dann nur noch über den Schutzwiderstand bzw. Glimmlampe fließen kann. Das Differentialrelais selbst kann man entweder hinter dem Widerstand in die Diagonalleitung oder in Serie mit dem Widerstand in den Stromwandlerkreis legen. Im ersten Fall spricht es bei der Unterbrechung der Hilfsleitung nicht an, während im zweiten Fall der Betriebsstrom das Relais zum Ansprechen bringen kann und damit eine Abschaltung bewirkt.

Ein Differentialschutz darf auf Fehler außerhalb seines Schutzbereiches nicht reagieren. Er muß in jedem solchen Fall „stabil" sein. Die Mittel für eine solche Stabilität sind schon früher genannt worden: Reichliches Dimensionieren der Stromwandler, besondere Stabilisierungsrelais oder auch besondere von selbst stabile Schaltungen.

Beim Generatorschutz ist der maximale Kurzschlußstrom, der bei außenliegendem Fehler über das Differentialgebilde fließen kann, durch die Kurzschlußstromstärke des Generators bestimmt. Er kann niemals höher als der Stoßkurzschlußstrom des Generators sein. Beim Transformatorschutz wird der Kurzschlußstrom durch die Streuspannung des Transformators bestimmt. Bei einem $\varepsilon = 10\%$ kann er z. B. nicht höher als der 10fache Transformator-Nennstrom sein. Anders liegt es beim Leitungsdifferentialschutz. Hier hat der primäre Leitungswiderstand praktisch keinen Einfluß auf die Höhe des Kurzschlußstromes. Dieser hängt lediglich von der Zentralenleistung ab. Die Kurzschlußströme, die bei außenliegenden Fehlern über das Differentialgebilde fließen können, erreichen häufig das 20- oder 30fache, z. T. noch höher, des Nennstromes der Stromwandler. Hinzu kommt, daß die langen Verbindungsleitungen auch eine stärkere Belastung der Stromwandler darstellen im Gegensatz zu den relativ kurzen Verbindungen beim Generator- oder Transformator-Differentialschutz. Reichliches Dimensionieren der Stromwandler kann allein nicht die Stabilität gewährleisten. Dafür müssen auf jeden Fall stabilisierte Relais wie Prozent- oder Sperrelais verwendet werden. Abb. 223 läßt erkennen, daß man bei der gewählten Schaltung nach Abb. 227 an beiden Enden den Durchgangsstrom $|\,i_1 + i_2\,|$, als auch den Differenzstrom $i_\triangle = |\,i_1 - i_2\,|$ zur Verfügung hat, um ein Prozent- oder Sperrelais anschließen zu können. (s. S. 107).

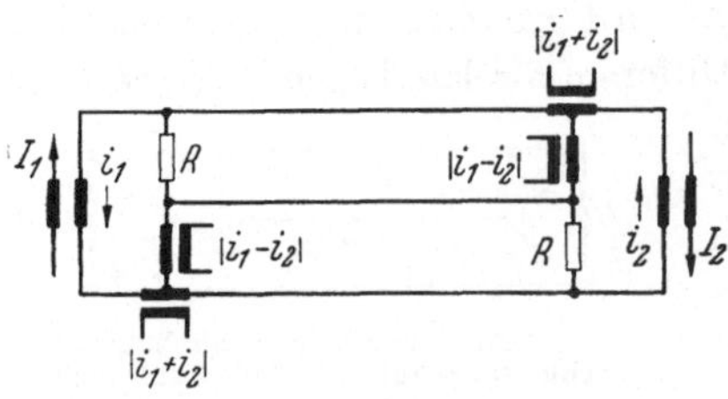

Abb. 228. Stabilisierung des Längsdifferentialschutzes mit Prozent- oder Sperrelais. — R Schutzwiderstand

Es sind aber auch Schaltungen bekannt und angewandt worden, die selbst stabil sind. Zu ihrem Verständnis sei folgendes in Erinnerung gebracht: Die Diagonalverbindung schließt die beiden Stromwandler in der Differentialschaltung theoretisch kurz. Ist der Widerstand der Diagonalverbindung absolut Null, so fließt über sie exakt die geometrische Differenz der beiden Sekundärströme. Jeder Stromwandler ist nur durch den Widerstand der Verbindungsleitung bis zur Diagonalverbindung belastet. Besitzt diese aber einen gewissen Widerstand, so ruft der Ausgleichstrom an ihr einen Spannungsabfall hervor, der als unterstützende Spannung dem schwächeren Wandler zugute kommt. Die Punkte gleichen Potentials liegen nicht mehr an der Diagonalverbindung, sondern rücken nach der Seite des schwächeren Wandlers. Im Grenzfall der offenen Diagonalverbindung, also Widerstand $= \infty$ übernimmt jeder Wandler die Leistung, die seiner elektromotorischen Kraft entspricht.

Nun besitzt gerade beim Längsdifferentialschutz die Diagonalverbindung einen Widerstand, der mindestens gleich einer Verbindungsleitung ist. Schon dadurch tritt eine gewisse Selbstkompensation ein. Man kann nun diesen Widerstand noch künstlich erhöhen, um eine eigene Stabilität des Gebildes zu erreichen.

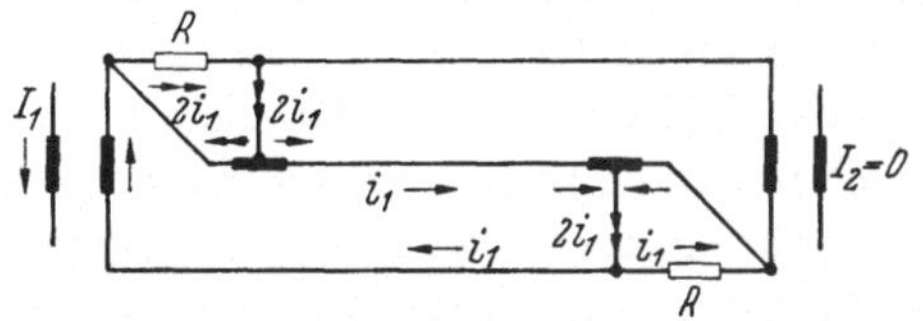

Abb. 229. Differentialschutz mit Selbstkompensation. Fehlerfall bei einseitiger Speisung. — R Zusatzwiderstand

Eine Möglichkeit dieser Art wurde in England in dem Selfcompensated-System angewendet (Abb. 229).

Man benutzt den Spannungsabfall an einem Widerstand R und führt ihn über einen Zwischenwandler in die Diagonalverbindung ein. Die beiden Spannungsabfälle sind auf der Diagonalverbindung entgegengesetzt gerichtet und heben sich im Normalbetrieb auf. Kommt eine Wandlergruppe in die Sättigung, so muß der überschüssige Strom der stärkeren Gruppe erst diese Gegenspannung, die bei größerem Strom auch größer ist, überwinden, ehe die beiden Differentialrelais ansprechen können. Die stärkere

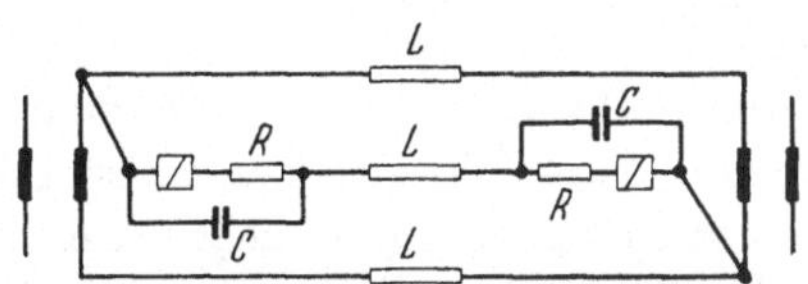

Abb. 230. Differentialschutz mit Selbstkompensation durch Widerstandserhöhung der Diagonalleitung und Sättigung der Wandler. — L Leitungswiderstand. — R Zusatzwiderstand. — C Überbrückungskondensator für die Stromspitzen.

Gruppe wird also stärker belastet bzw. der Überschußstrom verkleinert.

Noch klarer kommt dieses Mittel der Selbstkompensation durch Widerstandserhöhung der Diagonalverbindung in der Schaltung nach Abb. 230 zum Ausdruck. In die Diagonalverbindung wird zusätzlich ein Widerstand R (ohmscher Widerstand, oder Drossel oder hoher Relaiswiderstand) eingeschaltet. Der Sinn jeder Stabilisierungsmaßnahme ist doch, daß Ungleichheiten der sekundären Ströme, die bei höheren Primärströmen auftreten können, kein Ansprechen der Differentialrelais zur Folge haben. Beim Generator- und beim Transformator-Differentialschutz müssen die Differentialrelais bei Ausgleichströmen noch ansprechen, die wesentlich kleiner als der Wandlernennstrom sind.

Beim Leitungsdifferentialschutz ist dies nicht notwendig. Der Ansprechstrom ist meistens gleich oder vielfach höher als der Nennstrom der Wandler. Kleine Unsymmetrien haben also meistens keine Bedeutung. Dafür sind aber die durchfließenden Kurzschlußströme, wie oben erwähnt, wesentlich höher als beim Generator- oder Transformator-Differentialschutz. Die Wandler kommen daher vielfach in die Sättigungsgrenze, wo die Differenzströme stark anwachsen.

Zum weiteren Verständnis sei noch auf folgendes hingewiesen. Der Ausgleichstrom im Differentialkreis muß über eine Diagonalverbindung mit Widerstand nur deswegen fließen, da der dazu parallel liegende Wandler für jeden zusätzlichen Strom einen hohen Widerstand darstellt, allerdings nur solange, als er nicht selbst durch seinen eigenen Strom gesättigt ist. Der induktive Widerstand eines Wandlers ist durch die Permeabilität $\mathfrak{B}/\mathfrak{H}$ gekennzeichnet. Diese ist im Sättigungsbereich klein, d. h. ein gesättigter Wandler stellt für einen zusätzlichen Strom einen kleinen Widerstand dar. Diese Tatsache kann man bewußt für eine Stabilisierungsmaßnahme verwenden. Um den Spannungsabfall auf den Verbindungsleitungen und dadurch die Belastung der Stromwandler klein zu halten, setzt man den Strom durch Hilfswandler auf kleine Werte herab, z. B. für Nennstrom auf 0,3 A. Diese Wandler führt man gleichartig aus und läßt sie bewußt bei relativ kleinem Vielfachen des Nennstromes in die Sättigung kommen. Wenn nun der eine Wandler etwas früher diese Grenze erreicht, so fließt bei erhöhtem Widerstand der Diagonalverbindung ein hoher Anteil über den schwächeren Wandler, so daß der stärkere Wandler erst bei höherem Primärstrom den Sekundärstrom aufbringen könnte, der zum Ansprechen des Differentialrelais notwendig wäre. Da er jedoch selbst infolge der gleichen Ausführung nahe an seiner Sättigungsgrenze liegt, ist er nicht mehr imstande, den erforderlichen Sekundärstrom aufzubringen. Sättigung der Hilfswandler plus Erhöhung des Widerstandes der Diagonalverbindung sind also hier die Mittel der Stabilisierung. Im Sättigungsbereich haben Wandler hohe Verzerrungen der sekundären Ströme. Um nicht dadurch die Relais zum Ansprechen zu bringen, werden diese höheren Harmonischen durch Kondensatoren an den Relais vorbeigeleitet. Man erhält auf diese Weise einen Differentialschutz mit sehr kurzen Auslösezeiten.

β) Reihen- und Gegenschaltung. Die Anordnungen nach Abb. 227—229 setzen die normale Schaltung des Differentialschutzes voraus, bei welcher die Sekundärströme in Reihe geschaltet sind. Bei diesen *Reihenschaltungen* sind die Stromwandler nur durch den Widerstand der Verbindungsleitungen belastet, d. h. die *Verbindungsleitungen* sind *stets vom Betriebsstrom durchflossen.* Um diese Leitungen vom Strom zu entlasten und damit unabhängig von der Höhe des Leitungswiderstandes zu werden, wendet man gerade beim Längsdifferentialschutz auch die *Gegenschaltung* an.

Die Stromwandler sind hierbei sekundär gegeneinander geschaltet. Allerdings müssen die Wandler sekundär durch einen Widerstand ohmscher oder induktiver Art belastet sein, da sonst die Wandler sekundär offen wären. Die Spannungsabfälle an den Widerständen, die proportional den Strömen sind, werden nunmehr in Gegenschaltung miteinander verglichen, Abb. 231.

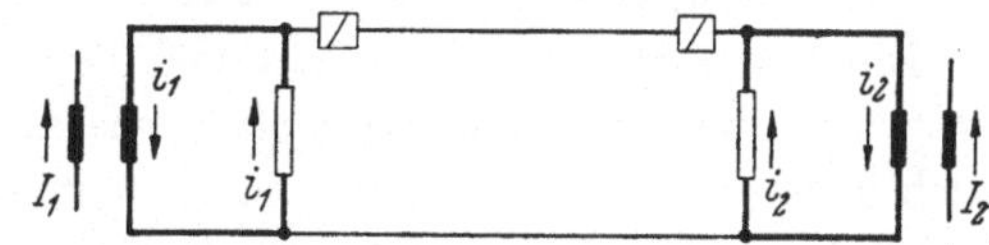

Abb. 231. Differentialschutz mit Gegenschaltung der Stromwandler und Stromrelais als Differentialrelais

Die Stromwandler sind jetzt ebenfalls mit einem Widerstand belastet, der aber für alle Leitungslängen konstant sein kann, *die Leitungen* selbst *sind im Normalbetrieb stromlos.*

Im Fehlerfall fließt entsprechend der Spannungsdifferenz ein Strom über die beiden in Serie liegenden Relais. Außerdem sind gegenüber der Reihenschaltung (3 Leiter) nur zwei Leiter erforderlich, die auch dünnen Querschnitt haben können. Damit nun bei hohen, über das Gebilde fließenden Kurzschlußströmen die Spannung z. B. für Telefonadern nicht zu hoch wird, nimmt man auch nichtlineare Widerstände, welche die Spannung nach oben begrenzen (Metropolitan-Vickers, England).

Die Spannung an den Widerständen muß nun proportional den Strömen sein, bzw. bei nichtlinearem Widerstand beim gleichen Strom konstant bleiben, d. h. daß die Stromwandler ebenfalls bei allen Strömen genau übersetzen müssen, wenn der Schutz stabil sein soll. Das läßt sich durch Dimensionieren der Wandler auch nicht erreichen. Es müssen auch hier stabili-

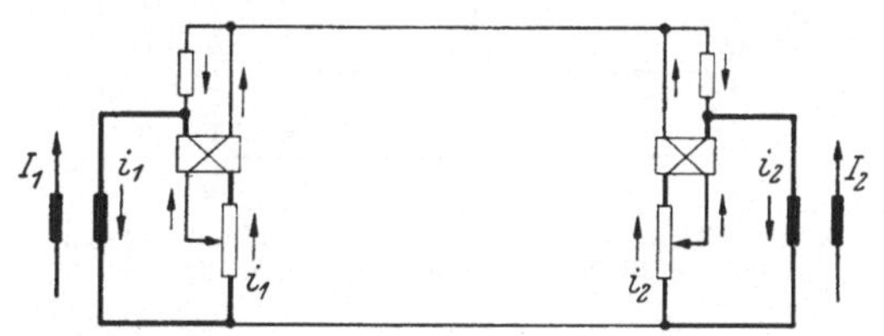

Abb. 232. Differentialschutz in Gegenschaltung mit wattmetrischen Relais. Stabilisierung durch überlagerten Sperrstrom

sierte Relais verwendet werden. Eine Art Prozentrelais läßt sich verwirklichen, wenn man als Rückzugskraft die Spannung am Widerstand benutzt (Metropolitan-Vickers). Das Relais wird also bei höherem Strom unempfindlicher.

Eine andere Art der Stabilisierung zeigt Abb. 232. Hier wird ein Wattmeter benutzt, dessen eine Wicklung vom Ortsstrom und die andere (Spannungsspule) vom Vergleichsstrom durchflossen wird. Führt man über die Spannungsspule noch einen Strom mit entgegengesetzter Richtung, der von dem Widerstand abgegriffen wird, so erhält man eine Sperrwirkung, die quadratisch mit dem Ortsstrom wächst.

Das Relais ist im Gleichgewicht, wenn

$$k \cdot i^2 - i \cdot i_\triangle + C = 0$$

ist, wobei $i_\triangle$ den Differenzstrom über die Leitung im Fehlerfall darstellt. $i =$ Ortsstrom, $C =$ Federkonstante.

Ein Wattmeter hat außerdem noch den Vorteil, daß es nur auf Ströme anspricht, die die gleiche Phasenlage wie der Ortsstrom aufweisen. Das ist wichtig bei den Strömen, die parallel zum Widerstand über die Kapazität zwischen den Verbindungsleitungen fließen. Je höher die Vergleichsspannung ist, umso höher werden auch diese Kapazitätsströme und würden bei einem reinen Stromrelais evtl. stören, da sie in einem solchen Relais ein Drehmoment erzeugen. Im Gegensatz hierzu stellt die Leitungskapazität bei der Reihenschaltung einen Nebenschluß zum Differentialrelais dar.

Nicht zu verwechseln mit diesen Kapazitätsströmen ist der primäre Ladestrom, der besonders bei Kabeln hoher Spannung erheblich sein kann. Dieser Ladestrom wird im Kabel verbraucht und stellt stets einen primären Fehlerstrom dar, genau wie der Leerlaufstrom eines Transformators. Die *Ansprechempfindlichkeit des Differentialrelais* muß daher stets *über diesem Ladestrom* liegen.

Eine Sonderschaltung stellen die Abb. 233 und 234 dar. Sie sind eine Reihenschaltung, in welcher aber eine der Verbindungsleitungen aus zwei Adern besteht, von denen eine in der Mitte mit der Rückleitung verbunden

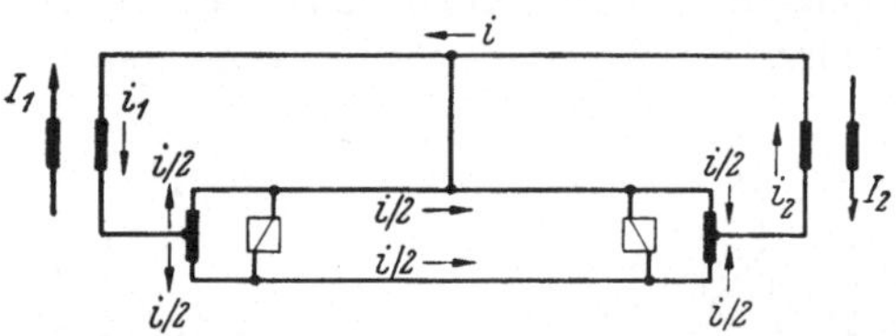

Abb. 233. Differentialschutz mit Differenzbildung in einem Spaltleiter. Reihenschaltung. Fehlerfreier Betrieb

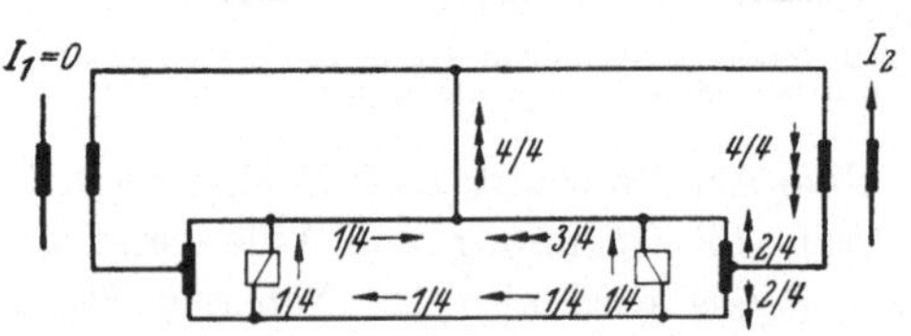

Abb. 234. Differentialschutz wie Abb. 233. Fehlerfall bei einseitiger Speisung

ist. Der Strom wird durch einen Zwischenwandler in zwei Teile aufgespalten und fließt über die Doppelader. Abb. 233 zeigt den Stromverlauf im fehlerfreien Betrieb, während in Abb. 234 der Fehlerfall bei einseitiger Speisung dargestellt ist. Da die Mittelverbindung praktisch schwer herzustellen ist, wird diese Schaltung heute nicht mehr angewendet, zumal sie keinerlei Vorteile gegenüber den anderen aufweist. Im Gegenteil: Die Zwangsläufigkeit des Ansprechens beider Relais ist nicht in dem Maße gewährleistet wie bei der Schaltung nach Abb. 228.

Die bisher behandelten Schaltungen waren sämtlich nur einphasig dargestellt. Für eine Drehstromleitung müßte theoretisch für jeden Leiter die gleiche Anordnung vorgesehen werden. Das würde im Maximum 9 Verbindungsadern bedeuten. Um aber die Schaltung wirtschaftlich zu gestalten, sucht man auch für eine Drehstromleitung mit zwei oder drei Adern auszukommen. Dabei müssen allerdings einige Zugeständnisse gemacht werden. Man kann beim Leitungsschutz darauf verzichten, daß die Ansprechstromstärke bei allen Fehlerfällen die gleiche ist, da im Kurzschlußfall praktisch stets höhere Ströme vorkommen. Es ist nur die eine Bedingung zu erfüllen, daß bei allen außenliegenden Kurzschlußfällen der Strom an beiden Enden gleich groß und gleichphasig ist, ohne dabei den primären Strömen verhältnisgleich zu sein. Man formt daher mit einem Mischwandler den Dreiphasenstrom in einen einphasigen Strom um (s. S. 24).

Die einfachste Summation stellt die Kreuzschaltung dar, Abb. 235, die sich aber nur in Netzen mit isoliertem oder über Drosseln geerdetem Sternpunkt verwenden läßt. Da sie bei Doppelerdschluß noch Nachteile aufweist, wird allgemein ein dreiphasiger Summationswandler wie in Abb. 236 verwendet. Mit der Sekundärseite dieses Wandlers wird die Differentialschaltung hergestellt. Je nachdem, wie man die einzelnen Wicklungsteile windungsmäßig dimensioniert, können die Ansprechwerte variieren, z. T. 1:4, was bei großen Kurzschlußströmen keine Rolle spielt. Gleichzeitig dient dieser Wandler zum Herabsetzen des sekundären Wandlerstromes auf kleinere Werte, um die Belastung durch die Verbindungsleitungen herabzusetzen oder mit kleinerem Querschnitt auszukommen. Bei der Selbstkompensation nach Abb. 230 wird der Wandler auch eisenmäßig so dimensioniert, daß er eine bestimmte Sättigungsgrenze bei gegebenem Leiterwiderstand erreicht.

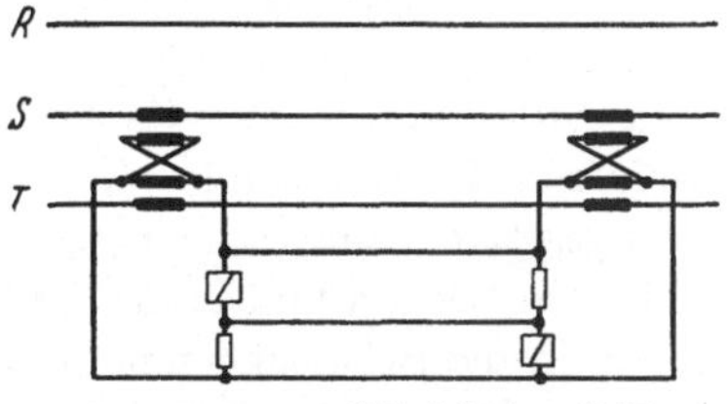

Abb. 235. Drehstromdiff.-Schutz mit Kreuzschaltung der Stromwandler

Der Summationswandler besitzt jedoch in Netzen mit isoliertem Sternpunkt bei Doppelerdschluß eine Eigenschaft, die bei der Stabilisierung beachtet werden muß und auf die im folgenden noch näher eingegangen werden soll. Die beiden Erdschlußstellen sollen nun je in einem mit Längsdifferentialschutz versehenen Leitungsabschnitt liegen. Man trage einmal die Ströme z. B. in einer Schaltung nach Abb. 235 oder nach Abb. 236 ein. Dann ergibt sich, daß auf einer Leitung noch

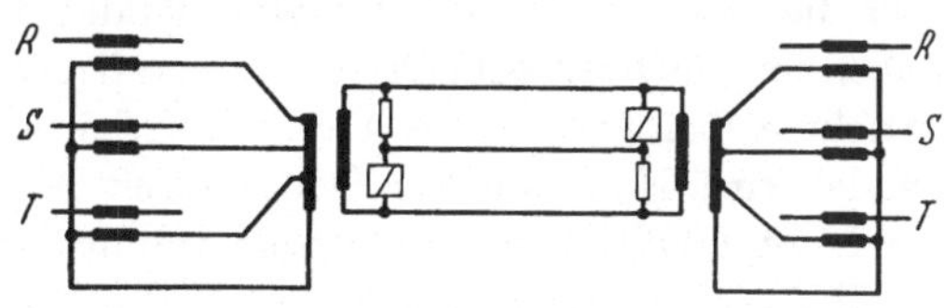

Abb. 236. Drehstromdiff.-Schutz mit Summationswandlern

ein Durchgangsstrom besteht, der unter Umständen das Ansprechen eines Schutzes verhindern kann, wenn nicht die geeignete Abhängigkeit zwischen Durchgangsstrom und Differenzstrom gewählt wird.

Dieses tritt an einer Erdschlußstelle ein, während an der anderen Stelle eine Verstärkung des Ansprechens erfolgt, d. h. eine Stelle schaltet mit Sicherheit ab. In Freileitungen und einem gelöschten Netz ist dies erwünscht, da die zweite Stelle dann nur einen einfachen Erdschluß darstellt, der gelöscht wird. In Kabeln dagegen wünscht man, daß beide Erdschlußstellen abgeschaltet werden, da tatsächlich zwei Schadensstellen vorhanden sind. Daß dieser eben erwähnte Zustand nur in besonders gelagerten Fällen eintritt und in vermaschten Netzen der Stromverlauf praktisch nicht vorkommt, sollen die Abb. 237 und 238 zeigen. In Abb. 237 ist ein Ringnetz mit einer Zentrale angenommen, das an den Stellen *A* und *B*

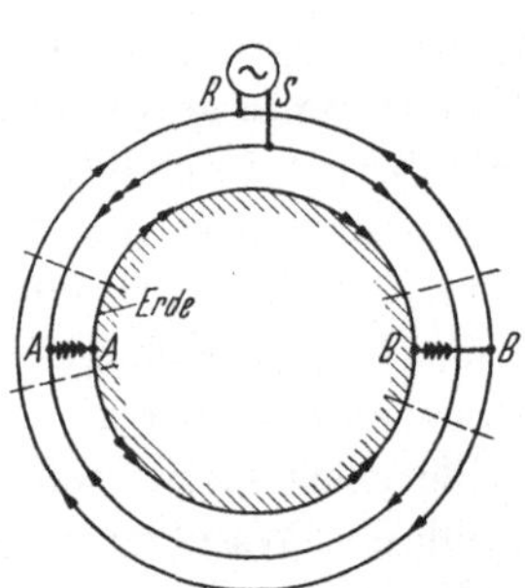

Abb. 237. Stromverlauf bei Doppelerdschluß in einem Ringnetz. Einseitige Speisung

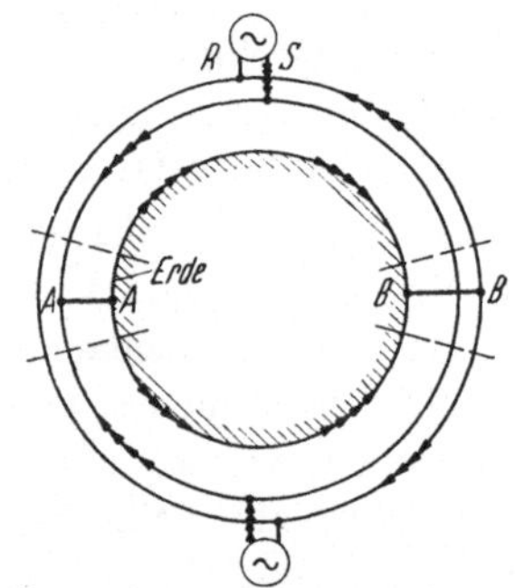

Abb. 238. Stromverlauf im gleichen Netz wie Abb. 237, aber bei zweiseitiger Speisung

einen Erdschluß besitzt. Es sind nur die kurzschlußbehafteten Leiter eingezeichnet. In Abb. 238 ist eine zweite Zentrale gleicher Leistung an der entgegengesetzten Ringseite hinzugekommen. Die Pfeile zeigen die Stromanteile, die in den Leitern und in der Erde fließen. Trägt man nunmehr die Stromgrößen in die Schaltung mit Summationswandlern ein, so ist die Unsicherheit, die durch einen überlagerten scheinbaren Durchgangsstrom hervorgerufen wird, verschwindend klein.

δ) *Phasenvergleichsschutz.* Für Höchstspannungsfreileitungen wird neuerdings der sogenannte Phasenvergleichsschutz verwendet. Der Strom wird über die Hochfrequenzleitung nachgebildet, nach dem anderen Ende übertragen und dort mit dem Ortsstrom verglichen. Es ist also ein Längsdifferentialschutz, bei welchem als Verbindungsleitung ein Hochfrequenzkanal verwendet wird. Nun kann der Strom durch die Röhren in dem weiten Bereich der Kurzschlußströme nicht mehr amplitudengetreu nachgebildet werden. Die Halbwellen werden als Stromimpulse (Rechteckform) übertragen, dabei am anderen Ende mit gleichgearteten Impulsen des Ortsstromes verglichen. Bei gleicher Phasenlage heben sich die Impulse auf. Bei entgegengesetzter Richtung bewirken sie das Ansprechen eines Relais. Es ist also ein reiner Phasenvergleich. In Netzen mit isoliertem Sternpunkt und Summationswandler, der aus wirtschaftlichen Gründen stets verwendet wird, treten in verstärktem Maße die eben erwähnten Durchgangsströme bei Doppelerdschluß in Erscheinung. An derjenigen Erdschlußstelle, wo ein Durchgangsstrom besteht, tritt keine Phasenumkehr ein, sondern nur ein verschiedenes Amplitudenverhältnis, was aber beim Phasenvergleichsschutz nicht wirksam ist. Die andere Erdschlußstelle besitzt dagegen eine Phasenumkehr zwischen Ortsstrom und übertragenem Strom und kann abgeschaltet werden. In Netzen mit starr geerdetem Sternpunkt tritt kein Doppelerdschluß auf.

b) Querdifferentialschutz. Der Querdifferentialschutz setzt immer Leitungen voraus, die im Betrieb parallel geschaltet sind. Da die Ströme in den parallelgeschalteten Leitern sich immer im umgekehrten Verhältnis der Leiterwiderstände aufteilen und dieses Verhältnis bei allen Strömen konstant ist, kann man

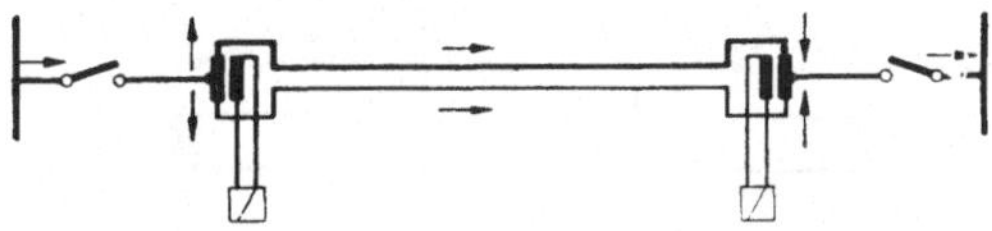

Abb. 239. *ZD* Schutz. Spaltleiterschutz

durch einen Stromvergleich dieses Verhältnis auf seine Konstanz hin überwachen. Im Kurzschlußfall wird es gestört. Die Widerstände können voneinander durchaus verschieden sein, sofern sie die gleiche Phasenlage besitzen. Man muß nur die Ströme durch Wandler auf die gleiche Höhe zu bringen versuchen, um einen normalen Differentialschutz anwenden zu können.

Man muß nun unterscheiden zwischen Leitern, die ein- und derselben Übertragungsleitung bzw. Übertragungsgruppe angehören und nur mit einem Leistungsschalter abgeschaltet werden und solchen, die vollkommen selbständige Übertragungsleitungen mit eigenem Leistungsschalter sind.

Zur ersten Gruppe gehören die sogenannten Spaltleiter, bei denen die einzelnen Leiter in Teilleiter aufgespalten sind und z. B. in Kabeln gemeinsam gegen Erde bzw. gegen die anderen Leiter isoliert sind. Zwischen den beiden Teilleitern besteht nur eine geringe Isolation, Abb. 239. Man führte Kabel aus — heute kaum mehr gebräuch-

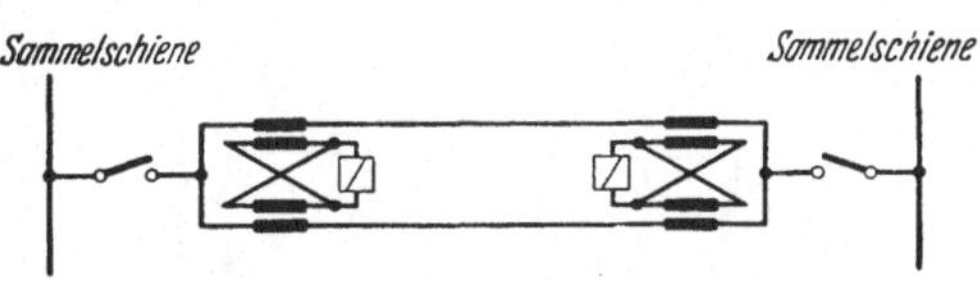

Abb. 240. Querdiff.-Schutz zwischen parallelen Leitern mit einem gemeinsamen Schalter

lich — bei welchen die Teilleiter gleichen Querschnitt aufweisen und an der Kraftübertragung gleichwertig beteiligt sind. Bei anderen Ausführungen sind die Querschnitte sehr stark verschieden, so daß der eine Leiter praktisch die gesamte Lastübertragung übernimmt und der Leiter mit kleinerem Querschnitt nur die Rolle eines Hilfsleiters hat. Beim ZD-Kabel (Zentraldraht) ist der Hilfsleiter genau in die Mitte des Hauptleiters verlegt, während er beim Pfannkuch-Kabel außerhalb des Hauptleiters liegt. Zu diesen Spaltleitersystemen ist auch die Parallelschaltung zweier Kabel zu rechnen, die durch einen gemeinsamen Schalter abgeschaltet werden, Abb. 240. Hierbei besitzen die beiden Leiter gegeneinander die volle Isolation und weisen den Vorteil auf, daß bei einer Störung nur ein Teilleiter zerstört wird, während bei der ersten Anordnung stets beide Teilleiter beschädigt werden.

Die Schaltungen für diese Art Querdifferentialschutz weisen keine große Besonderheit gegenüber einem normalen Differentialschutz auf. Nur bei denjenigen Anordnungen, bei welchen die Querschnitte der Teilleiter stark verschieden sind, müssen die Stromwandler diesen Unterschied ausgleichen. Hinzu kommt noch, daß durch die nahe Lage der beiden Leiter eine gegenseitige Beeinflussung in den Impedanzen auftritt, die durch besondere Zusatzwandler aufgehoben werden muß. Die Relais sind entweder über Stromwandler normal gegenüber der Hochspannung isoliert, oder wie beim ZD-Schutz, direkt in die Hochspannung eingebaut und betätigen mittels einer Isolierstange den Abschaltmechanismus.

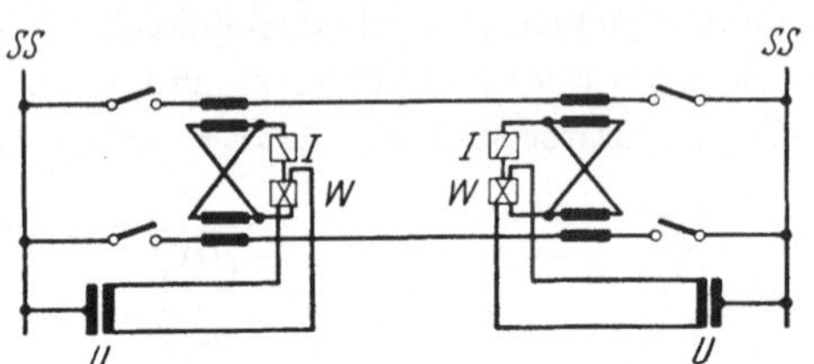

Abb. 241. Querdiff.-Schutz (Achterschutz) zweier paralleler Leitungen mit getrennten Schaltern. — *J* Stromrelais. — *W* Richtungsrelais. — *U* Spannungswandler

Auf einen generellen Nachteil dieser Anordnungen muß hingewiesen werden. Entsteht ein Kurzschluß an einem Ende der Leitung, so ist am anderen Ende das Stromverhältnis praktisch nicht gestört. Es erfolgt also nur ein Abschalten an dem kurzschlußnahen Ende. Sofern die Teilleiter nicht durch das Abschalten gleichzeitig getrennt werden, ändert sich elektrisch der Zustand am anderen Ende nicht. Besitzt jeder Leiter, wie in Abb. 241, einen Schalter, so erfolgt diese Auftrennung durch Abschalten eines Schalters automatisch. Nur in dieser Anordnung kann man von einem einwandfreien Schutz sprechen. Diese zuletzt erwähnte Schaltung wird eigentlich Querdifferentialschutz (Achterschutz) genannt.

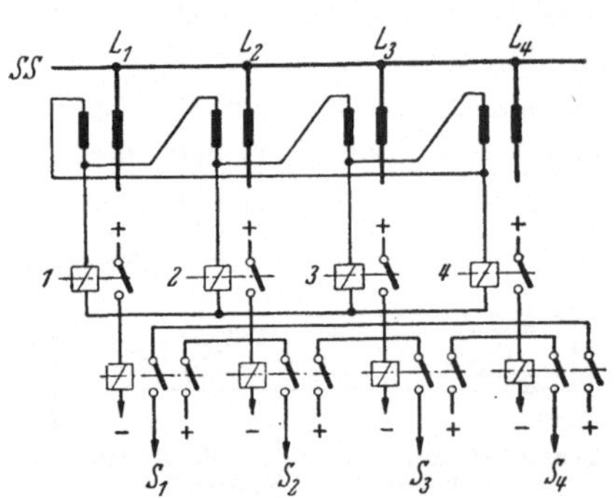

Abb. 242. Schaltung der Kontakte beim Polygonschutz. Selektivität bis zu den beiden letzten Leitungen

Ein Differenzstrom zeigt dabei lediglich das Vorhandensein einer Störung an, jedoch noch nicht, auf welcher Leitung der Kurzschluß liegt. Um dies unterscheiden zu können, muß ein Richtungsrelais zusätzlich verwendet werden, das nach der Anregung durch das Differentialstromrelais je nach

Richtung den einen oder anderen Schalter abschaltet. Nach dem Abschalten liegen die Relais wie normale Staffelrelais an der im Betrieb gebliebenen Leitung. Der Querdifferentialschutz wird aber nur angewendet, damit man eine schnelle Abschaltung erreicht. Bei einem Staffelrelais mit starrer Staffelzeit hat aber die schnelle Abschaltung keinen Sinn mehr. Mit dem Abschalten eines Schalters muß also die kurze Abschaltzeit unwirksam gemacht werden.

Bei dem Quervergleichsschutz für mehr als zwei Leitungen (Polygonschutz, Abb. 242) kann man ein Richtungsrelais entbehren. Bei einem Fehler auf einer Leitung sprechen stets zwei Relais an, z. B. Fehler auf Leitung 2 (L_2), Ansprechen von Relais 1 und 2. Diese betätigen ihre zugehörigen Hilfsrelais. Deren Kontakte sind wiederum in der Art eines Polygons ge-

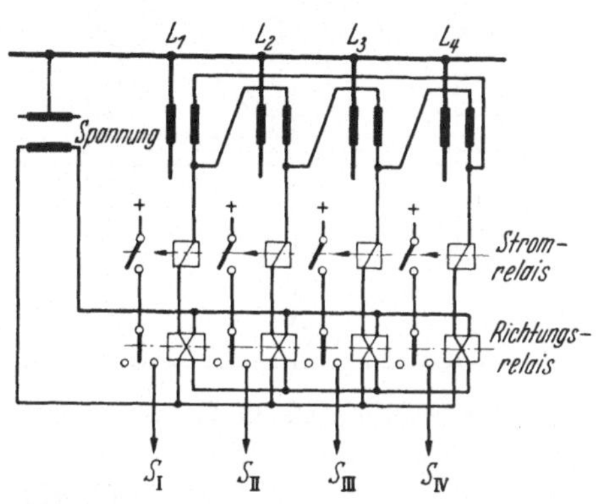

Abb. 243. Polygonschutz mit Richtungsrelais. Selektivität bis zur letzten Leitung. $L_1 \ldots L_4$ Leitungen. $S_I \ldots S_{IV}$ Schalterauslöser

schaltet, so daß im vorliegenden Fall der Schalter 2 (S_2) ausgelöst wird. Man erhält also sehr schnelle Kommandozeiten. Allerdings ist die Selektivität dann bis auf die letzten beiden Schalter begrenzt. Diese werden dann gemeinsam abgeschaltet.

Will man die Selektivität auch hierauf noch ausdehnen, dann müssen ebenfalls Richtungsrelais noch hinzukommen, Abb. 243. Es sprechen in dem vorher gewählten Kurzschlußfall auch zwei Strom- und zwei Richtungsrelais an. Aber von den letzten kann nur das eine abschalten, da das andere umgekehrte Stromrichtung hat.

Hat beim Polygonschutz ein Schalter ausgelöst, so muß gleichzeitig der Wandler und

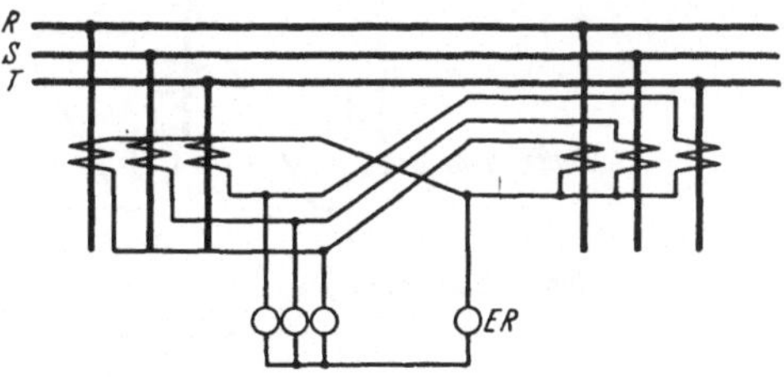

Abb. 244. Achterschutz mit Erdschlußschutz

das Relais aus der Schaltung herausgelöst werden, d. h. es muß für die verbleibenden Leitungen wieder eine richtige Polygonschaltung hergestellt werden. Die Stromwandler müssen dabei unterbrechungslos durch Hilfskontakte am Schalter umgeschaltet werden.

Die Achter- bzw. die Polygonschaltung kann auch für Erdschlußschutz erweitert werden. Die Abb. 244 und 245 zeigen die prinzipielle Schaltung dafür. Jeder Differentialschutz für Leitungen braucht grundsätzlich noch einen Staffelschutz als Reserve für alle außerhalb liegenden Fehler, zumindest einen einfachen Überstrom-Zeitschutz. Abb. 246 zeigt das prinzipielle Strombild für eine solche Kombination. Grundsätzlich ist bei allen Querdifferentialschaltungen auch ein stabilisiertes Differentialrelais zu verwenden, obwohl die Verbindungsleitungen im Gegensatz zum Längsdifferentialschutz sehr kurz sind. Aber die Kurzschlußströme können die gleiche Höhe erreichen.

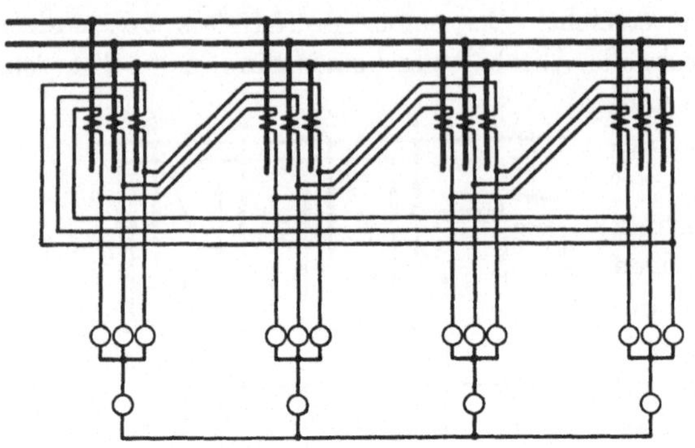

Abb. 245. Polygonschutz mit Erdschlußschutz

2. Indirekte Vergleichssysteme

Beim indirekten Vergleichssystem werden im Gegensatz zum Differentialschutz nur Relaisangaben miteinander verglichen. Die Verbindungsleitung ist daher grundsätzlich von Wandlerstrom frei. Bei denjenigen Schaltungen, bei welchen er verwendet wird, hat er lediglich die Aufgabe eines Hilfsstromes, dient also nicht mehr zu irgendeiner Messung. Die Relais benutzen die Hilfsverbindung als Telegraphiekanal, über welchen sie sich ihre Angaben gegenseitig mitteilen. An jedem Leitungsende ist eine Relaisappara-

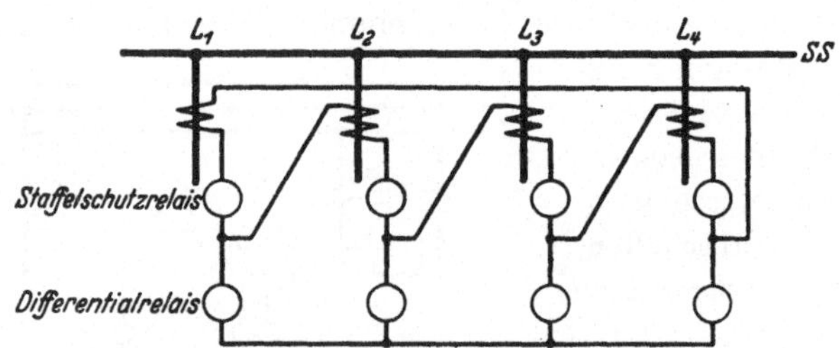

Abb. 246. Polygonschutz mit Staffelschutzrelais

tur, die den Fehlerfall feststellt und die Angaben der Relais nach dem anderen Ende hin telegraphiert. Aus dem Vergleich dieser Angaben wird der Schluß auf die Lage des Fehlers gezogen. Die verschiedenen Möglichkeiten der Schaltung liegen also lediglich in der Art und Weise, wie die gegenseitige Verbindung gestaltet ist und welche Wirkung erzielt werden soll.

a) Die einfachen Verriegelungssysteme. In einseitig gespeisten Leitungen sprechen bei einem Fehler alle diejenigen Anregerelais an, welche zwischen dem Fehlerort und der Zentrale liegen. Das letzte dieser Relais, welches von der Zentrale am weitesten entfernt ist, kennzeichnet gleichzeitig den Leitungsabschnitt, in welchem der Fehler liegt (Abb. 247). Alle anderen Relais nach der Zentrale zu sprechen an, dürfen aber nicht abschalten. Das letzte Relais muß daher diese sämtlichen Relais am Auslösen verhindern. Zu diesem Zweck sendet jedes Anregerelais bei Überschreiten seines Ansprechwertes ein Sperrzeichen nach dem hinter ihm liegenden Relais. Das Relais, welches in der kurzschlußbehafteten Leitungsstrecke liegt, wird durch kein anderes Relais gesperrt und kann daher auslösen. Dieses System bezeichnet man auch als „rückwärtige Verriegelung".

Das Sperrzeichen kann durch Einschalten eines Stromes (Arbeitsstrom) oder durch Unterbrechen eines Stromes (Ruhestromschaltung) erfolgen.

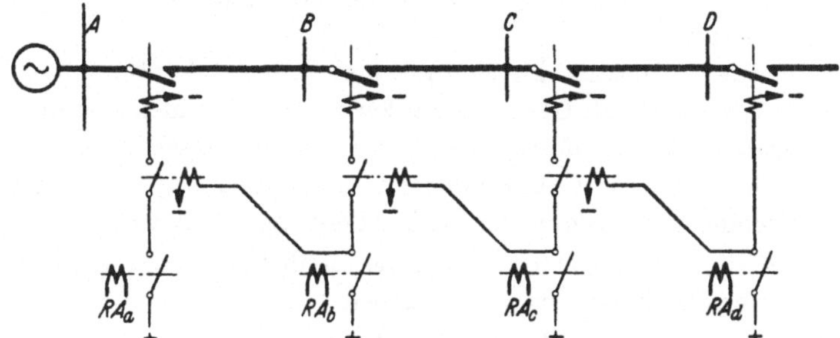

Abb. 247. Einfaches Verriegelungssystem

Welches Übertragungsmittel, ob Gleich- oder Wechselstrom, Ton- oder Hochfrequenz, dabei verwendet wird, ist prinzipiell gleichgültig. In einer besonderen Schaltung, bei welcher der Wandlerstrom die Rolle des Hilfsstromes vertritt, wird der Wandlerstrom gleichgerichtet und als Gleichstrom über die Hilfsleitung gesendet.

b) Richtungsvergleichsschutz. Wird eine Leitung zweiseitig gespeist, so genügen die einfachen rückwärtigen Sperrsysteme nicht mehr. Jede Relaisapparatur muß an Stelle der einfachen Kurzschlußangabe vielmehr die Richtung des Kurzschlußstromes nach dem anderen Ende der Leitung melden. Jedes Richtungsrelais muß also an seinem Standort immer die Angabe des Gegenrichtungsrelais besitzen, um entscheiden zu können, ob es abschalten darf oder nicht. Mit dem Kontakt des Ortsrichtungsrelais, welcher nach der Leitung weist, d. h. dem Freigabekontakt, liegt daher ein zweiter Kontakt (Vergleichskontakt) in Reihe, der die Stellung des Richtungsrelais am anderen Ende angibt.

Ein Richtungsrelais besitzt zwei Stellungen, Auslösestellung (Richtung auf die Leitung = Freigabekontakt) und Sperrstellung (Richtung auf die Sammelschiene = Sammelschienenkontakt). Es gibt die Auslösung frei, wenn es nach der Leitung zu zeigt. Es muß die Auslösemöglichkeit verriegeln, wenn es eindeutig nachweist, daß der Kurzschluß in Richtung nach der

Sammelschiene liegt. Der Vergleichskontakt nimmt eine dieser beiden Stellungen als Normalstellung ein. Sie wird dann korrigiert, wenn sie der Stellung des Gegenrichtungsrelais nicht mehr entspricht.

Zeigt der Vergleichskontakt normal die Sperrstellung des Gegenrelais an, so muß das Richtungsrelais am anderen Ende diese Sperrung aufheben und die Auslösemöglichkeit freigeben, wenn es im Kurzschlußfalle nach der Leitung zu weist. Das Richtungsrelais sendet in diesem Falle ein *Freigabezeichen*.

Entspricht der Vergleichskontakt normal der Freigabestellung, so kann zunächst der Schutz ohne einen Gegenbefehl vom anderen Ende auslösen. Er wird am Auslösen gehindert, wenn das Gegenrichtungsrelais nach der Sammelschiene zu zeigt. Dieses Richtungsrelais muß in diesem Falle *ein Sperrzeichen* senden.

Die Richtungsrelaiskontakte sind mit den Vergleichskontakten am anderen Ende elektrisch durch Übertragungsleitungen verbunden, um die gegenseitige Steuerung durchzuführen. Der Strom auf der Hilfsleitung dient aber grundsätzlich nur zum gegenseitigen Steuern der Relaisapparatur und stellt keine Kuppelung der Auslöser der beiden Leistungsschalter dar.

Um nun die verschiedenen Schaltungsmöglichkeiten zu gliedern, sind folgende Unterscheidungsmerkmale gegeben:

1. Nach der Wirkung der Zeichenübertragung: Freigabezeichen oder Sperrzeichen.

2. Nach der Art des zu übertragenden Zeichens: Ruhestrom oder Arbeitsstrom.

3. Nach der Wirkung, welche der Strom auf der Verbindungsleitung für den Vergleichskontakt hat, Freigabestrom (Freigabesystem) oder Sperrstrom (Sperrsystem).

Aus den letzten Unterscheidungsmerkmalen ist erkenntlich, wie sich ein solches System bei Bruch der Hilfsleitung verhält. Ist der Hilfsstrom ein Sperrstrom, dann kann in einem solchen Fall ein Sperren nicht mehr stattfinden. Die Auslösung ist daher fälschlich freigegeben. Beim Freigabestrom bleibt bei Bruch der Hilfsleitung das Freigabezeichen aus, das System ist dann immer gesperrt. Da die Kenntnis dieser Eigenschaft für die Beurteilung des Systems im Betrieb wichtig ist, ist es zweckmäßig, nach dieser Eigenschaft die einzelnen Schaltungen zu ordnen.

Bei Ruhestromanordnungen ist immer schaltungsmäßig eine Überwachung der Verbindungsleitung gegeben. Bei Arbeitsstrom muß entweder periodisch eine Überwachung durchgeführt werden oder während des Normalbetriebes ein Strom über die Leitung geschickt werden, der aber keinen Einfluß auf die Schaltung besitzt.

Bei Freigabezeichen ist ein Abschalten nur möglich, wenn beide Richtungsrelais nach der Leitung zu zeigen. Bei Sperrzeichen ist eine Auslösung auch bei einseitiger Speisung des Kurzschlusses möglich, da dann das Relais am Ende der Leitung nicht anspricht und kein Sperrzeichen sendet.

Durch zwei Unterscheidungsmerkmale ist ein System in seiner Wirkung bestimmt, das dritte Merkmal ist durch die beiden anderen festgelegt. Man gliedert daher die Systeme in:

Sperrsysteme mit Arbeitsstrom (Sperrzeichen) und Ruhestrom (Freigabezeichen) bzw.

Freigabesysteme mit Arbeitsstrom (Freigabezeichen) und Ruhestrom (Sperrzeichen).

Die folgenden Schaltungen zeigen nun den grundsätzlichen Aufbau. In diesen Prinzipschaltungen sind nur die Kontakte der Anregeorgane, des Orts-richtungsrelais, die Vergleichskontakte und die Übertragungsleitung gekennzeichnet. Die Ortsapparatur entspricht genau der eines Staffelsystems. Aus dem Ablauf wird nur die Angabe der Anregung und des Richtungsrelais herausgegriffen, um den Vergleich zur Fehlerortsbestimmung durchzuführen. Die Vergleichsschaltung bedeutet stets schnell abschalten. Das

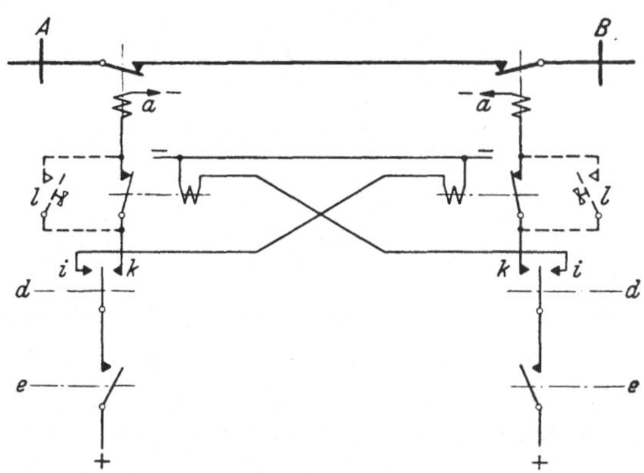

Abb. 248. Sperrsystem mit Arbeitsstrom. — A, B Stationen, — a Auslöser, — d Richtungsrelais, — e Überstromrelais, — i Sammelschienenkontakt des Richtungsrelais, — k Leitungskontakt des Richtungsrelais, — l Reservezeit

Zeitglied des Staffelschutzes läuft dagegen parallel zum Vergleichsschutz und stellt die sog. „Reservezeit" dar, welche dann einspringt, wenn ein Relais oder Schalter an einer anderen Strecke versagen sollten. In der tatsächlichen Relaisschaltung liegen vielfach die Kontakte anders verteilt. Auch wenn die Schaltung selbst scheinbar anders aufgebaut ist, enthält sie doch diese grundsätzlichen Gedanken.

α) Sperrsysteme. *Sperrsystem mit Arbeitsstrom und Sperrzeichen, getrennte Übertragungskanäle.* Der Vergleichskontakt ist im Normalbetrieb geschlossen und die Ortsapparatur für Schnellschalten freigegeben. Bei einem außenliegenden Fehler sendet das Richtungsrelais am Ende der Leitung über seinen Sammelschienenkontakt ein Sperrzeichen nach dem Leitungsanfang und öffnet dort den Vergleichskontakt. Da dieses Zeichen durch Arbeitsstrom erfolgt, ist die Hilfsleitung im Normalzustand von Strom frei. Eine Überwachung dieser Leitung ist also ohne weiteres nicht möglich. Bei Bruch der Hilfsleitung jedoch kann der Schutz bei einem außenliegenden Kurzschluß schnell auslösen, weil das Sperrzeichen vom anderen Ende nicht übertragen werden kann. Auf der fehlerbehafteten Leitung werden bei allen Sperrsystemen keine Zeichen über die Hilfsleitung übertragen, da beide Richtungsrelais die Auslösestellung einnehmen. Diese Schaltung löst sowohl bei doppelseitiger wie bei einseitiger Speisung der Kurzschlußstelle schnell aus (Abb. 248).

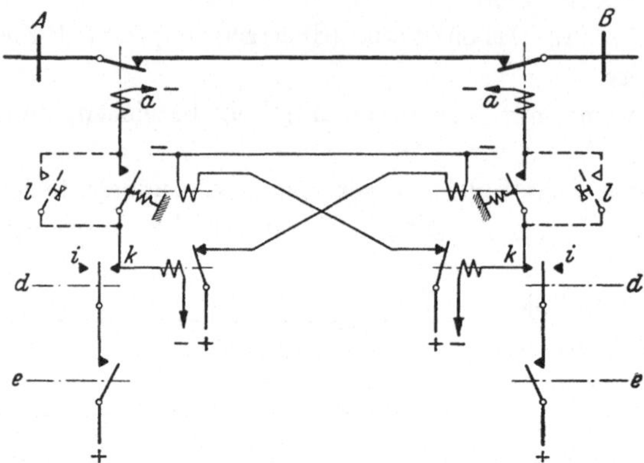

Abb. 249. Sperrsystem mit Ruhestrom

Sperrsystem mit Ruhestrom und Freigabezeichen, getrennte Übertragungs-kanäle. Der Ruhestrom auf der Verbindungsleitung hält dauernd die Vergleichskontakte geöffnet und damit die Schnellauslösemöglichkeit auf beiden Seiten gesperrt. Es kann nur ein Schnellabschalten erfolgen, wenn beide

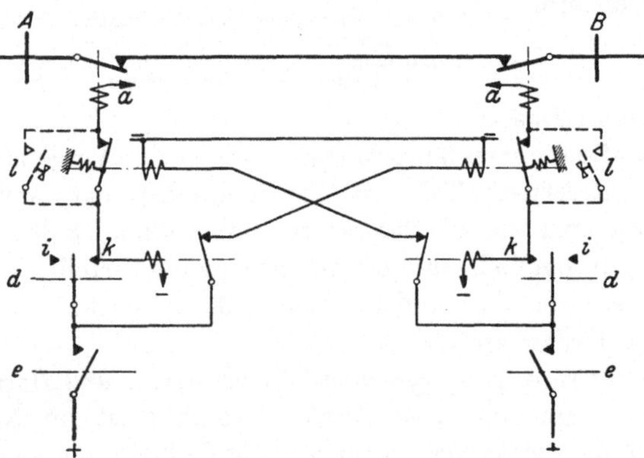

Abb. 250. Sperrsystem mit kombiniertem Ruhe- und Arbeitsstrom

Richtungsrelais in Auslösestellung gehen und durch Unterbrechen des Ruhestromes die Auslösung freigeben. Diese Anordnung kann also nur bei zweiseitiger Speisung des Kurzschlusses die Leitung schnell abschalten. Der Ruhestrom dagegen ermöglicht eine dauernde Überwachung der Hilfsleitung (Abb. 249).

Sperrsystem mit kombiniertem Ruhe- und Arbeitsstrom, Freigabezeichen, getrennte Übertragungskanäle. Im Normalzustand ist die Verbindungsleitung frei von Strom und entspricht damit der Arbeitsstromschaltung. Die Anregeorgane senden bei ihrem Ansprechen zunächst ein Sperrzeichen und stellen

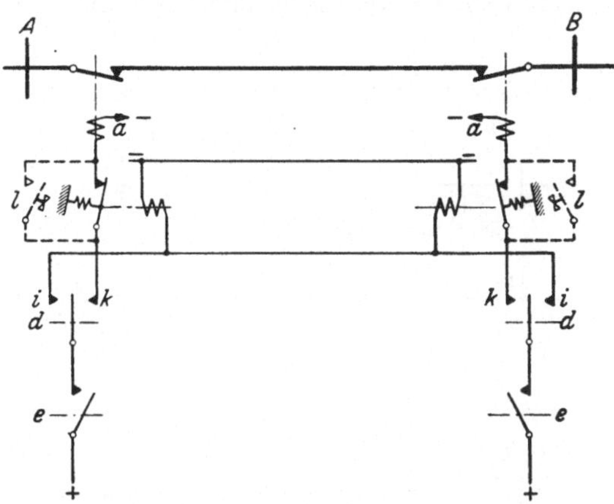

Abb. 251. Sperrsystem für Gleichstrom mit gemeinsamem Kanal, Sperrzeichen, Arbeitsstrom

damit den Zustand der Ruhestromschaltung her. Die Richtungsrelais heben dann mit ihrer Auslösestellung dieses Sperrzeichen wieder auf und senden dadurch ein Freigabe zeichen nach dem an deren Ende. Diese Schaltung er-

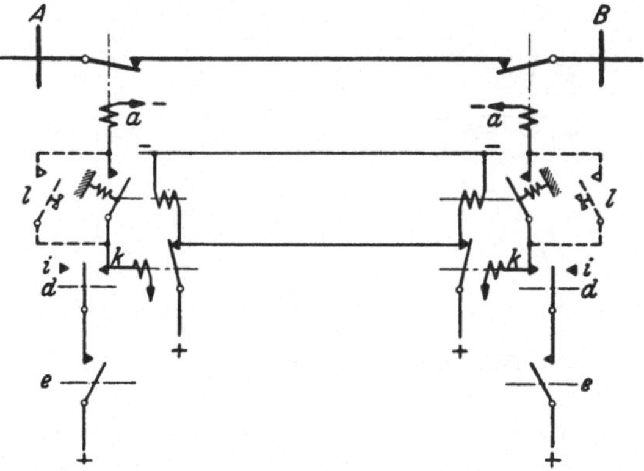

Abb. 252. Sperrsystem für Gleichstrom mit gemeinsamem Kanal Freigabezeichen, Ruhestrom

möglicht im Gegensatz zu der Dauerruheschaltung auch ein Schnellabschalten bei einseitiger Speisung der Kurzschlußstelle, da das Anregeorgan am Ende der Leitung in diesem Falle gar nicht anspricht und damit auch kein Sperrzeichen senden kann. Die Auslösemöglichkeit am Anfang der Leitung bleibt daher freigegeben (Abb. 250).

Sperrsystem für Gleichstrom mit gemeinsamem Kanal. Beim Verwenden
von Gleichstrom als Übertragungsmittel kann man auch die Vergleichskontakte parallel schalten, wobei wiederum die Arbeits- oder Ruhestromschaltung oder die Kombination von beiden Verwendung finden kann. Bei
Arbeitsstrom (Abb. 251) sperrt das Richtungsrelais am Ende der Leitung

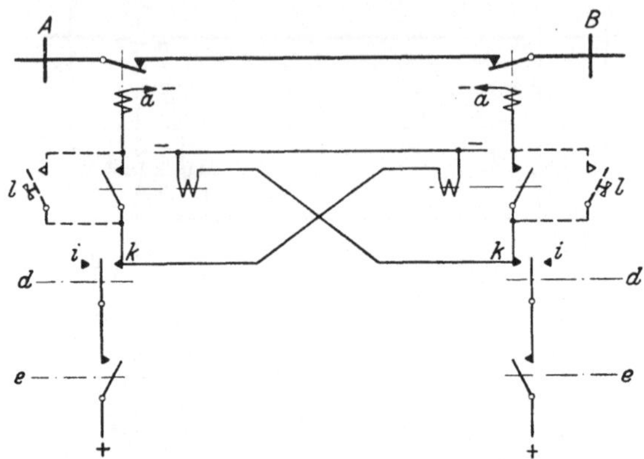

Abb. 253. Freigabesystem mit Arbeitsstrom, getrennte Kanäle

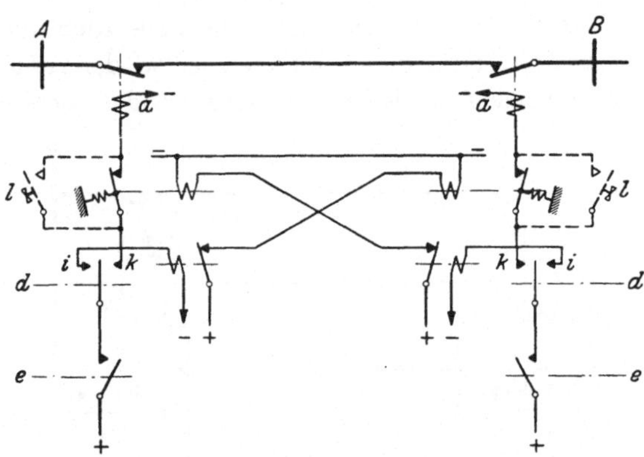

Abb. 254. Freigabesystem mit Ruhestrom, getrennte Kanäle

stets beide Leitungsenden. Das ist deshalb zulässig, da die Freigabe am
Ende der Leitung durch das Richtungsrelais an diesem Ende doch nicht aus-
genutzt wird, da es bei außenliegendem Kurzschluß die Sperrstellung ein-
genommen hat. Bei Ruhestrom (Abb. 252) kann ein Schnellabschalten nur
dann erfolgen, wenn an beiden Seiten die Richtungsrelais die Vergleichskontakte stromlos gemacht haben. Im Gegensatz zu den ersten Schaltungen,
wo jeder Kanal vollkommen getrennt ist, müssen jedoch die Gleichstrom-
quellen gleiche Spannung aufweisen, da sie in einzelnen Schaltungszustän-
den parallel geschaltet werden. Auch die Kombinationsschaltung ist möglich,

indem die Anregeorgane zuerst die Auslösung sperren und die Richtungsrelais die Sperrung wieder aufheben, wenn sie nach der Leitung zu weisen.

β) **Freigabesysteme.** *Freigabeschaltung mit Arbeitsstrom, Freigabezeichen, getrennte Kanäle* (Abb. 253). Da beim Freigabesystem der Strom
auf der Verbindungsleitung die Auslösung freigibt, müssen die Richtungsrelais bei Verwendung von Arbeitsstrom ein Freigabezeichen senden. Damit
ist eine schnelle Abschaltung der Leitung nur möglich, wenn beide Richtungsrelais nach der Leitung zu weisen und ein Freigabezeichen senden.

Freigabesystem mit Ruhestrom, Sperrzeichen, getrennte Kanäle. Der Ruhestrom auf der Hilfsleitung hält dauernd die Vergleichskontakte geschlossen,
und damit ist die Aus-
lösemöglichkeit freige-
geben. Das Richtungs-
relais am Ende der Lei-
tung unterbricht den
Ruhestrom mit seinem
Sammelschienenkon-
takt und sperrt damit
das Relais am Anfang
der Leitung. Ruhestrom
bedeutet aber Über-
wachungsmöglichkeit,
und die Verwendung von
Sperrzeichen gewähr-
leistet ein Abschalten

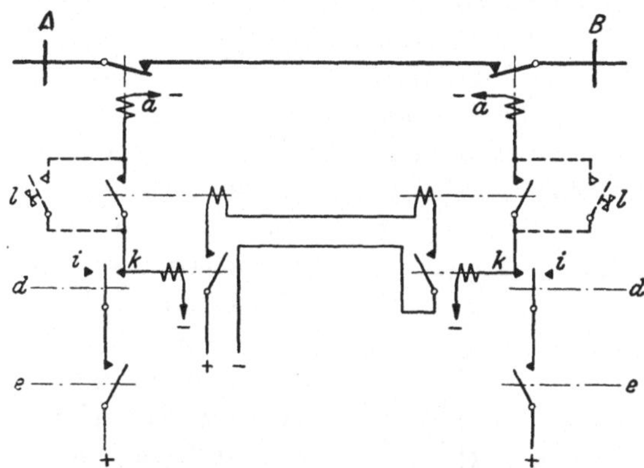

Abb. 255. Freigabesystem für Gleichstrom und gemeinsamen
Kanal. Arbeitsstromschaltung

der Leitung auch bei einseitig gespeistem Kurzschluß (Abb. 254).

Freigabesystem für Gleichstrom mit gemeinsamen Kanal. Im Gegensatz
zum Sperrsystem müssen in diesem Falle die Vergleichskontakte in Reihe

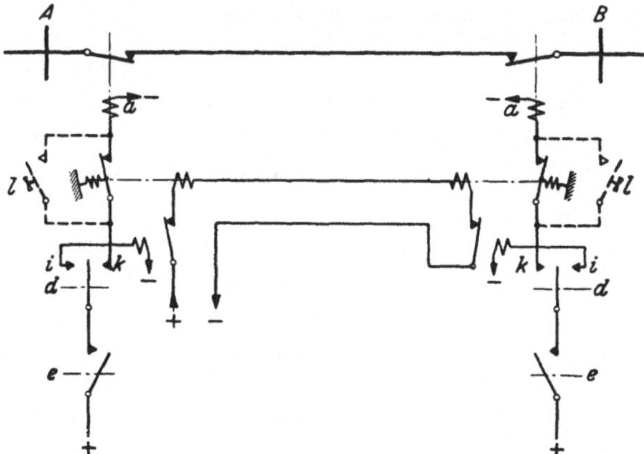

Abb. 256. Freigabesystem für Gleichstrom und gemeinsamen Kanal. Ruhestromschaltung

geschaltet werden, da hier der Strom auf der Verbindungsleitung zum Freigeben der Auslösemöglichkeit verwendet wird und nur ein Stromfluß zustande kommen darf, wenn beide Richtungsrelais die Freigabestellung einnehmen. Abb. 255. Dies ist aber nur bei der Reihenschaltung möglich. Beim
Sperrsystem dagegen fließt in der Verbindungsleitung ein Sperrstrom. Freigegeben werden kann nur dann, wenn von keiner Seite die Sperrung aufrecht
erhalten wird. Dies läßt sich nur durch Parallelschalten der Vergleichskontakte erreichen wie in Abb. 251.

Grundsätzlich können die beiden Schaltungen der Freigabesysteme mit
der gleichen Wirkung für Gleichstrom in dieser Reihenschaltung ausgeführt
werden. Auch eine ähnliche Kombination wie in der Schaltung Abb. 250 bei
den Sperrsystemen ist möglich. Der Ausgangszustand ist aber hier die
Ruhestromschaltung. Abb. 256. Die Hilfsleitung ist daher normalerweise vom
Ruhestrom durchflossen und hält die Auslösemöglichkeit an beiden Seiten
freigegeben. Die Anregeorgane unterbrechen zuerst den Ruhestrom und
sperren damit die Auslösemöglichkeit an beiden Enden. Die Richtungsrelais
stellen dann mit ihrem Freigabekontakt die Ruhestromschaltung wieder her. Dadurch ist auch bei einseitiger Speisung des Kurzschlusses eine Auslösemöglichkeit trotz der Verwendung von Freigabezeichen möglich, da am Ende der Leitung das Anregerelais nicht anspricht und damit auch keinen Sperrbefehl zur Folge hat. Gerade diese Schaltung

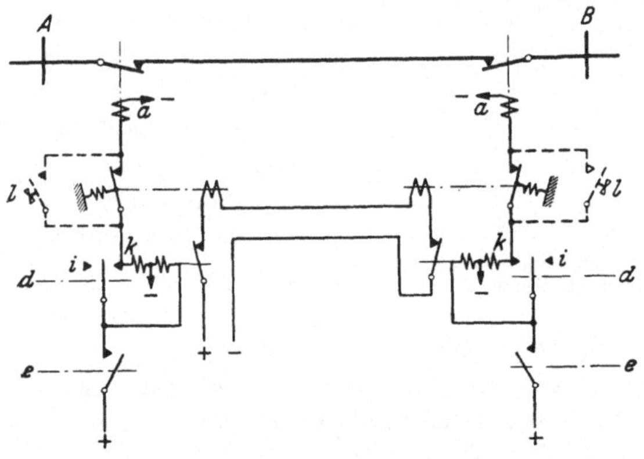

Abb. 257. Freigabesystem für Gleichstrom und gemeinsamen
Kanal, Ruhe- und Arbeitsstromschaltung

wird in der Praxis oft angewendet und ist in Abb. 257 dargestellt. Der
Übersichtlichkeit halber sind diese Schaltungsvariationen in einer Tabelle
zusammengestellt, um die einzelnen Eigenschaften besser miteinander vergleichen zu können (Tab. 6).

Gemeinsame Kanäle sind nur dann ohne weiteres möglich, wenn man
Gleichstrom verwendet. Benutzt man Wechselstrom als Übertragungsmittel,
so wird man stets getrennte Kanäle bevorzugen, da eine Reihen- oder Parallelschaltung von Relaisspulen vielfach durch die Kapazitätsströme zwischen
den Leitern schwer möglich ist, vor allem dann nicht, wenn Wechselströme
hoher Frequenz, z. B. Tonfrequenz, verwendet werden. Verschiedene Frequenzen sind gleichbedeutend mit verschiedenen Kanälen, auch wenn sie die
gleiche Übertragungsleitung benutzen. Ein und dieselbe Frequenz läßt sich

Tabelle 6. *Erklärungen zu den Abb. 248 bis 257*

Abb.	System	Bei Bruch der Verbindung	Zeichen	Ruhe- oder Arbeitsstrom	Löst aus bei Speisung	Kanal	Überwachungsmöglichkeit	Stromart
248	Sperrsystem	freigeben	Sperrzeichen	Arbeitsstrom	ein- und zweiseitig	getrennt	nein	≈
249	desgl.	desgl.	Freigabe	Ruhestrom	nur zweiseitig	„	ja	≈
250	„	„	desgl.	Ruhe-Arbeitsstrom	ein- und zweiseitig	„	nein	≈
251	„	„	Sperren	Arbeitsstrom	ein- und zweiseitig	gemeinsam	„	=
252	„	„	Freigabe	Ruhestrom	nur zweiseitig	desgl.	„	=
253	Freigabesystem	sperren	desgl.	Arbeitsstrom	nur zweiseitig	getrennt	„	≈
254	desgl.	„	Sperren	Ruhestrom	ein- und zweiseitig	„	ja	≈
255	„	„	Freigabe	Arbeitsstrom	nur zweiseitig	gemeinsam	nein	=
256	„	„	Sperren	Ruhestrom	ein- und zweiseitig	desgl.	ja	=
257	„	„	Freigabe	Ruhe-Arbeitsstrom	ein- und zweiseitig	„	„	=

nur in besonderen Anordnungen verwenden, wie sie auch in der Fernsprechtechnik üblich sind. Eine besondere Stellung nimmt nur die leitungsgerichtete Hochfrequenz als Übertragungsmittel ein, da dadurch auch eine besondere Wahl der Vergleichsschaltung notwendig gemacht wird.

c) Distanzabhängiger Richtungsvergleich. Im allgemeinen wählt man einen Richtungsvergleich für ein- und zweiseitige Auslösemöglichkeit. Bei einer einseitigen Auslösemöglichkeit muß allerdings gewährleistet sein, daß bei einem außenliegenden Fehler das Relais am Ende der Leitung auch anspricht. Das ist bei ungünstig liegenden Kurzschlußpunkten nicht sicher der Fall. Wenn z. B. in einer Ringleitung, deren einzelne Strecken mit einem solchen Schutz ausgerüstet sind, ein Kurzschluß in der Nähe der Einspeisestelle auftritt, dann fließt zwar auf der kürzeren Seite viel Kurzschlußstrom, auf der anderen Seite kann jedoch ein Strom fließen, der etwa gerade in der Ansprechgrenze der Anregeglieder liegt. Da diese unvermeidliche Ansprechtoleranzen besitzen, kann es vorkommen, daß das Relais am Anfang zwar anspricht, dasjenige am Ende jedoch nicht. In diesem Fall würde eine Fehlauslösung auf einer gesunden Strecke stattfinden. Sind für die Anregung

Unterimpedanzrelais verwendet worden, so ist eine große Wahrscheinlichkeit vorhanden, daß das Relais am Ende der Leitung sicher anspricht, da es näher zur Kurzschlußstelle liegt und damit eine geringere Spannung erhält. Bei Stromanregerelais hat man sich dadurch geholfen, daß man über die Hilfsleitung die Ansprechgrenze des gegenüberliegenden Relais über seine Toleranz hinaus herabsetzt und dadurch zum Ansprechen zwingt.

Hat man ein entfernungsabhängiges Staffelrelais als Reserveschutz, so kann man die Distanzmessung selbst als Sicherheitsmaßnahme für obigen Fall verwenden. In Abb. 258 ist die Anordnung schematisch dargestellt. Man begrenzt den Abfragebereich des Vergleichsschutzes auf den Bereich der II. Distanzstufe, während beim reinen Richtungsvergleich der Abfragebereich unbegrenzt ist. Die beiden Relais werden mit der Distanz der II. Stufe über die Station hinaus eingestellt. Nur wenn das Relais in diesem Bereich den Fehler feststellt, womit gleichzeitig auch die Richtungsangabe verbunden ist, wird über die Hilfsleitung die Verständigung herbeigeführt und schnell abgeschaltet. Abb. 258b zeigt eine solche Schaltung mit einer Gleichstromverbindung ähnlich Abb. 257. Die Anregung a öffnet mit dem Relais d den Gleichstromkreis, wodurch beide Relais f abfallen und den Kontakt parallel zur zweiten Zeitstufe (Kontakt c) öffnen. Will das Distanzrelais (einschließlich Richtung) auslösen, so ist die Möglichkeit zunächst gesperrt. Jedoch schließt es mit dem Relais e wieder einseitig den Gleichstromkreis. Geschieht dies auf beiden Seiten, dann geben die Relais f auf beiden Seiten die Auslösung frei. Hatte bei schwachem Anregestrom und außenliegenden Kurzschluß nur das Relais am Anfang der Leitung angesprochen, so kann auch die Distanzmessung nur einen entfernten Fehler feststellen und löst daher nicht mit Schnellzeit aus. Eine solche

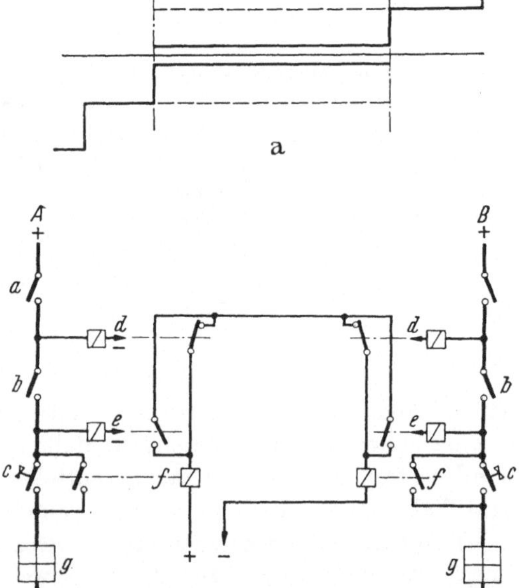

Abb. 258a u. b. Distanzabhängiger Richtungsvergleichschutz. — a Anregung. — b Distanz und Richtung. — c II. Zeitstufe. — $d\,e\,f$ Hilfsrelais. — g Auslöser. — Alle Relais im unerregten Zustand gezeichnet

Schaltung eignet sich recht gut für kurze Leitungsstrecken, wo die Distanzmessung nicht mehr ausreicht, aber ein Distanzschutz als allgemeiner Staffelschutz verwendet werden muß.

d) Richtungsvergleich mit Hochfrequenzverbindung. An sich kann jeder der bisher behandelten Vergleichsschaltungen mit Hochfrequenzverbindung mit Ausnahme der Gleichstromserienschaltung ausgeführt werden. Der grundsätzliche Unterschied gegenüber den Kabelverbindungen liegt darin, daß die Hochspannungsleitung selbst als Übertragungskanal dient. Eine Störung auf der Leitung kann gleichzeitig eine Störung des Hilfskanals bedeuten. Gleichzusetzen hiermit sind diejenigen Verbindungsleitungen, welche so nahe an der Hochspannungsleitung liegen (Leitungen am gleichen Hochspannungsgestänge), daß unter Umständen bei einem Kurzschluß auf der Leitung auch mit einer Störung in der Hilfsleitung gerechnet werden kann. Es muß also die Bedingung erfüllt werden, daß gerade beim Kurzschluß auf der Leitung kein Strom auf der Hilfsleitung benötigt wird. Diese

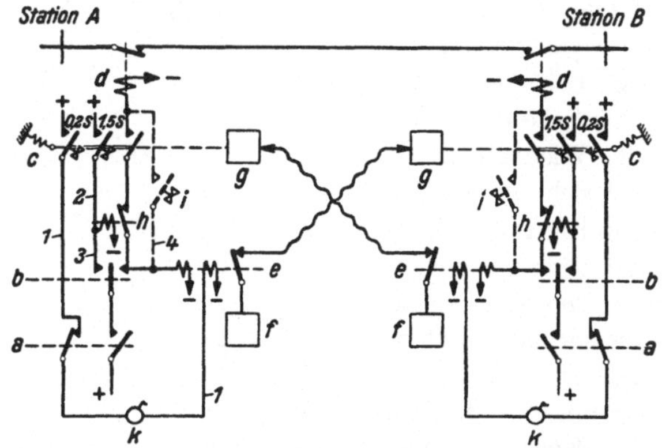

Abb. 259. Streckenschutz mit *HF*-Ruhestromverbindung. — *a* Anregekontakt. — *b* Richtungskontakt. — *c* Vergleichskontakt mit Zeitverzögerung. — *i* Reservezeitkontakt. — *k* Schalter zum Abschalten des Echokreises. — *1* Echokreis. — *2* Zeitspalt. — *3* Durchlaufsperre. — *4* Reservezeit.

Eigenschaft besitzen aber nur die Sperrsysteme und zwar besonders ein Sperrsystem mit Ruhestrom. Ruhestrom bedeutet einmal die Möglichkeit der gegenseitigen Überwachung der Verbindung bzw. der Sender. Unterbrechen des Ruhestromes heißt zweitens Freigabe der Auslösemöglichkeit. Bei Kurzschluß auf der Leitung kann die Übertragung der Hochfrequenz auch unterbrochen sein, dann sind beide Enden automatisch freigegeben. Dasselbe tritt bei Ausfall eines Senders ein. Da aber in diesem Fall die Relais selbst nicht angesprochen haben, kann nach einer kurzen Zeit die Auslösemöglichkeit wieder gesperrt werden. Auf diese Weise erhält man eine Art „Zeitspalt", innerhalb dessen überhaupt eine Auslösung möglich ist.

Diese Ruhestromschaltung hat jedoch den Nachteil, daß eine Schnellauslösung nur bei zweiseitiger Speisung möglich ist. Man kann aber beim Nichtansprechen des Gegenrelais, das vom Richtungsrelais ausgesandte Freigabezeichen (Unterbrechen des Ruhestromes) zurückgeben lassen und erhält damit Freigabe des angesprochenen Relais. Man nennt dies die „Echoschaltung", da das Zeichen wie ein Echo zurückgegeben wird. Eine solche Schaltung ist schematisch in Abb. 259 dargestellt. Selbstverständlich gilt auch hier für den reinen Richtungsvergleich, daß die Anregerelais bei außenliegendem Kurzschluß beide sicher ansprechen müssen. Durch die einseitige Freigabe muß der Ansprechwert des Gegenanregerelais herabgesetzt werden, um es zum Ansprechen zu zwingen, bevor das Zeichen als Echo zurückgegeben wird.

Dieser reine Richtungsvergleich mit *HF*-Verbindung wird heute kaum mehr angewendet. Da die Höchstspannungsleitungen, für die eine *HF*-Verbindung nur in Frage kommt, sowieso fast stets einen Distanzschutz als Reserveschutz haben müssen, wendet man eine Art distanzabhängigen Vergleichsschutz an = Mitnahmeschaltung.

Man will entweder Schnellzeit über die ganze Leitungsstrecke erhalten oder die Schalter sollen für das schnelle Wiedereinschalten (Kurzunterbrechung S. 242) möglichst gleichzeitig fallen. Eine solche Schaltung zeigt im Prinzip Abb. 260. An beiden Enden sind Distanzrelais mit normaler Stufencharakteristik. Liegt der Fehler in der Mitte der Leitung (70%), dann schalten beide Enden sowieso schnell ab, ohne die Hilfsverbindung in Anspruch zu nehmen. Liegt der Fehler in der Nähe eines der beiden Enden (15%), so würde das am nächsten liegende Relais

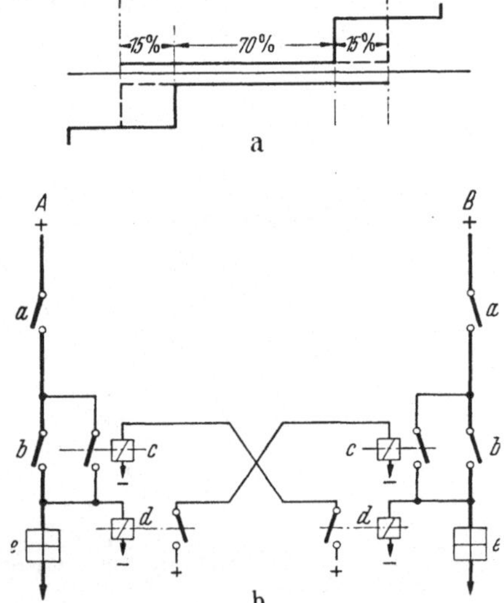

Abb. 260a u. b. Mitnahmeschaltung. — *a* Anregung. — *b* Distanz und Richtung. — *c d* Hilfsrelais (Hochfrequenzübertragung). — *e* Auslöser

schnell abschalten, das andere dagegen mit der II. Stufe. Damit dieses auch schnell abschaltet, sendet das zuerst schaltende Relais ein Freigabezeichen, das den Meßkontakt überbrückt und damit unter gleichzeitiger Kontrolle des Ansprechzustandes ebenfalls eine Schnellauslösung bewirkt. Es kann auch der Meßpunkt durch Verändern der Relaiskonstanten hinausgeschoben und damit das zweite Relais ebenfalls zum Schnellauslösen gezwungen werden (BBC). Wichtig ist, daß das Zeichen nicht zum direkten Auslösen, sondern nur zur Freigabe der Schnellauslösemöglichkeit verwendet wird.

Alle *HF*-Verbindungen sind auch durch Vorgänge des Kurzschlußlichtbogens bzw. der Abschaltfunken der Schalter selbst beeinflußbar. Ein Lichtbogen sendet bei jedem Nulldurchgang, nach welchem die Neuzündung jeweils etwas nach dem Erlöschen schlagartig einsetzt, ein Frequenzspektrum aus, auf das die *HF*-Relais ansprechen können, auch wenn es sich um modulierte Tonfrequenzen handelt. Diese Störeinflüsse sind im allgemeinen schwach und sehr kurz. Wesentlich stärkere Störfrequenzen entstehen beim Abschalten eines Leistungsschalters. Auch der kapazitive Restlichtbogen, der bei einpoliger Abschaltung noch einige Perioden stehen bleibt, stellt einen Störsender dar. Nach amerikanischen und schwedischen Vorschlägen kann man den Störeinfluß durch geeignete Verzögerung der Empfangsrelais eliminieren bzw. vermindern. Allerdings geht dies auf Kosten der erreichbaren Abschaltgeschwindigkeit. Bei einem Freigabesystem mit Arbeitsstrom bedeutet ein Störimpuls zusätzliche Auslösung z. B. auf einer Parallelleitung. Bei einem Sperrsystem mit Ruhestrom erhält man eine Verzögerung der Schnellauslösung. Schon aus diesem Grund wird die letztere vorgezogen.

V. Kurzunterbrechung (Wiedereinschaltung)

Der weitaus größte Teil aller Kurzschlüsse in Freileitungen erfolgt über einen Lichtbogen. Wird der Kurzschluß rasch genug abgeschaltet, so daß weder ein Abbrennen der Leitung bzw. eine starke Beschädigung der Isolatoren eintritt, dann kann die Leitung wieder zugeschaltet werden. Schon fast vor 40 Jahren hat man automatische Wiedereinschalteinrichtungen besonders in Mittelspannungsnetzen angewandt (Bollingerschalter), die eine Zeit (ca. 3 min) nach dem Kurzschluß die Leitung wieder zuschalteten. War es ein metallischer Kurzschluß, so wurde das Manöver ein oder zweimal wiederholt. Dann blieb die Leitung endgültig abgeschaltet. Schon damals stellte es sich heraus, daß auf diese Weise in ca. 70—80% aller Kurzschlußfälle die Leitung wieder in Betrieb blieb. Es ist wohl überflüssig, darauf hinzuweisen, daß diese Wiedereinschaltung nur bei Freileitungen, nicht bei Kabeln einen Sinn hat. In den letzten 15 Jahren hat diese Wiedereinschaltung (Kurzschlußfortschaltung, Kurztrennung, Kurzunterbrechung) im Netzschutz eine immer mehr wachsende Bedeutung erlangt. Bei den Höchstspannungsleitungen, deren Übertragungsleistung sehr hoch ist, hat man großes Interesse, daß diese Leistung im Verbundbetrieb nicht ausfällt. Man schaltet sie daher nach einer kurzen Entionisierungspause sofort wieder zu. Diese Leitungen stellen in den meisten Fällen die Verbindung zwischen verschiedenen Zentralen dar. Durch den Kurzschluß und die spannungslose Pause, die zum Verlöschen des Lichtbogens notwendig ist, sind die Zentralen entkuppelt und laufen auseinander. Der Vorgang muß also beendet sein, bevor die Polräder einen zu großen Differenzwinkel erreicht haben (Stabilitätsbedingung). Daher *möglichst kurze Abschaltzeit*. Die zur Entionisierung erforderliche spannungslose Pause liegt erfahrungsgemäß bei dreipoliger Abschaltung etwa zwischen 0,2 bis 0,25 sek. Bei starr geerdeten Netzen kann man bei einpoligem Kurzschluß nur den kurzschlußbehafteten Leiter abschalten (einpolige Kurzunterbrechung), da dann die Zentralen über die gesunden Leiter und Erde längere Zeit noch synchron bleiben. Hier tritt jedoch noch ein nachfolgender kapazitiver Lichtbogen auf, der durch den Kapazitätsstrom der gesunden Leiter über den kranken und den bestehenden Lichtbogen nach Erde aufrechterhalten wird. Die Ströme sind je nach der Länge der Leitung etwa 10 bis 20 A. Sie können das Verlöschen des Lichtbogens bis zu 8 Perioden verzögern. Bei sehr langen Leitungen können sie die einpolige Kurztrennung sogar unmöglich machen. Da aber die Stabilität hierbei nicht so gefährdet ist, kann man die spannungslose Pause ohne Gefahr bis 0,3—0,4 sek verlängern.

Sind die Zentralen noch über andere Leitungen verbunden (Doppelleitung, vermaschtes Netz), dann spielt die Stabilitätsbedingung eine geringere Rolle und man kann die spannungslose Pause sogar bis zu einer Sekunde verlängern (Frankreich EdF).

Während eine Höchstspannungsleitung stets eine Verbindung zwischen zwei Hauptstationen darstellt, stellt eine Leitung im *Mittelspannungsverteilernetz* selbst schon ein Verbraucherzentrum dar. Es genügt daher schon, nur ein Ende wieder zuzuschalten, um die Abnehmer mit Strom zu versorgen. Obgleich in diesen Netzen keine Stabilitätsbedingung besteht, ist es doch notwendig, auch hier schnell aus- und schnell wieder einzuschalten. Einmal brennen die Leitungen leichter durch, (kurze Abschaltzeit) und dann sollen die Motoren möglichst in Betrieb bleiben (schnelles Wiedereinschalten).

In allen Fällen, wo die Kurzunterbrechung angewendet wird, sind praktisch entfernungsabhängige Staffelsysteme vorhanden. Es interessiert nun in diesem Zusammenhang, wie bei Kurzunterbrechung die Verbindung zwischen Schutzrelais und Schalter aussehen muß. Heute sind fast alle Höchstspannungsschalter in der Lage, die Kurzunterbrechung auszuführen. Aber es bestehen doch erhebliche Verschiedenheiten zwischen den einzelnen Bauformen. Einmal sind die Antriebsarten verschieden (Druckluft, elektrischer Antrieb), dann besitzen verschiedene Schalter schon selbst einen Teil der Wiedereinschaltautomatik, schließlich bestehen Unterschiede zwischen einpoligem Wiedereinschaltmechanismus und dreipoligem definitiven Ausschalten. Das Verbindungsglied zwischen Schutz und Schalter wird sich also nach den Gegebenheiten des letzteren richten müssen. Jedoch lassen sich ganz allgemein die Bedingungen aufstellen, die eine solche Automatik erfüllen muß.

Da bei Verbindungsleitungen zwischen Zentralen nur bei kurzen Ausschaltzeiten ein Wiedereinschalten einen Sinn hat, muß vom Anregeglied eine Zeit bestimmt werden, innerhalb derer ein Wiederzuschalten erfolgen darf (Zeitspalt). Dann muß eine einstellbare Zeit für die spannungslose Pause vorhanden sein. Drittens muß nach dem Ausschaltbefehl die nächste Abschaltung auf endgültiges dreipoliges Abschalten umgestellt werden. Schließ-

lich müssen nach einer weiteren Zeit alle Maßnahmen wieder in den Anfangs-
zustand zurückgeführt werden.

Bei reinen Verbindungsleitungen müssen beide Enden praktisch gleichzeitig abschalten und wieder zuschalten. Hierfür sind zwei Systeme in Anwendung. Entweder man kuppelt die beiden Schutzrelais mit einer *HF-
Verbindung* in Form der Mitnahmeschaltung nach Abb. 260 oder man verwendet die *Übergreifschaltung* nach Abb. 261. In beiden Fällen sollen die
Relais bei allen Kurzschlüssen auf der Leitung schnell auslösen.

Bei der Übergreifschaltung (Abb. 261) wird die erste Stufe über die
nächste Station hinaus eingestellt. Dadurch fallen alle Fehler auf der Leitung
in den Schnellbereich. Auch Fehler auf den Sammelschienen werden schnell

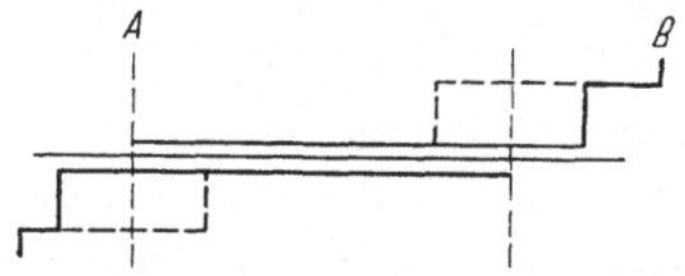

Abb. 261. Übergreifschaltung für Schnellwiedereinschaltung (Kurzunterbrechung)

abgeschaltet. Der Nachteil ist, daß bei
einem Fehler dicht hinter der Station ein
Schalter zuviel fallen kann. Bei einem
Dauerfehler und vor nochmaligem Abschalten wird jedoch die Stufe automatisch nach vorn gerückt, so daß volle Selektivität besteht und der zuviel gefallene
Schalter nicht wieder ausschaltet. Diese Methode hat sich durchaus bewährt.
Sie ist überdies die wirtschaftlichste. Sie eignet sich ohne weiteren Aufwand
sowohl für einpolige wie für dreipolige Kurzunterbrechung. Wird allerdings
verlangt, daß nur bei einpoligem Fehler schnell wieder zugeschaltet und bei
dreipoligem Fehler dagegen endgültig abgeschaltet werden soll, muß die
zweite Methode mit *HF*-Verbindung verwendet werden.

Die Mitnahmeschaltung mit *HF* läßt lediglich die Zeiterhöhung des
Schutzes bei Fehlern am Ende der Leitung verschwinden. Sammelschienenfehler werden nicht erfaßt. Wird einpolige Kurzunterbrechung verwendet,
dann muß auch auf der Gegenseite nur der gleiche Pol abgeschaltet werden.
Da es unwirtschaftlich wäre, mit der *HF*-Verbindung auch noch die Kennzeichnung des betreffenden Poles zu übertragen, muß auf jeder Seite noch
eine Polauswahl vorgesehen werden, die das Freigabezeichen der anderen
Seite auch auf den richtigen Schalterpol leitet. Bei Leitungen mit einem
oder sogar zwei direkten Abzweigen ist das gleichzeitige Ausschalten aller
Schalter oft nur noch mit einer *HF*-Verbindung zu erreichen.

In manchen Fällen kann man auch nur eine Seite der Leitung schnell wieder
einschalten und schaltet das zweite Ende über ein Parallelschaltgerät automatisch zu. Auf diese Weise lassen sich manche schwierige Aufgaben noch lösen.

VI. Erdschlußschutz

In Netzen mit starr geerdetem Nullpunkt ist jeder Erdschluß ein Kurzschluß und wird durch die Leitungsrelais abgeschaltet. Bei nichtgeerdetem
Sternpunkt entsteht bei einem Erdschluß nur eine Verlagerung der Kapazitätsströme, die meistens nicht ausreichen, um ein Kurzschlußrelais zum

Ansprechen zu bringen. Bei ausgedehnten Hochspannungsnetzen ohne eine Löscheinrichtung können jedoch diese Ströme über den Ansprechwert der Kurzschlußrelais steigen und diese zum Arbeiten bringen. In diesen Fällen können diese Relais nur dann richtig selektiv abschalten, wenn weder beim Entfernungsmeßglied, noch beim Richtungselement eine kurzschlußfremde Spannung verwendet wird (s. auch S. 63). Ist dies nicht der Fall, erfolgen Fehlauslösungen.

Die meisten nicht starr geerdeten Netze sind über Löschdrosseln geerdet, wodurch Erdschlüsse über Lichtbogen gelöscht werden können. Bei Dauerfehlern wird durch die Drossel der Strom über die Erdschlußstelle klein gehalten. Besonders bei diesen Dauererdschlüssen will man möglichst schnell wissen, in welchem Leitungsabschnitt sie liegen, damit man die Leitung heraustrennen kann, bevor der Erdschluß in einen Doppelerdschluß, also Kurzschluß übergeht. Aber es besteht auch Interesse zu wissen, wo sich ein gelöschter Erdschluß befunden hat, da dadurch doch Schädigungen der Leitung, wenn sie auch geringfügig sind, entstanden sind. Das öftere Auftreten von gelöschten Erdschlüssen in ein- und derselben Leitung (Erdschlußwischern) deutet meistens auf schadhafte Isolatoren. Auf S. 43ff. wurden die Fehlerkriterien bei Erdschluß eingehend behandelt. Für die Bestimmung der erdschlußbehafteten Leitung bleibt neben Nullstrom und Nullspannung die Erdschlußrichtung als wichtigstes Mittel übrig. Es läßt sich in nicht geerdeten bzw. gelöschten Netzen keine Entfernungsmessung herstellen.

Als Richtungsglieder kommen die gleichen Ausführungen wie für den Kurzschluß in Frage. Sie werden vom Nullstrom und der Nullspannung

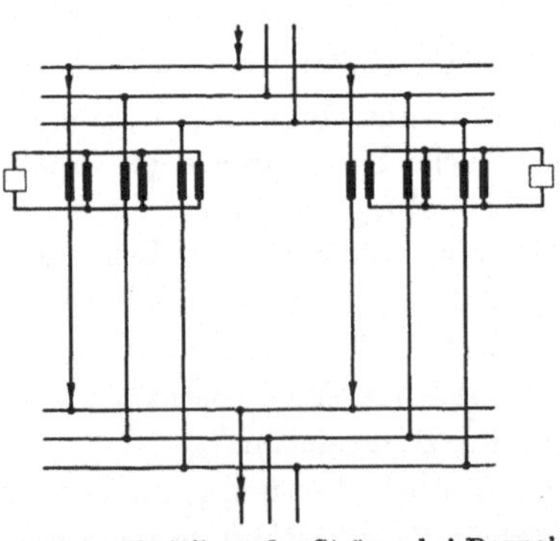

Abb. 262. Verteilung der Ströme bei Doppelleitungen

beaufschlagt. Bei nicht geerdetem Sternpunkt müssen es sin φ-Relais, bei gelöschtem Netz cos φ-Relais sein. Die letzteren sprechen nur auf die Wattkomponente des Löschstromes an, der etwa die Größenordnung von 5% des eingestellten Löschdrosselstromes hat. Dieser kleine Strom bereitet für eine sichere Erdschlußrichtungsanzeige die größten Schwierigkeiten, da man empfindliche Relais verwenden muß. Hier muß auf das verwiesen werden, was auf S. 21 über die Bedingungen für die Wandler für Nullstrommessungen gesagt wurde. Außer den Unsymmetrieströmen, die aus dem Wandler stammen, kommen jedoch noch Unsymmetrien von der Primärseite hinzu. Abb. 262. In einem vermaschten Netz, z. B. Parallelkabel, verteilen sich alle Ströme auf die beiden Leiter im umgekehrten Verhältnis der Leiterwiderstände. Bei der in Abb. 262 gezeichneten Doppelleitung könnte bei einer Leitung im Extremfall ein Leiter unterbrochen sein. Dann würde der entsprechende Leiter der anderen Leitung den doppelten Strom führen. In der Sternpunktsverbindung der ersten Leitung würde der fehlende und in der zweiten Leitung der überschüssige Strom erscheinen. Die Widerstände der Leiter der beiden Leitungen können nun unmöglich so genau (z. B. unter 1%) einander gleich sein. Man denke nur an später eingesetzte Muffen. Mit anderen Worten: Es entsteht stets ein kleiner Ausgleichstrom infolge dieser Ungleichheit der Primärleitungen durch den normalen Laststrom. Tritt an einer anderen Stelle ein Erdschluß auf, so erhält das Erdschlußrichtungsrelais die Nullspannung, die dann mit diesem Lastunsymmetriestrom irgendeine Richtung angibt und die ganze Anzeige fälscht. Besaß nämlich jedes Leitungsende ein solches Relais, so müssen alle Relais auf die Erdschlußstelle zu weisen. Dort wo beide Enden nach der Leitung zu zeigen, ist die gesuchte Erdschlußstelle. Schon eine Fehlweisung an einer anderen Stelle kann die ganze Anzeige illusorisch machen. Es sei denn, man betrachtet die Doppelleitungen als eine Leitung und nimmt die Summe über beide Leitungen. Dann fällt die Unsymmetrie zwischen den Leitungen fort, aber man verzichtet auf die selektive Erdschlußanzeige zwischen diesen beiden Leitungen.

Je stärker ein Netz vermascht ist, um so weniger empfindlich müssen die Erdschlußrelais eingestellt sein. Nur Stichleitungen werden richtig angezeigt. Da der Reststrom vielfach klein ist, ist man bald an der Grenze der Verwendbarkeit angelangt, obwohl es keine Schwierigkeit ist, sehr empfindliche Relais herzustellen. Diese Tatsache ist der Grund, warum in vermaschten Netzen die früher fast ausschließlich verwendete wattmetrische Erdschlußanzeige heute meistens unbefriedigenden Erfolg hat.

Eine andere Lösung des Problems ist durch das Wischerrelais gegeben (S. 48). Hier wird nur der Initialvorgang des Erdschlusses zur Anzeige benutzt. Die Spitzenströme liegen dann meistens über dem Nennstrom und werden durch kleine primäre Unsymmetrien nicht mehr gestört. Es sind zwar auch Richtungsglieder, die aber nur auf den ersten und gleichzeitig hohen Entlade- und Umladevorgang ansprechen. Naturgemäß können sie dann nicht mehr zu einem späteren Zeitpunkt, wenn man z. B. durch Druckknopfbetätigung die Richtung bei einem Dauererdschluß noch einmal nachprüfen wollte, nicht mehr ansprechen. Ein Wattmeter spricht dagegen wieder an. Dagegen kann ein Wischerrelais gelöschte Erdschlüsse sicher anzeigen, was einem Wattmeter infolge seiner größeren Trägheit meistens nicht möglich ist. Schließlich ist ein Wischerrelais nicht mehr davon abhängig, ob das Netz gelöscht ist oder nicht, während für ein Wattmeter eine andere Schaltung gewählt werden muß (sin φ oder cos φ). In einem Höchstspannungsnetz (RWE) hat man anstelle von Wattmetern mit Kontakt (Erdschlußrelais) wattmetrische Schreiber verwendet. Der Schreibstreifen läßt auch den Anfangsvorgang durch einen größeren Ausschlag erkennen.

Obwohl ein einfacher Erdschluß in nicht starrgeerdeten Netzen keine Störung der Energieversorgung darstellt, und bei Löschung auch längere Zeit stehen bleiben kann, da der Erdschlußstrom hierbei stark verringert ist, hat man jedoch größtes Interesse daran, so rasch als möglich die fehlerbehaftete Leitung zu kennen und sie herauszutrennen. Durch die Erhöhung der Spannung an den gesunden Leitern auf das $\sqrt{3}$fache ist die Gefahr eines folgenden Doppelerdschlusses vorhanden. Bei einem Erdschluß in einem Kabel werden je nach der Größe des Reststromes in kürzerer oder längerer Zeit durch die Wärmeentwicklung an der Erdschlußstelle die gesunden Leiter in Mitleidenschaft gezogen, d. h. der Erdschluß geht früher oder später mit Sicherheit in einen Kurzschluß über. In einem großen Kabelnetz (Bewag) hat man die wattmetrischen Erdschlußrelais nach der Zählertype in Form eines abhängigen Überstromzeitrelais ausgebildet und schaltet damit die

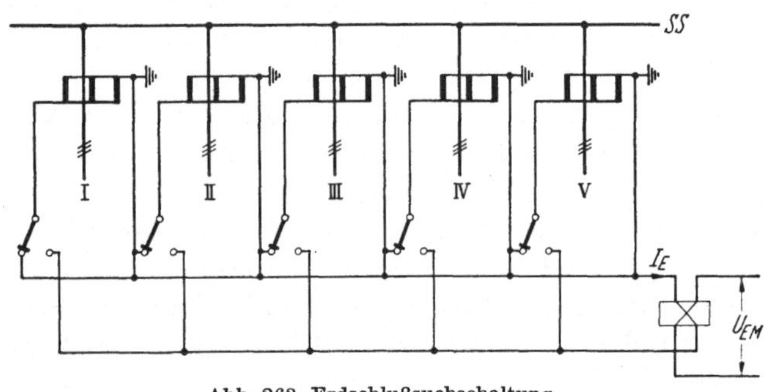

Abb. 263. Erdschlußsuchschaltung

Leitung selektiv ab. Die treibende Kraft ist nicht der Erdschlußstrom, sondern die Nulleistung. Durch die enge Vermaschung und die bekannte Maximalleistung ist die Selektivität sehr gut.

Bei einfach gestalteten Freileitungsnetzen kann auch das Erdschlußrelais mit einer starren Zeitstaffelung versehen und eine Art gegenläufige Staffelung ausgeführt werden. In gelöschten Netzen stellen die Löschspulen hierfür die Zentralen dar. In nicht gelöschten Netzen dagegen ist das ganze Netz der Lieferant des Erdschlußstromes, so daß eine solche Zeitstaffelung nur in seltenen Fällen gemacht werden kann.

Bei Kabelnetzen niederer Hochspannung (5—10 kV) mit vielen stichförmigen Abzweigen rüstet man aus wirtschaftlichen Gründen nicht jedes Leitungsende mit einem Relais aus, sondern schaltet im Erdschlußfall ein Anzeigegerät oder Relais nacheinander auf die einzelnen Leitungen und sucht damit die fehlerbehaftete Leitung = Suchschaltung, Abb. 263. Die einzelnen Wandlergruppen der Leitungen I bis V sind sekundärseitig über einen unterbrechungslos schaltenden Tastschalter normalerweise kurzgeschlossen. Durch Betätigen eines Tastschalters wird das Relais oder ein anzeigendes Wattmeter mit Nullpunkt in der Mitte auf die betreffende

Wandlergruppe geschaltet. Sind die Leitungen am anderen Ende zusammengeschaltet, so müssen diese Verbindungen erst getrennt werden.

An Stelle der drei Leitungswandler werden gerade in solchen, hauptsächlich Industrienetzen, sogenannte Umbauwandler verwendet. Das Kabel mit seinen drei Leitern wird durch einen Wandler als Primärwicklung geführt, so daß in der Sekundärwicklung nur der Unsymmetriestrom erscheint. Diese Wandler sind dann Einleiterwandler.

Die allgemeine Anzeige eines Erdschlusses im Netz erfolgt entweder durch eine Nullspannungsanzeige oder durch die Drei-Voltmetermethode.

D. Sammelschienenschutz

Trotzdem die Sammelschienen nur einen sehr kleinen Prozentsatz der gesamten Leitungslänge darstellen, ist doch die Störungshäufigkeit, vor allem durch die Schalthandlungen, die dort vorgenommen werden, wesentlich höher, als ihrem Anteil an der Leitungslänge entspricht. Es werden z. T. 5% und mehr angegeben, gerechnet auf die Zahl aller Kurzschlußfälle im Netz.

Die Sammelschienen im Zuge der Leitungen werden im allgemeinen durch die Selektivrelais des Netzes geschützt, d. h. bei einer Stufencharakteristik der Distanzrelais würde ein Sammelschienenfehler immer in der zweiten Zeitstufe (ca. 0,8—1 sek) abgeschaltet werden. Bei Sammelschienen in der Zentrale arbeiten aber die Generatoren vielfach noch mit ihrer Überstromzeit darauf, die als letzte Abschaltstelle meistens relativ hoch ist (mehrere Sekunden). Dort ist auch der Kurzschlußstrom meistens am höchsten. Ein anderer Fall ist, wenn sehr viele Leitungen auf eine Sammelschiene speisen, so daß durch die Aufteilung des zufließenden Kurzschlußstromes auf die Anzahl der Speiseleitungen die Möglichkeit besteht, daß das eine oder andere Leitungsrelais trotz hohen Kurzschlußstromes nicht mehr zum Ansprechen kommt und durch eine Addition der Zeiten eine Verzögerung in der endgültigen Abschaltung entstehen kann. Schließlich hat ein Sammelschienenkurzschluß auch unangenehme Folgen für die ganze Station, so daß ein Interesse an einem schnellen Abschalten besteht, besonders früher, als die Leitungsrelais und Schalter noch nicht die Abschaltgeschwindigkeit der heutigen Geräte besaßen.

1. Sammelschienen-Differentialschutz für Einfachsammelschienen

Da eine Sammelschiene wie ein Generator oder Transformator als ein eng begrenzter Teil betrachtet werden kann, ist es natürlich, daß man die Lösung des Problems mit einem Differentialschutz suchte.

Jedoch bestehen einige grundsätzliche Unterschiede z. B. gegenüber einem Mehrwicklertrafo. Die Stromwandler der Leitungen besitzen voneinander abweichende Übersetzungsverhältnisse, die für einen Vergleich durch Hilfswandler zunächst auf die notwendige gleiche Höhe gebracht werden müssen. Zweitens ist die Anzahl der Leitungen, die in den Stromvergleich einbezogen werden müssen, vielfach zahlreich und variabel. Drittens ist die Strombeaufschlagung bei einem außenliegenden Kurzschluß, z. B. in einer der Leitungen, für die einzelnen Wandler sehr verschieden. Der Stromwandler der kurzschlußbehafteten Leitung erhält den gesamten Kurzschlußstrom, während die Wandler der anderen Leitungen nur Teilströme führen. Schon aus diesem Grund muß ein Differentialschutz für Sammelschiene gut stabilisiert sein, zumal außerdem ein Fehlansprechen die ganze Station außer Betrieb setzen und eine große Anzahl von Leitungen auseinandertrennen würde.

Für einen solchen Differentialschutz gelten praktisch die gleichen Stabilisierungsschaltungen wie für Mehrwickeltrafo, nur daß die Zahl der Abzweige größer ist und die Differentialrelais noch Hilfsrelais schalten müssen, die mit einer Vielzahl von Kontakten die einzelnen Auslöser betätigen. Abb. 264 zeigt die Anordnung mit mechanischen Prozentrelais (Prinzip Abb. 130, S. 107). Es sind $n-1$-Relais notwendig und deren Kontakte müssen in Serie geschaltet werden. Das notwendige Hilfsrelais mit den Vielfachkontakten ist nicht gekennzeichnet. Da für den Differentialschutz sowieso Hilfswandler notwendig sind, können diese auch als Summations-

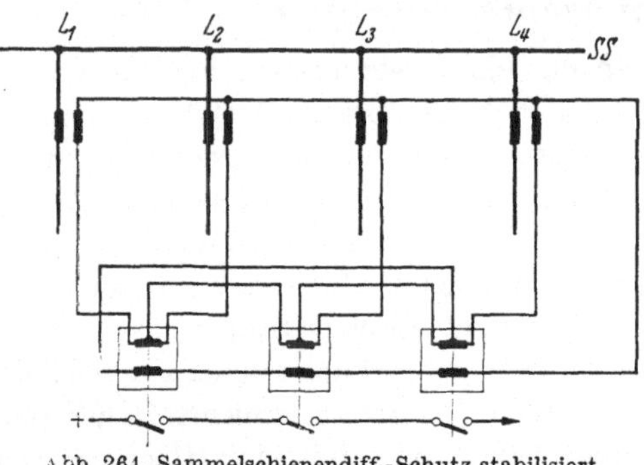

Abb. 264. Sammelschienendiff.-Schutz stabilisiert mit mechanischen Prozentrelais

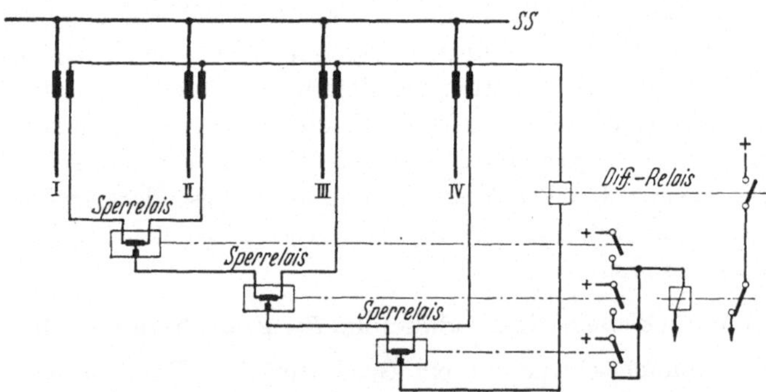

Abb. 265. Sammelschienendiff.-Schutz mit Sperrelais, einphasig

wandler ausgeführt werden, damit nicht für jeden Leiter ein Relais vorgesehen werden muß.

Abb. 265 zeigt eine Stabilisierung mit Sperrelais. Durch ein Hilfsrelais wird das Arbeiten des gemeinsamen Stromdifferentialrelais unterbrochen, falls eines der Sperrelais anspricht.

Leicht wird die Stabilisierung mit Gleichrichterrelais. Abb. 266. Die Absolutwerte der Leiterströme werden gleichstromseitig gesammelt und stellen den Sperrstrom für das gemeinsame Gleichstromdifferentialrelais dar.

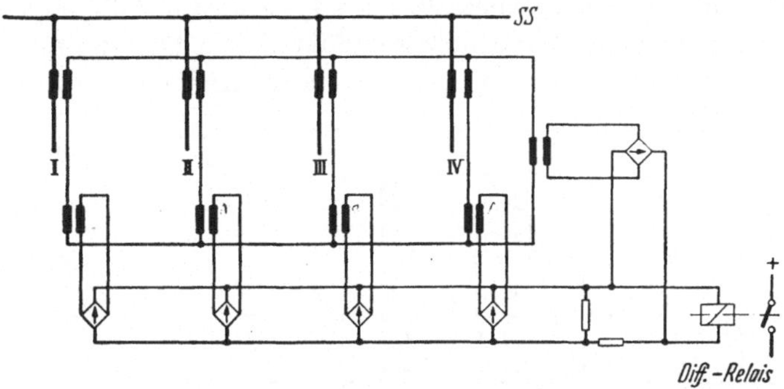

Abb. 266. Sammelschienendiff.-Schutz mit Gleichstromprozentrelais, einphasig gezeichnet.

Eine andere Stabilisierungsmethode zeigt Abb. 267. An Stelle der Sperrrelais sind Verhältnisrelais gewählt, die ansprechen, wenn einer der Leiter-

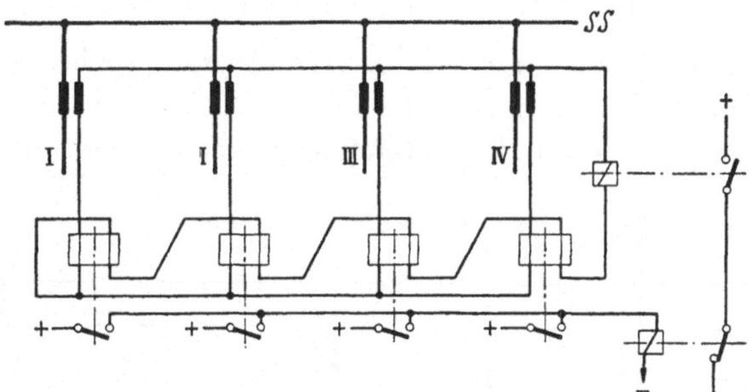

Abb. 267. Sammelschienendiff.-Schutz stabilisiert durch Verhältnisrelais $J_{Leitung}/J_{Diff}$

ströme größer ist, als der allen gemeinsame Differenzstrom. Das ist stets bei einem außenliegenden Kurzschluß der Fall.

Indirekter Vergleich. Genau wie bei der rückwärtigen Verriegelung kann man mit Stromrelais in den reinen Abnehmerleitungen des Differentialrelais im Kurzschlußfall sperren. Man braucht dann nur die speisenden Leitungen mit einem Stabilisierungsrelais zu versehen. Ebenso läßt sich ein Richtungsvergleich wie bei Leitungen durchführen, da die Leitungsrelais meistens schon Überstrom mit Richtung besitzen. Abb. 268 gibt ein Beispiel einer solchen Schaltung.

2. Mehrfachsammelschienen

Schwieriger werden die Verhältnisse bei Mehrfachsammelschienen, da diese selektiv abgetrennt werden sollen und die Zugehörigkeit der einzelnen Leitung zu den Sammelschienen im Betrieb variiert. Sie können sogar asynchron voneinander betrieben werden. Hierfür sind folgende Schaltungen ausprobiert worden. Man führt wie bisher einen Differentialschutz mit einer Stabilisierungsmethode aus. Die Auslösung jedoch wird noch einmal vom Stromrelais in der Leitung kontrolliert, d. h. es wird nur diejenige Leitung ausgeschaltet, die auch Kurzschlußstrom führt. Sie müßte also zur Sammelschiene mit Kurzschluß gehören. Asynchroner Betrieb macht nichts aus, da

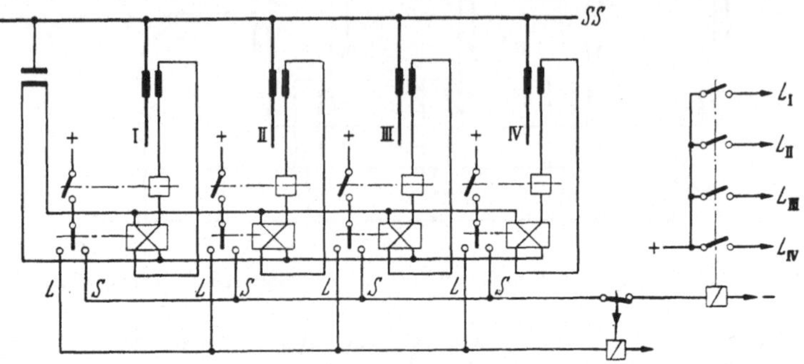

Abb. 268. Sammelschienenschutz mit Richtungsvergleich

das Differentialrelais doch nur den Kurzschlußstrom der beschädigten Sammelschiene erhält. Die Leitungen der beiden Schienen dürfen jedoch nicht an einer anderen Stelle im Netz zusammengeschaltet sein. Sie führen dann

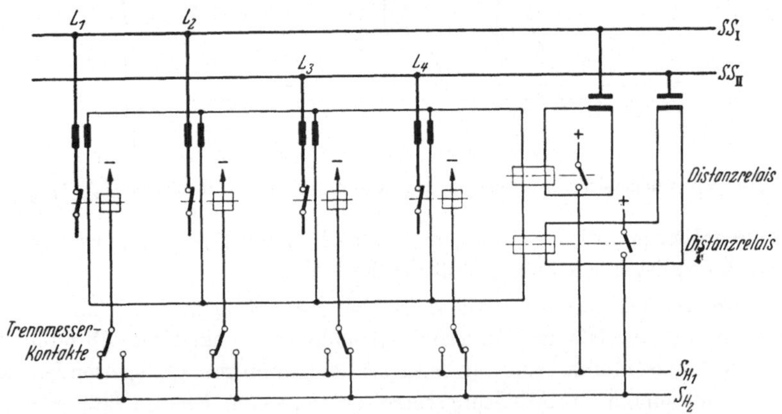

Abb. 269. Mehrfachsammelschienendiff.-Schutz mit Distanzrelais als Diff-Relais. Leitungen anderwärts verbunden. S_{H_1} und S_{H_2} Hilfsschienen für die beiden Sammelschienen

unter Umständen auch noch Kurzschlußstrom auf einem Umweg zur kurzschlußbehafteten Schiene und würden in dieser Schaltung auch ihre Auslösung freigeben.

Will man auch in einem solchen Fall eine Selektivität erreichen, so wurde die Schaltung nach Abb. 269 mit gutem Erfolg ausgeführt. An Stelle des

Differentialrelais werden Distanzrelais verwendet, für jede Sammelschiene eines. Stromseitig werden beide vom Differenzstrom durchflossen, spannungsseitig jedes getrennt von der zugehörigen Sammelschiene gespeist. Die Auslösekontakte speisen eine Hilfssammelschiene, auf welche sich die Auslöser mit den Leitungstrennmesserkontakten schalten. Dadurch schaltet das an der fehlerbehafteten Schiene liegende Distanzrelais alle Schalter ab, die an dieser Schiene hängen. Das Distanzrelais der anderen Schiene hat stets höhere Spannung und kann erst später abschalten. Durch Heraustrennen der Kurzschlußschiene fällt der Differenzstrom weg und das andere Relais fällt dann sofort wieder ab. Aus Sicherheitsgründen stellt man die Auslösezeit

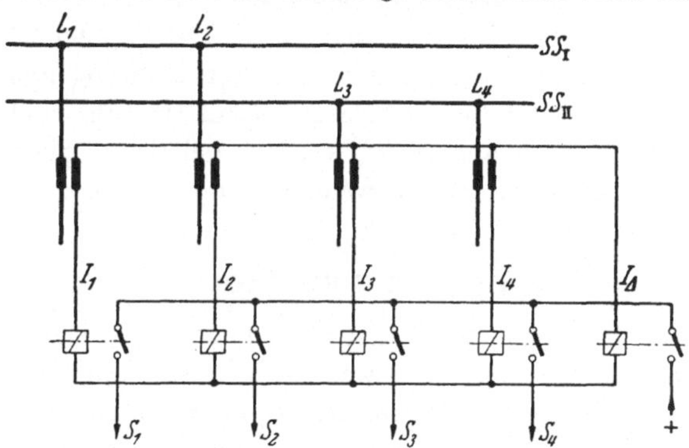

Abb. 270. Mehrfachsammelschienendiff.-Schutz. Auslösung der Schalter $S_1 \ldots S_4$ durch Leitungsrelais gesteuert, einphasig gezeichnet. Leitungen anderwärts nicht verbunden

etwas höher als die Schnellzeit des Leitungsrelais ein, um auch bei Fehlern dicht vor der Station nicht ein Fehlansprechen zu erhalten. Abb. 270.

Alle auf dem Vergleichsprinzip beruhenden Sammelschienenschutzein-

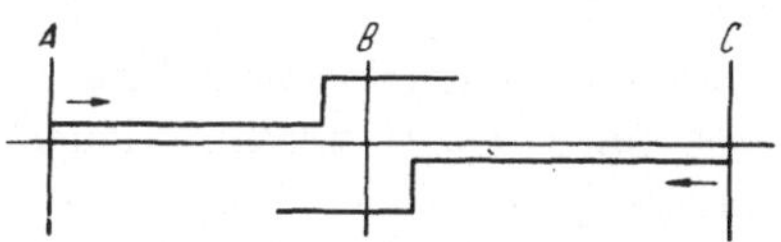

Abb. 271. Sammelschienenschutz durch die Leitungsdistanzrelais. Auslösung in der 2. Stufe

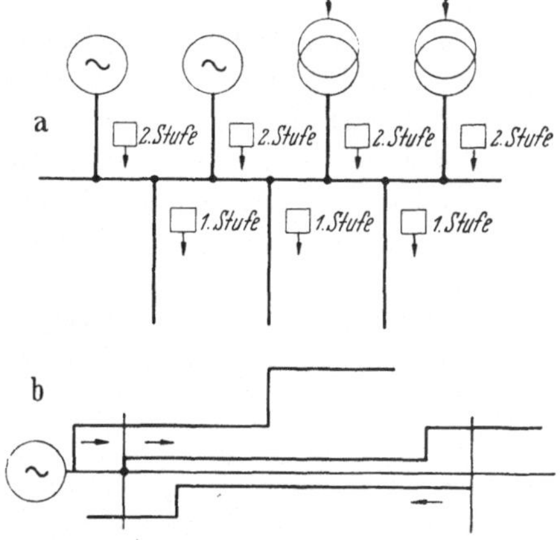

Abb. 272a u. b. Sammelschienenschutz mit Distanzrelais. Generator- und Trafoabzweige mit Distanzrelais ausgerüstet, jedoch mit 2. Stufe

richtungen weisen aber die betrieblich wenig angenehme Tatsache auf, daß alle Leitungen sekundärseitig miteinander verbunden sind. Nachdem heute alle Leitungsrelais sehr kurze Schnellzeiten besitzen und die zweite Stufe selten über 0,8 sek liegt, kann man in Freileitungsnetzen auf einen besonderen

17*

Sammelschienenschutz verzichten. Man muß nur den Gedanken, Sammelschienenfehler mit den Leitungsrelais in der zweiten Stufe abzuschalten, konsequent auch für die Sammelschienen in Zentralen und Transformatorenstationen durchführen, d. h. alle Generator- und Transformator-Zuspeiseleitungen müssen ebenfalls mit Distanzrelais ausgerüstet werden. Sie werden sofort auf die zweite Stufe eingestellt, da sie selbst keine längere Leitung besitzen. Die Abb. 271 und 272a u. b sollen den Gedanken schematisch zeigen. Die Sammelschiene in der Zentrale (Abb. 272a u. b), wird dann genauso in der zweiten Stufe abgeschaltet, wie die Sammelschiene in der Leitung (Abb. 271). Notwendig wird jedoch ein besonderer Sammelschienenschutz in Kabelnetzen hoher Spannung z. B. 110 kV oder 220 kV (Stadtnetze), da hier bei Freiluftsammelschienen der Lichtbogenwiderstand ein Vielfaches des Kabelwiderstandes betragen kann. Hierfür sind heute Schaltungen mit gutem Erfolg ausgeführt worden, bei denen die Schaltungsgedanken nach Abb. 266 und 270 verwendet wurden.

E. Schutz von Motoren

Motoren und Umformer müssen sich bei inneren Fehlern annähernd wie ein Generator verhalten, besonders wenn es sich um Synchronmotoren handelt. Große und wichtige Hochspannungs-Synchronmotoren und rotierende Phasenschieber wird man daher mit einem ähnlichen Schutz ausrüsten wie einen Generator. Ein Unterschied besteht darin, daß ein Generator angetrieben wird, während ein Motor belastet ist. Synchronmotoren und in gewissem Grade auch Phasenschieber kommen also sehr schnell außer Tritt. Ein Differentialschutz muß möglichst schnell arbeiten, damit durch einen Asynchronismus nicht das Arbeiten des Schutzes in ungünstigen Fällen gestört wird.

Bei kleineren Motoren begnügt man sich jedoch mit einfachen Schutzmitteln. Sie bestehen fast ausschließlich aus einem Überlastschutz (lange Zeit) und einem Kurzschlußschutz (sehr schnelle Zeit).

Ein Motor ist viel mehr Überlastungen ausgesetzt wie etwa Transformatoren oder Leitungen. Nimmt ein Motor mehr als 110% seines Nennstromes auf, beginnt schon seine thermische Überlastung. Das heute fast ausschließlich angewandte Schutzmittel ist daher das thermische Relais (Bimetall). Besondere Maßnahmen erfordert lediglich der Anlauf. Hierbei nimmt der Motor ein Mehrfaches seines Nennstromes für eine längere Zeit auf (teilweise bis 30 Sekunden). Man überbrückt daher in solchen extremen Fällen während des Anlaufes das Relais. Ein Überstromrelais mit starrer Ablaufzeit kann nicht als Überlastschutz gelten, da eine solche Zeit in keiner Weise auf die Zeitkonstante der tragbaren Erwärmung Rücksicht nimmt. Das thermische Abbild wird durch ein Bimetallrelais auch nur angenähert erreicht, da es sehr schwer ist, die Abkühlverhältnisse mit zu berücksichtigen.

Von der Seite des Netzschutzes aus ist es jedoch wichtig, daß ein Motor bei einem Kurzschluß allerschnellstens aus dem Netz herausgetrennt wird, damit die gesamte Zeitstaffelung nicht gestört wird. Der Motor ist das letzte Glied in der Energieleitung und muß daher die kürzeste Abschaltzeit besitzen. Nun haben besonders Hochspannungsmotore vielfach einen relativ kleinen Nennstrom (20—50 A), hängen aber an einer Sammelschiene mit großer Kurzschlußleistung. Ein Stromwandler mit so kleiner Nennstromstärke hält die hohen Kurzschlußströme meistens dynamisch nicht mehr aus. Ein Wandler mit erhöhter Kurzschlußfestigkeit ist aber nichts anderes als ein Wandler für höheren Nennstrom und anderem Übersetzungsverhältnis. Um noch bei 20 A ein thermisches Relais zu betätigen, muß er große Leistungsfähigkeit besitzen.

Man trennt daher Überlastwandler und Kurzschlußwandler voneinander. Den Überlastwandler mit kleinem Nennstrom, an dem das thermische Relais und evtl. noch Meßinstrumente angeschlossen sind, setzt man ganz in die Nähe des Motors oder am besten, wenn möglich, in den herausgeführten Sternpunkt des Motors. Im ersten Fall kann der Wandler nur noch durch einen Kurzschluß an den Motorklemmen beschädigt werden, im zweiten Fall ist er vollkommen geschützt. Den Kurzschlußwandler setzt man an den Anfang der Leitung mit einem wesentlich größerem Nennstrom und schließt an ihn ein momentan arbeitendes Überstromrelais.

Eine dritte Schutzmaßnahme ist ein Spannungsabfallrelais. Bei einem Kurzschluß im Netz bricht auch je nach der Lage die Spannung am Motor mehr oder weniger stark zusammen. Dadurch sinkt auch infolge der Belastung die Drehzahl mehr oder weniger stark ab. Asynchronmotoren laufen aber wieder hoch, wenn die Spannungsabsenkung nur kurzfristig ist. Die früher viel verwendeten momentan wirkenden Nullspannungsrelais schalten aber bei jeder Spannungsabsenkung sofort ab. Besser ist dann ein Relais, dessen Ablaufzeit von der Höhe des Spannungseinbruches abhängt. Die Ablaufzeit entspricht einem stromabhängigen Zeitrelais. Nur bei Synchronmotoren ist es besser, sofort abzuschalten, da sie sehr rasch außer Tritt fallen.

Diese schnellarbeitenden Spannungsabfallrelais stören jedoch bei den heute immer mehr verwendeten Kurzunterbrechungen in Mittelspannungsnetzen. Während der spannungslosen Pause ist die Spannung an den Motoren vollkommen Null und die Motorschalter fallen alle sofort heraus. Bei der Kürze der Spannungsunterbrechung aber fallen die Motoren nur sehr wenig in ihrer Drehzahl ab und laufen bei der Wiederkehr der Spannung weiter. Es ist daher besser, wenn in diesem Fall keine oder nur verzögerte Spannungsabfallrelais verwendet werden.

Literaturverzeichnis

A. Bücher

1. *Rüdenberg, R.:* Relais und Schutzschaltungen in elektrischen Kraftwerken und Netzen. Berlin: Springer 1929.
2. *Walter, A.:* Der Selektivschutz nach dem Widerstandsprinzip. München: Oldenbourg 1933.
3. *Schleicher, M.:* Die moderne Selektivschutztechnik und die Methoden zur Fehlerortung in Hochspannungsanlagen. Berlin: Springer 1936.
4. *Walter, A.:* Relaisbuch. Herausgegeben von der Vereinigung Deutscher Elektrizitätswerke. Stuttgart: Frankh'sche Verlagshandlung. 4. Aufl. 1951.
5. *Titze, H.:* Fehler und Fehlerschutz in elektrischen Drehstromanlagen. Wien: Springer, I. Bd. 1951. II. Bd. 1953.
6. *Bauer, R.:* Die Meßwandler. Berlin/Göttingen/Heidelberg: Springer 1953.
7. *Atabekow, G. J.:* Theoretische Grundlagen des Relaisschutzes von Hochspannungsnetzen (in russischer Sprache). Verlag Gosenergvisdat, Moskau Leningrad 1957.
8. Westinghouse Electric Corporation: Electrical Transmission and Distribution Reference Book. Fourth Edition 1950.
9. *Fedossejew:* Relaisschutz von elektrischen Netzen und Anlagen. Moskau 1952. (Deutsche Übersetzung Berlin: VEB Verlag Technik 1955.)
10. *Kasanski, W. E.:* Relaisschutz. Moskau 1950. (Deutsche Übersetzung Berlin: VEB Verlag Technik 1952.)

B. Zeitschriftenaufsätze

I. Schutz allgemein

11. *Brown Boveri:* Transformatorenschutz. BBC-Mitt. 1947 S. 143.
12. *Brown Boveri:* Generatorenschutz. BBC-Mitt. 1945 S. 171.
13. *Calliess, H.:* Die Entwicklung des Schutzes mit Relais für Starkstromanlagen. ETZ. 1938 S. 1309.
14. *Carson, W., u. F. H. Last:* Ultra-High-speed relays in the field of protection and measurement. JJEE. 1947 S. 667.
15. *Dietsch, Chr., u. a.:* Des tranformateurs a très haute tension et resultats pratiques d'exploitation. CIGRÉ. 1950/342.
16. *Ferschl, L.:* Der elektrische Schutz großer Wasserkraftzentralen. E und M 1949 S. 141.
17. *Gastel, A. v.:* Moderne Schutzmittel für Mittelspannungsnetze. BBC-Mitt. 1945 S. 123.
18. *Grieb, Fr.:* Die Bedeutung kurzer Abschaltzeiten in elektrischen Anlagen. BBC-Mitt. 1944 S. 359.
19. *Hauser, W.:* Spannungshaltung und Kurzschlußschutz im Betrieb mit 380 kV-Anlagen. Bull. schweiz. elektrotechn. Ver. 1953 S. 137.
20. *Hunt, L. F., u. A. A. Kroneberg:* Aus der Praxis amerikanischer Leitungsschutztechnik. Electr. Engng. 1935 S. 530.
21. *Jean-Richard, Ch.:* Protection de réserve des réseaux à haute tension. Bull. schweiz. elektrotechn. Ver. 1952 S. 137.

22. *Kinghorn, J.H.:* Relay protection for medium-length transmission lines. Electr. Engng. 1950 S. 314.

23. *Neugebauer, H.:* Die Schutz- und Fernwirktechnik im neuzeitlichen Verbundbetrieb. ETZ 1956, Heft A 21.

24. *Roche, L.:* La protection des réseaux à haute tension. Rev. gén. Electr. 1945 S. 106.

25. *Titze, H.:* Die Planung von Schutzsystemen unter Berücksichtigung mehrerer gleichzeitiger oder kurz aufeinander folgender Fehler. VDE-Fachb. 1938 S. 161.

26. —: Die Planung und Bemessung von Schutzeinrichtungen elektrischer Netze. ETZ. 1940 S. 471.

27. — Neuere Entwicklungen in der Selektivschutztechnik. E und M 1949 S. 301.

28. Ver. d. Elektrizitätsw.: Begriffserklärungen für den Selektivschutz. Elektrizitätswirtsch. 1952 S. 656.

29. —: Richtlinien für den Generatorschutz. Elektrizitätswirtsch. 1953 S. 345.

II. Überstrom- und Wärmeschutz

30. *Geise, F.:* Überstromzeitschutz mit Synchronantrieb. Siemens-Z. 1953 S. 104.

31. *Imhof, Th.:* Das neue Überstromrelais mit Motoranker und unabhängiger Zeitauslösung. Bull. Oerlikon 1937 S. 1027.

32. *Jean-Richard,Ch.:* Protection thermique des transformateurs. CIGRÉ 1950/ 309.

33. *Klein, I.:* Netzschutz mit abhängigen Überstromzeitrelais. AEG-Mitt. 1937 S. 167.

34. *Parschalk, F.:* Überlast, und Kurzschlußschutz von Hochspannungs-Anlagen durch Primärrelais. E und M 1938 S. 362.

35. —: Überlastschutz von Hochspannungsanlagen durch Hauptstrom-Thermorelais. ETZ. 1938 S. 211.

36. *Stark, G.:* Schnellarbeitendes Richtungsglied in Schutzeinrichtungen. AEG.-Mitt. 1940 S. 111.

III. Distanzschutz

37. *Barnes, H.C.,* u. *R.H.Macpherson:* Field Experience — Electronic Mho Distance Relay. AJEE Tr., Band 72, Teil III, S. 857—865, 1953.

38. Bernische Kraftwerke: Betriebserfahrungen mit Schnell-Distanzschutz im 150 kV-Netz der Bernischen Kraftwerke AG. Bull. schweiz. elektrotechn. Ver. 1945 S. 805.

39. *Braten, I.L.,* u. *H.Hoel:* Un nouveau relais de distance à grande vitesse. CIGRÉ. 1950/307.

40. *Brown Boveri:* Fortschritte auf dem Gebiet des Schnelldistanzschutzes für kompensierte und starr geerdete Netze. BBC-Nachr. 1953 S. 75.

41. *Geise, F.:* Ein-Relais-Schaltungen des Impedanzschutzes und Schnellschaltmöglichkeit. VDE.-Fachb. 1936 S. 47.

42. —: Längsvergleichsschutz mit Impedanzreservezeit als Schutz für große Kabelnetze. Siemens-Z. 1938 S. 446.

43. *Gross, E.:* Der Einfluß der Transformator-Stern-Dreieck-Schaltung auf den Distanzschutz der Hochspannungsleitungen. E und M. 1937 S. 333.

44. *Gutmann, H.:* Pendelsperreinrichtungen für schnellarbeitende Distanzrelais. Elektrizitätswirtsch. 1940 S. 14.

45. *Gutmann, H.:* Verhalten von Reaktanzrelais bei zweiseitig gespeisten Kurzschlüssen. ETZ Juni 1940, Heft 24.

268   Literaturverzeichnis

46. *Hoel, H.:* Et nytt hurtigvirkende distansrele. Elektrotekn. T. 1950 S. 349.
47. *Hutchinson, R. M.:* The Mho Distance Relay. El. Eng. No. 6, 1946.
48. *Mason, R. C.:* Relay protection of A-C rotating machinges, transformers, buses and lines. General Electric Review, Okt., Nov., Dez. 1936.
49. *Matthey-Doret, A.:* Protection de distance rapide pour réseaux a riens à moyenne tension. Bull. schweiz. elektrotechn. Ver. 1942 S. 718.
50. —: Schnelldistanzschutz. BBC.-Mitt. 1941. S. 130.
51. —: Protection de distance rapide à une periode. CIGRÉ. 1950/312.
52. *Neugebauer, H.:* Lichtbogenwiderstand und widerstandsabhängiger Zeitstaffelschutz. Elektrizitätswirtsch. 1938 S. 396.
53. —: Schnellabschaltung beim Selektivschutz. ETZ. 1934 S. 181.
54. —: Kennliniengestaltung beim widerstandsabhängigen Schutz. Siemens-Z. 1938 S. 25.
55. —, u. *F. Geise:* Eilimpedanzrelais. Siemens-Z. 1932 S. 47.
56. —: Schnellimpedanzschutz RZ 4. Siemens-Z. 1936 S. 272.
57. —: Gleichstrom-Drehspulrelais mit Gleichrichter für die Selektivschutztechnik. ETZ. 1950 S. 389.
58. —: Meßtechnische Grundlage der Widerstandsmessung beim neuen Siemens-Leitungsschutz. Siemens-Z. 1951 S. 244.
59. *Parschalk, F.:* Der BBC-Schnelldistanzschutz für Freileitungsnetze. BBC-Nachr. 1941 H. 2.
60. *Schär, F.:* Erfahrungen mit der Schnellwiedereinschaltung auf der 150 kV-Leitung Gösgen-Lavorgo. Bull. schweiz. elektrotechn. Ver. 1952 S. 160.
61. *Stark, G.:* Die Anwendung eines neuartigen Meßgliedes in Schnelldistanzrelais. VDE-Fachb. 1938 S. 158.
62. —: Fortschritte im Bau von Selektivschutzeinrichtungen. Elektrotechnik. 1951 S. 401.
63. *Thewalt, A.:* Doppelerdschlußerfassung beim Widerstands-Staffelschutz. Siemens-Z. 1938 S. 355.
64. —: Das Verhalten des Selektivschutzes bei Pendelungen. ETZ. 1951 S. 20.
65. *Walther, G.:* Schnelldistanzrelais mit gebrochener Kennlinie. AEG-Mitt. 1938 S. 99.
66. *Warrington, A. R. van C.:* A condensation of the theory of relais. General Electric Review, Sept. 1940.
67. —: Application of the Ohm and Mho-Principles to Protective Relays. El. Eng. No. 6, 1946.

IV. Vergleichsschutz

68. *ASEA:* Generator and transformer protection. ASE.-J. S. 34.
69. *Bertola, G.:* Fortschritte im Transformatorschutz durch einschaltsichere Prozentdifferentialrelais. BBC.-Mitt. 1945 S. 129.
70. *Borberg, H.:* Hochfrequenz-Selektivschutz. ETZ. 1937 S. 237.
71. *Chevallier, A.:* Propagation d'ondes à haute frequenze le long d'une ligne triphasée symétrique. Rev. gén. Elektr. 1945. S. 25.
72. —: Propagation d'ondes porteuses à haute fréquenze sur une ligne à haute tension. CIGRÉ. 1946/305.
73. *Fallow, J.:* La protection seletive des réseaux contre les courts circuits ou moyen de conraut de houte frequence. Bull. Soc. Fr. Él. 5-e sèrie No. 9, 1931.
74. *Ferschl, L.:* Neuartige stabilisierte Differentialschutzeinrichtungen. E und M 1953 S. 285.

75. *Geise, F.:* Schnelldifferentialschutz für Großtransformatoren und die Netzstaffelung. Siemens-Z. 1938 S. 491.
76. —: Der stabilisierte Differentialschutz. Siemens-Z. 1932 S. 413.
77. —: Fortschritte beim Bau von stabilisierten Differentialschutz-Anlagen. Siemens-Z. 1936 S. 283.
78. *Hodges, M. E.,* u. *R. H. Macpherson:* All-Electronic 1 Cycle Carrier-Relaying Equipment-Relay Operating Principles. AJEE Tr., Band 73, Teil III A, S. 174—186, 1954.
79. *Hoel, H.,* u. *J. Stoecklin:* Ein einschaltsicheres Prozendifferentialrelais für Transformatoren. Bull. schweiz. elektrotechn. Ver. 1945 S. 160.
80. *Jahn, F.:* Schnellarbeitender Längsdifferentialschutz. AEG-Mitt. 1940 S.163.
81. —, u. *H. Gutmann:* Der Stromrichtungs-Vergleichsschutz. Elektrizitätswirtsch. 1938 S. 113.
82. *Kaufmann, M.,* u. *W. Szwander:* Busbar protection. JJEE. 1943 S. 273.
83. *Lensner, H. W.:* Protective Relaying over Microware Channels. AJEE Tr., Band 71, S. 240—245, 1952.
84. *Maret, A.:* Längsdifferentialschutz mit Röhrenrelais. Bull. schweiz. elektrotechn. Ver. 1938 S. 507.
85. *Neugebauer, H.:* Streckenschutz mit Hochfrequenzverbindung. Siemens-Z. 1934 S. 83.
86. —: Grundschaltungen für den Richtungsvergleich beim Streckenschutz. Siemens-Z. 1933 S. 332.
87. —: Was ist Streckenschutz? Siemens-Z. 1933 S. 94.
88. —: Meßtechnische Grundlage des neuen Siemens-Differentialschutzes. Siemens-Z. 1952 S. 219.
89. —: Differentialschutz mit Kommandozeiten unter einer Periode. ETZ 1955, Heft B 4.
90. *Ruban, V. I.:* Differentialschutz und Erdfehlerschutz von Generatoren. Elektr. Stantii. 1939 S. 30.
91. *Thewalt, A.:* Einsystemiger Streckenschutz. Siemens-Z. 1936 S. 278.

V. Erdschlußschutz

92. *Bopp, E.:* Der hochempfindliche Gestellschlußschutz für unmittelbar das Netz speisende Generatoren. Siemens-Z. 1938 S. 53.
93. —: Der grundsätzliche Aufbau der fünf Hauptfehler-Überwachungssysteme des Generatorschutzes. Siemens-Z. 1936 S. 405.
94. *Brown, H. I.:* Automatic selective isolation of sustained earthfaults on a network protected by Petersen coils. JJEE. 1944 S. 21.
95. *Bütow, W.:* Die Entwicklung des Erdschlußschutzes für Stromerzeuger. AEG.-Mitt. 1937 S. 233.
96. *Geise, F.:* Erdschlußschutz. Siemens-Z. 1952 S. 78.
97. *Lippa, E.:* Der Erdschlußschutz in den Hochspannungsverteilnetzen der WEW, E und M 1937 S. 233/249.
98. *Neugebauer, H.:* Ein neuartiges Prinzip zum Erfassen von kurzzeitigen Erdschlüssen mittels eines Wanderwellenrichtungsanzeigers. Siemens-Z. 1936 S. 287.
99. *Scheu, H.:* Erdschlußschutz für Drehstromerzeuger. AEG.-Mitt.1940 S.115.
100. *Stalder, H.:* Generatorerdschlußschutz. BBC.-Mitt. 1944 S. 392.
101. *Weller, W.:* Erdschlußkompensation und Schutzeinrichtungen. ÖZE. 1951 S. 148.

102. *Westphal, B.:* Ständer-Erdschlußschutz von Generatoren. Siemens-Z. 1953 S. 134.

VI. Kurztrennung und Inbetriebhaltung

103. *Cabanes,* u. a.: Résultats pratiques d'un nouveau dispositiv de locatisation des défauts pour incidents fugitifs et quelques résultats d'exploitation de réenclenchement lent et de rebouclage automatique. CIGRÉ. 1950/431.

104. *Couvreur, C.:* Résultats d'essais obtenus sur disjoncteurs à réenclenchement rapide BBC au poste de Clichysous-Bois. Bull. schweiz. elektrotechn. Ver- 1952 S. 533.

105. *Dahlby, G.:* Automatic reclosing device for feeder switches. Asea-J. (engl.) 1940 S. 30.

106. *Geise, F.,* u. *W. Kruse:* Kurzunterbrechung in Mittelspannungsnetzen. Elektrizitätswirtsch. 1954 S. 195/198 u. 276/280.

107. *Grieb, F.:* Einordnung der Kurzschlußfortschaltung in den Netzbetrieb. Bull. schweiz. elektrotechn. Ver. 1945 S. 181.

108. *Harrington, E. I.,* u. *E. C. Starr:* Deionization time of fault arc paths. Electr. Engng. 1950 H. 2, S. 130.

109. *Margoulies, M. S.,* u. *M. E. Hubert:* Le réenclenchement ultrarapide des disjoncteurs. CIGRÉ. 1946/105.

110. *Mayr, O.:* Kurzschlußfortschaltung. VDE-Fachb. 1938 S. 158.

111. *Roche, L.:* Le réenclenchement automatique sur le réseau français. Bull. Soz. franç. Électr. 1952 S. 501.

112. *Sporn, Ph.,* u. a.: Experience with ultra high speed reclosing of high voltage transmission lines. Electr. Engng. 1939 S. 625.

113. *Thommen, H.:* Recherches sur le réenclenchement rapide en cas des court circuit sur les réseaux a riens et sa réalisation par l'emploi du disjoncteur pneumatique ultrarapide. CIGRÉ. 1939/108.

114. *Thoren, B.:* Rapid reclosing tests on a distribution network. Asea-J. (engl.) 1952 S. 102. — Vgl. auch Nr. 14.

VII. Relaisprüfung und Betrieb

115. *Rimmark, L.:* Zweckmäßige Prüfverfahren für den Selektivschutz. VDE-Fachb. 1936 S. 44.

116. —*:* Prüfverfahren für Netzschutzrelais. Siemens-Z. 1936 S. 305.

VIII. Sonstiges

117. *Keller, R.,* u. *G. Courvoisier:* Entregungsschaltungen. BBC.-Mitt. 1945 S. 175.

118. *Dorsch, H.:* Die Nullimpedanz von Drehstrom-Freileitungen. Siemens-Z. 1952 S. 230.

119. *Zorn, Max:* Bestimmung der Unsymmetrie von Drehstromnetzen. ETZ 1950, Heft 35.

120. *Edelmann, Hans:* Normierte Komponentensysteme zur Behandlung von Unsymmetrieaufgaben in Drehstrom- und Zweiphasennetzen (mit besonderer Berücksichtigung der Erfordernisse des Netzmodells). Archiv für Elektrotechnik, Band 42, 1956, Heft 6.

121. Roeper, R.: Kurzschlußströme in Drehstromnetzen, Siemens-Schuckertwerke A.G., Erlangen.

Sachverzeichnis

Abfrage-Methode 67, 212.
Achterschutz 23, 24, 238.
Anrege-glied 27.
— -kurven 42.
— -möglichkeiten 37.
— -schaltungen 40ff.
Anregung 1, 121.
Arbeitsschaltung 67.
Auslöse-fläche 80, 84, 86.
— -richtung 54.
Ausschaltmotor 142.
Außertrittfallen 112ff.

Betriebsimpedanz 36.
Blockschaltung 130.
Brandlöschung bei Generatoren 147.
Buchholzschutz 164.
Bürde, fest, veränderlich 5, 6, 8.

Diagramm von Stromwandlern 4.
Differentialschutz 22, 105, 123, 151, 229ff., 237.
Direkt-Methode 212.
Distanzschutz 184ff.
Doppel-anregung 40.
— -erdschluß 34, 189, 236.
— — -auswahl, zyklisch, azyklisch 206.
Drehfeld-relais 93, 94, 215.
— -scheider 52.
Drehspulrelais 90.
Dreieckschaltung 19.
Dreifachanregung 42.
Dreirelaisschaltung 202ff., 214.
Durchlaufperiode 113.
Dynamometer 55.

Echoschaltung 252.
Eigenbürde 6.
Eilkontakt 212, 221.
Einrelaisschaltungen 205ff.
Einschaltströme b. Trafo 160ff.
Eisenbrand 166.
Ellipse 84, 91.
Endzeit 221.
Entregung 142ff.
Erd-impedanz Z_E 192.
— -schlußkriterien 44ff.

Erdschluß-löschung 46.
— — -schutz 255.
— — -wischer 48.
— — -suchschaltung 248.
Erdwiderstand 188.
Erregung, Ausbleiben der E. 141.

Fehler-häufigkeit von Fehlerarten 169.
— -kriterien 27.
— -verlauf 170.
— -wichtigkeit 171.
Fehlwinkel 5.
Feldschwächung 142.
Freigabesystem 142, 247.

Gasschutz 164.
Gebrochene Kennlinie 96.
Gegenimpedanz 192.
Gegenschaltung 233.
Gehäuseschutz 163.
Generatorschutz 121ff.
Gerichteter Überstromzeitschutz 96.
Gestellschluß-schutz 129ff.
— -schutz, $100^0/_0$ 131.
Gleichstrom-brücke m.Hilfswandler 90.
— -differentialrelais 160.
— -vergleich 107, 112.
Grenzleistung 4, 9.

Hyperbel 84.

Impedanz-kreis 80.
— -schutz 164, 217, 219.
Induktionsdynamometer 93.
inverser Strom 50.

Kabelringwandler 22.
Kennlinien Widerstandsrelais 96ff.
— Diff.-Relais 110.
Kipprelais 86ff., 95, 103.
Kipplinie Richtungsrelais 62.
Klemmenbezeichnung Stromwandler 13.
Kommandozeit 239.
Kompensation des Lichtbogenwider-
standes 84.
Konduktanz-kreis 82.
— -relais 218, 223.

Kreuzschaltung 21.
Kurvenform, sekundär 10.
Kurzschluß-strom minimal 30.
— -verhältnis 31.
— -winkel 78.
Kurzschlüsse hinter $\curlywedge/\triangle$-Trafos 180ff.
Kurzunterbrechung 253.

Ladestrom bei Kabel 234.
Längsdifferentialschutz 229ff.
Laststromeinfluß 65.
Leistung von Stromwandlern 7.
Leistungsreserve 7.
Leiter-impedanz 201.
— -widerstand 185, 186.
Lichtbogen-einfluß 74, 80.
— -widerstand 75.
— -rückzündung 76.
— -kompensation 85.

Magnetisierungsstrom 4, 6.
Mehrwickler 158.
Meßwerte 14.
Mho-Kreis 202, 223.
Mischwandler 24.
Mitimpedanz 192.
Mitnahmeschaltung 252.
Mittelpunktsstrom 35.

Nennbürde 5.
Nennleistung 4, 6.
Null-impedanz 189, 192.
— -punktsstrom 35.
— -spannung 17.
— -strom 127.

Ortsdiagramm des Richtungsrelais 61.
— — Widerstandsrelais 79ff.

Pendelsperre 118.
Phasen-drehung d. Hilfswandler 20.
— -vergleichsschutz 236.
— -verschiebung, künstliche 25, 26.
Polygonschaltung 23, 24, 239.
Primärauslöser 172.
Prozentrelais 107.

Querdifferentialschutz 237ff.
Quotientenanregung siehe Unter-
    impedanzanregung

Reaktanzgerade 81, 89.
Remanenzrelais 90.

Reservezeit 1, 68.
Resistanzgerade 81, 89.
Richtungsrelais,
— dynamometrisch 55.
— induktion 56.
— elektrische Waage 59.
— Waagebalken 58.
— mehrpolig 65.
— 30°, 60°, 90°-Schaltung 63.
Richtungsvergleichsschutz 164, 241.
—, distanzabhängig 249.
Rotorfehler 138.
Rückfall-verhältnis 32.
— -zeit 69.
Rückwattschutz 141.

Sammelschienenschutz 259ff.
Sättigung 6, 8.
Schaltgruppen von Trafos 153.
Schleifenimpedanz 73, 201.
Schnellzeit 221.
Schubkreis 84, 88.
Schwebungs-frequenz 113.
— -entregung 144ff.
Sechsfachanregung 40.
Sechsrelaisschaltung 213.
Spaltleiterschutz 237.
Spannungs-erhöhung 140.
— -erniedrigung 35.
— -meßwerte 15.
— -vergleich zwischen Sternpunkten
    127.
— -wandler 4.
Sperr-richtung 54.
— -relais 107, 108.
— -system 243.
Stabilisierung von Diff.-Schutz 105ff.,
    230.
Ständererdschluß 129.
Staffel-plan 74, 177, 220ff.
— -stufe 221.
— -zeit 68.
Staffelung, gegenläufig 68, 183.
Stern-punktsverlagerung 128.
— -schaltung 19, 204.
Streckenschutz 251.
Streureaktanz 32.
Strom-abhängiger Überstromschutz178.
— -meßwerte 18.
— -vergleich (siehe Diff.-Schutz) 24,
    229ff.

Stromwandler 4ff.
Stufenkennlinie 96, 179.
Stoßkurzschlußstrom 32.
Summenbildung 22.
Suszeptanzkreis 82.

Tauchspulrelais 90.
Tote Zone 56, 180.
Transduktorrelais 108.
Trafoschutz 150ff.

Übergreifschaltung 255.
Überlast 53.
Überlastung 139, 164.
Überstrom-anregung 5, 29.
— -zeitschutz 172, 175, 176.
Überstromziffer 6, 7, 8.
Unsymmetrieströme 35, 50ff.
Unsymmetrische Belastung 140.
Unterimpedanzanregung 37.

Vergleich, direkt 105.
—, indirekt 112.
Vergleichs-prinzip 57.
— -systeme, indirekte 240ff.
—, direkte 229ff.
— -vektor 62.
Verhältnismessung 87ff.

Verlagerungsspannung 17, 135.
Verriegelungssysteme 86.
Vierfachanregung 41.
V-Schaltung 16.

Waage, elektrisch 37, 59, 89.
Waagebalkenrelais 37, 58, 86ff., 107.
Wicklungsschluß 122ff.
Widerstände v. Leitungen und Kabeln 184ff.
Widerstands-berechnung über Trafos 226.
— -bezeichnungen 77.
— -erniedrigung 35.
— -kipprelais 86, 210.
— -messung 201ff.
— -zeitrelais 97ff., 210.
Wiedereinschaltung 253.
Windungsschluß 125ff., 162.
Winkelbeziehungen von Vektoren 92.

Zeit-ablauf 1.
— -staffelung 1, 67ff., 177.
— -spalt 251.
— relais 69ff.
Zweifachanregung 41.
Zweirelaisschaltung 205.
Zweiwandlerschaltung 20.
ZD-Kabel 237.

721/40/57   III-18-127.